装备科技译著出版基金

光学计量导论

Introduction to Optical Metrology

［印度］Rajpal S. Sirohi 著

付永杰 才 滢 闫道广

俞 兵 张宏宇 高 川 等译

刘 琦 曹向宇

国防工业出版社

·北京·

图书在版编目（CIP）数据

光学计量导论/（印）拉吉帕尔·S. 西罗希著；付
永杰等译. —北京：国防工业出版社，2020. 12
书名原文：Introduction to Optical Metrology
ISBN 978 - 7 - 118 - 12252 - 7
© 2016 by Taylor & Francis Group, LLC

Ⅰ. ①光… Ⅱ. ①拉… ②付… Ⅲ. ①光学计量
Ⅳ. ①TB96

中国版本图书馆 CIP 数据核字（2020）第 222895 号

Introduction to Optical Metrology by Rajpal S. Sirohi
978 - 1 - 4822 - 3610 - 1

Authorized translation from English language edition published by CRC Press，part of Taylor & Francis Group
LLC；All rights reserved；本书原版由 Taylor & Francis 出版集团旗下，CRC 出版公司出版，并经其授权翻译
出版. 版权所有，侵权必究。

National Defense Industry Press is authorized to publish and distribute exclusively the Chinese（Simplified Characters）language edition. This edition is authorized for sale throughout Mainland of China. No part of the publication may be reproduced or distributed by any means，or stored in a database or retrieval system，without the prior written permission of the publisher. 本书中文简体翻译版经授权由国防工业出版社独家出版，并限在中国
大陆地区销售。未经出版者书面许可，不得以任何方式复制或发行本书的任何部分。

※

国防工业出版社出版发行

（北京市海淀区紫竹院南路 23 号 邮政编码 100048）
三河市腾飞印务有限公司印刷
新华书店经售
*
开本 710×1000 1/16 印张 23¼ 字数 438 千字
2020 年 12 月第 1 版第 1 次印刷 印数 1—3500 册 定价 158.00 元

（本书如有印装错误，我社负责调换）

国防书店：(010)88540777 书店传真：(010)88540776
发行业务：(010)88540717 发行传真：(010)88540762

丛书前言

    光学和光子学是众多科学领域和工程领域的使能技术。《光学及光应用》丛书旨在介绍光学、应用光学和光学工程基本科学的发展现状,以及光学和光子学在各个领域内的应用,包括医疗保健和生命科学、照明、能源、制造、信息技术、电信、传感器、计量、国防和教育。本系列丛书收录了全新且令人振奋的材料,对各领域实践科学家和工程师非常有用。

    本系列丛书涵盖了全世界各个领域内光学和光子学快速发展的主题。所讨论的技术影响着许多现实世界的应用,包括智能手机、计算机和电视机全新显示屏;相机全新成像系统;疾病诊断和治疗的生物医学成像;国防和科学探索空间系统自适应光学。其他应用还包括用于提供清洁、可再生能源的光学技术,用于提高天气预测准确度的光学传感器,用于制造业降低成本的解决方案,以及推动因特网进一步发展的超高容量光纤通信技术。光学和光子学所涉及的领域非常广泛,而且还在不断增加。

詹姆斯·C. 怀恩特

亚利桑那大学

前　　言

如果你的实验需要统计数据,那么你应该进行一个更好的实验。

欧内斯特·卢瑟福

光学计量是利用光测量各种变量和数量的科学和技术。光具有双重特性,即粒子性和波动性。然而,这两个特性并不是同时表现出来的。本书中讨论的所有测量技术均基于光的波动性,也就是说被测变量(即待测量的量)可以改变光的一些波动特性,例如振幅、相位、波长、频率和偏振。截至目前,利用光作为传感器和信息载体已经研发了许多测量技术。

本书旨在向学生和研究人员介绍各种测量技术的理论和实践。从这个意义上说,本书有别于其他光学计量相关书籍。第 1 章以光学为主题,对整本书进行了概述。第 2 章介绍了通过自由空间和光学系统的激光传播理论。由于本书中讨论的大多数技术都采用激光作为光源,所以必须讨论高斯光束的传播方式以及获得实验用准直光束的准直仪设置方式。

光学测量技术是通过对被测变量的光信号进行检测或记录来实现的。早期照相乳剂用于记录光学信号,现在照相乳剂已经被阵列探测器取代。许多应用中都使用光电探测器或光电倍增管作为传感器。因此,第 3 章主要介绍光信号检测和记录的相关内容。

如前所述,虽然波动特性的任何一种特性都可用于测量,但通常使用相位进行测量,这是因为相位测量可用于点式测量和全场测量,并提供高精度的测量结果。由于光学领域内的探测器基本上都是能量检测器,因此相位信息只能转换成光强信息,然后在一定的时间间隔内对包含相位信息的光强信息记录或测量。将相位信息转换为光强信息的这种技术称为干涉法。这种技术有几种形式,因此第 4 章主要介绍干涉法和移相法,移相法已纳入干涉法中。

在过去的几十年中,已经研究了许多全场测量技术,并应用于常规测量和工业测量中。第 5 章中将讨论这些技术的理论和实验细节。第 5 章涉及的技术包括全息干涉测量法、散斑干涉测量法、莫尔现象、光弹和显微术。首先需要对这些技术有基本的了解,然后才能理解后续章节中所述的各种测量技术的原理和功能。

第 6 章介绍了用于测量固体、液体和气体折射率的各种技术原理。例如,利用偏向角、临界角和布鲁斯特角可以测量折射率,还可使用薄膜干涉测量折射率。除了材料的折射率之外,光学设计人员还需要了解曲率半径的测量方法以及与成像光学元件相关的焦距测量方法。虽然这些参数的常规测量非常简单，但当测量范围非常大，精度非常高时，复杂程度也会增加。第 7 章介绍了这两个参数的各种测量方法。

第 8 章介绍了各种光学测试方法。光学测试通常是指测量光学系统出射的光波前形状。一个光学系统可以是一块平板、一个棱镜、一个复合透镜或透镜的组合。本章介绍了测量光学系统凹面、凸面、平面的表面面形误差以及材料不均匀性等的方法。当使用自准直仪或干涉仪测量两个表面之间的夹角时，测量精度不同。

第 9 章重点介绍这些方法。光学表面上镀的薄膜能改变光学元件的光学性质。这些薄膜也用于保护光学表面。第 10 章介绍了测量薄膜厚度的方法，如干涉法和偏振法。第 11 章介绍了一些速度测量法，其中包括基于多普勒现象的方法和粒子图像测速方法。第 12 章介绍了基于光学技术的压力测量技术。上述传统方法可以使用光纤进行改造，其优点是使用光纤不仅使设备小型化，而且还给设备赋予光纤具备的所有其他优点。第 13 章介绍了这些方法。第 14 章讨论了长度测量。长度是光学计量中的主要测量参数，使用光学方法可以精确测量长度。

此外，为了在整本书中保证一致性，规定在正 z 轴方向上传播的波采用 $e^{i(\omega t - kz)}$ 描述。这与一些书中的处理方法形成对比，他们将正 z 轴方向上传播的波采用 $e^{i(k_2 - \omega t)}$ 描述。这两种表示法经常在书中使用，容易导致混淆，请注意区分。

总之，本书包括一系列主题、测量技术和测量程序，相信学生、教师和科研人员会对此会很感兴趣。

致 谢

光的本质对生命关怀或艺术实践没有任何重要的意义,但它在许多其他方面却很值得关注。

托马斯·杨

虽然本书中关于光学计量的主题已经广为人知,并且已经在其他一些教科书和研究出版物中以一种或其他形式进行了讨论,但我从自己的独特视角出发,在此以综合的方式介绍这些主题。几十年来,我一直积极从事光学研究和教学工作,也在与众多光学科学家和团体的互动和合作中受益良多。致谢部分的确是适合记录我与各位导师学习经历的地方,尤其是 K. J. 罗森布鲁赫博士、K. D. 亨施教授、汉斯·提赞尼教授、布莱恩·汤普森教授、J. C. 怀恩特教授、P. 哈里哈兰教授、I. 亚马古基教授、T. 楚迪教授、P. K. 卡蒂教授、M. S. 索达教授。我很感谢他们教我光学知识。

另外还要感谢由我的同事组成的小组,他们人数众多,遍布全球。我要感谢同事与我进行的多次富有成效的互动和交谈,包括 W. 奥斯滕教授、M. 塔克达教授、T. 亚塔盖教授、M. 库扎温斯卡教授、凯哈·辛格教授、L. N. 哈斯拉教授、钱德拉·维克拉姆教授、M·P·科蒂亚尔教授。最令人兴奋的是我与他们的交流和交谈。此外,要感谢我的许多学生,也在光学科学和技术方面做了一些令人兴奋的工作,他们目前均担任重要职务。我仅在此列出部分人员,即 C. 乔纳森教授、钱德拉沙赫教授、A. R. 加内桑教授、P. 塞西尔库马兰教授、C. 纳拉扬穆尔西教授、M. V. 穆鲁克山教授。我还要特别感谢 J. C. 怀恩特教授允许我使用他在亚利桑那大学所使用的习题集。对没有在此表示列出的疏漏人员,在此表示歉意,并对所有未提及人员的支持表示感谢。

我很高兴能与CRC出版社的艾许莉·加斯克合作,在此对其一并表示感谢。由于我写这本书时正在印第安纳州泰瑞豪特的罗斯-霍曼理工学院和印度阿萨姆邦的提斯浦尔大学工作,所以我要感谢学校允许我参与这项意义非凡的活动。

写书通常会占用与亲人共度的时光,在此我要感谢妻子维加亚拉克米·西罗希给予我的支持,以及儿子贾扬特·西罗希所做的校对工作。

最后,我将对本书内容方面的任何不足之处负责。

拉吉帕尔·S. 西罗希
提斯浦尔大学

作者简介

拉吉帕尔·S. 西罗希博士,印度阿萨姆邦提斯浦尔大学物理系的讲座教授。2000 年至 2009 年期间,他曾担任德里印度理工学院主任(2000 年 12 月至 2005 年 4 月)、博帕尔巴卡图拉大学副校长(2005 年 4 月至 2007 年 9 月)、密鲁特 Shobhit 大学副校长(2007 年 10 月至 2008 年 3 月)以及斋浦尔拉贾斯坦邦亚米提大学副校长(2008 年 3 月至 2009 年 10 月)。在此期间,他深入从事学术管理和研究工作。他还曾在印度班加罗尔的印度科学理工学院任职,并在印度金奈的印度马德拉斯技术学院担任过各种职务。

西罗希教授作为洪堡学者和获奖者,曾在德国工作过。他曾任俄亥俄州克利夫兰凯斯西储大学的高级研究助理,并担任印第安纳州泰瑞豪特罗斯－霍曼理工学院的副教授和杰出学者。他一直担任马来西亚马来亚大学高级研究所的 ICTP(意大利里雅斯特国际理论物理中心)顾问,也是纳米比亚大学的 ICTP 访问科学家。他还一直担任新加坡国立大学和瑞士洛桑市洛桑联邦理工学院(EPFL)的客座教授。

西罗希教授也是印度和其他地方一些重要学院和协会的研究员,包括印度国家工程院、国家科学院、美国光学学会、印度光学学会、国际光学工程学会(SPIE)以及印度仪器学会;他还是印度技术教育学会(ISTE)和印度计量学会的荣誉研究员。他是其他一些科学学会的成员,也是印度激光协会的创始成员。他还一直担任国际光学工程学会印度分会主席,该分会于 1995 年在印度马德拉斯技术学院与国际光学工程学会合作建立。他曾受邀作为日本学术振兴会的研究员和日本工业技术协会(JITA)的研究员前往日本。他一直担任国际光学工程学会教育委员会成员。

西罗希教授荣获了以下各种组织颁发的奖项:德国亚历山大·冯·洪堡基金会的洪堡研究奖(1995 年);国际光学委员会的伽利略·伽利莱奖(1995 年);印度光学学会的亚米塔·德纪念奖(1998 年);伊朗科学技术研究组织第 13 届 Khwarizmi 国际奖(2000 年);联合国教科文组织的阿尔伯特·爱因斯坦银奖(2000 年);迈索尔塔萨卡里基金会的 Y. T. 塔萨卡里博士名誉奖(2001 年);

M. P. 科学技术委员会的 2000 年贾瓦哈拉尔·尼赫鲁总理工程技术奖(2002 年授予);NRDC 技术发明奖(2003 年);C. V. 拉曼爵士奖:大学拨款委员会(UGC)2002 年物理科学;印度国家公民奖莲花士勋章(2004 年);加尔各答印度科学会议协会的 C. V. 拉曼爵士百年诞辰奖(2005 年);在德国斯图加特举行的第五届国际会议期间,被授予全息骑士勋章(2005 年);金奈百岁老人信托基金颁发的"百岁塞瓦拉特纳奖"(2004 年);印度仪器学会奖(2007 年);美国国际光学工程学会加博尔奖(2009 年);大学拨款委员会国家 Hari Om Ashram 信托奖 - 大学拨款委员会霍米·J·巴巴应用科学奖(2005 年);印度理工学院德里分校颁发的杰出校友奖(2013 年);美国国际光学工程学会 2014 年维克拉姆奖。

西罗希教授曾于 1994 年至 1996 年期间担任印度光学学会会长。他还曾连续三届担任印度仪器学会会长(2003—2006 年、2007—2009 年、2010—2012 年)。他一直在英国《现代光学杂志》国际顾问委员会以及《光学杂志》(印度)、Optik 和《印度纯粹与应用物理杂志》的编辑委员会之列。他一直担任《工程光学和激光》和《光学工程》的客座编辑,曾于 1999—2013 年 8 月期间担任美国国际期刊《光学工程》的副主编,目前担任该期刊的高级编辑。

西罗希教授共发表 456 篇论文,其中有 244 篇论文在国家级期刊和国际期刊上发表,67 篇论文在学术会议论文集中发表,145 篇论文在学术会议上发表。他撰写/合著/编辑了 13 本书,其中包括国际光学工程学会的 5 本里程碑著作。他是政府资助的机构和行业赞助的 26 个项目的主要协调人;他已经指导了 25 篇博士论文、7 篇 MS 论文以及许多 BTech、MSc 和 MTech 论文。

西罗希教授的研究领域包括光学计量、光学仪器、激光仪器、全息术和散斑现象。

目　录

第1章 光学概述

1.1 引言

计量学是进行测量并从数据中得出重要结论的一门科学和技术。而光学计量是使用基于光学技术进行测量的科学。由于大多数的测量均涉及一种形式或其他形式的长度量,因此本书中记载的大多数技术将与长度测量有关。此外,本书还介绍了一些与光学直接相关的物理参数的测量技术。

长度单位采用米。在1889年之前,米定义为从北极到赤道并且通过法国巴黎的子午线长度的1/10000000。人们把长度等于米的子午线定义的铂金杆称为标准米尺(米原器)。但人们发现米原器端部磨损会导致米原器无法保证其量值的再现性,因此米原器被线纹标准米尺所取代。基于线纹标准米尺的米定义为铂 – 铱杆上在 X 横截面刻画的两条细线之间的长度,铂 – 铱杆的储存环境非常严格,并且刻线长度测量要在非常精确控制的条件下进行。基于线纹标准米尺的定义从1889年到1960年间使用。然而,由于物理制品永远存在被破坏的威胁,因此基于铂 – 铱杆的米标准又被基于光波长的标准所取代。基于光波长的标准米的长度定义为 ^{86}Kr 放射光谱中橙红色光波长的 1650763.73 倍;这个定义在1960年到1984年间使用。

在此期间,一些其他的激光光源也被用作长度标准使用。1983年,第17届国际计量大会(CGPM)决定采用真空中的光速作为米的定义。标准米的定义如下:"标准米是指光在真空中在事件间隔 1/299792458s 内行进的距离"(http://www.bipm.org/en/measurement – units/)。在实践中,第二种长度标准一般用于校准。但就此确定了一个具体流程,用于确保标准米定义的可追溯性。

牛顿时代之前,一般认为光是从发光体发出并撞击眼睛的粒子(微粒)流。在牛顿时代,通过有力的科学实验和有说服力的理由,认为光是一种波动。麦克斯韦的电磁学理论以及赫兹的实验进一步支持了这种说法,从而将光引入了电磁频谱的范围内。后来,对光子和电子之间能量交换的光电效应解释使得光本质的微粒学说重新流行起来。因此光具有双重特性,两者中的主导特性取决于实验性质和测量。幸运的是,光的波动性还可以从光子基础理论进行解释。因此,光的研究主题分为①几何光学,其中光以直线传播,并且传播路径采用光线描述;②物理光学,所研究的现象主要依赖于光的波动性理论,并且传播过程为波前传播;③电磁光学,其研究精细结构中的光波导和波前传播;④量子光学,其研究光与物质间的相互作用,其中涉及能量交换。光学计量主要利用光的波动性性质开展工作,与此同时,在处理涉及测量的许多主题时,也经常借用非波动性理论中光的相关描述中的一些概念。

1.2 反射定律

众所周知,光束传播的方向可以通过反射和折射来改变。对这两种现象已进行了非常详细的研究,并根据研究结果形成了反射定律和折射定律。反射定律可分为两大部分进行描述:

(1)反射角等于入射角;

(2)入射光线、入射点处反射面的法线以及反射光线位于同一平面。

反射定律中的这两个部分均可以用矢量公式表示为

$$\boldsymbol{n}_2 = \boldsymbol{n}_1 - 2(\boldsymbol{n}_1 \cdot \boldsymbol{s})\boldsymbol{s} \tag{1-1}$$

式中:$\boldsymbol{n}_1$、$\boldsymbol{n}_2$ 和 $\boldsymbol{s}$ 分别表示入射光线、反射光线和法线的单位矢量。根据近轴近似原则,$\boldsymbol{n}_1 \cdot \boldsymbol{s} \approx -1$,因此反射定律可表示为:$\boldsymbol{n}_2 = \boldsymbol{n}_1 + 2\boldsymbol{s}$。

1.3 折射定律

当光从一种介质传播到另一种介质时,出现折射现象。各向同性和均质介质的折射率 μ 相同,其中折射率是指真空中光速与介质中光速的比率。折射定律也可以分为两部分进行描述:

(1)$\mu_1 \sin\theta_i = \mu_2 \sin\theta_r$。

(2)入射光线、入射点处介质分界面法线以及折射光线位于同一平面。

折射定律的这两个部分内容也可以在单个矢量公式中表示为

$$\boldsymbol{n}_2 = \boldsymbol{n}_1 - (\boldsymbol{n}_1 \cdot \boldsymbol{s})\boldsymbol{s} + \left(\sqrt{(\mu_2)^2 - (\mu_1)^2 + (\boldsymbol{n}_1 \cdot \boldsymbol{s})^2} \right)\boldsymbol{s} \tag{1-2}$$

式中:θ_i 和 θ_r 分别为入射角和折射角。两种介质的折射率分别为 μ_1 和 μ_2,入射光线位于折射率为 μ_1 的介质中。

根据近轴近似原则,角度 θ_i 较小,$\boldsymbol{n}_1 \cdot \boldsymbol{s} \approx \mu_1$。因此,折射定律可表示为

$$\boldsymbol{n}_2 = \boldsymbol{n}_1 + (\mu_2 - \mu_1)\boldsymbol{s} \tag{1-3}$$

依据式(1-3)可知,当光线从光疏介质(折射率较小)入射到光密介质(折射率较大)时,折射角总是小于入射角。相反,如果光线从光密介质入射到光疏介质,则折射角总是大于入射角。因此,存在这样一个入射角,其折射光线与介质分界面法线成90°角:折射线沿着界面传播。这个入射角称为临界角。如果入射角大于临界角,则没有折射线,而只有反射线:入射线完全被反射。这种现象称为全反射。该现象在一些仪器中发挥着重要作用。

1.4 干涉

有人说,光与光叠加时有时会变暗。这种说法源于一种奇妙的现象,即干涉。当两个波叠加时,在叠加区域,光强将重新分布。我们首先定义术语光强。光强是指坡印廷矢量的平均值,用 W/m^2 表示。光学探测器,如眼睛、照相乳剂和光电探测器,不能对光束的振幅变化做出响应,只能对能量或光强做出响应。因此,干涉现象变得更加重要,这是因为干涉能将相位信息记录在检测仪器可响应的光强信息中。首先,将波表示为

$$u(r;t) = u_0\cos(\omega t - k \cdot r) \tag{1-4}$$

该波是在任意方向上传播的频率 ω 的标量波。检测仪器能测量得到 $u^2(r;t)$ 的平均值。但是,光只是电磁频谱中的一小部分,并且光波属于横波。为了明确表述干涉条纹对比度与光波偏振态的关系,我们考虑两个偏振波之间的干涉情况。频率为 ω 的两个光波表示为

$$E_1(r;t) = E_{01}\cos(\omega t - k \cdot r_1) \tag{1-5}$$

和

$$E_2(r;t) = E_{02}\cos(\omega t - k \cdot r_2) \tag{1-6}$$

当这两个波叠加时,探测器能够测量到合成光强,而该光强可通过 $|E_1 + E_2|^2$ 的平均值求得。因此,可表示为

$$I(\delta) = I_1 + I_2 + 2E_{01} \cdot E_{02}\cos\delta \tag{1-7}$$

式中:$\delta = k \cdot (r_2 - r_1)$ 表示两个波之间的相位差;I_1 和 I_2 分别为各波的光强。

光强 I_1 和 I_2 分别为 $I_1 = |E_{01}|^2$ 和 $I_2 = |E_{02}|^2$。因此可以看出,合成光强包含两项内容:$(I_1 + I_2)$ 和 $2E_{01} \cdot E_{02}\cos\delta$。第一项是直流偏置,它可以在 $x-y$ 平面上保持恒定或缓慢发生变化,而第二项是干涉项,它随 δ 快速发生变化。因此,叠加区域中的合成光强在最小值和最大值之间变化。这种变化是因干涉现象而引起的,干涉现象对光强进行了重新分布。$x-y$ 平面上的光分布称为条纹图样或干涉图样。最大亮度区域构成亮条纹,最小亮度区域构成暗条纹。可以看到,条纹是恒定相位差 δ 的轨迹。连续的亮条纹(或暗条纹)采用同相 2π 隔开。根据迈克耳逊实验,将条纹的可见度定义为

$$V = \frac{I_{\max} - I_{\min}}{I_{\max} + I_{\min}} \tag{1-8}$$

其中 $I_{\max}$ 和 $I_{\min}$ 分别为合成光强的最大值和最小值。将这两个数值代入式(1-8)后,得

$$V = \frac{2E_{01} \cdot E_{02}}{I_1 + I_2} \tag{1-9}$$

可见度取决于两个参数:两条光束的偏振状态和光强比,但在这种形式中

并不明显。如果干涉光束具有相同的偏振状态,即两条光束中的 E 矢量指向相同方向,则该可见度为最大可见度。如果光束正交偏振,则不会形成条纹图样。换句话说,干涉项为零。因此,光学设置可进行相应配置。例如,当在水平台上设置实验时,光束中的 E 矢量垂直布置,确保镜子处的连续反射不会使偏振平面发生旋转。现在,可见度 V 可表示为

$$V = \frac{2\sqrt{I_1 I_2}}{I_1 + I_2} = \frac{2\sqrt{I_1/I_2}}{1 + (I_1/I_2)} \tag{1-10}$$

当两条光束的光强相同时,可见度显然为1。此外,即使其中一条光束非常弱,条纹的可见度也非常好。这解释了因干涉图样中灰尘颗粒和划痕而引起的假条纹对比非常明显的原因。在这项分析中,默认假设两条光束均为相干光束。因此,这些光束均来源于相同的母光束。但是,由于真实光源发出部分相干光,因此可见度的定义中也包含相干度。

可通过波前分割或振幅分割从母光束中获得干涉光束。有一个众所周知的波前分割例子,即著名的杨氏双缝实验。两条狭缝在两个空间位置对波前进行采样。这些采样的波前受到狭缝衍射,从而扩大其空间范围,使其在距离狭缝平面一定距离的平面上叠加。或者,这对狭缝可以视为由母波激发的一对二次光源。根据一阶近似,在 $x-y$ 平面上距离狭缝平面 z 的任何点处两个波之间的相位差如下:

$$\delta = k\frac{xd}{z} \tag{1-11}$$

式中:$k = 2\pi/\lambda$,d 为狭缝之间的间隔,x 轴取垂直于这对狭缝的法线。而干涉图样中的光强分布情况可表示为

$$I(\delta) = 2I_0 \text{sinc}^2\left(\frac{2bx}{\lambda z}\right)[1 + \cos(\delta)] \tag{1-12}$$

式中:I_0 为由每条狭缝在轴上产生的光强;$\text{sinc}(2bx/\lambda z) = \sin(\pi 2bx/\lambda z)/(\pi 2bx/\lambda z)$ 为因宽度是 $2b$ 的狭缝处衍射而引起的振幅分布。

因此,干涉图样中的光强分布通过衍射项调制。如果狭缝非常窄,则衍射光强分布在非常宽的角度范围内。当准直波照射在两条以上的狭缝时,干涉图样中的光强分布会得到进一步修改。此时,可以看到光栅通过波前分割产生多条光束。

迈克耳逊干涉仪就是最早基于振幅分割的仪器之一。通过引入补偿器实现干涉仪两臂之间的轨迹匹配,从而也可以使用低相干长度光源。另一个就是平面平行板(PPP)干涉仪,其采用振幅分割,但需要使用中等相干长度的光源。所有偏振干涉仪均使用振幅分割。法布里-珀罗干涉仪和薄膜结构均通过振幅分割利用多个干涉项。

首先考虑两个平面波之间的干涉。一个平面波通常在 $x-y$ 平面上入射,

而另一个平面波位于 $x - z$ 平面上,并与 z 轴形成一个夹角 θ。相位差 δ 为

$$\delta = kx\sin\theta \tag{1 - 13}$$

各个条纹平行于 y 轴,条纹间距为 $\bar{x} = \lambda/\sin\theta$。条纹图样是平行于 y 轴的一组间距恒定的直线。如果平面波以 z 轴对称入射,并与 z 轴形成一个夹角 θ,则条纹间距为: $\bar{x} = \lambda/2\sin(\theta/2)$。如果夹角 θ 较小,则这两种情况下的条纹宽度几乎相等。

现在,考虑沿 z 轴的平面波与从原点上点光源发出的球面波之间的干涉。由下式得出相位差

$$\delta = \delta_0 + k\frac{x^2 + y^2}{2z} \tag{1 - 14}$$

式中: δ_0 为一个恒定的相位差, z 为观察平面与点光源之间的距离。该表达式在近轴近似下也有效。

亮条纹的形成条件如下:

$$x^2 + y^2 = m\lambda z \quad m = 0,1,2,\cdots \tag{1 - 15}$$

条纹图样由圆形条纹组成,圆形条纹半径与自然数的平方根成正比,零阶条纹的亮度取决于 δ_0。如果在一个角度插入平面波,则条纹形状将显示为圆弧。

1.5 衍射

讨论成像时,人们会遇到光束通过成像透镜和光阑从物体平面传播到图像平面上。因此,光束在这个过程中发生衍射现象。索末菲将术语衍射简单描述为"光线与直线路径之间不能解释为反射或折射的任何偏差"。衍射通常以不同的形式表示为"角落附近的光线弯曲"。根据傅里叶光学原理,当波的横向范围有限时,波会发生衍射现象。由于光学元件尺寸有限或其他限制,光束在传播过程中通常会发生衍射现象。

格里马尔迪首先观察到障碍物几何区域内存在波段。惠更斯引入了二次波的概念,从而对这一观察结果进行了令人满意的解释。菲涅耳改进了惠更斯的直观方法,这个理论称为惠更斯 - 菲涅耳衍射理论。

基尔霍夫为惠更斯 - 菲涅耳理论奠定了更为坚实的数学基础。他的数学公式基于两个边界条件,但人们发现这两个边界条件彼此不一致。科特勒试图通过将基尔霍夫的边值问题重新解释为跃迁问题,以此来消除这些矛盾。跃迁表示函数的不连续性或跳跃性。索末菲后来修改了基尔霍夫的理论,利用格林函数理论消除了其中一个边界条件。这个理论称为瑞利 - 索末菲衍射理论。

1.5.1 单色波传播

假设有一条单色波,假定其波场为标量。任何位置 P 和任何时间 t 的光扰

动采用 $u(P,t)$ 表示,其中

$$u(P,t) = U(P)\cos[\omega t + \phi(P)] = \mathrm{Re}[U(P)\mathrm{e}^{i\omega t}] \quad (1-16)$$

$U(P) = U(P)\mathrm{e}^{-i\phi(P)}$。$U(P)$ 为位置的复函数,通常称为相量。现在,如果光是一种波动,则其应该遵循每个源点的波动方程。因此,有

$$\nabla^2 u - \frac{1}{c^2}\frac{\partial^2 u}{\partial t^2} = 0 \quad (1-17)$$

式中:∇^2 为拉普拉斯算子。代入式(1-6)后,得

$$(\nabla^2 + k^2)U(P) = 0 \quad (1-18)$$

式中:k 的定义为 $k = \omega/c = 2\pi/\lambda$ 的波数。

式(1-17)称为亥姆霍兹方程。任何单色波在自由空间中传播时,其复振幅必须符合亥姆霍兹方程。

1.5.2 基尔霍夫衍射理论

考虑到 P_2 处点光源的球面波入射在光阑上,该光阑的开口 Σ 使光发生衍射,如图 1-1 所示。需要在观察点 P_0 处获得波的振幅。开口处点 P_1 的球面波振幅表示为

$$U(P_1) = A\frac{\mathrm{e}^{-ikr_{21}}}{r_{21}} \quad (1-19)$$

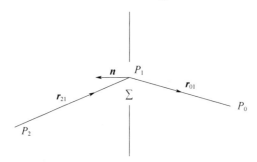

图 1-1 用于计算点 P_0 衍射场的几何体

式中:r_{21} 为点 P_2 和点 P_1 之间的距离;A 为距点 P_2 单位距离处的振幅。

基尔霍夫利用格林定理推导出观测点 P_0 处波的振幅表达式。将点 P_1 处的格林函数 $G(P_1)$ 作为从点 P_0 处扩大的单位振幅波。它表示为

$$G(P_1) = \frac{\mathrm{e}^{-ikr_{01}}}{r_{01}} \quad (1-20)$$

利用格林定理,可以证明点 P_0 处的波振幅可表示为

$$U(P_0) = \frac{1}{4\pi}\iint_S \left[\frac{\partial U}{\partial n}G - U\frac{\partial G}{\partial n}\right]\mathrm{d}s \quad (1-21)$$

式中:在围绕点 P_0 的表面上进行积分运算;U 和 $\partial U/\partial n$ 分别为点 P_2 的波振幅及

其在开口表面的一阶导数;n 为沿向外法线的取值;

G 和 $\partial G/\partial n$ 分别为开口表面的格林函数及其导数。因此,该式可改写为

$$U(P_0) = \frac{1}{4\pi}\iint_S\left[\frac{\partial U}{\partial n}\left(\frac{e^{-ikr_{01}}}{r_{01}}\right) - U\frac{\partial}{\partial n}\left(\frac{e^{-ikr_{01}}}{r_{01}}\right)\right]ds \qquad (1-22)$$

进一步使用索末菲辐射条件和基尔霍夫边界条件,可以证明需要在衍射光阑的表面积 Σ 上进行积分运算。因此,点 P_0 处的光场表示为

$$U(P_0) = \frac{1}{4\pi}\iint_\Sigma\left[\frac{\partial U}{\partial n}\left(\frac{e^{-ikr_{01}}}{r_{01}}\right) - U\frac{\partial}{\partial n}\left(\frac{e^{-ikr_{01}}}{r_{01}}\right)\right]ds \qquad (1-23)$$

得出导数,使用条件 $k \gg 1/r_{01}$ 和 $k \gg 1/r_{21}$,P_0 处的振幅可表示为

$$U(P_0) = \frac{iA}{\lambda}\iint_\Sigma\frac{e^{-ik(r_{01}+r_{21})}}{r_{01}r_{21}}\left[\frac{\cos(n,r_{01}) - \cos(n,r_{21})}{2}\right]ds \qquad (1-24)$$

这个公式称为菲涅耳 – 基尔霍夫衍射公式。该公式对于与光的波长相比距离非常大的标量场有效。值得注意的是,基尔霍夫应用的边界条件彼此并不一致。通过选择适当的格林函数可以消除这些不一致性。

通过选择格林函数消除不一致性,使得光阑上任何地方的格林函数均为零,但是存在其导数;或者存在格林函数,但其在衍射光阑上的导数全部为零。

如果选择格林函数表示两个发散的球面波,而这两个球面波反相振荡,且来源于镜像点,则在近似 $k \gg 1/r_{01}$ 时,点 P_0 处的光场分布情况为

$$U(P_0) = \frac{iA}{\lambda}\iint_\Sigma\frac{e^{-ik(r_{01}+r_{21})}}{r_{01}r_{21}}ds \qquad (1-25)$$

这个公式称为瑞利 – 索末菲衍射公式。与基尔霍夫理论的结果相比,可以通过菲涅耳引入的倾斜因子看出存在的差异。值得注意的是,通过这两个公式获得的光场分布同等有效。

1.5.3　小角度近似

假设物体中的空间频率含量较低,使得光以小角度(即 $\cos\theta \sim 1$ 和 $\sin\theta \sim \theta$)发生衍射;假设照明光源更靠近光轴。在这些情况下,可以将倾斜因子视为 1。式(1-24)和式(1-25)这两个公式现在归纳为

$$U(P_0) = \frac{iA}{\lambda}\iint_\Sigma\frac{e^{-ik(r_{01}+r_{21})}}{r_{01}r_{21}}ds \qquad (1-26)$$

其中,$Ae^{-ikr_{21}}/r_{21}$ 为开口上任意点处球面波的振幅。惠更斯假设存在二次波,其振幅与激发波的振幅成正比,因此观测点的光场也与 $Ae^{-ikr_{21}}/r_{21}$ 成正比。现在,假设有某一典型透射比的开口。沿光轴传播的平面波入射到光阑上,如图 1-2 所示。

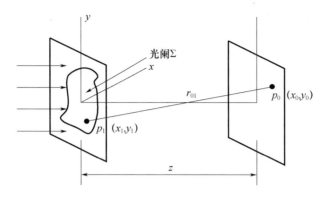

图 1-2　光阑 Σ 处的衍射

然后,由下式得出振幅 $U(P_0)$

$$U(p_0) = \frac{i}{\lambda} \iint_{\Sigma} U(x_1, y_1) \frac{\mathrm{e}^{-ikr_{01}}}{r_{01}} \mathrm{d}s = \frac{i}{\lambda} \iint_{\Sigma} U(x_1, y_1) \frac{\mathrm{e}^{-ikr_{01}}}{r_{01}} \mathrm{d}x_1 \mathrm{d}y_1 \quad (1-27)$$

式中: $U(x_1, y_1)$ 是刚好在光阑后出射的光场。

1.5.4　菲涅耳近似

为了简化这个公式,将 $\boldsymbol{r}_{01}$ 展开为

$$\boldsymbol{r}_{01} = \sqrt{z^2 + (x_0 - x_1)^2 + (y_0 - y_1)^2} \quad (1-28)$$

展开二项展开式后,保留前 3 项,得

$$\boldsymbol{r}_{01} = z + \frac{1}{2z}[(x_0 - x_1)^2 + (y_0 - y_1)^2] - \frac{1}{8z^3}[(x_0 - x_1)^2 + (y_0 - y_1)^2]^2$$

$$(1-29)$$

在 $\boldsymbol{r}_{01}$ 的二项展开式中,如果我们删除二阶项,就进入菲涅耳区域内。现在,光场 $U(x_0, y_0)$ 则表示为

$$U(x_0, y_0) = \frac{i}{\lambda Z} \mathrm{e}^{-ikz} \iint_{\Sigma} U(x_1, y_1) \mathrm{e}^{-i(k/2z)[(x_0-x_1)^2+(y_0-y_1)^2]} \mathrm{d}x_1 \mathrm{d}y_1 \quad (1-30)$$

可以注意到,菲涅耳区域从距开口一定距离 z 处开始。根据下方不等式得出该距离 z

$$\frac{1}{8z^3}[(x_0 - x_1)^2 + (y_0 - y_1)^2]^2 \ll \lambda \quad (1-31)$$

对于轴 $(x_0 = y_0 = 0)$ 上的光场,这个前提是

$$z^3 \gg \frac{(x_1^2 + y_1^2)^2}{8\lambda} \quad (1-32)$$

如果开口的直径为 $2D$,那么

$$Z \gg \sqrt[3]{\left(\frac{D^4}{8\lambda}\right)} \quad (1-33)$$

物体中的空间含量较低意味着，$U(x_1,y_1)$ 是空间坐标的一个缓慢变化函数。实际上，$U(x_1,y_1)$ 可以表征在用单位振幅平面波照射衍射物体时衍射物体的透射比函数。

式(1-30)表示为

$$U(x_0,y_0) = \frac{i\mathrm{e}^{-ikz}}{\lambda z}\mathrm{e}^{-i(k/2z)(x_0^2+y_0^2)}\iint\limits_{\Sigma} U(x_1,y_1)\,\mathrm{e}^{-i(k/2z)(x_1^2+y_1^2)}\,\mathrm{e}^{i(k/z)(x_0x_1+y_0y_1)}\,\mathrm{d}x_1\mathrm{d}y_1$$

$$(1-34)$$

因此，这表示 $U(x_1,y_1)\mathrm{e}^{-i(k/2z)(x_1^2+y_1^2)}$ 乘以二次相位因子和复合常数的傅里叶变换。

1.5.5　夫琅和费近似

现在，应用另一个条件，即

$$\left(\frac{k}{2z}\right)(x_1^2+y_1^2)_{\max}\ll 2\pi \tag{1-35}$$

或

$$z\gg\frac{1}{2}\frac{D^2}{\lambda} \tag{1-36}$$

式中：D 为光阑的半径。光场 $U(P_0)$ 表示为

$$U(x_0,y_0) = \frac{i\mathrm{e}^{-ikz}}{\lambda z}\mathrm{e}^{-i(k/2i)(x_0^2+y_0^2)}\iint\limits_{\Sigma} U(x_1,y_1)\,\mathrm{e}^{i(k/z)(x_0x_1+y_0y_1)}\mathrm{d}x_1\mathrm{d}y_1 \quad (1-37)$$

由于 $U(x_1,y_1)$ 仅在光阑内有限，因此可以将范围扩大到 $\pm\infty$。从而有

$$\begin{aligned}
U(x_0,y_0)\mathrm{e}^{i(k/2z)(x_0^2+y_0^2)} &= \frac{i\mathrm{e}^{-ikz}}{\lambda z}\iint\limits_{-\infty}^{\infty} U(x_1,y_1)\,\mathrm{e}^{i(k/z)(x_0x_1+y_0y_1)}\mathrm{d}x_1\mathrm{d}y_1\\
&= \frac{i\mathrm{e}^{-ikz}}{\lambda z}\mathfrak{F}\left[U(x_1,y_1)\right]_{x_0/\lambda z,\,y_0/\lambda z} \tag{1-38}
\end{aligned}$$

式中：符号 $\mathfrak{F}$ 代表傅里叶变换运算。从而，在 $x_0/\lambda z,y_0/\lambda z$ 空间频率下评估的 $U(x_1,y_1)$ 的傅里叶变换存在于球面上。当满足式(1-35)中表达的条件时，得出光场分布为光阑平面上存在的光场傅里叶变换。在实践中，使用透镜将远场衍射图形移到其后焦平面上。当将透明物体放置在透镜前面的任何位置时，在后焦平面处获得透明物体的傅里叶变换乘以相位因子。然而，当透明物体位于前焦平面时，抵消相位因子，在后焦平面处获得纯粹傅里叶变换。还有其他可用于获得纯粹傅里叶变换的几何体。

1.6　偏振

光仅是电磁频谱中的一小部分。光包含在自由空间或真空中传播时的电

场和同相振荡的磁场。电场矢量 $\boldsymbol{E}$、磁场矢量 $\boldsymbol{B}$ 和传播方向 k 形成一个正交三元组。坡印廷矢量的平均值 $(\boldsymbol{E} \times \boldsymbol{B})/\mu_0$ 给出了波的强度,坡印廷矢量的方向沿着传播方向。偏振通常是指方位。根据惯例,偏振方向取沿着波的电场方向。

假设 $+z$ 轴方向上传播频率为 ω 的单色波,有

$$\boldsymbol{E}(z;t) = \boldsymbol{E}_0 \cos(\omega t - kz) \qquad (1-39)$$

$\boldsymbol{E}$ 矢量位于 $x-y$ 平面上。$\boldsymbol{E}$ 可表示为

$$E = E_x i + E_y j \qquad (1-40)$$

1.6.1 偏振椭圆

我们可沿 x 轴方向和 y 轴方向将单色波写入其分量后得出:

$$E_x = E_{0x} \cos(\omega t - kz + \phi_x) \qquad (1-41)$$

$$E_y = E_{0y} \cos(\omega t - kz + \phi_y) \qquad (1-42)$$

式中:ϕ_x 和 ϕ_y 分别为与电场的 x 轴分量和 y 轴分量相关的相位。E_x 和 E_y 均是时间函数,振荡频率 $v(=\omega/2\pi)$。在消除时间关系式后,我们得到

$$\frac{E_x^2}{E_{0x}^2} + \frac{E_y^2}{E_{0y}^2} - 2\frac{E_x E_y}{E_{0x} E_{0y}}\cos\phi = \sin^2\phi \qquad (1-43)$$

式中:相位差 $\phi = \phi_x - \phi_y$。这是非标准形式的椭圆方程。电场矢量的尖端在任何固定的 z 位置追踪椭圆。这称为椭圆偏振光。然而,偏振状态由椭圆形状决定,即由长轴方向和椭圆率决定。椭圆大小由波的强度决定。尖端可以顺时针方向或逆时针方向移动来追踪椭圆。在观察光束时,如果尖端顺时针旋转,则将其称为右旋椭圆偏振,反之亦然。

根据分量大小及其相位差,得到线偏振光和圆偏振光。当分量 E_{0x} 或分量 E_{0x} 中的任何一个为零,或者相位差 ϕ 为 0 或 π 时,可得到线偏振光。在前一种情况下,光沿着 y 轴方向或 x 轴方向发生偏振,而在后一种情况下,光在任意方向上发生线性偏振,这取决于分量大小。电场方向和传播方向决定了偏振面。当 E_{0x} 和 E_{0x} 这两个分量相等,且其相位差为 $\pi/2$ 或 $3\pi/2$ 时,可得到圆偏振光。

1.6.2 偏振态的表示法

1.6.2.1 琼斯矢量

琼斯矢量是指一个包含两个元素的列矢量,可用于描述任何偏振状态。琼斯矢量表示如下:

$$\boldsymbol{J} = \begin{bmatrix} E_x \\ E_y \end{bmatrix} \qquad (1-44)$$

假设琼斯矢量得出波的强度为 $I = (E_x^2 + E_y^2)/2\eta$,其中 η 为波传播时的介质阻抗。在写入各种偏振状态的琼斯矢量时,将波的强度正规化为 1。表 1-1

中给出了一些偏振状态的琼斯矢量。

表 1-1 琼斯矢量

序号	偏振状态	琼斯矢量
1	线性 x 偏振	$J = \begin{bmatrix} 1 \\ 0 \end{bmatrix}$
2	线性 y 偏振	$J = \begin{bmatrix} 0 \\ 1 \end{bmatrix}$
3	与 x 轴成 θ 度角的线性偏振	$J = \begin{bmatrix} \cos\theta \\ \sin\theta \end{bmatrix}$
4	右旋圆偏振	$J = (1/\sqrt{2}) \begin{bmatrix} 1 \\ i \end{bmatrix}$
5	左旋圆偏振	$J = (1/\sqrt{2}) \begin{bmatrix} 1 \\ -i \end{bmatrix}$

当光波通过光学系统发生反射或透射现象时,光波的偏振状态通常会发生改变。假设是线性系统,可以应用叠加原理,则可以用 2×2 矩阵描述偏振态的演化情况,这个矩阵称为琼斯矩阵。表 1-2 中列出了许多元素的琼斯矩阵。

表 1-2 部分光学元件的琼斯矩阵

序号	光学元件	琼斯矩阵 T
1	沿 x 轴方向的线偏振镜	$T = \begin{bmatrix} 1 & 0 \\ 0 & 0 \end{bmatrix}$
2	沿 y 轴方向的线偏振镜	$T = \begin{bmatrix} 0 & 0 \\ 0 & 1 \end{bmatrix}$
3	与 x 轴成 45°角的线偏振镜	$T = (1/2) \begin{bmatrix} 1 & 1 \\ 1 & 1 \end{bmatrix}$
4	与 x 轴成 -45°角的线偏振镜	$T = (1/2) \begin{bmatrix} 1 & -1 \\ -1 & 1 \end{bmatrix}$
5	与 x 轴成 θ 度角的线偏振镜	$T = \begin{bmatrix} \cos^2\theta & \cos\theta\sin\theta \\ \cos\theta\sin\theta & \sin^2\theta \end{bmatrix}$
6	偏振旋转器	$T = \begin{bmatrix} \cos\theta & -\sin\theta \\ \sin\theta & \cos\theta \end{bmatrix}$
7	沿 x 轴方向的波延迟器快轴——将 y 轴分量延迟 Γ	$T = \begin{bmatrix} 1 & 0 \\ 0 & e^{-i\Gamma} \end{bmatrix}$
8	1/4 波片——沿 y 轴方向的快轴	$T = e^{i\pi/4} \begin{bmatrix} 1 & 0 \\ 0 & -i \end{bmatrix}$

序号	光学元件	琼斯矩阵 $\boldsymbol{T}$
9	1/4 波片——沿 x 轴方向的快轴	$\boldsymbol{T} = \mathrm{e}^{i\pi/4}\begin{bmatrix} 1 & 0 \\ 0 & i \end{bmatrix}$
10	半波片	$\boldsymbol{T} = \begin{bmatrix} 1 & 0 \\ 0 & -1 \end{bmatrix}$
11	右旋圆偏振镜	$\boldsymbol{T} = (1/2)\begin{bmatrix} 1 & i \\ -i & 1 \end{bmatrix}$
12	左旋圆偏振镜	$\boldsymbol{T} = (1/2)\begin{bmatrix} 1 & -i \\ i & 1 \end{bmatrix}$

先使琼斯矢量$\boldsymbol{J}_1$的波入射到琼斯矩阵$\boldsymbol{T}$所述的光学系统中,然后得到如下的出射波琼斯矢量$\boldsymbol{J}_2$:

$$\boldsymbol{J}_2 = T\boldsymbol{J}_1 \tag{1-45}$$

首先,来看一个例子,其中线性偏振平面波采用琼斯矢量表示

$$\boldsymbol{J}_1 = \begin{bmatrix} E_x \\ E_y \end{bmatrix} \tag{1-46}$$

光波先入射到x偏振镜上,然后再入射到y偏振镜上。得到如下的透射波琼斯矢量

$$\boldsymbol{J}_2 = T_y T_x \boldsymbol{J}_1 = \begin{bmatrix} 0 & 0 \\ 0 & 1 \end{bmatrix}\begin{bmatrix} 1 & 0 \\ 0 & 0 \end{bmatrix}\begin{bmatrix} E_x \\ E_y \end{bmatrix} = \begin{bmatrix} 0 & 0 \\ 0 & 0 \end{bmatrix}\begin{bmatrix} E_x \\ E_y \end{bmatrix} \tag{1-47}$$

没有透射光。现在,再来看看另一个例子。线偏振面波首先穿过x轴偏振镜,然后再穿过偏振方向与x轴方向成θ度角的偏振镜。得出透射光的琼斯矢量如下:

$$J_2 = \begin{bmatrix} \cos^2\theta & \cos\theta\sin\theta \\ \cos\theta\sin\theta & \sin^2\theta \end{bmatrix}\begin{bmatrix} 1 & 0 \\ 0 & 0 \end{bmatrix}\begin{bmatrix} E_x \\ E_y \end{bmatrix} = \begin{bmatrix} \cos^2\theta & 0 \\ \cos\theta\sin\theta & 0 \end{bmatrix}\begin{bmatrix} E_x \\ E_y \end{bmatrix} = \begin{bmatrix} E_x\cos^2\theta \\ E_x\cos\theta\sin\theta \end{bmatrix} \tag{1-48}$$

经由装置透射的光强$I(\theta)$为

$$[E_x\cos^2\theta \quad E_x\cos\theta\sin\theta] \cdot \begin{bmatrix} E_x\cos^2\theta \\ E_x\cos\theta\sin\theta \end{bmatrix} = E_x^2(\cos^4\theta + \cos^2\theta\sin^2\theta) = I_0\cos^2\theta \tag{1-49}$$

式中:I_0为入射在与x轴方向成$\theta°$角的偏振镜上的光波强度。这是马吕斯定律的表述内容。这适用于光强控制。

当光强为I_0的随机偏振波入射在x轴偏振镜上时,偏振镜会透射一半光强,并使光波在x轴方向上发生偏振。偏振镜出射光的琼斯矢量如下:

$$J = \sqrt{\frac{I_0}{2}} \begin{bmatrix} 1 \\ 0 \end{bmatrix} \tag{1-50}$$

1.6.2.2　斯托克斯矢量

使用斯托克斯矢量处理完全偏振光、部分偏振光或随机偏振光。斯托克斯矢量是一个包含 4 个元素的列矢量,其定义如下:

$$S = \begin{bmatrix} S_0 \\ S_1 \\ S_2 \\ S_3 \end{bmatrix} \tag{1-51}$$

斯托克斯矢量的所有 4 个元素均可测量。假设有 4 个探测器,其中 3 个的前方均放有偏振镜。不带偏振镜的探测器测量波的总强度 I_0,带有 x 轴偏振镜的探测器测量强度 I_1,带有 $+45°$ 偏振镜的探测器测量强度 I_2,前面放置有右旋圆偏振镜的探测器测量强度 I_3。斯托克斯参数与测量的强度有关,如 $S_0 = I_0$,$S_1 = 2I_1 - I_0$,$S_2 = 2I_2 - I_0$,$S_3 = 2I_3 - I_0$。

换句话说,可以将斯托克斯矢量表示为

$$\begin{bmatrix} S_0 \\ S_1 \\ S_2 \\ S_3 \end{bmatrix} = \begin{bmatrix} E_x^2 + E_y^2 \\ E_x^2 - E_y^2 \\ 2E_x E_y \cos\phi \\ 2E_x E_y \sin\phi \end{bmatrix} = \begin{bmatrix} \text{Intensity} \\ I(0°) - I(90°) \\ I(45°) - I(135°) \\ I(\text{RCP}) - I(\text{LCP}) \end{bmatrix} \tag{1-52}$$

式中:$I(\theta°)$ 为当线偏振镜与 x 轴方向成 $\theta°$ 角时测得的强度;$I(\text{RCP})$ 和 $I(\text{LCP})$ 分别为用探测器前面的右旋圆偏振镜和左旋圆偏振镜测得的强度;

可能注意到,可用斯托克斯参数描述各种偏振状态,如下:

线偏振($S_1 \neq 0, S_2 \neq 0, S_3 = 0$)。

圆偏振($S_1 = 0, S_2 = 0, S_3 \neq 0$)。

完全偏振光($S_0^2 = S_2^1 + S_2^2 + S_3^2$)。

部分偏振光($S_0^2 > S_2^1 + S_2^2 + S_3^2$)。

非偏振光($S_1 = 0, S_2 = 0, S_3 = 0$)。

现在定义一些偏振度。

偏振度 $\mathcal{P}$ 为

$$\mathcal{P} = \frac{\sqrt{S_2^1 + S_2^2 + S_3^2}}{S_0} \tag{1-53}$$

线偏振度为

$$\mathcal{P}_{lin} = \frac{\sqrt{S_1^2 + S_2^2}}{S_0} \tag{1-54}$$

圆偏振度为

$$\mathcal{P}_{cir} = \frac{S_3}{S_0} \qquad (1-55)$$

庞加莱球也用于表示斯托克斯参数,因此也可以表示偏振状态。当使用斯托克斯矢量 $\boldsymbol{S}_{inc}$ 的光波入射到光学元件上时,出射波的斯托克斯矢量 $\boldsymbol{S}_{out}$ 可以描述为

$$\boldsymbol{S}_{out} = \boldsymbol{M} \boldsymbol{S}_{inc} \qquad (1-56)$$

式中: M 为与光学元件相关的一个 4×4 矩阵,称为穆勒矩阵。表 1-3 中说明了各种组件的穆勒矩阵。

表 1-3　各种光学元件的穆勒矩阵

序号	光学元件	穆勒矩阵 M
1	沿 x 轴方向的线偏振镜	$M = \dfrac{1}{2} \begin{bmatrix} 1 & 1 & 0 & 0 \\ 1 & 1 & 0 & 0 \\ 0 & 0 & 0 & 0 \\ 0 & 0 & 0 & 0 \end{bmatrix}$
2	沿 y 轴方向的线偏振镜	$M = \dfrac{1}{2} \begin{bmatrix} 1 & -1 & 0 & 0 \\ -1 & 1 & 0 & 0 \\ 0 & 0 & 0 & 0 \\ 0 & 0 & 0 & 0 \end{bmatrix}$
3	与 x 轴成 45° 角的线偏振镜	$M = \dfrac{1}{2} \begin{bmatrix} 1 & 0 & 1 & 0 \\ 0 & 0 & 0 & 0 \\ 1 & 0 & 1 & 0 \\ 0 & 0 & 0 & 0 \end{bmatrix}$
4	与 x 轴成 -45° 角的线偏振镜	$M = \dfrac{1}{2} \begin{bmatrix} 1 & 0 & -1 & 0 \\ 0 & 0 & 0 & 0 \\ -1 & 0 & 1 & 0 \\ 0 & 0 & 0 & 0 \end{bmatrix}$
5	与 x 轴成 θ 度角的线偏振镜	$M = \dfrac{1}{2} \begin{bmatrix} 1 & \cos 2\theta & \sin 2\theta & 0 \\ \cos 2\theta & \cos^2 2\theta & \sin 2\theta \cos 2\theta & 0 \\ \sin 2\theta & \sin 2\theta \cos 2\theta & \sin^2 2\theta & 0 \\ 0 & 0 & 0 & 0 \end{bmatrix}$
6	1/4 波片:沿 y 轴方向的快轴	$M = \dfrac{1}{2} \begin{bmatrix} 1 & 0 & 0 & 0 \\ 0 & 1 & 0 & 0 \\ 0 & 0 & 0 & -1 \\ 0 & 0 & 1 & 0 \end{bmatrix}$

续表

序号	光学元件	穆勒矩阵 M
7	1/4 波片:沿 x 轴方向的快轴	$M = \dfrac{1}{2}\begin{bmatrix} 1 & 0 & 0 & 0 \\ 0 & 1 & 0 & 0 \\ 0 & 0 & 0 & 1 \\ 0 & 0 & -1 & 0 \end{bmatrix}$
8	右旋圆偏振镜	$M = \dfrac{1}{2}\begin{bmatrix} 1 & 0 & 0 & 1 \\ 0 & 0 & 0 & 0 \\ 0 & 0 & 0 & 0 \\ 1 & 0 & 0 & 1 \end{bmatrix}$
9	左旋圆偏振镜	$M = \dfrac{1}{2}\begin{bmatrix} 1 & 0 & 0 & -1 \\ 0 & 0 & 0 & 0 \\ 0 & 0 & 0 & 0 \\ -1 & 0 & 0 & 1 \end{bmatrix}$

首先来看一个例子,其中随机偏振波入射在 x 轴偏振镜上。由下式得出透射波的斯托克斯参数

$$\begin{bmatrix} S_0 \\ S_1 \\ S_2 \\ S_3 \end{bmatrix} = \frac{1}{2}\begin{bmatrix} 1 & 1 & 0 & 0 \\ 1 & 1 & 0 & 0 \\ 0 & 0 & 0 & 0 \\ 0 & 0 & 0 & 0 \end{bmatrix}\begin{bmatrix} 1 \\ 0 \\ 0 \\ 0 \end{bmatrix} = \frac{1}{2}\begin{bmatrix} 1 \\ 1 \\ 0 \\ 0 \end{bmatrix} \qquad (1-57)$$

这表示 x 轴偏振波。现在,再来看看另一个例子,其中 x 轴偏振镜后面有一个与 x 轴方向成 $\theta°$ 角的线偏振镜。现在,得到如下的斯托克斯参数:

$$\begin{bmatrix} S_0 \\ S_1 \\ S_2 \\ S_3 \end{bmatrix} = \frac{1}{2}\begin{bmatrix} 1 & \cos2\theta & \sin2\theta & 0 \\ \cos2\theta & \cos^2 2\theta & \sin2\theta\cos2\theta & 0 \\ \sin2\theta & \sin2\theta\cos2\theta & \sin^2 2\theta & 0 \\ 0 & 0 & 0 & 0 \end{bmatrix} \frac{1}{2}\begin{bmatrix} 1 & 1 & 0 & 0 \\ 1 & 1 & 0 & 0 \\ 0 & 0 & 0 & 0 \\ 0 & 0 & 0 & 0 \end{bmatrix}\begin{bmatrix} 1 \\ 0 \\ 0 \\ 0 \end{bmatrix}$$

$$= \frac{1}{2}\begin{bmatrix} 1+\cos2\theta \\ \cos2\theta(1+\cos2\theta) \\ \sin2\theta(1+\cos2\theta) \\ 0 \end{bmatrix}$$

由 $I(\theta) = (1/2)(1+\cos2\theta) = \cos^2\theta$ 得出透射波的强度。由于入射强度取 1,所以这是马吕斯定律表述的内容。

1.7 菲涅耳方程式

假设将一线偏振平面波入射在置于折射率分别为 μ_1 和 μ_2 的两个介电介质之间的界面上。界面所在平面为 $x-y$ 平面。假设入射平面为 $x-z$ 平面。光波在折射率为 μ_1 的介质中以 θ_i° 角入射,透射波的角度为 θ_t。入射线偏振波可以分解为两条光波;一条光波在入射平面中发生偏振(称为 ||),另一条光波在垂直于入射平面的平面中发生偏振(称为 ⊥)。应用边界条件,使用斯涅尔折射定律后,可分别得到反射系数和透射系数。写入 $\mu = \mu_2 / \mu_1$,得

$$r_{\parallel} = \frac{-\mu\cos\theta_i + \cos\theta_t}{\mu\cos\theta_i + \cos\theta_t} = \frac{-\mu^2\cos\theta_i + \sqrt{\mu^2 - \sin^2\theta_i}}{\mu^2\cos\theta_i + \sqrt{\mu^2 - \sin^2\theta_i}} \qquad (1-58)$$

$$r_{\perp} = \frac{\cos\theta_i - \mu\cos\theta_t}{\cos\theta_i + \mu\cos\theta_t} = \frac{\cos\theta_i - \sqrt{\mu^2 - \sin^2\theta_i}}{\cos\theta_i + \sqrt{\mu^2 - \sin^2\theta_i}} \qquad (1-59)$$

和

$$t_{\parallel} = \frac{2\mu\cos\theta_i}{\mu^2\cos\theta_i + \sqrt{\mu^2 - \sin^2\theta_i}} \qquad (1-60)$$

$$t_{\perp} = \frac{2\cos\theta_i}{\cos\theta_i + \sqrt{\mu^2 - \sin^2\theta_i}} \qquad (1-61)$$

此外,可以证明 $\mu t_{\parallel} = 1 - r_{\parallel}$ 和 $t_{\perp} = 1 + r_{\perp}$。反射和透射的入射波功率系数分别称为反射比和透射比。界面的反射比和透射比如下:

$$\mathcal{R}_{\parallel} = |r_{\parallel}|^2 \qquad (1-62)$$

$$\mathcal{R}_{\perp} = |r_{\perp}|^2 \qquad (1-63)$$

和

$$\mathcal{T}_{\parallel} = \mu\left(\frac{\cos\theta_t}{\cos\theta_i}\right)|t_{\parallel}|^2 \qquad (1-64)$$

$$\mathcal{T}_{\perp} = \mu\left(\frac{\cos\theta_t}{\cos\theta_i}\right)|t_{\perp}|^2 \qquad (1-65)$$

检验平行偏振反射系数的式(1-58)后发现,某个角度 θ_B 的反射系数为零,即

$$\left(-\mu^2\cos\theta_i + \sqrt{\mu^2 - \sin^2\theta_i}\right)_{\theta_i = \theta_B} = 0 \qquad (1-66)$$

可得 $\mu = \tan\theta_B$。角 θ_B 称为布鲁斯特角。该式给出了测量透明物质相对于空气折射率的一种简单方法。此外,反射光发生线偏振。反射光的偏振平面垂直于入射平面。因此,这是找到偏振片等元件偏振方向的一种巧妙办法。

1.8 薄膜光学

涂覆适当厚度的薄膜可极大地改变表面的反射特性和透射特性。同时,表面也可具有抗反射性、高反射性或特定反射率。在成像光学系统中,几乎所有表面均涂有宽带抗反射涂层。涂覆表面可以改变元件的光谱透射比。本节的目的是为了研究薄膜的物理现象。

假设有分别由平面界面 1 和平面界面 2 所界定的厚度为 t 的薄膜。平面波倾斜入射。假设波的电场矢量垂直于入射平面(横向电 [TE] 波)。图 1-3 中说明了 3 个区域内电场矢量和磁场矢量的方向。

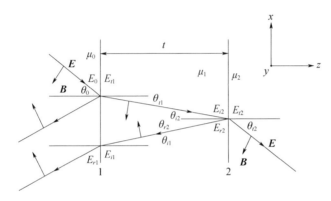

图 1-3 薄膜光学

边界条件规定电场(E)和磁场(B)的切向分量必须在界面处保持连续,也就是说,其在界面两侧的强度必须相等。图 1-3 中说明了入射场、反射场和透射场的强度。假设 E_1 和 B_1 分别是界面 1 左侧的电场强度和磁场强度。则

$$E_1 = E_0 + E_{r1} = E_{t1} + E_{i1} \qquad (1-67)$$

$$B_1 = B_0\cos\theta_0 - B_{r1}\cos\theta_0 = B_{t1}\cos\theta_{t1} - B_{i1}\cos\theta_{t1} \qquad (1-68)$$

由此可见,角度 $\theta_{t1} = \theta_{i2} = \theta_{r2} = \theta_{i1}$。假设 E_2 和 B_2 分别为界面 2 右侧的电场强度和磁场强度。则

$$E_2 = E_{i2} + E_{r2} = E_{t2} \qquad (1-69)$$

$$B_2 = B_{i2}\cos\theta_{i2} - B_{r2}\cos\theta_{r2} = B_{t2}\cos\theta_{t2} \qquad (1-70)$$

众所周知,电场和磁场通过介质中的速度相互关联。因此可得,$B_0 = (E_0/v_0) = \mu_0 E_0/c$ 以及其他磁场分量的类似表达式。其中,v_0 为折射率为 μ_0 的介质中的光波速度,c 为真空中的光速。现在,将式(1-67)和式(1-68)重写为

$$E_1 = E_0 + E_{r1} = E_{t1} + E_{i1} \qquad (1-71)$$

$$B_1 = (E_0 - E_{r1})\frac{\mu_0\cos\theta_0}{c} = (E_{t1} - E_{i1})\frac{\mu_1\cos\theta_{t1}}{c} \qquad (1-72)$$

定义 $\beta_0 = \mu_0\cos\theta_0/c$，$\beta_1 = \mu_1\cos\theta_{t1}/c$ 和 $\beta_2 = \mu_2\cos\theta_{t2}/c$，则式（1-72）可写为

$$B_1 = (E_0 - E_{r1})\beta_0 = (E_{t1} - E_{i1})\beta_1 \qquad (1-73)$$

同样在界面 2 处，得到

$$E_2 = E_{i2} + E_{r2} = E_{t2} \qquad (1-74)$$

$$B_2 = (E_{i2} - E_{r2})\beta_1 = E_{t2}\beta_2 \qquad (1-75)$$

当光波从界面 1 传播到界面 2 时，光波获得相位 δ，其中 $\delta = \kappa\mu_1 t\cos\theta_{t1}$。因此，数域 E_{i2} 和数域 E_{i1} 可以分别表示为

$$E_{i2} = E_{t1}\mathrm{e}^{-i\delta} \qquad (1-76)$$

和

$$E_{i1} = E_{r2}\mathrm{e}^{-i\delta} \qquad (1-77)$$

将这两个等式代入式（1-74）和式（1-75），得到

$$E_2 = E_{t1}\mathrm{e}^{-i\delta} + E_{i1}\mathrm{e}^{i\delta} \qquad (1-78)$$

$$B_2 = (E_{t1}\mathrm{e}^{-i\delta} - E_{i1}\mathrm{e}^{i\delta})\beta_1 \qquad (1-79)$$

求解 E_{t1} 和 E_{i1}，得到

$$E_{t1} = \frac{\beta_1 E_2 + B_2}{2\beta_1}\mathrm{e}^{i\delta} \qquad (1-80)$$

和

$$E_{i1} = \frac{\beta_1 E_2 - B_2}{2\beta_1}\mathrm{e}^{-i\delta} \qquad (1-81)$$

将这些数值插入界面 1 的式（1-71）和式（1-73）中，即可得到

$$E_1 = E_{t1} + E_{i1} = E_2\cos\delta + B_2\frac{i\sin\delta}{\beta_1} \qquad (1-82)$$

和

$$B_1 = (E_{t1} - E_{i1})\beta_1 = E_2\beta_1 i\sin\delta + B_2\cos\delta \qquad (1-83)$$

这两个公式可以用矩阵形式表示为

$$\begin{bmatrix} E_1 \\ B_1 \end{bmatrix} = \begin{bmatrix} \cos\delta & \dfrac{i\sin\delta}{\beta_1} \\ i\beta_1\sin\delta & \cos\delta \end{bmatrix} \begin{bmatrix} E_2 \\ B_2 \end{bmatrix} \qquad (1-84)$$

式（1-84）将薄膜前面的电场和磁场与薄膜后面的电场和磁场联系起来。2×2 矩阵称为薄膜转移矩阵。在通用式中，它可以写为

$$\boldsymbol{M} = \begin{bmatrix} m_{11} & m_{12} \\ m_{21} & m_{22} \end{bmatrix} \qquad (1-85)$$

如果有 n 层薄膜，而不是单层薄膜，而且每层薄膜都有一个转移矩阵 $\boldsymbol{M}_n$，（多层）薄膜结构的转移矩阵 $\boldsymbol{M}$ 为

$$M = M_1 \, M_2 \, M_3 \, M_4 \cdots M_n \tag{1-86}$$

与之相关的数域为

$$\begin{bmatrix} E_1 \\ B_1 \end{bmatrix} = M \begin{bmatrix} E_n \\ B_n \end{bmatrix} \tag{1-87}$$

现在,回到单层薄膜的式(1-71)和式(1-73),并将这些数值代入式(1-84)中,进而得到

$$\begin{bmatrix} E_0 + E_{r1} \\ (E_0 - E_{r1})\beta_0 \end{bmatrix} = \begin{bmatrix} \cos\delta & \dfrac{i\sin\delta}{\beta_1} \\ i\beta_1\sin\delta & \cos\delta \end{bmatrix} \begin{bmatrix} E_{t2} \\ \beta_2 E_{t2} \end{bmatrix} = \begin{bmatrix} m_{11} & m_{12} \\ m_{21} & m_{22} \end{bmatrix} \begin{bmatrix} E_{t2} \\ \beta_2 E_{t2} \end{bmatrix} \tag{1-88}$$

这可以得出

$$E_0 + E_{r1} = m_{11} E_{t2} + m_{12} \beta_2 E_{t2} \tag{1-89}$$

$$(E_0 - E_{r1})\beta_0 = m_{21} E_{t2} + m_{22} \beta_2 E_{t2} \tag{1-90}$$

定义反射系数 $r_\perp$ 和透射系数 $t_\perp$ 为

$$r_\perp = \frac{E_0 + E_{r1}}{E_0} \tag{1-91}$$

和

$$t_\perp = \frac{E_{t2}}{E_0} \tag{1-92}$$

得到

$$1 + r_\perp = m_{11} t_\perp + m_{12} \beta_2 t \tag{1-93}$$

和

$$(1 - r_\perp)\beta_0 = m_{21} t_\perp + m_{22} \beta_2 t_\perp \tag{1-94}$$

求解 $r_\perp$ 和 $t_\perp$,可得

$$r_\perp = \frac{\beta_0 m_{11} + \beta_0 \beta_2 m_{12} - m_{21} - \beta_2 m_{22}}{\beta_0 m_{11} + \beta_0 \beta_2 m_{12} + m_{21} + \beta_2 m_{22}} \tag{1-95}$$

$$t_\perp = \frac{2\beta_0}{\beta_0 m_{11} + \beta_0 \beta_2 m_{12} + m_{21} + \beta_2 m_{22}} \tag{1-96}$$

对于平行偏振(横向磁力[TM]偏振),得到相同的表达式,但 β_s 的定义不同。对于平行($\parallel$)分量,β 表示为

$$\beta_1 = \frac{\mu_1}{c\cos\theta_{t1}} \tag{1-97}$$

由此可见,当 $\cos\theta_{t1} = 1$ 时,正入射的偏振态($\parallel$ 或 $\perp$)不可区分。对于倾斜入射,需要计算这两种偏振的反射系数。当一个随机偏振波入射到薄膜上时,薄膜的反射比取平行($\mathcal{R}_\parallel$)偏振和垂直($\mathcal{R}_\perp$)偏振反射比的平均值,即

$$\mathcal{R} = \frac{\mathcal{R}_\parallel + \mathcal{R}_\perp}{2} \tag{1-98}$$

例如,对于衬底上的 1/4 波($\delta = \pi/2$)层,(厚度 $\lambda/4$)假设为正入射,则转移矩阵为

$$
\begin{bmatrix}
0 & \dfrac{ic}{\mu_1} \\[2mm]
\dfrac{i\mu_1}{c} & 0
\end{bmatrix}
\tag{1-99}
$$

因此,$m_{11} = m_{22} = 0$,$m_{12} = ic/\mu_1$,且 $m_{21} = i\mu_1/c$。进一步得到 $\beta = \mu_0/c$ 和 $\beta_2 = \mu_2/c$。

将这些值代入反射系数表达式后,得到

$$
r_\perp = r = \frac{\beta_0\beta_2 m_{12} - m_{21}}{\beta_0\beta_2 m_{12} + m_{21}} = \frac{(\mu_0/c)(\mu_2/c)\left[(ic/\mu_1) - (i\mu_1/c)\right]}{(\mu_0/c)(\mu_2/c)\left[(ic/\mu_1) - (i\mu_1/c)\right]} = \frac{\mu_0\mu_2 - \mu_1^2}{\mu_0\mu_2 + \mu_1^2}
\tag{1-100}
$$

反射比 $\mathcal{R}$ 为

$$
\mathcal{R} = \left(\frac{\mu_0\mu_2 - \mu_1^2}{\mu_0\mu_2 + \mu_1^2}\right)^2
\tag{1-101}
$$

当 $\mu_1 = \sqrt{\mu_0\mu_2}$ 时,反射比为 0。在这种情况下,从两个界面的反射波反相相遇,从而导致相消干涉。我们可以使用相同的方法研究多层结构。当各层视为 1/4 波或半波时,再加上这样的一个事实:当从光疏介质到光密介质发生反射时,存在反射相变 π;当从光密介质到光疏介质发生反射时,无任何相变,则在此过程中获得的见解更好。

1.9　光学元件

光学元件通常用于光束控制,其中可能包括尺寸、曲率和方向改变。部分元件单独或组合配置用于成像。这些元件又可以分为反射元件、折射元件和衍射元件。在此简单介绍一下这些元件。

1.9.1　反射元件

反射元件均有平面或曲面(球面和非球面),前表面通常涂覆有用于光学应用的涂层,通常称为平面镜或球面镜。平面镜用于弯曲光束、改变方向和交叠光束。球面镜可以发挥双重功能,即改变方向和改变曲率,特别是改变成像。

1.9.1.1　反射镜

不同镜子可用于改变光的传播方向和成像。平面镜可以完美呈现物体图像。成像与实物左右相反、等大,始终是虚像。一对成 α 角的平面镜能够呈现

不同方向的多个图像:成像数量计算公式为[(360°/α)-1],其中α的单位为(°)。由于镜子的反射比小于1,因此当这对镜子彼此平行时,随着强度的降低,可以呈现无数个图像。在光学实验中,平面镜通常用于弯曲光束。

凹面镜主要用于成像,但在某些情况下,也可实现成像和弯曲光束方向的双重功能。凹面镜形成实像和虚像,其放大率在较大范围内不断变化。另一方面,凸面镜常常形成一个虚拟的正像,其放大率小于1。凸面镜覆盖的视野较广,通常用于扩大观察视野。

反射镜成像公式及其符号规约如下所示:

$$\frac{1}{p} + \frac{1}{q} = \frac{2}{R} \tag{1-102}$$

式中:p 为从极点测量的物距,物体位于镜子前面时为正;q 为从极点测量的像距,图像在镜子前面时为正;R 为镜子的曲率半径,凹面镜为正,凸面镜为负;

该式在近轴近似($\sin\theta \approx \theta$)下有效,然后根据 $f = R/2$,得出焦距 f。

除了球面镜外,还有抛物面镜、椭球面镜和双曲面镜,它们均具有独特的成像特性。

1.9.2　折射元件

折射元件的功能均基于斯涅尔折射定律。

1.9.2.1　介质界面折射

首先,使用平面界面。通过斯涅尔折射定律控制光线传播。有一些光学元件受平面表面的约束,如平面平行板、楔形板和棱镜。

1.9.2.1.1 平面平行板

两个彼此平行的平面/平整表面围成的一块板形成了一个平面平行板。平面平行板主要有两大功能,即提供振幅几乎相同但存在路径差的两条光束,以及使光束发生横向移动或纵向移动。平面平行板不仅用作干涉仪中的分束器,也用作补偿器。平面平行板引入的两条连续反射光束或透射光束之间的路径差计算公式如下:

$$\Delta = 2\mu t \cos\theta_t \tag{1-103}$$

式中:t 为厚度;μ 为板材的折射率;θ_t 为折射角。

在干涉测量应用中,平面平行板作为一种可产生剪切光束的元件,使用起来非常方便。

平面平行板光束横向偏移 d 计算公式如下:

$$d = t\sin\theta_i \left(1 - \frac{\mu_i \cos\theta_i}{\mu_p \cos\theta_t}\right) \tag{1-104}$$

式中:θ_i 和 θ_t 分别为第一个界面处的入射角和折射角;μ_i 和 μ_p 分别为周围环境的折射率和板材的折射率;t 为板厚。

角度较小时,该式(1-104)可以简化为

$$d = t\theta_i\left(1 - \frac{\mu_i}{\mu_p}\right) \tag{1-105}$$

因此,光束的移动随入射角而线性增加。此外,如果将板放置在会聚光束中,则焦点会偏离板。近轴近似下的焦点位移为

$$d_f = t\left(1 - \frac{\mu_i}{\mu_p}\right) \tag{1-106}$$

焦点位移完全取决于板的厚度和折射率。

1.9.2.1.2 楔形板

楔形板可用作分束器、剪切板或折光棱镜。当使用两个楔形板,且这两个楔形板相对于彼此旋转时,可以有效控制光束。这种棱镜称为里斯利棱镜。在折射率为 μ_i 的介质中,折射率为 μ_p 的楔形板使光束偏离一个角度 γ,有

$$\gamma = \left(\frac{\mu_p - \mu_i}{\mu_i}\right)\alpha \tag{1-107}$$

式中:α 为棱镜的顶角,假设棱镜的顶角较小。基本上视线偏离角度 γ。当使用两个角度分别为 α_1 和 α_2 的棱镜时,合成角度偏差为

$$\left.\begin{array}{l} Y = Y_1 + Y_2 \\ \gamma = \sqrt{\gamma_1^2 + \gamma_1^2 + 2\gamma_1\gamma_2\cos\beta} \end{array}\right\} \tag{1-108}$$

式中:γ_1 和 γ_2 分别为由顶角为 α_1 和 α_2 的光劈所产生的偏差;β 为两个光劈之间的角度。

很显然,当两个光劈平行时,它们的偏离角相加;当两个光劈反平行时,它们的偏差角相减。当其中一个棱镜/光劈旋转时,视线就会绕成一圈。

一条准直光束在前表面以 θ 角入射时,该光束将从光劈前表面和后表面上发生反射时剪切形成一定角度。角度剪切公式如下:

$$\Delta\theta = \arcsin\left[\sin\theta_i + \frac{1}{\mu_i}(\mu_p^2 - \mu_i^2\sin^2\theta)^{1/2}2\alpha\right] - \theta_i \tag{1-109}$$

式中:θ_i 为入射角。入射角较小时,角度剪切公式如下:

$$\Delta\theta = \frac{\mu_p}{\mu_i}2\alpha \tag{1-110}$$

楔形板也用于准直测试。如果楔角较小,导致前表面和后表面反射的光束形成的夹角非常小,则会形成平行于光劈边缘的直线条纹。入射光束的曲率会使这些条纹发生旋转。

1.9.2.1.3 棱镜

棱镜用于光束偏移和色散。对于多色光,这两种功能同时存在。然而,棱镜系统也可以设计用于使光束发生偏移,而不会出现色散。对于单色光,棱镜在以下方面具有很好的鲁棒性:使光束偏离所需角度;使图像发生旋转;使光束

逆反射;使偏振面发生旋转。功能性棱镜必须有 4 个或更多平面。棱镜中的一些表面须有涂层。展开的棱镜采用棱镜展开图的形式显示。为实现特殊功能,棱镜通常采用双折射材料制成(如洛匈棱镜和渥拉斯顿棱镜)。

1.9.3　衍射元件

衍射元件的功能基于光的衍射。这些元件质量轻,可以放置于折射元件、反射元件表面上,但也可作为独立元件。衍射元件还包括周期恒定或可变的光栅。衍射元件的色散较大,因此通常与单色辐射或近单色辐射一起使用。伦奇光栅、波带片和计算机生成的元件通过机械方式实现,而正弦光栅、伽伯波带片和其他专用元件则通过全息术实现。

1.10　弯曲界面折射

假设有这样一块玻璃,玻璃一面经过研磨抛光成曲率半径为 R 的球形,如图 1-4 所示。在折射率为 μ_1 的介质中,将物体放置在距该球面顶点距离 p 处,其成像距离为 q。成像公式如下:

$$\frac{\mu_1}{p} + \frac{\mu_2}{q} = \frac{\mu_2 - \mu_1}{R} \qquad (1-111)$$

式中:μ_2 为玻璃的折射率,球形界面位于折射率分别为 μ_1 和 μ_2 的介质之间。

式(1-111)在近轴近似下是有效的。根据 $m = -(\mu_1/\mu_2)(q/p)$ 得出放大率。根据物体位置,既可以形成实像,也可以形成虚像。对于平面折射表面,$q = -(\mu_2/\mu_1)/p$,放大率为 $m = +1$。图像始终是虚像。例如,如果物体在水中,且观察者在空气中观察物体,则物体看起来更接近水界面。

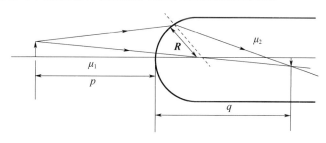

图 1-4　球面折射

1.10.1　透镜

通常,透镜是一片至少有一个弯曲表面的透明材料。然而,也有两个平面的透镜。通过衍射结构或通过改变折射率构建弯曲光线的焦度。

折射透镜主要有 6 种结构:其中 3 种结构有正光焦度,另外 3 种结构有负光焦度。这些透镜分别为双凸(双凸面)透镜、平凸透镜、弯月(凸凹)透镜、双凹(双凹面)透镜、平凹透镜和弯月(凹凸)透镜。成像公式如下:

$$\frac{1}{p} + \frac{1}{q} = (\mu - 1)\left(\frac{1}{R_1} - \frac{1}{R_2}\right) \tag{1-112}$$

式中:p 和 q 分别为物距和像距;R_1 和 R_2 分别为在空气中约束折射率为 μ 的透明材料的两个表面曲率半径。

在物体空间中从透镜顶点测量的对象位置距离为正,在图像空间中从透镜顶点测量的图像位置距离为正,表面右侧的曲率半径为正(见图1-5)。

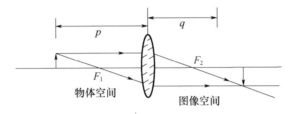

图1-5 正透镜成像

放大率 $m = -q/p$。这也称为横向放大率。除横向放大率外,还使用轴向放大率 m_a。轴向放大率与横向放大率的关系式为 $m_a = m^2$。点 F_1 和点 F_2 分别为主焦点和次焦点。焦距定义公式为:

$$\frac{1}{f} = (\mu - 1)\left(\frac{1}{R_1} - \frac{1}{R_2}\right) \tag{1-113}$$

凹透镜的焦距为负,凸透镜的焦距为正。此外,凹透镜始终形成虚像,该虚像为正像,且放大率小于1。凸透镜形成的实像和虚像有不同的放大率。

单透镜会受到色差和单色像差的影响。由于透镜材料的折射率对波长的依赖性而产生色差,从而导致出现波长相关的焦距和放大率。即使透镜与单色光一起使用,也存在单色像差。单色像差分为球面像差、像散、彗差、弯曲和畸变。可以通过改变透镜形状改善透镜,从而达到最小的球面像差。非球形表面可消除球面像差。然而,多元件透镜设计用于通过最大程度降低整体像差函数来提高性能。市场上可买到大量的透镜设计软件。

1.11 近轴光学

通常需要使用光学系统追踪光线。一般而言,需要使用折射定律、反射定律以及从一个表面到另一个表面的平移来追踪光线。然而,当光线非常靠近光轴传播,形成很小的角度,使得反射定律和折射定律呈线性化时,此时处于近轴区域中。使用矩阵方法追踪光线,通常较为方便。使用一个双分量矢量将光线描述为

$$r = \begin{bmatrix} r \\ \theta \end{bmatrix}$$

式中：r 为平面上光轴的高度；θ 为光轴与平面垂线的夹角。

光线从一个平面传播到另一个平面时，采用一个 2×2 矩阵进行描述，该矩阵通常称为 ABCD 矩阵，有

$$M = \begin{bmatrix} A & B \\ C & D \end{bmatrix}$$

假设 $\boldsymbol{r}_0 = \begin{bmatrix} r_0 \\ \theta_0 \end{bmatrix}$ 为输入平面的矢量，$\boldsymbol{r}_1 = \begin{bmatrix} r_1 \\ \theta_1 \end{bmatrix}$ 为输出平面的矢量。这两个矢量关系式如下：

$$\begin{bmatrix} r_1 \\ \theta_1 \end{bmatrix} = \begin{bmatrix} A & B \\ C & D \end{bmatrix} \begin{bmatrix} r_0 \\ \theta_0 \end{bmatrix} \tag{1-114}$$

由此得出

$$r_1 = A r_0 + B \theta_0$$
$$\theta_1 = C r_0 + D \theta_0$$

当矩阵方法应用于成像系统时，元素 $C = -1/f$。然而，我们可以验证一些特殊情况：

（1）当 $A = 0$ 时，$r_1 = B\theta_0$。分量 r_1 不依赖于 r_0。输出平面是第二个焦平面。

（2）当 $B = 0$ 时，$r_1 = A r_0$。分量 r_1 不依赖于 θ_0。输入平面和输出平面是共轭平面，$-A$ 是系统的放大率。

（3）当 $C = 0$ 时，$\theta_1 = D\theta_0$。分量 θ_1 不依赖于 r_0，这意味着系统可伸缩，其中平行光线进入系统，然后平行光线离开。

（4）当 $D = 0$ 时，$\theta_1 = C r_0$。分量 θ_1 不依赖于 θ_0。输入平面必须是系统的第一个焦平面。

如果有不同分量的矩阵可用，则仅通过矩阵乘法获得光线跟踪。我们可为一些简单的情况构建矩阵，首先构建一个平移矩阵。

1.11.1 平移矩阵

假设有两个平面 P_0 和 P_1，用 t 隔开。光线在高度 r_0 处射在平面 P_0 上，并与平面法线成一个 θ_0 角，然后再在高度 r_1 处射在平面 P_1 上，并与平面法线成一个 θ_1 角，如图 1-6 所示。

从图 1-6 中，我们得到

$$r_1 = r_0 + t\theta_0 \tag{1-115}$$

和

$$\theta_1 = \theta_0 \tag{1-116}$$

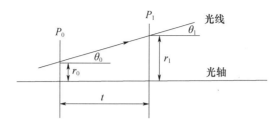

图 1-6 光线平移矩阵

此外,使用矩阵方法时,矢量 $\boldsymbol{r}_1$ 和 $\boldsymbol{r}_0$ 的关系式如下

$$\begin{bmatrix} \boldsymbol{r}_1 \\ \theta_1 \end{bmatrix} = \begin{bmatrix} A & B \\ C & D \end{bmatrix} \begin{bmatrix} \boldsymbol{r}_0 \\ \theta_0 \end{bmatrix}$$

这可以得出

$$r_1 = Ar_0 + B\theta_0 \qquad\qquad (1-117)$$

和

$$\theta_1 = Cr_1 + D\theta_0 \qquad\qquad (1-118)$$

比较式(1-115)、式(1-116)和式(1-117)、式(1-118),得到 $A=1,B=t,C=0,D=1$。因此,平移矩阵为

$$\begin{bmatrix} 1 & t \\ 0 & 1 \end{bmatrix}$$

1.11.2 折射矩阵

1.11.2.1 平面介质界面

假设将一平面界面放置于折射率分别为 μ_0 和 μ_1 的两种介电介质之间。光线以 θ_0 角入射,如图 1-7 所示。

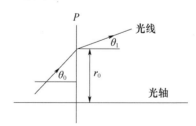

图 1-7 折射矩阵计算

对于此光线,可得 $r_1 = r_0$ 且 $\theta_1 = (\mu_0/\mu_1)\theta_0$。由此得出 $A=1,B=0,C=0,D=\mu_0/\mu_1$。介质界面的 ABCD 矩阵为

$$\begin{bmatrix} 1 & 0 \\ 0 & \mu_0/\mu_1 \end{bmatrix}$$

1.11.2.2 球形介质界面

在图 1-8 中，AB 为入射线，BG 为折射线，EC 为球面法线。C 为球面的曲率中心，因此 BC = R，其中 R 是曲率半径。进一步可得 $\angle ABD = \theta_0$，$\angle GBF = \theta_1$，$\angle ABE = \theta_i$（入射角），$\angle CBG = \theta_r$（折射角）。而且角度 $\angle OCB = \psi$。根据斯涅尔折射定律，得到 $\mu_0\theta_i = \mu_1\theta_r$，进一步得到 $\theta_0 = \theta_i - \psi$，$\theta_1 = \theta_r - \psi$。

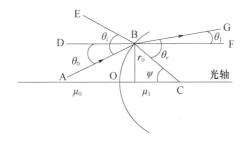

图 1-8　球面折射矩阵

将 θ_i 和 θ_r 代入线性化斯涅尔定律，得到

$$\mu_0(\theta_0 + \psi) = \mu_1(\theta_1 + \psi)$$

这个公式可以重新整理为 $\theta_1 = (\mu_0/\mu_1)\theta_0 + [(\mu_0 - \mu_1)/\mu_1]\psi$。将 $\psi = r_0/R$ 代入式中，得到 $\theta_1 = (\mu_0/\mu_1)\theta_0 + [(\mu_0 - \mu_1)/\mu_1]r_0/R$。进一步得到 $r_1 = r_0$。从而得到矩阵元素为 $A = 1$，$B = 0$，$C = (\mu_0 - \mu_1)/\mu_1 R$，$D = \mu_0/\mu_1$。最终得到球形介质界面的矩阵为

$$\begin{bmatrix} 1 & 0 \\ (\mu_0 - \mu_1)/\mu_1 R & \mu_0/\mu_1 \end{bmatrix}$$

1.11.3　薄透镜矩阵

图 1-9 中所示为焦距为 f 的薄透镜，在该透镜上，A 处点目标发出的光线入射到高度 r_0 处。透镜在 B 处对点目标进行成像：透镜改变入射光线的方向。

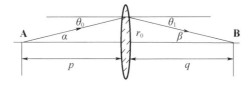

图 1-9　透镜矩阵

成像公式如下：

$$\frac{1}{p} + \frac{1}{q} = \frac{1}{f}$$

将该式乘以 r_0,可得

$$\frac{r_0}{p} + \frac{r_0}{q} = \frac{r_0}{f} \tag{1-119}$$

由于透镜出射光线夹角为 θ_1(根据符号规约取负值),因此式(1-119)可写为 $\theta_1 = \theta_0 - r_0/f$。进一步可得 $r_1 = r_0$。因此,矩阵元素为 $A = 1, B = 0, C = -1/f, D = 1$。由此可得透镜的矩阵为

$$\begin{bmatrix} 1 & 0 \\ -1/f & 1 \end{bmatrix}$$

该矩阵对正透镜和负透镜均有效。

表1-4中给出了一些常用界面和光学元件的 ABCD 矩阵。

表1-4 部分元件的 ABCD 矩阵

序号	矩阵	公式
1	平移矩阵	$\begin{bmatrix} 1 & t \\ 0 & 1 \end{bmatrix}$
2	折射矩阵(平面界面)	$\begin{bmatrix} 1 & 0 \\ 0 & \mu_0/\mu_1 \end{bmatrix}$
3	折射矩阵(球形界面)	$\begin{bmatrix} 1 & 0 \\ (\mu_0 - \mu_1)/\mu_1 R & \mu_0/\mu_1 \end{bmatrix}$
4	薄透镜矩阵|焦距 f 其中 $(1/f) = ((\mu_1 - \mu_0)/\mu_0)[(1/R_1) - (1/R_2)]\|$	$\begin{bmatrix} 1 & 0 \\ -1/f & 1 \end{bmatrix}$($+f$:正透镜,$-f$:负透镜)
5	反射矩阵(表面曲率半径为 R)	$\begin{bmatrix} 1 & 0 \\ 2/R & 1 \end{bmatrix}$($+R$:凸透镜,$-R$:凹透镜)

应用矩阵方法得到折射率为 μ_1 的厚透镜焦距,如图1-10所示。透镜由曲率半径分别为 R_1 和 R_2、中心厚度为 t 的球面限定,放在折射率分别为 μ_0 和 μ_2 的介质中。

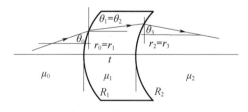

图1-10 厚透镜几何结构

这其中涉及3项运算:①R_1 处的折射矩阵;②平移矩阵;③R_2 处的折射矩

阵。因此,系统矩阵可以写为

$$M = M_3\,M_2\,M_1 = \begin{bmatrix} 1 & 0 \\ \dfrac{(\mu_1 - \mu_2)}{\mu_2 R_2} & \dfrac{\mu_1}{\mu_2} \end{bmatrix} \begin{bmatrix} 1 & t \\ 0 & 1 \end{bmatrix} \begin{bmatrix} 1 & 0 \\ \dfrac{(\mu_0 - \mu_1)}{\mu_1 R_1} & \dfrac{\mu_0}{\mu_1} \end{bmatrix}$$

$$M = \begin{bmatrix} 1 + \left(\dfrac{\mu_0 - \mu_1}{\mu_1 R_1}\right)t & \dfrac{\mu_0}{\mu_1}t \\ \left(\dfrac{\mu_1 - \mu_2}{\mu_2 R_2}\right) + \dfrac{\mu_1}{\mu_2}\left(\dfrac{\mu_0 - \mu_1}{\mu_1 R_1}\right) + \left(\dfrac{\mu_0 - \mu_1}{\mu_1 R_1}\right)\left(\dfrac{\mu_1 - \mu_2}{\mu_2 R_2}\right)t & \left(\dfrac{\mu_1 - \mu_2}{\mu_2 R_2}\right)\dfrac{\mu_0}{\mu_1}t + \dfrac{\mu_1 \mu_0}{\mu_2 \mu_1} \end{bmatrix}$$

得到透镜焦距 f,有

$$-\frac{1}{f} = \left(\frac{\mu_1 - \mu_2}{\mu_2 R_2}\right) + \frac{\mu_1}{\mu_2}\left(\frac{\mu_0 - \mu_1}{\mu_1 R_1}\right) + \left(\frac{\mu_0 - \mu_1}{\mu_1 R_1}\right)\left(\frac{\mu_1 - \mu_2}{\mu_2 R_2}\right)t$$

如果两侧的介质相同,假设空气($\mu_0 = \mu_2 = 1$),且透镜材料的折射率为 μ ($\mu = \mu_1$)时,则焦距 f 计算公式如下:

$$\frac{1}{f} = (\mu - 1)\left(\frac{1}{R_1} - \frac{1}{R_2}\right) + \frac{(\mu - 1)^2}{R_1 R_2}\left(\frac{t}{\mu}\right)$$

当将透镜视为薄透镜($t = 0$)时,该公式归约为透镜制造商的公式。

思考题

1.1 定义远场衍射要求的常用距离公式是什么?

1.2 解释以下表述:光阑远场衍射图形中的振幅分布是其透射比函数的傅里叶变换。

1.3 求证由透明带和非透明带交替组成的光栅远场衍射图形不包含偶数阶,除了 $m = 0$ 外。

1.4 求证光栅的色散 $D\,(= d\theta/d\lambda)$ 为 $D = \tan\theta/\lambda$,其中 θ 为波长 λ 的衍射角。

1.5 求证由下式得出的三缝光阑干涉图样中的光强分布

$$I(\delta) = \frac{1}{9}I(0)(1 + 4\cos\delta + 4\cos^2\delta)$$

式中:$\delta = 2\pi d\sin\theta/\lambda$ 为连续分离缝 d 的各波之间的相位差;$I(0)$ 为 $\delta = 0$ 时的光强;假设狭缝非常狭窄。

1.6 金属丝(和其他小尺寸物体)的制造商有时会使用激光连续监测产品的厚度/尺寸。假设使用波长为 632.8nm 的氦氖激光器照射金属丝,并且观察到距离金属丝 2.60m 处屏幕上的衍射图形。如果所需的金属丝直径为 1.37mm,那么两个十阶最小值(中心最大值两侧各一个)之间的观察距离是多少?

1.7   求证在牛顿环实验中,相邻亮环(最大值)半径差异的计算公式为

$$\Delta r = r_{m+1} - r_m \approx \frac{1}{2}\sqrt{\frac{\lambda R}{m}}$$

假设 $m \gg 1$,且 R 为球面的曲率半径。此外,假设 $m \gg 1$,相邻亮环间面积公式为 $A = \pi\lambda R$。请注意,该区域与 m 不相关。

1.8   在产生干涉条纹的双缝装置中,使用宽度不等的狭缝:一个狭缝的宽度是另一个狭缝宽度的两倍。推断出光强分布的表达式。

1.9   将折射率分别为 1.50 和 1.65 的薄玻璃板放置在双缝装置的每个狭缝前面。中心最大值现在转移到在引入玻璃板之前第 5 个亮条纹($m = 5$)所占据的位置。假设 $\lambda = 480nm$,且各板厚度相同,求出板厚。

1.10   将两块长度为 5.0cm 的玻璃板在一端固定在一起,在另一端插入直径为 0.1mm 的金属丝,从而形成一个气楔。如果在反射中使用波长为 $\lambda = 632.8nm$ 的光来观察干涉图样,那么条纹宽度是多少?如果气楔中注满水($n = 1.33$),那么新的条纹宽度又是多少?

1.11   将一块有 $50\mu m$ 空腔的玻璃放置在准直光束中。这块玻璃长度为 2.0cm,折射率为 1.52。假设用 $\lambda = 632.8nm$ 的波长照射这块玻璃,那么这块玻璃产生的路径差是多少?用波长表示这种路径差。

1.12   将折射率为 μ、厚度为 d 的一个薄膜放在空气中,采用波长分别为 λ_1 和 λ_2 的光正常照射。当被 λ_2 照射时,在反射光中观察到光强最大值,而当被 λ_1 照射时,观察到光强最小值。已知求证整数值 m 的计算公式为 $m = \lambda_1 / 2(\lambda_2 - \lambda_1)$。如果 $\mu = 1.4$,$\lambda_1 = 500nm$,且 $\lambda_2 = 370nm$,求薄膜的厚度。

1.13   将一块折射率为 μ 的透明材料切割成楔形光劈。光劈的角度较小,单色光通常入射在其表面上。如果光劈厚端与薄端之间的厚度差为 t,且长度为 h,求证反射亮条纹位置计算公式为 $x_m = \lambda h[m + (1/2)]/2\mu t$,其中 x_m 在薄端进行测量。

1.14   将曲率半径为 $R_1 = 4.0m$ 的一个平凸透镜放置在曲率半径为 $R_1 = 12.0m$ 的凹面上。用波长为 632.8nm 的光正常照射时,求第 20 个亮环的半径。

1.15   将一个平圆柱形玻璃元件(圆柱面的曲率半径为 1.0m)放置在平整玻璃表面上,并用波长为 632.8nm 的光正常照射。条纹的特性有哪些?第 10 个条纹的宽度是多少?如果将这个元件放在半径为 4.0m 的凸面玻璃表面上,那么条纹的特性又有哪些?

1.16   假设双缝装置的狭缝 1 比狭缝 2 宽,且狭缝 1 的光振幅是狭缝 2 的 3.0 倍。求证干涉图样中光强分布的计算公式为 $I = (I_{max}/4)[1 + 3\cos^2(\delta/2)]$(其中 δ 是相位差)。

1.17   假设一个狭缝引起的振幅是另一个狭缝引起的振幅两倍,求证双缝干涉图样中光强分布计算公式为 $I = I_0[(5/9) + (4/9)\cos\delta]$(其中 I_0 是最大光

强）。

1.18 在金属板上切出一个狭缝，用波长为500nm的光照射狭缝，观察狭缝的衍射图形。屏幕离金属板8.0m。中心最大宽度为10.0cm。金属板的温度升高80°，导致中心最大宽度变化0.002cm。求金属板的线性膨胀系数是多少?

1.19 用波长 λ 的光照射一个细缝，在温度为±38.2°时观察到空气中的一阶衍射最小值。同时，将整个装置浸没在未知液体中，且在温度为±17.4°时出现一阶最小值。求该液体的折射率是多少?

1.20 求证光线从空气—玻璃界面反射时的布鲁斯特角 θ_{Bag} 与光线从玻璃—空气界面反射时的布鲁斯特角 θ_{Bag} 互为余角，即 $\theta_{Bag} + \theta_{Bga} = \pi/2$。布鲁斯特角有什么意义?

1.21 当使用白光正常照射肥皂膜($\mu = 1.33$)时变绿($\lambda = 550nm$)，求该肥皂膜($\mu = 1.33$)的厚度?

1.22 在 x 轴偏振镜后面放置一台分析器，其偏振方向相对于偏振镜是在任意方向 α 上。并将相位延迟为 δ 的波片放置在其快轴与偏振镜之间，且该波片的快轴与偏振镜成 ϕ 度角。求证透射光强的计算公式为

$$I = I_0 \left[\cos^2\alpha \cos^2\frac{\delta}{2} + \cos^2(\alpha - 2\phi)\sin^2\frac{\phi}{2} \right]$$

式中：I_0 为入射在偏振镜上的光强。如何利用该公式求出波片快轴的方向?

1.23 按照下图所示，使用凸透镜、凹透镜和折射镜组装一个光学系统。根据图中给出的数据，分别使用常规方法和矩阵方法求出最终图像的位置。距离单位为cm。

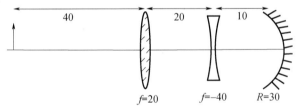

第 2 章　激光束

2.1　高斯光束

计量应用场景常选用激光束。当激光以 TEM_{00} 模式振荡,激光束呈高斯分布且空间范围极小。通过透镜或者其他成像组件对于了解激光束的传播和操控具有重要意义。由于光也具有波动性,首先,可以利用三维波动方程求解以模拟激光束。波动方程如下:

$$\nabla^2 u - \frac{1}{c^2} \frac{\partial^2 u}{\partial t^2} = 0 \tag{2-1}$$

式中:u 为波幅;$\nabla^2 = (\partial^2/\partial x^2) + (\partial^2/\partial y^2) + (\partial^2/\partial z^2)$ 为拉普拉斯算子。

假设单色波沿 $+z$ 方向传播,将方程的解可表示为 $u(x,y,z;t) = U(x,y,z) e^{i\omega t}$,$\omega$ 为波的角频率。将振幅代入到波动式(2-1)可得亥姆霍兹方程为

$$\nabla^2 \boldsymbol{U} + \boldsymbol{k}^2 \boldsymbol{U} = 0 \tag{2-2}$$

式中:波矢 $\boldsymbol{k}$ 通过 $\boldsymbol{k} = \omega c$ 计算得出。由于 $\boldsymbol{U}(x,y,z)$ 表示波矢为 $\boldsymbol{k}$ 的波在 $+z$ 方向上的振幅,振幅 $\boldsymbol{U}(x,y,z)$ 可以表示为 $\boldsymbol{U}(x,y,z) = \boldsymbol{U}_0(x,y,z) e^{-ikz}$。将其代入到亥姆霍兹方程式(2-2),可得

$$\frac{\partial^2 \boldsymbol{U}_0}{\partial x^2} + \frac{\partial^2 \boldsymbol{U}_0}{\partial y^2} + \frac{\partial^2 \boldsymbol{U}_0}{\partial z^2} - 2ik \frac{\partial \boldsymbol{U}}{\partial z} = 0 \tag{2-3}$$

由于波沿着 $+z$ 方向传播,其振幅可能随着传播距离增大而缓慢减小。因此,可以将 $\partial^2 \boldsymbol{U}_0/\partial z^2$ 的值设为 0。之后,代入到亥姆霍兹方程式(2-2),根据弱近似法,可得

$$\frac{\partial^2 \boldsymbol{U}_0}{\partial x^2} + \frac{\partial^2 \boldsymbol{U}_0}{\partial y^2} - 2ik \frac{\partial \boldsymbol{U}}{\partial z} = 0 \tag{2-4}$$

该方程称为近轴波动方程。现对方程进行求解,得出的结果代表激光束。

假设方程的解为

$$\boldsymbol{U}_0(x,y,z) = A e^{-i[k(x^2+y^2)/2q(z)]} e^{-ip(z)} \tag{2-5}$$

式中:A 为常数;$q(z)$ 和 $p(z)$ 为一般函数。

该解部分基于球面波的传播而得出。可以发现,x、y、z 之间已不存在依赖性。代入近轴波动方程式(2-4),可得

$$U_0\left\{\frac{k^2}{q^2(z)}\left(1-\frac{\mathrm{d}q}{\mathrm{d}z}\right)(x^2+y^2)+2k\left[\frac{i}{q(z)}+\frac{\mathrm{d}p}{\mathrm{d}z}\right]\right\}=0 \qquad (2-6)$$

x 和 y 的所有取值应满足式(2-6),有

$$1-\frac{\mathrm{d}q}{\mathrm{d}z}=0 \qquad (2-7)$$

和

$$\frac{i}{q(z)}+\frac{\mathrm{d}p}{\mathrm{d}z}=0 \qquad (2-8)$$

式(2-7)和式(2-8)的解分别为

$$q(z)=z+iz_0 \qquad (2-9)$$

式中:z_0 为常数,且

$$p(z)=-i\ln\left(1+\frac{z}{iz_0}\right) \qquad (2-10)$$

将式(2-9)和式(2-10)中的 $q(z)$ 和 $p(z)$ 的值代入式(2-5),可得

$$U_0(x,y,z)=A\mathrm{e}^{-i\{k(x^2+y^2)/2(z+iz_0)\}}\mathrm{e}^{-i\{-i\ln[1+(z/iz_0)]\}}$$
$$=A\mathrm{e}^{-i[k(x^2+y^2)(z-iz_0)/2(z^2+z_0^2)]}\mathrm{e}^{-\ln[1-(iz/z_0)]} \qquad (2-11)$$

可将 $\ln[1-(iz/z_0)]$ 表示为

$$\ln\left(1-\frac{iz}{z_0}\right)=\ln\left(\sqrt{1+\frac{z^2}{z_0^2}}\,\mathrm{e}^{-i\arctan(z/z_0)}\right)=\ln\sqrt{1+\frac{z^2}{z_0^2}}-i\arctan\left(\frac{z}{z_0}\right)$$

因此,式(2-11)可表示为

$$U_0(x,y,z)=A\mathrm{e}^{-i[k(x^2+y^2)(z-iz_0)/2(z^2+z_0^2)]}\mathrm{e}^{-\ln\sqrt{1+(z^2/z_0^2)}}\,\mathrm{e}^{i\arctan(z/z_0)} \qquad (2-12)$$

或

$$U_0(x,y,z)=\frac{A}{\sqrt{1+(z/z_0)^2}}\mathrm{e}^{-i\{k(x^2+y^2)/2z[1+(z_0^2/z^2)]\}}\mathrm{e}^{-(\pi/\lambda)\{(x^2+y^2)/z_0[1+(z^2/z_0^2)]\}}\mathrm{e}^{i\arctan(z/z_0)}$$

将光束的曲率半径定义为 $R(z)=z[1+(z/z_0)^2]$,设半束腰为 $\omega_0=\sqrt{z_0\lambda/\pi}$,半光斑大小为 $\omega(z)=\omega_0\sqrt{1+(z/z_0)^2}$,而古依相位为 $\varphi(z)=\arctan(z/z_0)$,则可以将激光束的振幅表示为

$$U_0(x,y,z)=A\frac{\omega_0}{\omega(z)}\mathrm{e}^{-i[k(x^2+y^2)/2R(z)]}\mathrm{e}^{-[(x^2+y^2)/\omega^2(z)]}\mathrm{e}^{i\phi(z)} \qquad (2-13)$$

或表示为

$$U_0(x,y,z)=A\frac{\omega_0}{\omega(z)}\mathrm{e}^{-i[k(x^2+y^2)/2q(z)]}\mathrm{e}^{i\phi(z)} \qquad (2-14)$$

现在通过 $[1/q(z)]=[1/R(z)]+[i\lambda/\pi\omega^2(z)]$ 得出 $q(z)$,并且可以将 $q(z)$ 称为激光束的复曲率半径。激光束的强度可表示为

$$I(x,y,z)=A\frac{\omega_0^2}{\omega^2(z)}\mathrm{e}^{-[2(x^2+y^2)/\omega^2(z)]}=I_0(z)\mathrm{e}^{-[2(x^2+y^2)/\omega^2(z)]} \qquad (2-15)$$

光束传播的所有法向面的强度分布为高斯分布,光斑大小为 $2\omega(z)$。

当平移观测面时,可以发现 $q(z)$ 的变化非常有趣。设 $q(z_1)(=q_1)$ 为平面 $z=z_1$ 的值,$q(z_2)(=q_2)$ 为平面 $z=z_2$ 的值。因此从式(2-9)可以得出,$q_2=q_1+z_2-z_1=q_1+\Delta z$。因此,复曲率半径根据光学平移而变化。进一步研究它在折射方面的性质。我们可能会发现,透镜按照透镜公式将远离其焦平面的某点处的发散波前转换为会聚于某点的会聚波前,有

$$\frac{1}{q}+\frac{1}{p}=\frac{1}{f} \tag{2-16}$$

因此,可以假设复曲率半径也会按照如下公式发生变化,即

$$\frac{1}{q_{\text{left}}}=\frac{1}{q_{\text{right}}}+\frac{1}{f} \tag{2-17}$$

式中:q_{left} 和 q_{right} 为透镜左侧和右侧的 q 值,或者有

$$q_{\text{right}}=\frac{q_{\text{left}}}{-(q_{\text{left}}/f)+1} \tag{2-18}$$

2.2 高斯光束的 ABCD 定律

研究了 $q(z)$ 在平移和折射下的性质。因此,摆在我们面前的问题是,我们是否可以按照近轴光学中的应用方式将 ABCD 矩阵方法应用于激光束的传播,特别是高斯光束的传播。

将 q 的演化表达为 $q'=(Aq+B)(Cq+D)$。让我们将这种 q 的演化应用于 ABCD 平移和折射矩阵,即

$$T=\begin{bmatrix} 1 & d \\ 0 & 1 \end{bmatrix} \tag{2-19}$$

和

$$R=\begin{bmatrix} 1 & 0 \\ -\Phi & 1 \end{bmatrix}=\begin{bmatrix} 1 & 0 \\ -\dfrac{1}{f} & 1 \end{bmatrix} \tag{2-20}$$

在平移矩阵 T 中代入矩阵元 A、B、C 和 D 时,自由空间传播中 q 的演化公式为

$$q'=\frac{q+d}{0+1}=q+d \tag{2-21}$$

同理,通过焦距为 f 的透镜的传播,使得

$$q'=\frac{q+0}{(-q/f)+1}=\frac{q}{(-q/f)+1} \tag{2-22}$$

式(2-21)和式(2-22)的计算结果和我们之前得到的结果相一致,从而证明了 q 演化的表达式正确。因此,可以采用适用于近轴区的 *ABCD* 矩阵方法

建模激光束的传播。进一步分析 **ABCD** 矩阵方法是否也可以应用于多个元素，从而也可以研究光束通过自由空间和透镜时的传播。假设有两种连续的类透镜介质。我们利用以下公式在通过第一种介质之后演化为 q_2，即

$$q_2 = \frac{A_1 q_1 + B_1}{C_1 q_1 + D_1} \tag{2-23}$$

同理，在通过第二种介质之后演化出 q_3，计算公式如下：

$$q_3 = \frac{A_2 q_2 + B_2}{C_2 q_2 + D_2} = \frac{[A_2(A_1 q_1 + B_1)/(C_1 q_1 + D_1)] + B_2}{[C_2(A_1 q_1 + B_1)/(C_1 q_1 + D_1)] + D_2}$$

$$= \left[\frac{(A_1 A_2 + C_1 B_1) q_1 + B_1 A_2 + D_1 B_2}{(A_1 C_2 + C_1 D_2) q_1 + B_1 C_2 + D_1 D_2}\right] = \frac{A_3 q_1 + B_3}{C_3 q_1 + D_3} \tag{2-24}$$

其中：矩阵为

$$\begin{bmatrix} A_3 & B_3 \\ C_3 & D_3 \end{bmatrix} = \begin{bmatrix} A_1 A_2 + C_1 B_1 & B_1 A_2 + D_1 B_2 \\ A_1 C_2 + C_1 D_2 & B_1 C_2 + D_1 D_2 \end{bmatrix} = \begin{bmatrix} A_2 & B_2 \\ C_2 & D_2 \end{bmatrix} \begin{bmatrix} A_1 & B_1 \\ C_1 & D_1 \end{bmatrix}$$

或者 $M_3 = M_2 M_1$。通常，如果存在 n 个元素，则系统的矩阵 M_s 可以写为

$$M_s = M_n M_{n-1} \cdots M_2 M_1 \tag{2-25}$$

现在将 **ABCD** 矩阵方法应用于一些简单的情况。

2.2.1　自由空间传播

本小节旨在得出高斯光束在自由空间中传播时光斑大小和光束曲率半径的变化情况。设 q_0 和 q_z 为 $z=0$ 和 $z=z$ 平面的 q 值。可得 $q_z = q_0 + z$。此外，假设束腰位于 $z=0$ 平面。从而可得

$$\frac{1}{q_0} = \frac{i\lambda}{\pi \omega_0^2} \tag{2-26}$$

和

$$\frac{1}{q_z} = \frac{1}{R(z)} + \frac{i\lambda}{\pi \omega^2(z)} \tag{2-27}$$

式中：ω_0 为 $z=0$ 平面处的束腰半径；$\omega(z)$ 为光斑半径；$R(z)$ 为高斯光束在 $z=z$ 平面处的曲率半径。

将 $q_z = q_0 + z$ 变形为 $(1/q_z) = (1/q_0)\{1/[1+(z/q_0)]\}$ 并代入 q_0 和 q_z 的值，可得

$$\frac{1}{R(z)} + \frac{i\lambda}{\pi \omega^2(z)} = \frac{i\lambda}{\pi \omega_0^2} \frac{1}{1+(i\lambda z/\pi \omega_0^2)} \tag{2-28}$$

重新整理公式，根据实部和虚部相等，可得

$$R(z) = \frac{(\pi \omega_0^2)^2}{\lambda^2 z} + z = z\left[1 + \left(\frac{z_0}{z}\right)^2\right] \tag{2-29}$$

和

$$\pi\omega^2(z) = \frac{(\pi\omega_0^2)^2 + z^2\lambda^2}{\pi\omega_0^2} \Rightarrow \omega(z) = \omega_0\left[1 + \left(\frac{z}{z_0}\right)^2\right]^{1/2} \qquad (2-30)$$

此处，定义 $z_0 = \pi\omega_0^2/\lambda$。距离 z_0 为从束腰平面到光斑直径变为束腰直径 $\sqrt{2}$ 倍的平面的距离。距离 $\pm z_0$ 称为瑞利距离，其中认为光斑直径实际上是恒定值。

2.2.2 通过透镜传播

2.2.2.1 位于透镜平面 1 的束腰

输入光束的束腰位于平面 1，如图 2-1 所示。因此，在平面 1 可得 $\omega = \omega_{01}$ 和 $R_1 = \infty$，故

$$\frac{1}{q_1} = \frac{1}{R_1} + i\frac{\lambda}{\pi\omega_{01}^2} = i\frac{\lambda}{\pi\omega_{01}^2} = \frac{i}{z_{01}} \qquad (2-31)$$

转移到平面 2 可得

$$q_2 = \frac{q_1}{-q_1/f + 1} \Rightarrow \frac{1}{q_2} = \frac{1}{q_1} - \frac{1}{f} = i\frac{\lambda}{\pi\omega_{01}^2} - \frac{1}{f} \qquad (2-32)$$

光束参数 q_2 在平面 2 的计算公式可表示为

$$q_2 = \frac{\pi f\omega_{01}^2}{i\lambda f - \pi\omega_{01}^2} = -\frac{\pi f\omega_{01}^2(i\lambda f + \pi\omega_{01}^2)}{(\lambda f)^2 + (\pi\omega_{01}^2)^2} = a + ib \qquad (2-33)$$

式中

$$a = -\frac{f(\pi\omega_{01}^2)^2}{(\lambda f)^2 + (\pi\omega_{01}^2)^2} \qquad (2-34)$$

和

$$b = -\frac{f^2\lambda\pi\omega_{01}^2}{(\lambda f)^2 + (\pi\omega_{01}^2)^2} \qquad (2-35)$$

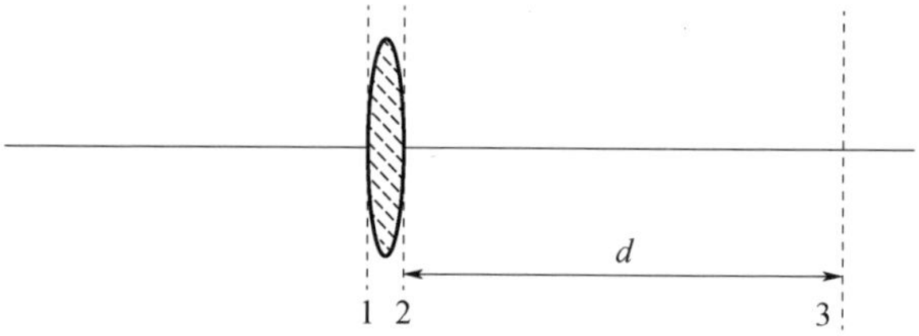

图 2-1 光束腰通过透镜的传播：位于平面 1 的光束腰

在平面 3 处，到透镜的距离为 d 的光束参数 q_3 为

$$q_3 = q_2 + d = a + d + ib \qquad (2-36)$$

可以将 q_3 表示为

$$\frac{1}{q_3} = \frac{1}{R_3} + i \frac{\lambda}{\pi \omega_3^2} = \frac{a+d-ib}{(a+d)^2+b^2} \qquad (2-37)$$

比较式(2-37)中的实部和虚部,可得

$$\frac{1}{R_3} = \frac{a+d}{(a+d)^2+b^2} \Rightarrow R_3 = \frac{(a+d)^2+b^2}{a+d} \qquad (2-38)$$

和

$$\frac{\lambda}{\pi \omega_3^2} = \frac{-b}{(a+d)^2+b^2} \qquad (2-39)$$

如果平面 3 必须是束腰所在的平面,则 $R_3 = \infty$ 且 $\omega_3 = \omega_{03}$。若 R_3 无穷大,则 $a+d=0$。在该表达式中代入式(2-34)中的 a,可得

$$\frac{f(\pi \omega_{01}^2)^2}{(\lambda f)^2 + (\pi \omega_{01}^2)^2} + d = 0 \qquad (2-40)$$

还可表示为

$$d = \frac{f}{1+(\lambda f/\pi \omega_{01}^2)^2} = \frac{f}{1+(f/z_0)^2} \qquad (2-41)$$

如下列公式,设 $a+d=0$,则可根据式(2-39)可计算出束腰的大小

$$\frac{\lambda}{\pi \omega_{03}^2} = \frac{-1}{b} \qquad (2-42)$$

将式(2-35)中的 b 代入到式(2-42)中,整理后得

$$\frac{\omega_{03}^2}{\omega_{01}^2} = \frac{1}{1+(\pi \omega_{01}^2/\lambda f)^2} = \frac{1}{1+(z_0/f)^2} \qquad (2-43)$$

研究式(2-41)发现,当高斯光束入射到透镜上时,光束会更靠近透镜聚焦。此外,束腰的大小取决于初始束腰和透镜焦距。

2.2.2.2　位于透镜前的束腰

假设束腰位于到透镜的距离为 p 的平面 1 处,如图 2-2 所示。目标是在高斯光束通过焦距为 f 的透镜之后找出束腰所在的平面。设平面 1 处的光束参数为 q_1,即 $(1/q_1) = (1/R_1) + i(\lambda/\pi \omega_{01}^2) = i(\lambda/\pi \omega_{01}^2)$,其中 ω_{01} 为该平面上的束腰。

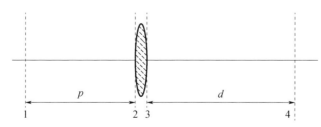

图 2-2　光束腰通过透镜的传播:距离透镜前方 p 处平面 1 的光束腰

平面 4 处的光束参数可以根据式(2-25)可得

$$q_4 = \frac{A_T q_1 + B_T}{C_T q_1 + D_T} \qquad (2-43)$$

其中矩阵

$$\begin{bmatrix} A_T & B_T \\ C_T & D_T \end{bmatrix}$$

通过下式计算

$$\begin{bmatrix} A_T & B_T \\ C_T & D_T \end{bmatrix} = \begin{bmatrix} 1 & d \\ 0 & 1 \end{bmatrix} \begin{bmatrix} 1 & 0 \\ -1/f & 1 \end{bmatrix} \begin{bmatrix} 1 & p \\ 0 & 1 \end{bmatrix} = \begin{bmatrix} 1-d/f & p+d-pd/f \\ -1/f & 1-p/f \end{bmatrix}$$
$$(2-44)$$

将矩阵元代入到式(2-43)中,可得

$$q_4 = \frac{(1-d/f)q_1 + p + d - p(d/f)}{(-1/f)q_1 + 1 - (p/f)} = \frac{-i(f-d)z_{01} + (p+d)f - pd}{iz_{01} + f - p} \quad (2-45)$$

整理式(2-45),可得

$$\frac{1}{q_4} = \frac{(f-p)[pf+(f-p)d] - (f-d)^2 z_{01}^2 + iz_{01}[(f-p)(f-d) + pf + d(f-p)]}{[pf+(f-p)d]^2 + (f-d)^2 z_{01}^2}$$
$$(2-46)$$

使式(2-46)的实部和虚部相等,得

$$R_4(z) = \frac{[pf+(f-p)d]^2 + (f-d)^2 z_{01}^2}{(f-p)[pf+(f-p)d] - (f-d)z_{01}^2} \qquad (2-47)$$

和

$$\frac{\lambda}{\pi \omega_4^2} = \frac{z_{01}[(f-p)(f-d) + pf + d(f-p)]}{[pf+(f-p)d]^2 + (f-d)^2 z_{01}^2} \qquad (2-48)$$

为了使束腰位于距离透镜 d 的平面 4 处,该平面处光束的曲率半径应为无穷大,即 $R_4 = \infty$。从而得到

$$(f-p)[pf+(f-p)d] - (f-d)z_{01}^2 = 0 \qquad (2-49)$$

该式可以整理为

$$\frac{1}{d} = \frac{(p-f)[(p-f) + z_{01}^2/(p-f)]}{f(p-f)[p+z_{01}^2/(p-f)]} = \frac{[p+z_{01}^2/(p-f)] - f}{f[p+z_{01}^2/(p-f)]} = \frac{1}{f} - \frac{1}{[p+z_{01}^2/(p-f)]}$$
$$(2-50)$$

该式类似于 $(1/p) + (1/q) = (1/f)$,但是需要用 q 定义 d,用 $[p+z_{01}^2/(p-f)]$ 定义 p。在这层意义上,可以说透镜上有高斯光束的束腰成像。

距离 d 也可表示为

$$d = f + \frac{f^2(p-f)}{(p-f)^2 + z_{01}^2} \qquad (2-51)$$

同理,束腰的表达式($R_4 = \infty$时,$\omega_4 = \omega_{04}$)可表示为

$$\frac{\lambda}{\pi\omega_{04}^2} = z_{01}\frac{(f-p)(f-d)+(f-d)/(f-p)z_{01}^2}{[(f-d)/(f-p)z_{01}^2]^2+(f-d)^2z_{01}^2} = \frac{1}{z_{01}}\frac{(f-p)}{(f-d)} = \frac{\lambda}{\pi\omega_{01}^2}\frac{(f-p)}{(f-d)}$$

$$(2-52)$$

可得

$$\frac{\omega_{04}^2}{\omega_{01}^2} = \frac{(f-d)}{(f-p)} \qquad (2-53)$$

将式(2-51)中的 d 代入到式(2-53),可得

$$\frac{\omega_{04}^2}{\omega_{01}^2} = \frac{f-\{f[p(p-f)+z_{01}^2]/[(p-f)^2+z_{01}^2]\}}{(f-p)} \qquad (2-54)$$

简化式(2-54)后,可得

$$\frac{\omega_{04}}{\omega_{01}} = \frac{f}{\sqrt{(p-f)^2+z_{01}^2}} \qquad (2-55)$$

式(2-55)为放大因子的表达式,即通过透镜后束腰按照该因子放大。

2.2.2.3 光束聚焦

使用强正透镜或显微镜物镜可以将高斯激光束聚焦到更小光束,即 $\omega_{04} \ll \omega_{01}$。$\omega_{04}$可表示为

$$\omega_{04} = \frac{\lambda f}{\pi\omega_{01}}$$

束腰几乎出现在透镜的焦平面上。

2.3 激光准直仪

探讨激光准直仪的设计之前,需要先找出高斯光束的总功率。总功率可确定准直透镜的尺寸。求无穷大表面积上光束的强度的积分得到光束的总功率 P_0,即

$$P_0 = \iint I(x,y,z)\mathrm{d}A = A^2\frac{\omega_0^2}{\omega^2(z)}\iint e^{-2[(x^2+y^2)/\omega^2(z)]}\mathrm{d}x\mathrm{d}y$$

$$= A^2\frac{\omega_0^2}{\omega^2(z)}2\pi\int_0^\infty e^{-2\rho^2/\omega^2(z)}\rho\mathrm{d}\rho = A^2\frac{\pi\omega_0^2}{2} \qquad (2-56)$$

式中:$\rho^2 = x^2+y^2$。光束的总功率为 $P_0 = A^2\pi\omega_0^2/2$。光束的总功率与 $\omega(z)$ 无关。然而,当光束在空间中传播时,光束持续扩散。若该光束被带有半径为 a 的光阑的透镜捕获,则由光阑捕获的功率 P_a 为

$$P_a = A^2\frac{\omega_0^2}{\omega^2(z)}2\pi\int_0^a e^{-2\rho^2/\omega^2(z)}\rho\mathrm{d}\rho = A^2\left(\frac{\pi\omega_0^2}{2}\right)[1-e^{-2a^2/\omega^2(z)}] \qquad (2-57)$$

捕获的总功率的分数值 Φ_P 为

$$\Phi_P = \frac{P_a}{P_0} = [\,1 - \mathrm{e}^{-2a^2/\omega^2(z)}\,] \qquad (2-58)$$

通过函数 $a/\omega(z)$ 的形式表示捕获功率,如表 2-1 所列。

表 2-1　功率随 $a/\omega(z)$ 的变化

$a/\omega(z)$	Φ_p
1.0	0.8647
1.25	0.9561
1.5	0.9889
2.0	0.9997

由此可以看出,孔径为光斑大小的 1.5 倍的透镜可捕获光束中 99% 的功率。还可以发现,光束中强度分布不均匀。由于光束为高斯光束,因此无法在透镜的孔径上获得均匀的强度。可以通过改变捕获功率而改变均匀度。因此,当需要几乎均匀的强度时,光束过度扩散且仅中心部分被透镜捕获。由此,总是需要在捕获功率和强度的均匀性之间做出取舍。

准直仪由显微镜物镜组成,能够将入射光束聚焦在适当直径的针孔上。针孔位于透镜焦点的轴上,该透镜有着长焦距且经过良好校正,被称为准直透镜。激光准直仪的原理图如图 2-3 所示。

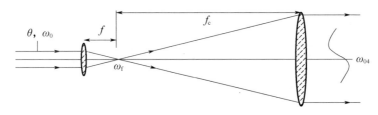

图 2-3　激光准直仪原理图

现在让我们计算准直透镜上光斑大小。半散度为 θ 且束腰半径为 ω_0 的光束入射到显微镜物镜上。激光束通过显微镜物镜聚焦到一个点。在焦距为 f 的显微镜物镜的焦平面处,束腰半径 ω_f 的计算公式为 $\omega_f = \lambda f/\pi\omega_0$。放置焦距为 f_c 的准直透镜使得其前焦平面位于束腰处。

透镜光阑处的光斑半径为

$$\omega(f_c) = \omega_f \left[\,1 + \left(\frac{f_c}{z_{0f}}\right)^2\,\right]^{1/2} \qquad (2-59)$$

由于瑞利距离 z_{0f} 与准直透镜的焦距 f_c 相比非常小,因此与 $(f_c/z_{0f})^2$ 相比,

可以将其前面的 1 省略。从而得到

$$\omega(f_c) = \omega_f \frac{f_c}{z_{0f}} = \omega_f \frac{\lambda f_c}{\pi \omega_f^2} = \frac{\lambda f_c}{\pi \omega_f} = \frac{f_c}{f} \omega_0 \qquad (2-60)$$

后焦平面上的束腰为

$$\omega_{04} = \frac{\lambda f_c}{\pi \omega_f} = \frac{f_c}{f} \omega_0 \qquad (2-61)$$

因此,准直仪后的光束半径实际上相同。瑞利距离 z_{04} 的计算公式如下:

$$z_{04} = \frac{\pi \omega_{04}^2}{\lambda} = \frac{\pi \omega_0^2}{\lambda} \left(\frac{f_c}{f} \right)^2 = z_{01} \left(\frac{f_c}{f} \right)^2 \qquad (2-62)$$

若使用孔径为 100mm,焦距为 1000mm 的准直透镜将氦－氖激光器($\lambda = 632.8$nm)的光束校准到直径为 100mm。激光束的直径为 1mm,半散度为 0.9mrad。

通过半散度 $\theta(\theta = \lambda / \pi \omega_0)$ 可以计算出束腰半径 ω_0,有

$$\omega_0 = \frac{\lambda}{\pi \theta} = \frac{632.8 \times 10^{-9} \times 10^3}{\pi \times 9 \times 10^{-4}} \text{mm} = 0.45 \text{mm}$$

显微镜物镜的焦距取值为 10mm($\sim 20 \times$)。焦点的半径为

$$\omega_f = \frac{\lambda f}{\pi \omega_0} = \frac{632.8 \times 10^{-9} \times 10}{\pi \times 0.45} \text{m} = 4.5 \mu \text{m}$$

透镜表面处光斑的半径为

$$\omega(f_c) = \frac{\lambda f_c}{\pi \omega_f} = \frac{f_c}{f} \omega_0 = \frac{1000}{10} \times 0.45 = 45 \text{mm}$$

透镜允许通过 91.5% 的激光功率。透镜后焦平面的束腰为

$$\omega_{04} = \frac{\lambda f_c}{\pi \omega_f} = \frac{\lambda f_c}{\lambda f} \omega_0 = \frac{f_c}{f} \omega_0 = \frac{1000}{10} \times 0.45 = 45 \text{mm}$$

该准直仪将捕获通过显微镜物镜前方针孔的近 92% 的激光功率。

2.4 涡旋光束

具有螺旋相位剖面的光束被称为涡旋光束或光学奇点光束。光束在数学上可表示为

$$u(r, \phi, z:t) = U(r, z) e^{im\phi} e^{i(\omega t - kz)} \qquad (2-63)$$

式中:$u(r, \phi, z:t)$ 为频率为 ω,波长为 λ,沿 $+z$ 轴传播的单色光波的复振幅;$k = 2\pi\lambda$ 为传播矢量;m 为拓扑电荷。

当波传播时,等相位面(波前)描绘的螺旋面具有如下特点:

$$m\phi + kz = 常数 \qquad (2-64)$$

波前绕 z 轴进行一次往返之后,连续过渡到间隔为 $m\phi$ 的下一个波前光片,

从而产生连续的螺旋波面。拓扑电荷的正负取决于波面具有右旋性还是左旋性。

计量学中涡旋光束的许多用途。涡旋光束可用于准直测试和螺旋干涉测量,可以从单个干涉图中识别出丘陵和山谷。目前有多种方法产生涡旋光束。相位板可用于产生涡旋光束,但所产生的光束具有特定波长。计算机生成的全息图是产生具有不同螺旋性的涡旋光束的简单方法。

2.5 贝塞尔光束

研究已经表明,高斯激光束具有固定的衍射极限散度 $\theta = \lambda / \pi \omega_0$。通过增加束腰可以减小散度。此外,研究已经表明,可认为距离 $\pm z_0$(瑞利距离)内光束尺寸相同。实际上,光斑大小在瑞利距离内增加到束腰的 $\sqrt{2}$ 倍,或者其横截面积变为两倍。搜寻由于衍射而不发散的光束非常有趣。结果表明存在不发散的光束。这种光束被称为贝塞尔光束。其表达式为

$$U_0(r, \phi, z) = A_0 e^{-ik_z z} J_n(k_r r) e^{\pm in\phi}$$

式中:J_n 为 n 阶贝塞尔函数;k_z 和 k_r 为纵向和径向波矢量,其中 $k = (k_z^2 + k_r^2)^{1/2} = 2\pi/\lambda$;$r$、$\phi$ 和 z 分别为径向坐标、方位角坐标和纵向坐标。

零阶贝塞尔光束具有由多个环包围的亮核,而高阶贝塞尔光束在轴上具有相位奇点,因此会出现黑斑。产生零阶贝塞尔光束的最简单方法之一是在环形光阑(圆形狭缝)处衍射激光束。其他方法是使用折射轴棱镜,以及全息或衍射光学元件。贝塞尔光束具有明显的自愈性,即如果在其光路上放置障碍物,会自我再生而通过障碍物。J_0 的贝塞尔光束非常适合高指向精度要求的工作。

思考题

2.1 参见图 2-2,求证 $(1/\omega_{04}^2) = (1/\omega_{01}^2)[1 - (p/f)]^2 + (1/\omega_{01}^2)(z_{01}^2/f^2)$。进一步证明当 $p = f$ 时,束腰半径 $\omega_{04} = \lambda f/\pi \omega_{01}$。

2.2 假设 3mW 的激光二极管发射出波长为 670nm 的激光。与激光器间隔一定距离的光斑大小为 2mm,其曲率半径为 2m。当屏幕移开 1m 时,光斑大小变为 3mm。请找到束腰及其位置。该平面在 2mm 半径范围内可以接收多少功率?

2.3 从氦-氖激光器射出的高斯光束入射到焦距为 10cm 的凸透镜上,镜片前表面上的束腰为 2mm,求焦点的大小是多少?假设光束功率为 5mW,焦点处的强度是多少?如果在束腰位置放置直径为 0.5mm 的针孔,求焦点处的强度是多少?

2.4 从激光二极管射出的高斯光束,波长为 600nm,沿 z 轴传播。其束腰直径为 1mm,位于 $z = 0$ 的平面。计算使得相位波前的曲率半径 $R = 2z$ 的距离 z。

2.5 稳定谐振器由平面输出镜和曲率半径为 R 的凹面镜组成,两镜面相距 d。求证束腰半径的计算公式为

$$\omega_0 = \left(\frac{\lambda d}{\pi}\right)^{1/2} \left[\frac{R}{d} - 1\right]^{1/4}$$

2.6 假设由氦-氖激光器射出 5mW 的光束,入射到距离 1.0mm 束腰所在的出射面 2m 处的屏幕上。将焦距为 10mm 的透镜放置在离激光器 10cm 处。

a. 请问屏幕上光斑大小是多少?

b. 请问焦平面的强度是多少?

c. 放置焦距为 20cm 的透镜,使前一个焦距为 10mm 的透镜后面的束腰位于透镜的前焦平面。请问镜片后面的束腰在哪里?它的大小是多少?

2.7 求证能够产生电荷 m 的奇点光束的玻璃板的光学厚度的计算公式为

$$t(\theta) = t_0 + \frac{m\lambda\theta}{2\pi(\mu - 1)}$$

式中:t_0 为底板厚度;μ 是波长 λ 处的折射率。

2.8 从氦-氖激光器射出的高斯光束(波长为 632.8nm)入射到焦距为 10cm 的透镜上。光束在透镜上折射之前,波的曲率半径为无穷大,且其束腰直径为 2mm。光束的总功率为 5mW。

(1)请问透镜焦点处的光束最大强度(单位为 W/m²)是多少?

(2)请问通过距离光束的最小束腰(焦点)1cm、直径为 0.2mm 的光阑能够传输多少功率?

2.9 波长为 600nm 的高斯光束沿 z 轴传播。其直径为 2mm 的束腰位于 $z = 0$ 的平面。

(1)请问 z 值为多少时,相位波前的曲率半径 R 等于 $2z(R = 2z)$?

(2)求在点 $z = z_0, r = 2\omega(z)$ 处和点 $z = 0, r = 0$(r 为到光束轴的距离)处的强度比。

(3)请计算 $z = z_0$ 处的古依相位。

(4)请计算点 $(z = z_0, r = 0)$ 和点 $(z = z_0, r = 2\omega(z))$ 之间的相位差。

(5)若光束功率为 5mW,$z = 5z_0$ 处的最大强度为多少?

第 3 章　源、探测器和记录介质

3.1　概述

本章介绍光学计量中所使用的辐射源和探测器。测量入射在物体上的光常用的是辐射测量法和光度测量法。辐射测量法是指对辐射的测量,包括从 10nm 到 1000μm 的波长范围,而这些区域通常分别称为紫外光区、可见光区和红外光区。光度测量法是指对可见光谱中光的探测,即眼睛感光的电磁光谱中的一部分,对应于 360～830nm 范围内的波长。辐射测量法包括完整的光谱,而光度测量法仅限于眼睛反应所确定的可见光谱。为了比较不同的光源,本章还简要描述了辐射单位和光度单位。

3.2　辐射单位

常用辐射单位包括以下各个单位:

辐射能 Q 是一个国际单位制导出单位。辐射能是指以电磁波形式传播的能量,测量单位为 J。辐射功率 Φ 也称为辐射通量,是指以 W 为单位测量的辐射能变化率,即 $\Phi = \mathrm{d}Q/\mathrm{d}t$。表面辐射通量密度($M = E = \mathrm{d}\Phi/\mathrm{d}A$)是指表面辐射通量除以表面面积。辐射出射率或发射率 M 是指表面上发射的单位面积辐射通量。辐照度 E 是指表面上入射的辐射通量密度。辐射出射率和辐照度的测量单位均为 $\mathrm{W/m^2}$。需要注意的是,物理光学中使用术语光强代替辐照度。然而,辐射测量法中的强度定义不同。光源辐射强度($I = \mathrm{d}\Phi/\mathrm{d}\Omega = \mathrm{d}Q/\mathrm{d}t\mathrm{d}\Omega$)是指在所考虑的方向上光源发出的每单位立体角的辐射通量,测量单位为 $\mathrm{W/sr}$。

辐射率 $L = \mathrm{d}^2\Phi/\mathrm{d}\Omega\mathrm{d}A\cos\theta$ 是指辐射功率相对于立体角和投影面积的导数,其中 θ 是表面法线和指定方向之间的角度。这通常称为亮度,它在通过光学系统时是守恒的。图像辐射率不能超过物体辐射度。

虽然光度单位与辐射单位相同,但光度单位由眼睛光谱响应加权。光度单位带有下标 v,v 为可见光。

流明是光通量的一个国际单位制导出单位,符号为 lm,表示为 Φ_v。流明来源于坎德拉,它是指由发光强度为一个坎德拉的各向同性光源发射到单位立体角的光通量。换句话说,流明是发光强度与立体角的乘积,单位为 cd sr。各向同性光源在所有方向均匀发光,一个小球面近似于一个各向同性点光源。坎德拉是七个国际单位制单位中的其中一个,其定义为"在给定方向上发出频率为 $5.40 \times 10^{14}\,Hz(555nm)$ 的单色辐射,且在每个球面度 $1/683\,W$ 的方向上产生辐射强度的光源发光强度"。因此,1W 的辐射功率等于 683lm 的发光功率。

照度是另一个国际单位制导出单位,表示光通量密度。照度单位有一个专用名称勒克斯,即每平方米流明。符号为 E_v。亮度类似于辐射率,且是相对于立体角和投影面积的发光功率导数。亮度符号为 L_v。亮度单位有一个专用名称尼特,即每平方米坎德拉或每平方米球面度流明。表3-1中汇总了这些定义和单位。

表3-1 各种辐射量和光度量

量	辐射符号及单位	光度符号及单位
功率	Φ,W	Φ_v,lm
单位面积功率	M 和 E,W/m²	E_v,lm/m²
单位立体角功率	I,W/sr	I_v,lm/sr = cd
单位面积、单位立体角功率	L,W/m² · sr	L_v,lm/m² · sr = cd/m²

3.3 黑体

光是光学计量中信息和照度的载体。因此,测量仪器均配备有光源,这些光源可以是不相干光源,也可以是相干光源,白炽灯泡就是相干光源的一个例子。摆在我们面前的问题是,光是如何产生的?

众所周知,一个物体在充分加热时就开始发光。据观察,热体发射的辐射量随温度而发生变化。1879年,约瑟夫·斯忒藩确定了热体辐射的总能量随热体温度的4次方增加。事实上,这个定律严格适用于黑体,即一个完全吸收入射在其上辐射的物体。如果是个实体,就要乘以一个常数,这个常数称为物体发射率。波耳兹曼为黑体辐射体提供了数学描述,并证明了整个光谱范围内黑体辐射的总功率 $E(T)$,有

$$E(T) = \sigma T^4 \tag{3-1}$$

这就是斯忒藩-波耳兹曼定律。σ 为斯忒藩-波耳兹曼常数($\sigma = 5.67 \times 10^{-8}$ W/m²K⁴);T 为黑体热力学温度。

维恩在不同温度下对黑体进行了实验,并证明了作为波长函数测量的辐射值最大,当温度升高时,该最大值向较低波长移动。在数学上,将维恩定律描述为

$$\lambda_{max} T = 2.897 \times 10^{-3} (mK) \tag{3-2}$$

式中:λ_{max} 是黑体温度为 T 时,能量密度与波长图中出现最大值处所测量的波

长,单位为 m。

普朗克通过考虑能量量子形式的辐射与物质之间的能量交换,形成了黑体辐射量子理论。

以频率 v 辐射的能量表示为

$$\rho(v) = \frac{8\pi h v^3}{c^3} \frac{1}{e^{hv/kT} - 1} \quad\quad\quad (3-3)$$

式中:h 为普朗克常数;k 为波尔兹曼常数。

普朗克定律将完美黑体辐射体的光谱辐射率描述为黑体辐射体温度与发射辐射波长的函数:

$$M(\lambda, T) = \frac{C_1}{\lambda^5 (e^{C_2/\lambda T} - 1)} (W/m^2 \cdot \mu m) \quad\quad (3-4)$$

式中:λ 的单位为 μm;常数 $C_1 = 2\pi h c^2 = 3.74177 \times 10^8 (W\mu m^4/m^2)$;常数 $C_2 = hck = 1.43878 \times 10^4 (\mu m \cdot K)$。

通过在所有波长上积分 $M(\lambda, T)$,得到斯忒藩 – 波尔兹曼定律为

$$M(T) = \int_0^\infty M(\lambda, T) d\lambda = \sigma T^4 \quad\quad\quad (3-5)$$

式中:$\sigma = (2\pi^5 k^4)/15c^2 h^3 = 5.672 \times 10^8 (W/m^2 \cdot K^4)$。

黑体用于校准光源。

3.4 光源

加速电子与固体原子、离子、分子或晶格结构发生非弹性碰撞时发出光辐射,因材料能级之间的跃迁而产生出紫外光区、可见光区和红外光区中的辐射。非相干光源包括白炽灯、放电灯和发光二极管。在白炽灯中,从物体表面发出辐射。在放电灯中,气体发生电离,并因加速电子和离子之间的碰撞导致电离气体材料能级之间发生电子跃迁而发光。发光二极管(LED)是最有效的光源,其基本上采用 p – n 结,当出现正向偏压时,电子和空穴发生跃迁,结合产生光子,带隙决定发射辐射的波长。

3.4.1 白炽钨丝灯

在白炽灯中,线圈或卷曲线圈形式的钨丝/灯丝是热体,通过焦耳加热而升高热体温度。将灯丝封闭在玻璃壳中,再将玻璃壳抽空或在玻璃壳中填充惰性气体。钨的熔点为 3680K,可以将其拉成细线,制成白炽灯的灯丝。白炽灯的工作温度为 2800K 左右,可减少蒸发损失,从而延长白炽灯寿命。为了获得更多光辐射而在高温下使用时,钨会出现蒸发现象,并沉积在玻璃壳上,从而减少光输出,缩短灯寿命。钨的蒸发率随 $e^{-10,500/T}$ 而发生变化,而灯的亮度与 T4 成

正比。这就表示,如果钨灯工作电压比额定电压高 10% ,则钨灯寿命将缩短 1/3,而输出将提高约 30% 。或者,如果钨灯工作电压比额定电压低 10% ,则钨灯寿命将延长 5 倍,而输出将减少约 30% 。蒸发的钨聚集在玻璃壳上,从而导致随着时间的推移逐渐变暗。通过降低钨丝灯的灯丝工作温度和/或在较高压力下用惰性气体填充玻璃壳(这会减缓灯丝的钨蒸气扩散),可以降低其蒸发率。白炽灯有各种尺寸,电气输入电压和功率输出。

3.4.2　卤钨灯

卤钨灯的外壳中含有一小部分溴或碘,单位为 $\mu mol/cm^3$。这导致卤素化学循环,从而能使灯丝在更高的温度下工作。蒸发的钨与钨丝灯冷却器部分中的卤素发生反应,形成钨卤化物,而钨卤化物通过扩散到达热灯丝,在热灯丝上发生解离,从而使钨沉积在灯丝上。这样可以使壳体更洁净,从而可以缩小壳体尺寸。换句话说,卤钨灯结构紧凑,发光更亮。此外,通过在较高压力下用惰性气体填充灯泡,也可以降低蒸发率。卤钨灯在高压下填充氪气或氙气时可在高约 3500K 的温度下工作。

对于光学应用,需要使用尺寸较小的紧凑型灯,通常带有扁平且缠绕紧密的灯丝。卤钨灯结构更加紧凑,可在较高温度下工作。卤钨灯不断发展,已经形成了大量结构紧凑、适合光学应用的产品。在某些应用中,需要使用装有背反射器的卤钨灯。由于这些灯辐射中有超过 50% 都是红外光,因此可通过将红外光聚集到吸收红外光的灯丝上加以利用,从而提高灯丝温度。为了实现上述利用,可在反射器上涂覆多层红外反射涂层。因此,这些灯可以较低的电功率工作,从而节省成本。卤钨灯具有稳定性的优点,而稳定性在光学应用中经常是必需的。

3.4.3　放电灯

这些放电灯可分为两类,即低压放电灯和高压放电灯。白炽灯基本上产生连续辐射光谱,而低压放电灯产生离散细光谱线,高压放电灯先产生较宽光谱线,然后才是连续光谱。一个放电灯由一个玻璃灯泡组成,玻璃灯泡中充满氩气、氪气或氙气等惰性气体,含有微量汞和钠等活性元素,分为一个阴极和一个阳极。阴极通常具有高放射性,且是向阳极加速运动的电子源。在这个过程中,它们撞击惰性气体的原子,并使它们发生电离,从而形成等离子体。这就形成了传导电流。电子随机运动。高压放电灯中的碰撞比低压放电灯中的碰撞更为频繁。碰撞将原子/分子提升到更高的能量状态,当它们变回到低能态时发出辐射。

3.4.4 相干源

激光器是相干源,最常见的是氦氖(He – Ne)激光器。由于已经掌握了气体、液体、固体和半导体中的激光作用,因此生产出覆盖光谱范围较广的各种激光器。一个激光器有 3 个主要部件,包括放大介质、泵和谐振器。放大介质由原子、离子和分子的集合组成,它们用做辐射放大器。在热平衡中,低能态的原子数总是高于激发能态的原子数,从而导致吸收通过它传播的波。为了达到放大目的,激发态的原子数/分子数必须高于低能态的原子数/分子数。因此,需要使用泵来实现这种粒子数反转。泵是用于维持粒子数反转的一种能量源。一个谐振器由包括放大介质和其他附件的一对镜子组成,为放大介质提供必要反馈。

3.4.4.1 氦氖激光器

氦氖激光器是一种四能级激光器,具有良好的动态特性;其阈值较低,可在连续波(CW)模式下工作。氦氖激光器由一个充满氦气和氖气(10:1)混合物的管组成,根据管径不同,压力约为 1 毛至 3 毛。该管上有一个小孔,直径约为 2mm,长度为 12cm ~ 1m,其输出范围为 1 ~ 120mW。该管末端使用镜子或布鲁斯特窗封闭。大多数商用氦氖激光器均采用一体式设计,特点是在制造过程中已对齐积分镜。这些氦氖激光器全部输出非偏振光束。由于一些激光器内部配有布鲁斯特板,因此这些激光器可输出偏振光束。实验室用氦氖激光器或研究用氦氖激光器均配有外镜;管采用垂直于管孔所连接的抗反射涂层窗或布鲁斯特窗封闭。管通过高压放电激发。通过第二类电子碰撞和第二类原子碰撞产生粒子数反转。分别在 3S 能级与 3P 能级、3S 能级与 2P 能级以及 2S 能级与 2P 能级之间产生粒子数反转。氦气用于通过能量共振转移将氖原子激发到 3S 能级和 2S 能级。激光器发射出 3.39μm(3S2 ~ 3P4)的红外光和 1.15μm(2S2 ~ 2P4)的红外光以及 632.8nm(3S2 ~ 2P4)的可见光。3.39μm 的跃迁增益非常高,因此氦氖激光器的特点是采用硼硅酸盐玻璃窗代替石英窗,这是因为硼硅酸盐在该波长下的吸收性更好。此外,硼硅酸盐玻璃窗也不能抑制该波长下的振荡,因此要沿管长放置磁体,用于抑制通过塞曼分裂的这种跃迁。最常用的激光器辐射为 632.8nm 的可见光辐射。它还可以在可见光的其他几条线上发出激光,但功率级降低。例如,绿光 543.5nm 跃迁的增益非常小,因此需要使用专用低损耗光学器件来获得该波长的振荡情况。

通过在阳极和阴极之间提供高直流电压维持放电。阳极较小,而阴极表面积较大,并放在较大的气镇容器中。阴极通常采用高纯度铝制成。氦氖激光器管的平均适当电流为 5 ~ 6mA,电压为 1.5 ~ 2kV,起弧电压高达 10kV。由于该管显示存在负电阻,因此要串联添加镇流电阻。

直到 1990 年,氦氖激光器才成为许多应用中瞄准、对准和扫描的唯一选择。1990 年以后,这些应用开始采用紧凑、可靠的半导体激光器。然而,在需要良好光束质量、光束准直和相干性的应用中,氦氖激光器仍然用作首选光源。

3.4.4.2 氩离子激光器

氩离子激光器使用已经发生电离的氩气。高达 40A 的放电电流流经低压(小于 1 毛)等离子管时,气体发生电离。它通常采用 0.5 ~ 2mm 的小口径直径管,增加电流密度,这是因为输出功率随着电流密度的平方而增加。小直径管的直径为 1.5mm,放电电流为 40A 时,其电流密度超过 2260A/cm² 。相比之下,氦氖激光器的小型管电流密度为 0.3A/cm² 。在如此大的电流密度下,等离子体的温度非常高,超过 5000K 。这就需要复杂的管设计和电源设计。为了能够承受因高能等离子体引起的高温和腐蚀,用于制造等离子管的材料数量有限。较短的管采用氧化铍、陶瓷和一些其他耐火材料制成,包括钨和石墨。管的长度从 30cm 到超过 1m,管端使用石英布鲁斯特窗封闭。较长的管通常使用氧化铍管,在管中插入石墨盘或钨盘。钻穿这些盘的孔形成等离子管的孔。在较大的管中,高能等离子体很容易损坏接触的管阴极和表面。因此,始终要使用磁约束。磁体与等离子管同轴放置,并通过流水与等离子管一起冷却。当等离子管工作时,将氩原子推向阳极,从而增加阳极的压力。设有返回路径,用于维持管中的气体压力平衡。

氩离子(Ar^+)在两个波段中有多个能级:以 36eV 为中心的激光上能级分为 9 个能级,而以 33eV 为中心的激光下能级分为 2 个能级。共有 10 个激光跃迁,跨越可见光谱的紫光区到绿光区。在这 10 个跃迁中,分别在 514.5nm 和 488nm 的两个跃迁的增益较高。激光器可在这些波长下提供 5 ~ 6W 的光能。很明显, Ar^+ 激光器的效率较差,这是因为必须将近 36eV 的能量注入氩原子,从而产生能量为 2.5eV 的光子。

小型空气冷却 Ar^+ 激光器工作时,放电电流约为 10A,等离子管的电压为 90V。因此,这将消耗 900W 的功率。因此,氩离子激光器电源的设计与氦氖激光器的设计完全不同。

氩离子激光器的固有光谱宽度(5GHz)较大,因此其在很多纵向模式下出现振荡。采用石英制成的校准器通常用于进行单模工作。如果校准器采用石英制成,且厚度为 10mm,则其自由光谱为 10.3GHz。当放在腔体中时,其在两个纵向模式下不可能同时发生振荡。由于激光器采用多谱线激光器,因此使用由棱镜和高反射镜组成的波长选择器来调谐特定波长。

3.4.4.3 钕:钇铝石榴石/钕:玻璃激光器

钕:钇铝石榴石是一种四能级激光器。活性离子是钇铝石榴石(YAG)中或作为主晶的玻璃中的 Nd^{3+} 离子。钇铝石榴石中的 Nd^{3+} 离子浓度通常为

1% ~1.5%,是玻璃中这些离子浓度的数倍。用于连续波工作的 Nd^{3+} 离子浓度为 0.5% ~0.8%,而用于 Q 开关工作的 Nd^{3+} 离子浓度为 1% ~1.4%。激光介质可以是杆状或板状,最常见的直径范围为 4 ~8mm。杆状活性介质通过椭圆形腔中的氙灯抽运,而板状几何体通过半导体激光器抽运。钕:钇铝石榴石拥有多个抽运能级,能使活性介质吸收 525 ~585nm、730 ~750nm 和 790 ~810nm 范围内各种波长的能量。所有这些抽运能级的使用寿命都很短,约为 100ns,因此会迅速衰减到激光上能级。与激光下能级相比,激光上能级的寿命较长,为 1.2ms,在 30ns 内衰减到基础能级。存在一些跃迁,但 1064nm 的跃迁很快发生粒子数反转。

钕:钇铝石榴石激光器具有高增益、窄线宽、低阈值和良好的物理性质。钕:钇铝石榴石激光器的光谱宽度约为 0.5nm。钕:玻璃激光器的光谱宽度非常大,比钕:钇铝石榴石激光器的光谱宽度至少大 30 ~50 倍,因此钕:玻璃激光器用于产生锁模脉冲。

钕:钇铝石榴石激光器的输出可使用磷酸二氢钾(KDP)晶体连续实现倍频和三倍频。

3.4.4.4 半导体激光器

半导体激光器通常称为二极管激光器,结构紧凑,仅需要使用普通的低压电源,可在较大波长范围和功率输出内提供输出。用于获得激光作用的结构有很多。基本上,一个激光二极管由适当掺杂的直接带隙半导体材料的正向偏压 p - n 结组成。通常,末端解理形成镜面端面。由于半导体折射率较大,因此在解理界面(半导体 - 空气)处的折射率差异也较大,提供约 30% 的反射比,这足以维持因大多数二极管激光器中增益系数较大而引起的激光振荡。同构结构激光器既没有载波限制,也没有光学限制。活性层的厚度约为 1μm。因此,它们工作时需要较大的电流密度。

当活性层夹在两层带隙较大的不同半导体之间时,它称为异质结构二极管激光器。内层厚度约为 0.1μm,在半导体之间的两个界面处形成两个异质结。内层带隙较小。

这导致形成可有效捕获电子和空穴的势阱,因此注入层中的载流子受到限制。幸运的是,由于带隙较大的半导体折射率略小于内层的折射率,因此内层中发射的光辐射也受到限制。载流子受到电势阶跃的限制,光辐射受到折射率的限制,这样导致用于维持激光器工作的电流密度急剧减小。

辐射在垂直于结的方向上受到限制,但在结的平面中不受任何限制。由于存在这种辐射扩散,所需的电流密度可能较大,并且发射图形可能随电流的变化而变得不稳定。为了克服这些缺陷,已经开发出横向限制辐射的激光器。与活性层的折射率相比,这些激光器周围区域的折射率更低。

　　有另一类二极管激光器称为量子阱半导体激光器,其活性层的厚度约为 10nm,而相比之下,异质结构激光器的活性层厚度为 100nm。活性层夹在带隙较高的半导体层之间。活性区可采用单个量子阱制成。这种激光器中的光辐射远远超出量子阱,但其不能有效地引导光波。因此,在量子阱激光器中配备有用于光学限制的单独结构。

　　由于二极管激光器的光谱宽度非常大,因此激光器在许多纵向模式下发生振荡。然而,许多应用仅需要单模输出。这要使用解理耦合腔或分布式反馈来实现。在第一种情况下,激光器由两个光学耦合的独立腔组成。在这两个腔中维持的模式提供输出辐射。在第二种情况下,活性区周围的层厚周期性变化用于选择特定模式。光辐射在每个周期内反射回来,因此布拉格条件仅在一种持续模式下得到满足。这种周期性变化出现在活性区的两端,而这种激光器称为分布式布拉格反射激光器。

　　到目前为止所述的激光器均从边缘发射出辐射,这些激光器统称为边发射激光器。还有另一类激光器,它们从表面垂直发光,这类激光器称为垂直腔面发射激光器。活性层夹在两个高反射镜之间。这些反射镜可以包含超过 120 个层。由于这些反射镜用作布拉格反射器,因此这些激光器基本上都是单模输出。此外,可以在基底上形成大量此类激光器。由于布拉格反射器的反射率可接近 100%,因此阈值电流显著降低。

3.5　探测器

3.5.1　眼睛

　　探测器探测辐射,且通常产生电气输出,而电气输出需使用附加装置进行处理。在该定义下的眼睛可以视为一个封装的探测器,这个探测器包含透镜、光量控制装置(虹膜)和光探测器(视网膜)。眼睛在视网膜上产生反转图像后,通过大脑处理图像。人类视觉系统能对非常窄的电磁光谱范围做出响应,光谱范围 3.8×10^{14}(真空中约 780nm)~7.9×10^{14} Hz(真空中约 380nm)。视网膜对不同频率的灵敏度不同,但其峰值几乎在日光光谱的峰值处。视网膜实际上是一个有不同类型传感元件的复合探测器。中心部分到处都是视网膜锥体,用于探测分辨率和感色灵敏度较高的光。人可能有 3 种视网膜锥体,它们分别响应红光、绿色和蓝光。周围区域包含视网膜杆,而视网膜杆没有感色灵敏度,且分辨率较低,但对亮度的灵敏度较高。人眼对光色的反应相当复杂。例如,包含 50 红光和 50 绿光的混合光看起来是黄色的,即使其中并不存在黄色频率成分。此外,某些频率在视觉系统中引起的响应与宽带白光所产生的响应相同。感知物体是否为白色时也依赖于环境灵敏性。人类视觉系统非常复杂,在输入功率范围内的动态范围较广（达到106），辨色能力较强（大于103），在某种程度上能够自我校正，使用寿命较长（102 年）。

3.5.2　光电探测器

光电探测器可分为两类，即光子探测器和热探测器。当辐射入射到探测器上时，这两类探测器均产生电气输出。但这两类探测器的功能也存在差异。光子探测器包括光电发射探测器、光电导探测器和光伏（光电二极管）探测器，这些探测器均采用半导体材料制成。热探测器产生一个电信号，对其整体温度的变化做出响应，这类探测器包括热电偶、热电堆、辐射热测量计和热敏电阻。

探测器的特点具有若干因素，如光谱灵敏度、响应度、量子效率、暗光电流、上升时间等。

光谱灵敏度取决于探测器的材料成分。基本上，材料的吸收系数随波长而变化，波长越长，吸收系数越小。理想情况下，一个入射光子应产生一个电子，但由于存在反射和材料缺陷而引起的损耗等，1 光子/s 并不会产生 1 电子/s。

由于响应度将所有因素均考虑在内，因此响应度是1W 光功率转换为电流方式的度量，表示单位为安 A/W。与吸收系数不同，响应度随波长的增大而增大。由于产生的电子数量与光子数量成正比，因此相同瓦特的光功率在较长波长处要比在较短波长处产生更多的光子。

量子效率是指探测器所产生的电子数量与探测器上入射的光子数量之比。

暗电流是指即使在没有辐射入射的情况下流经光探测器的小电流。暗电流的大小取决于温度，在探测器的电气输出中产生噪声。

探测器的上升时间是其对脉冲响应的一种度量，按照达到其稳态值63.2%所花费的时间来测量。

光子探测器包括光电发射探测器、光电导探测器和光伏（光电二极管）探测器：这些探测器均依赖于光电效应。

3.5.2.1　光电发射探测器

最简单的光电发射探测器是真空管内的光电阴极，如图 3－1 所示。入射光子从光电阴极释放出一个向阳极加速运动的电子。光电阴极可采用金属或半导体：电子的释放过程在每种情况下都是不同的。

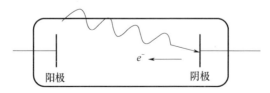

图 3－1　光电发射探测器

假设每秒有 n 个光子入射在光电阴极上,光电阴极每秒释放 ηn 个电子,从而产生电流 I 为

$$I = e\eta n \tag{3-6}$$

式中: η 为量子效率, e 为电子电荷。

如果将入射通量表示为 $nhv = nhc/\lambda$,则响应度 R 为

$$R = \frac{e\eta n}{nhc/\lambda} = \frac{e\eta\lambda}{hc} \tag{3-7}$$

这些探测器的时间分辨率在亚毫微秒范围内。

3.5.2.2　光电倍增器

光电倍增器(PMT)由光电阴极、包括 8 ~ 12 个倍增器电极的倍增器电极链以及放入真空管中的阳极组成,如图 3 - 2 所示。该真空管可装有其他电子光学器件,用于将电子聚焦在倍增器电极上。根据应用的选择情况,阴极可采用碱金属卤化物或半导体。阴极保持在非常低的负电位,约为 1500V。连续倍增器电极之间的电位差可在 100V 的范围内。入射在透明阴极上的一个光子释放一个电子。由于这个光电子非常难以探测,因此需要将其放大约一百万倍。可在光电倍增器内完成该操作,无需使用外部放大器。阴极产生的光电子向第一个倍增器电极加速运动,第一个倍增器电极相对于阴极处于约 100V 的正电位。加速运动的光电子撞击第一个倍增器电极后产生 5 个或 6 个二次电子,而这些二次电子又加速到达第二个倍增器电极后产生 25 ~ 36 个二次电子。这个过程一直持续到最后一个倍增器电极,然后阳极再聚集电子束。如果每个倍增器电极的放大率为 m ,且共有 n 个倍增器电极,则因阴极的单个光电子而在阳极产生的光电子数量为 mn 。在几乎没有噪声的情况下获得较大增益,因为典型光电倍增器的噪声系数为 1.2,而理想放大器的噪声系数为 1。另一个特征就是在不牺牲带宽的情况下获得增益。光电倍增器可以拥有接近 GHz 的带宽,且脉冲宽度可以小至 1ns。尺寸非常小的光电倍增器可用在 140 ~ 1200nm 范围内用作首选探测器。简而言之,光电倍增器是一种通用灵敏的光探测器,可用于许多应用中,特别是在光级度较低且需要快速响应时。光电倍增器示意图如图 3 - 2 所示。

3.5.2.3　光电导探测器

当光照射到一些半导体上时,产生出一些电子 - 空穴对,而且它们的内部电导率也增大。这种现象称为光电导效应。光电导探测器分为两类,即本征探测器和掺有杂质的非本征探测器。当光进入光电导体时,其内部电阻会发生变化,从而改变电流,如图 3 - 3 所示。探测这种偏差变化作为信号。各种材料均可用于制造光电导探测器。例如,CdS 用于可见光探测,而 PbS、PbSe、InAs、HgCdTe 和 PbSnTe 主要用于探测红外辐射。PbS 探测器是在 1.3 ~ 3μm 范围内最灵敏的非制冷探测器之一。虽然这些探测器探测速度较慢,但它们具有其他

有用的特性,例如体积小、重量轻、可在从可见光到远红外光非常广的光谱范围内响应,因此这些探测器已经得到广泛使用。

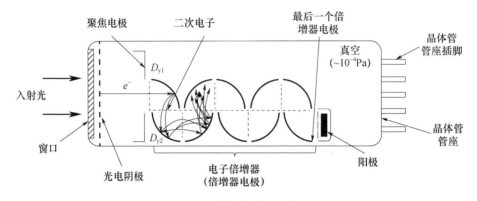

图 3 - 2 光电倍增器示意图。

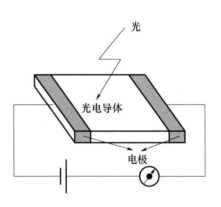

图 3 - 3 光电导体示意图

3.5.2.4 光伏探测器

虽然光电倍增器和光电管均利用外部光电效应,但光电二极管利用内部光电效应。硅光电二极管基本上采用 p - n 结,由正掺杂的 p 区和负掺杂的 n 区组成,如图 3 - 4(a)所示。在这两个区之间,存在一个中性电荷区,称为耗尽区。通过有选择性地将硼扩散至大约 1μm 的厚度形成 p 层。可通过改变和控制 p 层、基板 n - 层和底部 n + 层的厚度以及掺杂浓度控制光电二极管的光谱响应和频率响应。

当光入射到二极管上,且光子能量高于带隙时,将电子激发到导带,留下价带后面的空穴。在整个装置中产生电子 - 空穴对,即在 p 层、耗尽层和 n 层中产生电子 - 空穴对,如图 3 - 4(b)所示。在耗尽层中产生的那些电子 - 空穴对扩散到各自的电极上。这个过程导致 p 层中的正电荷积聚和 n 层中的负电荷积聚。

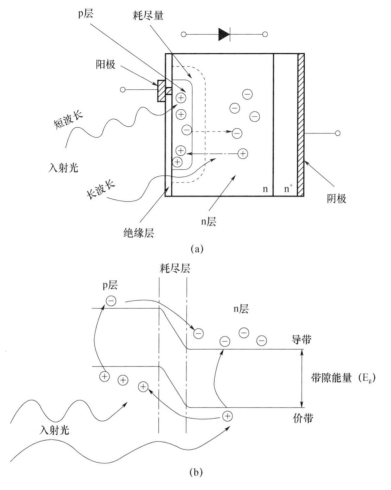

图 3 - 4 光电二极管原理图

(a)光电二极管横截面;(b)光电二极管 p - n 结状态

所产生的电子 - 空穴对与入射光量成正比。当外部电路连接到电极上时,电子将从 n 层流向相对电极,空穴将从 p 层流向相对电极。在二极管未点亮的情况下,通过以下二极管方程得出二极管的 p - n 结电流 - 电压($I-V$)特性:

$$I = I_0 (e^{eV/k_BT} - 1) \qquad (3-8)$$

式中:I 为正向偏压为 V 的注入电流,I_0 为因热生成的载流子流经结而产生的饱和电流。

当二极管点亮时,二极管方程变为

$$I = I_0 (e^{eV/k_BT} - 1) - I_p \qquad (3-9)$$

式中:$-I_p$ 为光照射结时的光电流:这也称为短路电流($V=0$)。I_p 与二极管上的入射光子通量成正比。$I=0$ 时,开路电压为光电压 V_p,可由 $V_p = (k_BT/e)$

$\ln[(I_p/I_0)+1]$ 得出。开路电压随光子通量呈对数增加。

p-n 光电二极管具有速度快、结构紧凑、坚固耐用、价格低廉、工作电压低的特点。

3.5.2.5 雪崩光电二极管

雪崩二极管采用 p-i-n 二极管,其中本征(i)区夹在重掺杂的 p 区和 n 区之间。本征区可以是轻掺杂区,但必须具有高电阻。为了实现低电阻接触,要增加重掺杂的 n⁺ 层,如图 3-5(a)所示。

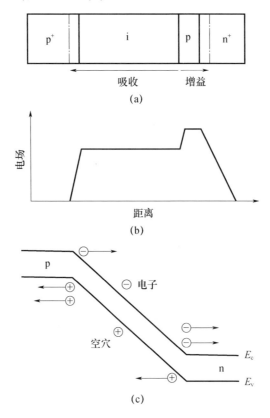

图 3-5　雪崩二极管原理图

(a)雪崩光电二极管横截面;(b)电场变化;(c)雪崩光电二极管倍增过程。

该结构的基本元件是 p-n 结。在反向偏压下,在靠近结的一定体积中存在电场,该体积耗尽了自由电荷载流子。这些电荷载流子在电场下朝相应的电极漂移。因为在耗尽区积聚了非常高的电场(大于 $10^5\,V/cm$),所以雪崩光电二极管与光电二极管不同,如图 3-5(b)所示。穿过耗尽区的电荷载流子获得足够的能量,从而通过碰撞电离产生电子-空穴对。这些二级电荷载流子进一步与原子发生碰撞,从而产生更多的电荷载流子等,如图 3-5(c)所示。因此,探测器上有大量电荷载流子在移动。理想的雪崩二极管采用内部增益的 PIN 二极管。雪崩光电二极管需要使用高压电源才能工作。砷化镓雪崩光电二极管的电压范围为 30~70V,而硅雪崩光电二极管的电压可为 300V。

3.5.3 热探测器

如果一个探测器为了响应其整体温度变化而产生电信号或输出变化,这个探测器则归类为热探测器。热探测器吸收辐射,产生温度变化,进而改变探测器的物理特性或电气特性。由于温度发生变化,因此与其他探测器相比,热探测器响应通常较慢,灵敏度相对较低。加热探测器芯片后热探测器开始工作。因此,需要检验热方程,从而在数学上对热探测器进行建模。

热电偶、热敏电阻、辐射热测量计和热电堆均属于热探测器。热电探测器也归入热探测器中。虽然热探测器通常缺少像半导体探测器那样的灵敏度,但它们可以提供更平坦的波长响应,而且包装、尺寸和成本有多种选择。其中大多数都是无源器件,不需要偏压。热电堆特性稳定,常用作校准标准件。

热探测器的主要噪声源包括白噪声(与黑体相关的噪声)和因随机热波动而引起的噪声(约翰逊噪声)。

3.6 记录介质

在本节中,讨论记录图像的材料和器件。这些包括照相/全息胶片和干板、二色明胶、光阻材料、光敏聚合物、热塑性塑料、光色材料和铁电晶体。表 3-2 中汇总了这些材料的特性。不久之前,照相干板/胶片是最广泛使用的高灵敏度介质,但是这些已经为电荷耦合器件和空间光调制器(SLM)所取代。为了确保连贯性,首先讨论所有这些记录介质,然后再讨论电子记录介质。

表 3-2 照相术和全息术用记录介质

序号	材料类别	光谱范围 (nm)	记录过程	空间频率 (l/mm)	板条箱类型	处理	读出过程	衍射效率 η_{max}%
1	照相材料	400 ~ 700 (小于1300)	还原成银金属颗粒	大于3000	平面/体积振幅	化学湿法	密度变化	5
			漂白到银盐		平面/体积相位	化学湿法	折射率变化	20~50
2	重铬酸盐明胶	250 ~ 520和633	光交联	大于3000	平面/体积相位	化学湿法后再加热	折射率变化	30 >90
3	光阻材料	紫外光-500	光交联或光聚作用	小于3000	表面凹凸/相位闪耀反射	化学湿法	表面凹凸	30~90

续表

序号	材料类别	光谱范围（nm）	记录过程	空间频率（1/mm）	板条箱类型	处理	读出过程	衍射效率 η_{max}%
4	光敏聚合物	紫外光–500	光聚作用	约为 200～1500 通过频带	体积相位	无或后曝光和后加热	折射率变化或表面凹凸	10～85
5	光敏塑料/光电导体热塑性塑料	对于聚 N 乙烯基咔唑 TNK 光电导体几乎为全色	形成静电潜像，带有电场产生的加热塑料变形	400～1000 通过频带	平面相位	电晕充电和加热	表面凹凸	6～15
6	光色材料	300～450	通常是光诱导的新吸收谱带	大于2000	体积吸收	无	密度变化	1～2
7	铁电晶体	400～650	电光效应/光折射效应	大于3000	体积相位	无	折射率变化	90

3.6.1 照相/全息干板和胶片

照相干板/胶片由明胶基质中均匀分布的卤化银颗粒所组成,而明胶基质薄层附着在玻璃板或醋酸盐胶片的透明基板上。当照相乳剂接触到光时,卤化银颗粒吸收光能,发生复杂物理变化,即形成一个潜像。再显影已曝光的胶片,这个显影过程将吸收足够光能的卤化银颗粒转化为金属银。最后再固定胶片,除去未曝光的卤化银颗粒,留下金属银。银粒在光频下基本上都是不透明的。因此,经处理的胶片将显现出不透明度的空间变化情况,这取决于每个透明度区内的银粒密度。

照相乳剂(卤化银)广泛用于照相术(非相干记录)和全息术(相干记录)。它们在较宽的光谱范围内都很灵敏,分辨率范围非常宽,动态响应良好。照相材料有一个明显的缺点,即照相材料先需要湿显影和定影处理,然后再干燥。然而,显影过程产生一百万级的增量。

前面已经提到,将入射在照相乳剂上的光强空间变化转换成金属银粒密度变化。因此,其透射率在空间上发生变化。透射函数 τ 与照相密度 D 有关,即与每单位面积金属银粒的密度有关,其关系式为:

$$D = -\lg\tau = -\lg\frac{I_t(x,y)}{I_0} = \lg\frac{I_0}{I_t(x,y)} \quad ① \qquad (3-10)$$

式中:$I_t(x,y)$ 为局部透射光强;I_0 为入射强度。

———————————

① 原书误,译者改。

界面处的反射损失可忽略不计,透射率取点(x,y)周围极小区域的平均值。

通常用赫特尔－德里菲尔德(H&D)曲线图描述照相胶片的光敏性。这个曲线图是照相密度D与曝光量E对数的曲线图。曝光量E定义为胶片上入射的单位面积能量,表示为$E = I_0T$,其中I_0为入射强度,T为曝光时间。图3-6中说明了照相底片的典型赫特尔－德里菲尔德曲线图。如果曝光量低于一定水平,则照相密度与曝光量无关。这个最小密度通常称为总灰雾度。在趾部,$\lg E$照相密度随开始增加。接着是照相密度随曝光量对数线性增加的区域;这就是曲线图的线性区,该线性区的斜率称为γ胶片值。最后,曲线在称为肩部的区域中达到饱和。照相密度不随肩部后的曝光量对数发生变化。然而,在曝光量非常大的情况下,会出现中途曝光。

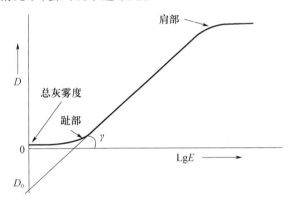

图3-6 赫特尔－德里菲尔德曲线图

传统照相法中通常使用赫特尔－德里菲尔德曲线图的线性区。γ值较大的胶片称为高反差胶片,而γ值较低的胶片称为低反差胶片。胶片的伽马(γ)值也取决于显影时间和显影剂。因此,可通过选择正确的胶片、显影剂和显影时间获得指定的γ值。

由于照相乳剂通常用于赫特尔－德里菲尔德曲线图的线性部分,因此在胶片的曝光量为E时,照相密度D可表示为:

$$D = \gamma_n \lg E - D_0 = \gamma_n \lg(I_0T) - D_0 \quad [1] \tag{3-11}$$

式中:下标n表示正在使用底片,D_0为截距。

可采用底片的透射函数τ_n将式(3.11)写为

$$\tau_n = \frac{1}{10^D} = \frac{1}{10^{\lg(I_0T)^{\gamma^n} - D_0}} = \frac{1}{(I_0T)^{\gamma^n}10^{-D_0}} = (I_0T)^{-\gamma^n}10^{D_0} = K_nI_0^{-\gamma_n} \quad [2] \tag{3-12}$$

式中:$K_n = 10^{D_0}(T)^{-\gamma^n}$为一个正常数。

---

① 原书误,译者改。

② 原书误,译者改。

式(3-12)将入射强度与显影后的胶片透射函数联系起来。依据该公式可知,对于 γ_n 的任何正值,透射函数是入射强度的高度非线性函数。在许多应用中,要求有线性关系或幂律关系。然而,这就需要使用两步法。在第一步中,采用常规方式制作透明负片,得到伽马 γ_{n1} 值。该透明负片的透射率 τ_{n1} 为

$$\tau_{n1} = K_{n1}I_0^{-\gamma_{n1}} \tag{3-13}$$

在第二步中,使用均匀光强 I_{01} 照射透明负片,透射光用于曝光第二个胶片,得到伽马 γ_{n2} 值。这将产生一个透明正片,其透射率 τ_p 为

$$\tau_p = K_{n2}(I_{01}\tau_{n1})^{-\gamma_{n2}} = K_{n2}I_{01}^{-\gamma_{n2}}K_{n1}^{-\gamma_{n2}}I_0^{\gamma_{n1}\gamma_{n2}} = K_pI_0^{\gamma_p} \tag{3-14}$$

式中:$K_p = K_{n2}I_{01}^{-\gamma_{n2}}K_{n1}^{-\gamma_{n2}}$ 是另一个正常数,$\gamma_p = \gamma_{n1}\gamma_{n2}$ 是两步法的整体伽马值。

明显可以看出,当整体伽马值为1($\gamma_p = 1$)时,透明正片确实形成光强的线性映射。

当照相乳剂用于全息术或通常用于相干光学系统时,切勿使用赫特尔-德里菲尔德曲线图。相反,要使用振幅透射比 $t(x,y)$ 与曝光量 E 的曲线图。由于胶片在入射平面波中产生振幅和相位变化,因此振幅透射比通常较为复杂。但是,如果胶片用于液体片门,则可以消除相位变化。然后,振幅透射比可由透射函数的平方根得出,即 $|t(x,y)| = \sqrt{\tau(x,y)}$。图3-7中说明了两种全息乳剂 $|t(x,y)|$ 与 E 的典型曲线图。通常在 $|t(x,y)|$ 对 E 曲线图的线性区中进行全息记录。

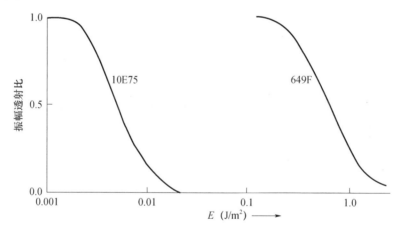

图3-7　两个全息乳剂振幅透射比 $|t|$ 与曝光量 E 的曲线图

由于形成潜像在曝光过程中不会引起任何光学性质的变化,因此可在同种照相乳剂中记录一些全息图,而这些全息图之间不会出现任何相互作用。可采用透射比变化或相位变化的形式记录信息。如果采用相位变化形式记录信息,则振幅全息图要进行漂白处理。漂白处理又将金属银粒转换回透明的卤化银晶体。此外,只要照相乳剂足够厚,且分辨率足够高,就可以在这个体积中记录

全息信息。

3.6.2　重铬酸盐明胶

重铬酸盐明胶在某些方面是体相全息图的理想记录材料,这是因为重铬酸盐明胶的折射率调制能力较强,分辨率较高,吸收低,散射少。可将重铬酸盐明胶层附着在玻璃板上,然后对其进行敏化处理。或对照相干板进行定影、冲洗和敏化处理。铬酸铵、铬酸钠和铬酸钾均用作敏化剂。通常使用重铬酸铵进行敏化处理。由此得到的敏化明胶称为重铬酸盐明胶。重铬酸盐明胶在 250 ~ 580nm 的波长范围内具有灵敏度。其在 514nm 处的灵敏度约为在 488nm 处灵敏度的 1/5。添加甲基蓝染料时,也可在氦氖激光器的红光波长下对明胶进行敏化处理。

曝光导致明胶链之间产生交联,改变溶胀特性和溶解度。用温水处理后溶解未曝光的明胶,从而形成表面凹凸图样。然而,如果处理明胶薄膜实现折射率调制,则可以获得更好的全息图。在处理过程中,温度升高时将明胶薄膜放在异丙醇浴中,使其快速脱水。这样就在明胶层中产生大量的小空泡,从而可调制折射率。同时,研究表明,在硬化区中形成的 Cr^{3+} 化合物、明胶硬化和异丙醇络合物也是调制折射率的部分原因。明胶中的相位全息图非常有效,将超过 90% 的入射光引导到有用图像中。

3.6.3　光阻材料

光阻材料是指在光谱紫外光区和蓝光区中具有光敏性的有机材料。所有光阻材料相对不活跃,需要很长的曝光时间。通常,在基板上进行旋转涂布或喷涂后得到一个薄层(约为 $1\mu m$)。然后,在大约 75℃ 的温度下烘干这个薄层。曝光时,可能形成有机酸、光交联或光聚作用中的一种。

光阻材料分为正向光阻材料和负向光阻材料。在负向光阻材料中,显影过程中去除未曝光区域,而在正向光阻材料中,显影过程中去除曝光区域。因此,可获得表面凹凸记录。可通过离子轰击使记录在光阻材料上的光栅闪耀。还可通过光学装置记录闪耀光栅。表面凹凸记录提供使用热塑性塑料进行复制的优势。

当在负向光阻材料中从空气 – 薄膜侧进行曝光时,靠近基板的层最后发生光解。在显影过程中,仅使该层溶解,这是因为该层没有完全发生光解。存在一个严重的问题,即全息记录中的负向光阻材料具有非粘着性。为了解决这个问题,从基板薄膜侧对光阻材料进行曝光,以便在基板薄膜界面处使抗蚀剂更好地发生光解。另一方面,正向光阻材料没有这个问题,因此首选使用正向光阻材料。最广泛使用的一种正向光阻材料就是 Shipley 公司的 AZ – 1350。若是 Ar^+ 激光器,可在 488nm 的波长处进行记录;若是氦镉激光器,可在 442nm 的波长处进行记录。

3.6.4　光敏聚合物

光敏聚合物也属于有机材料。全息术用的光敏聚合物形式可以是封闭在玻璃板之间的液体层或干燥层。曝光导致单体发生光聚作用或交联,从而导致折射率调制,可伴有或不伴有表面凹凸现象。由于光敏聚合物比光阻材料更灵敏,因此需要适度曝光。光敏聚合物还有干法处理和快速处理的优点。聚甲基丙烯酸甲酯(PMMA)和醋酸丁酸纤维素(CAB)等厚聚合物材料均是用于体全息术的理想材料,这是因为它们曝光时的折射率变化可能大到 10^{-3}。可在市场上买到两种光敏聚合物,分别是宝丽莱公司的 DMP 128 和杜邦公司的 Omni-Dex。宝丽莱公司的 DMP 128 使用掺入聚合物基体中乙烯基单体的染色敏化光聚作用,该聚合物基体涂覆在玻璃基板或塑料基板上。涂层板或薄膜可用蓝光、绿光和红光照射。杜邦公司的 OmniDex 薄膜由涂有光敏聚合物的聚酯片基组成,用于紫外线辐射对主全息图的接触复制。

因为存在下端单体扩散长度限制和响应曲线上端聚合物长度限制,所以光敏聚合物的响应是有带限的。

3.6.5　热塑性塑料

热塑性塑料为多层结构,包括涂覆有导电层、光电导体层和热塑性层的基板。光电导体工作良好,采用聚合物聚－N－乙烯基咔唑,其中加入少量电子给体 2,4,7－三硝基－9－芴酮。热塑性塑料是一种天然树脂氢化松香。用于全息记录的热塑性塑料结合了高灵敏度和高分辨率、干法显影和几乎瞬时原位显影、可擦除性和高读出效率的优点。

记录过程涉及许多步骤。第 1 步,借助于电晕放电组件在黑暗中的热塑性塑料表面上形成均匀静电电荷。电荷在光电导体层和热塑性层之间进行电容分配。第 2 步,曝光热塑性塑料;曝光使光电导体在照射区放电。这并不会引起热塑性层上电荷分布的任何变化;热塑性层中的电场仍保持不变。第 3 步,再次通过电晕放电组件使表面带电。在这个过程中,曝光区的电荷增多。因此,现在确定形成潜像的电场分布情况。第 4 步,将热塑性塑料加热至其软化温度,从而使潜像显影。热塑性层因其上的电场变化而发生局部变形,在电场较高(照射区)内的任何地方变薄,在未曝光区内变厚。快速冷却至室温后会使变形冻结;记录形式现在则变为表面凹凸。虽然记录在室温下保持稳定,但可以通过将热塑性塑料加热至高于显影温度的温度后擦除记录。温度升高时,表面张力使厚度变化保持均匀,从而擦除记录。第 5 步,即擦除步骤。图 3－8 中说明了整个记录过程。热塑性塑料可重复使用达数百次。这些器件的响应也是有带限的,并取决于热塑性塑料的厚度和其他因素。

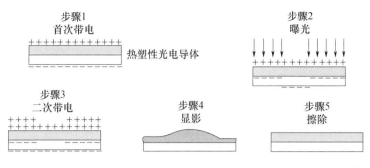

图 3 − 8　热塑性材料记录 − 擦除循环（步骤 1 至步骤 5）

3.6.6　光色材料

曝光时出现可逆颜色变化的材料称为光色材料。各种有机材料和无机材料中均会出现光致变色现象。有机光色材料的寿命有限，容易产生疲劳。然而，螺吡喃衍生物的有机薄膜已用于在 633nm 的暗化模式下进行全息图记录。无机光色材料是掺杂选定杂质的晶体或玻璃：因两种电子陷阱之间的可逆电荷转移而产生光致变色现象。已经在 488nm 的暗化模式和 633nm 的漂白模式下完成了卤化银光色玻璃中的记录。掺杂 CaF_2 和 SrO_2 的晶体已经用于 633nm 的漂白模式中。光色材料在分子水平上发生化学反应，其灵敏度非常低。由于同样的原因，光色材料中基本上没有颗粒，分辨率超过 3000 根线/mm。由于无机光色材料的厚度较大，因此可在其中记录许多全息图。无机光色材料不需要任何处理，几乎可以无限重复使用。尽管这些材料具有这些所有的优点，但其衍射效率较低（小于 0.02），且灵敏度较低，因此这些材料的应用很有限。

3.6.7　铁电晶体

当铌酸锂（$LiNbO_3$）、钽酸锂（$LiTaO_3$）、钛酸钡（$BaTiO_3$）和铌酸锶钡（SBN）等某些铁电晶体暴露在强光下时，其折射率的变化较小。通过使用光和热可以使光诱导折射率的变化发生逆转。这些晶体中的记录原理如下：光照释放俘获电子，然后这些电子通过晶格迁移，再次在相邻的未曝光区或低光强区中将其捕获。通常通过漫射或内部光伏效应发生迁移。这样就产生空间变化的净空间 − 电荷分布和相应的电场分布。电场通过电光效应调制折射率，并产生体相位光栅。这些材料均是实时记录材料；由于电荷束缚在局部陷阱中，因此记录保持稳定。然而，用可释放俘获电子波长的一束光照射记录后可擦除记录。

铌酸锂晶体（特别是掺杂铁的铌酸锂晶体）已经用于全息干涉量度学和数据存储。根据温度对记录进行定影。这种晶体的缺点在于不太活跃。通过施加外部电场，使用铋硅氧化物（BSO）和铋锗氧化物（BGO）等光电导电光晶体获得更高的灵敏度。可获得薄片状的这类晶体,直径为几厘米。全息干涉量度学和散斑照相法中使用钛酸钡晶体。可在很大的光谱范围内进行记录。

3.7 图像探测器

在前面部分中,已经讨论了一些用于记录图像(随空间变化的光强变化)的介质。图像也可用电子方式记录。面阵探测器可用于此目的。还可通过扫描用线阵探测器记录图像。使用探测器阵列成像时,有 3 种原理发挥作用。首先,通过阵列元件拦截图像,并将其转换为电荷分布,而电荷分布与图像中的光强成正比。其次,将电荷读出作为图像元素,同时保持与产生每个电荷的阵列上位置的相关性。最后,显示或存储图像信息。

面阵或焦平面阵列可由单个探测器组成,但是这种实现需要使用许多电线和处理电子仪器。电荷耦合器件的概念使得探测器信号回收变得更容易,也不再需要使用错综复杂的电线。电荷耦合器件由数千至数百万个光敏元件或像元组成,这些元件或像元产生与其上的入射光成正比的电荷。每个像元基本上都是金属氧化物半导体(MOS)电容器,通常采用埋沟型电容器。图 3-9(a)中说明了埋沟型电容器的横截面示意图。该电容器使用厚度约为 $300\mu m$ 的 p 掺杂硅基板,在该基板上形成大约 $1\mu m$ 厚的 n 型层。接着,形成大约 $0.1\mu m$ 厚的薄二氧化硅层。然后,在二氧化硅上附着一个透明电极作为栅极,从而形成一个微型电容器。器件出现反向偏压时,就会形成电极正下方的势阱。器件上的入射光在耗尽区中产生电子-空穴对,在外施电压的作用下,这些电子向 n 型硅层迁移,然后陷入势阱中。势阱中的电子(电荷)数量是入射光强的一种量度。在电荷耦合器件中,电荷是由入射光子产生的,而入射光子在空间位置之间转移,并在电荷耦合器件的边缘处探测到这些入射光子。金属氧化物半导体电容器阵列中的电荷位置通过电压电平靠静电作用控制。在适当施加这些电压电平及其相对相位下,电容器可用于以受控方式在半导体衬底上存储和转移电荷包。

图 3-9(b)中说明了三相时钟布局中通过势阱传播的电荷转移原理。在相位 $\varphi 1$ 中,门 G1、门 G4 和门 G7 均打开,而所有其他门均关闭。因此,这些电子聚集在势阱 W1、势阱 W4、势阱 W7 中。在相位 $\varphi 2$ 中,门 G1、门 G2、门 G4、门 G5、门 G7 和门 G8 均打开。因此,势阱 W1 和势阱 W2、势阱 W4 和势阱 W5 以及势阱 W7 和势阱 W8 均合并成更大的势阱。在相位 $\varphi 3$ 中,门 G1、门 G4 和门 G7 均关闭,而门 G2、门 G5 和门 G8 均保持打开。先前存储在 W1 中的电子现在转移到 W2 中。同样地,W4 中存储的电子现在转移到 W5 中,W7 中存储的电子转移到 W8 中。重复这个过程,所有电荷包均将转移到电荷耦合器件的边缘,在此通过外部电子仪器读取这些电荷包。

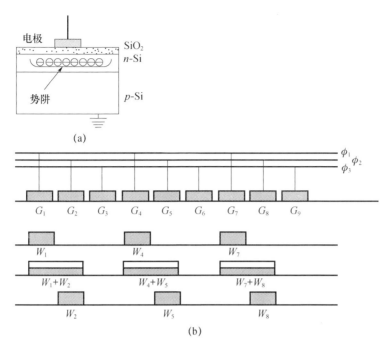

图 3-9　电荷耦合器件原理图

(a)电荷耦合器件像元结构;(b)三相时钟布局中的电荷转移机理。

电荷转移有几种方法;在这些方法中,仅说明行间转移和帧转移这两种方法。行间转移器件配有由光屏蔽寄存器列分隔的光敏元件列。曝光结束后,所有光敏元件全部同时将其积聚的电荷转移到读出寄存器中。由于存在屏蔽寄存器列,因此约有40%的面积不具有光敏性。帧转移器件配有一个光敏像元面阵和一个光屏蔽存储像元面阵。曝光之后,将捕获的图像快速传送到相邻的存储分区中。

通常,电荷耦合器件传感器中的像元由金属氧化物半导体电容器组成,这些电容器中存储曝光过程中光子吸收所产生的电子。一个像元中可存储的最大电子数量称为最大阱容。如果场景中有明亮物体,图像中出现亮区时,则表明势阱溢出;也就是说,电子流到周围的势阱中,使像元达到饱和状态。这样会产生一种称为散焦的效果,因此需要对其加以控制。如果不对其加以控制,则图像会受到过度曝光区的影响。

常用的探测器面阵有 256×256 至 4096×4096 个像元。然而,用于天文研究的最大电荷耦合器件有 9000×7000 个像元。像元中心距离为 10~40μm,但最常用的器件像元间距为 12.7μm。市场上可买到的最小像元尺寸为 4.65μm×4.65μm。常见的动态范围在 1000~1 之间。视频码率电荷耦合器件相机的灵敏度约为 $10^{-8}\mathrm{W/cm^2}$,大约相当于 0.05lx。电荷耦合器件相机通过电子快门实现的最短曝光时间为 $1/10000s$,信噪比(SNR)为 $50dB$。

电荷耦合器件等互补金属氧化物半导体(CMOS)传感器也有成列像元和成行像元。与电荷耦合器件不同,互补金属氧化物半导体传感器中的像元包含 1 个光电二极管、1 个电容器和最多 3 个晶体管。在曝光或积分周期之前,先对电容器进行充电达到已知电压。曝光开始时,可使电容器上的电荷通过光电二极管流出:流出速率与入射光强成正比。曝光结束后,将电容器上的电荷量读出,并使其数字化。也可使用另一种电路,其中电容器在曝光过程中充电,而不是使电容器的电荷外流。

互补金属氧化物半导体传感器的像元分为两种:无源像元和有源像元。无源像元包括一个光电二极管、一个电容器和一个晶体管。晶体管用作电荷栅极,将每个像元的内容转到每列像元底部的电荷放大器中。有源像元包括一个光电二极管、一个电容器和一个放大器。对于无源像元阵列和有源像元阵列,从阵列中读取图像的技术是相同的。每个行选择器按顺序计时,启动该行像元的开关晶体管或电荷放大器,并将每个像元的电荷转移到列输出中。然后,读出寄存器将列输出值串行传送到模数转换器中。

由于除了有光敏区之外,每个像元还必须容纳额外的电子元件,因此像元的填充因数明显降低。互补金属氧化物半导体传感器的造价相对便宜,功耗较低。其他物理特性还包括(1)随机存取,其允许快速读出感兴趣的较小区域;(2)物理布局,其能使有源电子元件处于每个像元上,防止出现散焦现象。互补金属氧化物半导体传感器也存在一些缺点。这些缺点包括(1)因填充因数较小而导致灵敏度较低;(2)时间噪声较大;(3)图样噪声较大;(4)暗电流较高;(5)非线性特性曲线。由于能够对各个像元进行随机存取,因此可读出整个传感器中感兴趣的区域。从而,对于感兴趣的较小区域,可以实现较高的帧速率。

记录动态过程(如利用电子散斑干涉测量技术(ESPI)测量与时间有关的变形)需要使用相机,该相机要有合适的帧速率,并能够同时曝光所有的像元。因此,如果使用电荷耦合器件相机,则只有行间转移传感器和帧转移传感器才合适;如果使用互补金属氧化物半导体相机,则只有配有全局快门的积分式传感器才合适。互补金属氧化物半导体传感器是光学计量中电荷耦合器件传感器的替代品。

3.7.1　时间延迟与集成运行模式

传统电荷耦合器件相机仅限于拍摄静止物体。曝光过程中,物体运动会造成图像模糊。时间延迟积分是电荷耦合器件相机的一种特殊模式,这种模式为图像模糊问题提供了解决方案。在时间延迟积分模式中,从每行探测器聚集的电荷以固定时间间隔转移到相邻位置上。例如,假设在时间延迟积分模式下有 4 个探测器在工作,如图 3 - 10 所示。物体处于运动状态中,在时间 t_1 时,物体在第一个探测器上成像,而这个探测器产生一个电荷包。在时间 t_2,图像移动到第二个探测器。同时,像元时钟将电荷包移动到第二个探测器下面的阱中。此时,图像将产生额外的电荷,这些电荷加入从第一个探测器转移来的电荷中。同样地,在时间 t_3,图像移动到第 3 个探测器,并产生一个电荷。同时,将第二个探测器的电荷移动到第 3 个探测器的阱中。从而,电荷在时间延迟积分中随着探测器的数量 N 呈线性增加。因此,信号也随着 N 的增加而增加。但噪声也随着 $\sqrt{N}$ 的增加而增加,因此信噪比也随着 $\sqrt{N}$ 的增加而增加。阱容会限制可使用的时间延迟积分元素的最大数量。明显可以看出,电荷包必须始终与图像保持同步,以确保相机在时间延迟积分模式下工作。如果图像扫描速率与时钟速率之间出现任何不协调,则会使图像输出变得模糊不清。

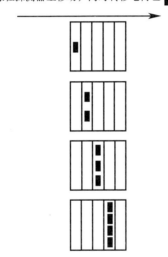

图像在探测器上移动,同时转移电荷包

图 3 - 10　时间延迟积分操作模式

3.8　空间光调制器

　　与阵列电荷耦合器件类似,空间光调制器为 1D 器件和 2D 器件,这些器件可以根据空间坐标和时间调制入射波的振幅、相位或偏振。在本节中,仅讨论可以电气方式或光学方式处理的 2D 器件。

　　有许多技术可用于实现空间光调制器,在此仅讨论那些基于液晶技术的空间光调制器。液晶具有固体和液体的双重特性。液晶分子呈椭圆形,带有单个长轴,在垂直于轴的任何平面处具有圆形对称性。共有三相液晶,即向列相液晶、近晶相液晶和胆甾相液晶。其中,向列相液晶和一类特殊的近晶相液晶用于空间光调制器中。在向列相液晶(NLC)中,分子有利于平行取向,但分子中心随机定位。在近晶相液晶中,分子也有利于平行取向,但分子中心均位于一个平面内;然而,分子的空间位置是随机的。一个液晶器件通常由两块玻璃板组成,间隔为 $5 \sim 10 \mu m$。玻璃板的内侧有软质材料(聚酰胺)涂层,聚酰胺上划有平行凹槽,用于在分子上施加机械约束,而这些分子沿着凹槽的方向排列。将透明金属电极附着在液晶板上,可以电气方式询问液晶。现在,假设将向列相液晶分子放置在配有彼此垂直凹槽的液晶板之间。由于向列相液晶分子将沿凹槽排列,所以分子从一个板转移到另一个板时会发生扭曲。对于称为铁电液晶(FLC)的 C^* 相近晶相液晶分子,情况则有所不同。由于分子中心位于同一平面上的约束,因此这些分子形成许多层。因此,单层内的分子角度约束位于相对于该层法线的特定倾斜角,从而任何给定层上有一个可能的取向锥体。各层之间的取向方向则形成一个螺旋。此外,铁电液晶有一个垂直于分子长轴的永久性偶极矩。另一方面,向列相液晶只有感应偶极矩;也就是说,当施加一个电场时,将在分子长轴的末端感应电荷。因此,所施加的电场将在分子上施加扭矩。从而,不在定向层附近的分子将自由旋转,并沿着所施加的电场排列各自的长轴。此外,如果施加的电场极性发生变化,则偶极矩的方向也会反转。因此,电场所施加的扭矩方向与外施电压的极性无关。这意味着,向列相液晶分子在与所施加的电场相同的方向上排列,而与极性无关。为了避免向列相液晶发生永久性化学变化,向列相液晶盒通常采用约 5V 的交流电压驱动,频率范围在 $1 \sim 10 kHz$。电场定向所需的典型时间常数在 $100 \mu s$ 的范围内,分子松弛返回原始状态大约需要 20ms 的时间。

由于铁电液晶有一个永久性偶极矩,因此分子定向的夹角为 θ 或 $-\theta$(取决于极性)。即使在施加的电场移除之后,分子也能保持当前状态。因此,铁电液晶盒具有双稳态性,还配有一个存储器。必须施加相反极性的直流电场,以便在这两种状态之间切换铁电液晶。铁电液晶盒的厚度通常为 $1 \sim 2 \mu m$,外施电压范围为 $5 \sim 10V$,切换时间约为 $50 \mu s$。

由于分子呈椭圆形,这虽有利于平行取向,但空间位置却完全是随机的,因此向列相液晶介质是不均匀且各向异性的。向列相液晶介质用作单轴晶体,其光轴与分子的伸长方向保持平行。沿伸长方向的折射率 n_e 很大,与常光折射率 n_0 相比,折射率 n_e 的值更高。向列相液晶有一个显著特性,即折射率之间的差异 $(n_e - n_0)$ 很大,在 0.2 的范围内。现在,假设有一个向列相液晶盒,其中分子受到约束,如图 3 - 11 所示。板与板之间的间距为 d。在一块板的内侧,分子沿 x 轴排列,且分子的取向在另一块板上变为水平位置。定向约束会导致分子发生扭曲。扭曲角 θ 与距离 z 呈线性关系,有

$$\theta = \alpha z$$

式中:α 为扭曲系数。

明显可以看出,光轴方向是沿第一块板内的 x 轴。在任何平面 z 处,光轴位

于 $x-y$ 平面上,但与 x 轴成一个夹角 θ。为了研究偏振光束在液晶介质中的传播情况,将介质分割成垂直于扭曲轴的一些薄层。这些层中的每一层都作为一个单轴晶体,光轴以螺旋方式缓慢旋转。厚度为 Δz 的每个层使偏振平面旋转 $\alpha\Delta z$ 度角,并引入相位差 $\beta\Delta z$,其中 $\beta = 2\pi(\mu_e - \mu_0)/\lambda_0$,$\lambda_0$ 为真空波长。然后,考虑这两个因素后确定这些层对透射波的累积效应。假设这样一种情况,其中入射波在 $z=0$ 平面上沿 x 轴方向发生线性偏振,而 $z=0$ 平面是第一块板的内表面。由此可见,$\beta \gg \alpha$,因此线性偏振波保持其线性偏振状态,但偏振平面会根据分子扭曲的定向发生旋转。图 3 – 11 所示结构中的向列相液晶盒使偏振平面旋转 $\pi/2$ 度角。换句话说,该向列相液晶盒用作一个偏振旋转器。

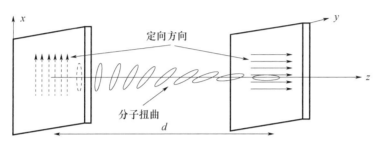

图 3 – 11　约束下向列相液晶分子定向

当在 z 轴方向(平行于扭曲轴)上施加一个电场时,感应偶极矩将沿电场方向排列分子。除靠近玻璃表面的分子外,其他分子将失去扭曲特性。因此,向列相液晶分子的偏振旋转能力失效。当关闭电场时,靠近玻璃表面的各层取向占主导地位,从而导致分子恢复原始扭曲状态,并重新获得偏振旋转能力。因此,通过取消所施加的电场,向列相液晶可用于使偏振发生旋转。

铁电液晶的情况稍微复杂一些。只要当入射线性偏振波的偏振方向为指定角度时,铁电液晶也可用作偏振旋转器。

现在可以讨论空间光调制器的结构和功能。假设使用休斯空间光调制器。它是一种光学可寻址的空间光调制器,没有任何像元。该空间光调制器分为两个部分:写入部分和读出部分,这两部分相互独立。图 3 – 12 中说明了休斯空间光调制器的示意图。对于该器件,写入时可使用任何偏振的相干光束或非相干光束,读出时可使用偏振的相干光束。

该器件由两块玻璃/石英或光纤面板组成。首选使用光纤面板,以便在通过板厚的通道上保持分辨率。透明金属电极(铟锡氧化物)附着在板上形成薄层,在该薄层上有定向层。另一个定向层位于介质镜上。由于定向层上有彼此成 45° 角的凹槽/划痕,因此会产生 45° 角的扭曲。这些层之间的间距在 5 ~ 10μm 之间,使用间隔物保持间距恒定。这个空间装满向列相液晶材料。在介质镜后面有一层碲化镉(CdTe),用于遮挡写入光束。接着,有一层光传感器常

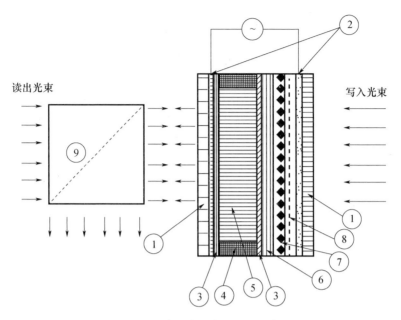

图 3 – 12 休斯空间光调制器示意图

1 – 玻璃板或光纤面板；2 – 透明导电电极；3 – 取向层；4 – 间隔物；

5 – 向列相液晶；6 – 介质镜；7 – 遮光层；8 – 光电导层；9 – 偏振分束器。

用硫化镉（CdS）。最后，第二块板上附着有电极层，这些组成了器件的结构详图。没有入射光时，光电导体的电阻率最高。而当非常强的光束入射在光电导体上时，光电导体的电阻率最低。在此范围内，电阻率与光束光强成正比。介质镜的电阻率很高，因此可防止直流电流的流动，从而保护向列相液晶免受任何永久性损坏。在电极上施加 5～10V 均方根电压的音频交变电场。可以看出，该器件分为两个部分：终止于遮光层的写入部分和终止于介质镜的读出部分。

当图像从阴极射线管（CRT）或投影仪投射到器件右侧时，图像会在向列相液晶层中产生空间变化的电场。图像就是写入光束。空间变化的光束将使向列相液晶分子解扭，产生双折射现象；解扭与电场成正比，因此也与写入光束的光强成正比。为了读取这种解扭情况，从左侧发射一条线性偏振光束，其偏振平行于分子的伸长方向。在没有电场的情况下，光束的偏振平面在到达介质镜时将旋转45°角，这将反射光束，从而在根本上改变手性。该光束再次通过扭曲的向列相液晶介质，并将在进入器件之前以相同的偏振状态显现。由于检偏镜的偏振方向与入射光束中的偏振镜正交，这样将完全阻挡光束，因此电场将显得很暗。然而，当电场开启且变得足够强时，分子沿电场排列，没有出现任何扭曲，也没有出现双折射现象，光束以相同的偏振状态返回，遭到检偏镜遮挡。由于在这两种极端之间存在双折射和扭曲现象，因此反射的光束会发生椭圆偏振。因此,检偏镜将发射出光。从而,空间变化的电场分布情况转换为振幅变化。实际上,这就形成一个负相干图像。

另外,还有电气可寻址的空间光调制器。液晶电视就是一个典型示例。液晶电视是通过以矩阵形式排列微型(约为 $50\mu m \times 50\mu m$)液晶盒而制成的。液晶电视中含有向列相液晶,通常出现 90° 或 270° 的扭曲。水平方向和垂直方向上可能有 100 ~ 200 个像元。它们的光学性能较差,仅用于基本论证工作中,而没有用于严谨的研究工作中。

思考题

3.1 使用式(3 - 4)推导出公式(3 - 5)。

3.2 假设有一个半径为 10cm 的球头处于 1000K 的温度下,假设球头是一个黑体,分别计算出总发射功率、100s 内发射的总辐射和 $3\mu m$ 波长的光谱发射率。

3.3 光探测器的外量子效率 $\eta(\lambda)$ 计算公式为

$$\eta(\lambda) = \zeta(1 - R)\left[1 - e^{-\alpha(\lambda)d}\right]$$

式中:ζ 为产生光电流的电子 - 空穴对的系数;R 为界面反射率;$\alpha(\lambda)$ 为吸收系数;d 为活性层厚度。

取 $\zeta = 1$ 且 $R = 0.3$,分别计算出(1)$\alpha(\lambda) = 104/cm$ 且 $d = 1\mu m$ 以及(2)$\alpha(\lambda) = 105/cm$ 和 $d = 0.1\mu m$ 时光探测器的量子效率。

3.4 将低反差物体在照相胶片上成像。胶片上入射的光强分布可表示为

$$I(x,y) = I_0 + \Delta I(x,y) : \Delta I(x,y) \ll I_0$$

式中:I_0 为恒定光强。假设曝光位于赫特尔 - 德里菲尔德曲线图的线性区,求证用恒定光强照射时胶片透射的对比度分布与入射对比度分布的线性关系式 $\Delta I(x,y)/I_0$。

3.5 如果一个物体的尺寸为 2cm,将该物体数字化为 512 个样本阵列时,最小空间分辨率(单位为 cm)是多少?数字化物体的傅里叶变换中会出现多少次谐波?上述物体的傅里叶变换中涉及的最低(非直流)空间频率是多少?

3.6 一条物体波正常入射在照相底板上,而准直参考波与照相底板的法线成 15° 角。当记录(1)透射全息图或(2)反射全息图时,分辨率要求分别是什么?使用氦氖激光器的波长(632.8nm)进行记录。

第4章 干涉法

4.1 概述

自牛顿时期以来我们就已知干涉现象,可以用其解释在浮油和肥皂泡上观察到的颜色。这不是光所特有的现象,而是在各种波的情况下都可以观察到的现象。当叠加两个或更多个波时,会在叠加区域中观察到由干涉所引起的光强变化。这种现象具有非常高的放大倍数,因此是一种强大的测量工具。观察干涉效应时,应满足某些条件,这些条件取决于光源和观察者(记录材料),因此具有相当大的变化性。然而,为了观察静止干涉图样,两个干涉波必须彼此连贯一致且具有相同的波长,不应是正交偏振态。只有当波是单色或接近单色时,才能观察到较大光程差的干涉。

4.2 早期历史

使用白光在薄膜和肥皂泡中观察干涉产生的颜色是早期干涉实验的先驱。这些实验中值得注意的是牛顿环实验,通过在一个平面上放置具有较大曲率半径的曲面来产生薄空气膜,从而使从包围空气楔的各面上反射的各种波之间发生干涉,使用白光源即可观察到彩色条纹系统。因空气－玻璃分界面反射时发生 π 相变而产生相消干涉,从而产生黑色条纹,即是接触点的对应中心点。使用钠灯或任何其他低蒸气压灯(如镉和汞)可以很好地观察到牛顿环。条纹是恒定光程差的轨迹,在这种情况下也是恒定厚度的轨迹,因此被称为等厚条纹。这表明,如果可以获得参考平面,则该方法可以用于测量表面的平整度。况且,参考平面表面是静止液体的自然表面。因此,可以用做参考平面的常述平面,也可以是在车间中实现的玻璃表面。斐索于 1876 年设计了一种用于测试平面的干涉仪。与通过接触方法获得的气隙相比,使用准直光束获得的气隙会更大。图 4-1(a)是斐索干涉仪的示意图。测试表面稍微远离参考表面,且测试表面和参考表面彼此平行,从参考表面和测试表面反射的光束之间观察到干涉图样。迈克耳逊于 1881 年发明了一种比斐索干涉仪具有更多功能的干涉仪。如图 4-1(b)所示。该干涉仪使用准单色宽谱光源。为了将其与白色光源一起使用,在光程中采用了补偿板(C)。其中一个镜子可以移动很远的距离。迈克耳逊就是以此来校准干涉仪。迈克耳逊干涉仪经常用于实验室中的其他几种应用,如测量折射率、厚度和波长。值得注意的是,该干涉仪可用于获得光源的光谱分布,因此常用于傅里叶变换光谱学。

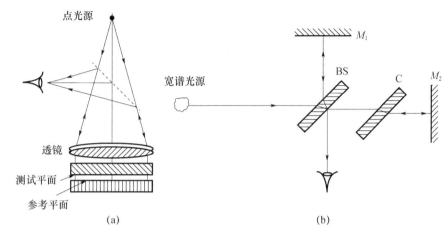

图 4-1 干涉仪示意图

(a)斐索干涉仪;(b)迈克耳逊干涉仪。

迈克耳逊干涉仪不适合在车间测试光学元件,泰曼和格林于1916年改装了迈克耳逊干涉仪。改装后的干涉仪,通常被称为泰曼 – 格林干涉仪(T – G 干涉仪),非常适合测试光学元件的变化,并成为车间环境中非常有用的测试工具。但由于未采用补偿板,此干涉仪需要低压汞灯作为光源,并使用准直光束和定域条纹。为了进行光学测试,还发明了物体和参考波之间的光程长度几乎相同的其他干涉仪。使得精巧的实验设置满足了相干要求。迈克耳逊还提供了一种非常精巧的实验装置,称为迈克耳逊测星干涉仪,用于测量遥远天体的角直径和双星角距离。在此期间的干涉测量法由于具有极好的分辨率,因此也被用于光谱学。法布里 – 珀罗干涉仪和陆末 – 格尔克板就是一些例子。事实上,这种现象的微妙应用可以追溯到阿贝(1873 年),他在显微镜成像中提出成像理论,其直接影响就是泽尔尼克于1935 年发明了相衬显微镜。

4.2.1 激光的出现

随着激光、长相干源的出现,干涉测量法在各种应用中得到了改善。此时已经可以观察到分离较远的各表面的干涉。激光非等径干涉仪于1967 年发明,通过使用短参考光束而测量大曲率半径和镜面形。剪切干涉法变得非常流行,因为可以用平行平板实现剪切。这也是计算机可供光学物理学家使用的时期,电子学越来越多地用于分析干涉图。随着庞大的计算能力和二极管/电荷耦合器件(CCD)阵列变得可用,为干涉图评估以及光学测试逐渐形成了一种全新的方法。现在经常是实验者在没有看到干涉图样的情况下就可以获得最终结果。本书第 1 章中已讨论了两波干涉的基本原理和条纹的可见度。

4.3 相干波/源的产生

为了观察稳定的干涉图样,使用通过波前分割或振幅分割从总光束得到的干涉光束,可以使用两个或更多个干涉光束。例如,可以使用 3 个或 4 个光束等用于观察干涉。使用两个以上的光束进行干涉的实验装置,将采用多光束干涉测量法。表 4 - 1 中说明了使用双光束和多光束干涉的各种装置/干涉仪。本书并不会对所有这些干涉仪进行说明,但会强调一些重要概念。

表 4 - 1 双光束和多光束干涉仪

波前分割		振幅分割	
双光束干涉	多光束干涉	双光束干涉	多光束干涉
菲涅耳双棱镜	朗奇光栅	牛顿环	法布里 - 珀罗
菲涅耳双面镜	光栅	斐索	陆末 - 格尔克
劳埃德镜	塔尔博特 - 劳	贾敏	
剖开透镜		迈克耳逊	
杨氏双缝		马赫 - 曾德尔	
迈克耳逊测星		泰曼 - 格林	
瑞利		萨格纳克	
点衍射		环状	
		偏振态	
		散射板	
		Dyson	
		Mirau	
		Kösters	

4.3.1 波前分割:双缝实验

波前分割有一个众所周知的例子,即著名的杨氏双缝实验。两条狭缝在两个空间位置对波前进行采样。这些采样的波前被狭缝衍射,从而扩大它们的空间范围,使得它们在距离狭缝平面一定距离的平面上进行叠加。或者,这对狭缝可以视为是由母波激发的一对二次光源。双缝实验的实验装置如图 4 - 2 所示。

双缝位于 $z = 0$ 平面,O 为笛卡儿坐标系的原点。一阶近似时,在与狭缝平面距离 z 的 $x - y$ 平面上的任何点 P(x, y, z) 处的两个波之间的相位差为

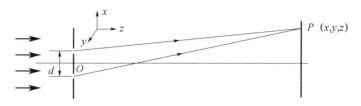

图 4 - 2 双缝实验装置示意图

$$\delta = kd\sin\theta \approx k\,\frac{xd}{z} \tag{4-1}$$

式中:$k = 2\pi/\lambda$;d 为狭缝之间的间隔,θ 为衍射角,假定是较小值。

而干涉图样中的光强分布情况如下:

$$I(\delta) = 2I_0 \mathrm{sinc}^2\left(\frac{2bx}{\lambda z}\right)[1 + \cos\delta] \tag{4-2}$$

式中:I_0 为每条狭缝在轴上的光强;$\mathrm{sinc}(2bx/\lambda z) = (\sin 2\pi bx/\lambda z)/(2\pi bx/\lambda z)$ 是在宽度为 $2b$ 的狭缝处的衍射引起的正常振幅分布。

光强分布由两部分组成;第一部分是由单个狭缝处的衍射产生,方括号中的第二部分是由狭缝的波之间的干涉产生。光强分布是通过衍射项进行调整。在狭缝非常窄时,由于正弦函数的宽度非常大,因此衍射光强分布在非常宽的角度范围内,干涉图样的光强基本上保持不变。干涉图样中的条纹宽度为

$$\bar{X} = \frac{\lambda z}{d} \tag{4-3}$$

条纹宽度随 z 线性增加,与 d 成反比。如果增加狭缝的数量并保持 d 恒定,则条纹宽度保持不变,但光强分布的显著变化会使得条纹变窄。

对于由 N 条狭缝(周期 d 和狭缝宽度 $2b$)组成的光栅,通常由平面光束进行照射,干涉光束的数量为 N,并且两个连续光束之间的相位差为 $\delta = kd\sin\theta$,其中 θ 为衍射角。干涉图样中的光强分布为

$$I(\delta) = I_0 \mathrm{sinc}^2\left(\frac{2b\sin\theta}{\lambda}\right)\frac{\sin^2(N\delta/2)}{\sin^2(\delta/2)} \tag{4-4}$$

式中:I_0 为入射在光栅上的光束光强。同样,第一项是衍射项,第二项是干涉项。干涉条纹非常窄,称为主极大。在任何情况下满足式(4 - 5)时,会形成主极大。

$$d\sin\theta = m\lambda \quad m = 0,\ \pm1,\ \pm2,\cdots \tag{4-5}$$

式(4 - 5)称为光栅公式。可以注意到,对于相同的宽度和周期,无论观察的是双光束、三光束或 N 个光束干涉,干涉图样中的最大值的位置都是相同的,但光强分布却发生了极大的改变。在 N 个光束干涉时,最大值的宽度非常窄。当多色光束入射到光栅上时,不同的波长会以相同的顺序 m 按角度分开。如果一个波长的主极大是任何顺序的第二个波长的主极大的最小值,则可以分辨两

个分离的相近波长。$R = \lambda / \Delta\lambda$ 的分辨度为

$$\frac{\lambda}{\Delta\lambda} = mN \tag{4-6}$$

式中：$\Delta\lambda$ 为分辨出的 λ 的波长差。

4.3.2 振幅分割：平面平行板

迈克耳逊干涉仪就是最早基于振幅分割的仪器之一。通过引入补偿器实现干涉仪两臂之间的轨迹匹配，从而也可以使用弱相干长度光源。另一个示例就是平行平板，但需要使用中等相干长度的光源。所有偏振干涉仪均使用振幅分割。法布里－珀罗干涉仪和薄膜结构均通过振幅分割利用多个干涉项。

在折射率 μ 和厚度 t 的平行平板上以角度 θ_i 入射的平面波，如图 4－3 所示。光线在前面被反射并发生折射，然后从后面反射并再次从前面折射。因此，一条入射光线产生两条反射光线。事实上，由于多次反射而产生了大量的光线，但是连续光线的振幅却下降的非常快。

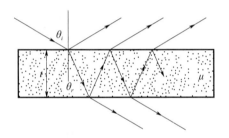

图 4－3 振幅分割：平面平行板干涉仪

在实际情况中，只考虑两条反射光线。这些光线在空间上是分开的，彼此之间的光程差 Δ 为

$$\Delta = 2t\mu\cos\theta_r \tag{4-7}$$

式中：θ_r 为平面平行板的折射角。

由于我们考虑的是两个平面波，因此会形成干涉图样的重叠区域。t 和 θ_r 都是常量，且重叠区域具有均匀的光强，因此光强会随着 θ_r 的改变而改变。另一方面，如果平面平行板的照射光具有发散的球面波，则干涉图样会具有直线条纹。

如果一个平面平行板的各表面涂有高反射率的涂层，或者将各有一个表面涂有高反射率的涂层但其他表面涂有抗反射涂层的两个平面平行板保持彼此平行并用轻微球面波法向照射，则会有无限数量的光束参与干涉。传输中的光强分布表示为

$$I(\delta) = I_0 \frac{1}{1 + F\sin^2(\delta/2)} \tag{4-8}$$

式中:F 定义为

$$F = \frac{4R}{(1-R)^2}$$

此时,$\delta = k\Delta$,且 R 为平面平行板表面的反射率。亮条纹形成条件如下:

$$\delta = \frac{2\pi}{\lambda} 2\mu t \cos\theta_r + 2\Phi = 2m\pi \Rightarrow 2\mu t \cos\theta_r = m\lambda - \frac{\Phi}{\pi}\lambda \quad (4-9)$$

式中:Φ 为内部反射的相变,m 取整数值。

由于 t 为常量且 θ_r 为变量,所以条纹是恒定倾斜的轨迹:条纹宽度从中心向外逐渐变窄,使得条纹非常窄。这些是众所周知的法布里 - 珀罗条纹,其实验装置称为法布里 - 珀罗标准具。如果改变了厚度 t,则变成了法布里 - 珀罗干涉仪。

当反射率 R 与单位值相比较小时,参数 F 的值与单位值相比也较小。使得干涉图样近似于由双光束干涉引起的干涉图样。然而,当 R 接近单位值时,F 的值趋于变得非常大并且条纹变得非常精细。干涉条纹在半高时的角宽度 ε 为

$$\varepsilon = \frac{4}{\sqrt{F}} \quad (4-10)$$

现在将精细度 $\mathbb{F}$ 定义为用条纹角宽除以两个连续条纹的角距比率,即

$$\mathbb{F} = \frac{2\pi}{\varepsilon} = \frac{\pi\sqrt{F}}{2} \quad (4-11)$$

使用分辨瑞利准则,在满足下式时可以分辨出 λ 和 $\lambda + \Delta\lambda$ 处的两个波长:

$$\varepsilon = \frac{2.07\pi}{\mathbb{F}} \quad (4-12)$$

使用式(4 - 12)和式(4 - 9),法布里 - 珀罗标准具/干涉仪的分辨度表示为

$$\frac{\lambda}{\Delta\lambda} = 0.97m\,\mathbb{F} \approx \frac{2\mu t}{\lambda}\mathbb{F} \quad (4-13)$$

将其与式(4 - 6)给出的具有 N 个周期的光栅的分辨度相比较,可以将 $0.97\,\mathbb{F}$ 称为干涉光束的有效数量。厚度为 2mm 且反射率 R 为 0.95 的熔融石英标准具($\mu = 1.54$)在 500nm 附近操作的分辨度是 7.545×10^5 阶数,这远大于用大光栅可实现的分辨度。但是,干涉光束的有效数量约为 60。此时可以注意到光栅具有大量的干涉光束但是具有非常小的阶数,而法布里 - 珀罗标准具却具有非常大的阶数和中等数量的有效干涉光束。另一个相关的量是自由光谱范围 $(\Delta\lambda)_{SR}$,其是对应于一阶位移的波长差,即在法向入射时,$(\Delta\lambda)_{SR} = \lambda/m = \lambda^2/2\mu t$。分辨度越高,自由光谱范围越小。

4.4 条纹图

4.4.1 两个平面波之间的干涉

现在,讨论两个平面波,一个沿 z 方向传播,另一个与 z 轴的倾斜角度为 θ,位于 $x-z$ 平面。这些波的相位可以表示为

$$\delta_1 = \delta_0 \qquad (4-14)$$

$$\delta_2 = kx\sin\theta \qquad (4-15)$$

忽略相位 δ_0 常量,这两个波之间的相位差为

$$\delta = \delta_2 - \delta_1 = kx\sin\theta \qquad (4-16)$$

条纹平行于 y 轴,条纹间距为 $x = \lambda\sin\theta$。条纹图是平行于 y 轴并具有恒定间距的直线系统。图中的光强分布呈余弦。如果平面波以 z 轴对称入射,并与 z 轴形成一个夹角 θ,则条纹间距为 $x = (\lambda/2)\sin(\theta/2)$。这些条纹将平行于 y 轴。如果 θ 较小,则这两种情况下的条纹宽度几乎相等。

现在,考虑一下沿着 z 轴的平面波与从原点上的点光源发出的球面波之间的干涉。相位差为

$$\delta = \delta_0 + k\frac{x^2 + y^2}{2z} \qquad (4-17)$$

式中:δ_0 为恒定相位差;z 为点光源和观察平面之间的距离。

该表达式在近轴近似下有效。

亮条纹形成条件如下:

$$x^2 + y^2 = 2m\lambda z \quad m = 0, \pm1, \pm2, \pm3, \cdots \qquad (4-18)$$

条纹图样由圆形条纹组成,圆形条纹半径与自然数的平方根成正比,而且零阶条纹的亮度取决于 δ_0。在观察平面与其自身平行移动时,条纹图仍然包含具有不同直径的圆形条纹。因此,恒定相位差的表面是圆锥面。如果在一个角度添加平面波,则条纹形状将显示为圆弧。

在反向传播平面波和球面波之间的空间中观察到干涉图样时,恒定相位的表面是球面。在两种干涉波都是沿 z 方向反向传播的平面波时,恒定相位的表面变成平面。

4.4.2 两种不同频率平面波的干涉

分别讨论两种沿 z 轴传播的频率波 ω_1 和 ω_2。假定这两种波具有相同的振幅,可表示为

$$u_1(z;t) = u_0\cos(\omega_1 t - k_1 z) \qquad (4-19)$$

$$u_2(z;t) = u_0\cos(\omega_2 t - k_2 z) \qquad (4-20)$$

式中:k_1 和 k_2 为各波的传播矢量。

得出的振幅 $u(z;t)$ 为

$$u(z;t) = u_1 + u_2 = u_0\cos(\omega_1 t - k_1 z) + u_0\cos(\omega_2 t - k_2 z) \quad (4-21)$$

$$u(z;t) = 2u_0\cos\left(\frac{\omega_1 + \omega_2}{2}t - \frac{k_1 + k_2}{2}z\right)\cos\left(\frac{\omega_1 - \omega_2}{2}t - \frac{k_1 - k_2}{2}z\right)$$

$$u(z;t) = 2u_0\cos(\overline{\omega}t - \overline{k}z)\cos\left(\frac{\omega_1 - \omega_2}{2}t - \frac{k_1 - k_2}{2}z\right) \quad (4-22)$$

这表示由低频分量调整的平均频率 $\overline{\omega}$ 的一种波。得出的光强分布作为 $|u(z;t)|^2$ 时间平均值,有

$$I(z) = 2u_0^2\cos^2\left(\frac{\omega_1 - \omega_2}{2}t - \frac{k_1 - k_2}{2}z\right) \quad (4-23)$$

或

$$I(z) = u_0^2\{1 + \cos[(\omega_1 - \omega_2)t - (k_1 - k_2)z]\} \quad (4-24)$$

干涉图样中的光强不是恒定的,而是在任何观察平面随时间变化。或者,也可以使用式(4-21)获得瞬时光强分布,即

$$I(z,t) = u_0^2\cos^2(\omega_1 t - k_1 z) + u_0^2\cos^2(\omega_2 t - k_2 z) + 2u_0^2\cos(\omega_1 t - k_1 z)\cos(\omega_2 t - k_2 z)$$
$$(4-25)$$

或

$$I(z,t) = u_0^2\cos^2(\omega_1 t - k_1 z) + u_0^2\cos^2(\omega_2 t - k_2 z) +$$
$$u_0^2\{\cos[(\omega_1 + \omega_2)t - (k_1 + k_2)z] + \cos[(\omega_1 - \omega_2)t - (k_1 - k_2)z]\}$$
$$(4-26)$$

对于比振荡周期长的观察时间取平均值,可以得出

$$I(z,t) = \frac{1}{2}u_0^2 + \frac{1}{2}u_0^2 + 0 + u_0^2\cos[(\omega_1 - \omega_2)t - (k_1 - k_2)z]$$
$$I(z,t) = u_0^2\{1 + \cos[(\omega_1 - \omega_2)t - (k_1 - k_2)z]\} \quad (4-27)$$

由此可以看出,任何点的干涉图样中的光强随时间变化,或在任何时刻随位置变化。就像一种频率为 $(v_1 - v_2)$ 且波长为 $\Lambda[\Lambda = (\lambda_1\lambda_2)/\lambda_2 - \lambda_1] = \lambda_{av}^2/\Delta\lambda$ 的行波。当两个波长接近时,波 Λ 长可能非常大,称为合成波长或有效波长。双波长干涉测量法可以提供非常长的有效波长,因此有助于解决单波长干涉测量法中遇到的不确定问题。双频干涉测量法已被用于测量长度。

4.5 干涉仪

4.5.1 双频干涉仪

Hewlett-Packard 发明了一种利用两个频率进行长度测量的干涉仪。它使

用塞曼分裂氦 – 氖激光器,输出两个频率为 ν_1、ν_2 且两个频率之间的差值大约为 2 MHz 的正交偏振波,分束器反射这些波,干涉光电探测器后输出频率为 $(\nu_1 - \nu_2)$ 的信号。所发射的波入射在偏振分束器上,该分束器将这两个波分开。一个波传播到固定的角隅棱镜并返回到偏振分束器。另一个波传播到运动的角隅棱镜,因此返回的是多普勒频移波。这两个线性偏振后的波处于相反的方向上,如使用偏振器去干涉另一个产生频率为 $[\nu_1 - (\nu_2 \pm \Delta\nu)]$ 的信号的光电探测器时,$\Delta\nu$ 为由于角隅棱镜运动而产生的多普勒频移。如果在时间间隔 T 内进行测量,则来自第一个光电探测器的计数为 N_1,即

$$N_1 = \int_0^T (\nu_1 - \nu_2)\,\mathrm{d}t$$

来自另一个光电探测器的计数为 N_2,$N_2 = \int_0^T [\nu_1 - (\nu_2 \pm \Delta\nu)\nu]\,\mathrm{d}t$。两个计数 N_2 和 N_1 之间的差值为

$$|N_2 - N_1| = \int_0^T \Delta\nu\,\mathrm{d}t = \int_0^T \frac{2V(t)\nu}{c}\mathrm{d}t = \frac{2\nu}{c}\int_0^T V(t)\,\mathrm{d}t = \frac{2\nu}{c}L = \frac{2L}{\lambda} \quad (4-28)$$

式中:L 为时间 T 内角隅棱镜的横向运动距离。

因此,可以由两个计数之间的差值得出距离 L。

4.5.2　多普勒干涉仪

该干涉仪基本类似于迈克耳逊干涉仪,其两臂之间的光程差是固定的。该干涉仪由运动目标的光照亮,也就是被多普勒频移的光照亮。如果目标的速度发生变化,则从目标反射的光的波长也随时间发生变化。两个干涉波之间的相位差由 $\delta = (2\pi/\lambda)\Delta$ 给出,其中 Δ 为两臂之间的固定光程差。最大干涉的条件为 $\delta = 2m\pi$ 或 $\Delta = m\lambda$。由于干涉仪中没有任何组件发生平移,Δ 为固定的常量,因此波长的变化会形成条纹。波长的变化会导致条纹级次的变化,即 $|\mathrm{d}m| = |\mathrm{d}\lambda|\Delta/\lambda^2$。为了看到在条纹级次中的明显变化,干涉仪的两臂之间的光程差 Δ 必须非常大。因此,该干涉仪需要较大的相干长度,并且应大大延迟其中一个光束。由于干涉仪与任何物体(反射或漫射)一起使用,因此使用 $4f$ 实验装置,使得干涉仪的两臂中的光瞳重叠,从而产生高对比度条纹。当来自运动物体的光束进入干涉仪时,波长的变化与速度有关,可通过 $\Delta\lambda = 2(\nu/c)\lambda$ 获得 ν。因此,条纹级次的变化为 $\Delta m = (2\nu/\lambda c)\Delta$。获得的速度 $\nu = (\lambda c/2\Delta)\Delta m$。干涉仪的灵敏度定义为改变一级条纹级次的速度,即 $|\nu/m|_{m=1} = \lambda c/2\Delta$。如果光程差 Δ 非常大,则干涉仪可以感测速度的变化。因此,该干涉仪可以提供运动物体的速度历史,可广泛用于监测射弹和进行弹道研究。

4.5.3 环状干涉仪

该干涉仪也被认为是迈克耳逊干涉仪的一种变形,其未采用补偿板但采用了倾斜的反射镜,使得两个光束以相同的三角光程传播。分束器具有分束和重组的作用。且该干涉仪是一个共光程干涉仪,是完全补偿光程。但对振动和温度波动不敏感。除了将其应用于光学测试,还可用于测试超短脉冲的光束质量。但其最常见的应用之一是陀螺仪。环状干涉仪用于以萨格纳克效应为基础的环式激光陀螺仪。萨格纳克频率 Δv 由 $\Delta v = S\Omega$ 给出,其中 S 为标度因数,Ω 为角频率。

4.5.4 剪切干涉仪

使用剪切干涉仪时,在波前和其剪切变体之间观察到干涉;无需使用参考波前。可以通过线性剪切、旋转剪切或径向剪切获得剪切变体。虽然可以在马赫-曾德尔干涉仪中以其中一个反射镜倾斜的方式进行剪切,或者通过在环状干涉仪中移动反射镜的方式或其他方式进行剪切,但在激光出现之后才会产生剪切的真实影响,因为在许多设备中对各光束进行剪切时会需要相当大的相干长度。最简单的剪切装置是平行平板,采用准直光束进行照射;可以对从板的前表面和后表面反射的光束进行线性剪切。目前已拥有各种配置进行线性剪切、旋转剪切、径向剪切、反转剪切和折叠剪切,并且这些配置已经应用于光学测试。

4.6 移相

虽然移相技术可以追溯到1966年,但它实际上是在20世纪70年代早期出现的,当时使用的是台式计算机电源和阵列探测器。该数据收集和分析方法现在已成为许多干涉仪的组成部分。适用于采用与波长无关的移相方法的单色光和白光干涉测量,可以连续或同时进行移相。因此,目前使用的是两种移相方法,即时间和空间移相方法。可以使用空间移相技术研究瞬变现象。

4.6.1 时间移相

在单色干涉图的任何点 (x,y) 处的光强分布为

$$I(x,y) = I_r(x,y) + I_t(x,y) + 2\sqrt{I_r(x,y)I_t(x,y)}\cos[\delta(x,y)+\delta_c] \quad (4-29)$$

式中:$I_r(x,y)$ 为参考光束光强,$I_t(x,y)$ 为测试光束光强,$\delta(x,y)$ 为待确定的未知相,δ_c 为恒定相。

该公式可以改写为

$$I(x,y) = I_0(x,y)\{1 + V(x,y)\cos[\delta(x,y)+\delta_c]\} \quad (4-30)$$

式中：$I_0(x,y)=[I_r(x,y)+I_t(x,y)]$ 为 总 光 强，$V(x,y)=[2\sqrt{I_r(x,y)I_t(x,y)}/I_0(x,y)]$ 为条纹的可见度。

式(4-30)中有3个未知数，即 $I_0(x,y)$、$V(x,y)$ 和 $\delta(x,y)$。$\delta(x,y)$ 为相关量，会使我们获得所需的参数，例如高度变化或折射变化。$\delta(x,y)$ 的值是通过在固定范围内逐步或连续改变恒定相位以设定3个方程的最小值而求解获得。相位 δ_c 是通过将参考反射镜移动已知量来进行改变。为此，将参考反射镜安装在压电式平移装置上，以确保精确平移量。将移相干涉图记录在CCD上。然后使用移相算法计算每个像素处的相位。我们可以使用四步算法进行证明，使其参考光束的相位偏移 $\pi/2$。也就是说，在 $\delta_c=0$、$\pi/2$、π 和 $3\pi/2$ 处分别截取4个干涉图，相位 $\delta(x,y)$ 为

$$\delta(x,y)=\arctan\frac{I_4-I_2}{I_1-I_3} \qquad (4-31)$$

式中：I_1、I_2、I_3 和 I_4，是在 δ_c 分别为 0、$\pi/2$、π 和 $3\pi/2$ 时由式(4-30)得出的光强值。由此可以在每个像素处获得相位。由于是在有限的角度范围内定义反正切函数，即在 $-\pi/2$ 和 $\pi/2$ 之间，因此该相位是不连续的。首先是将此范围从0扩大到 2π。这一步很容易实现，因为记录的干涉图中有充分的信息。因此，可用相位是模 2π。最后，使用相位展开算法将模 2π 相转换为连续相，根据该相位信息，计算波前形状。

有关几种算法的文献资料，在 *Optical Shop Festing*（3rd edition）一书中进行汇编，其中一些内容在表4-2中给出。光强值 I_1、I_2、I_3 和 I_4 对应于相位 δ_c，如"步数"一列中所示。

表4-2　移相算法

序号	步数	算法
1	$-\alpha$，0，α	$\delta(x,y)=\arctan\{[(1-\cos\alpha)/\sin\alpha][(I_1-I_3)/(2I_2-I_1-I_3)]\}$ $\alpha=\pi/2$ 时，$\delta(x,y)=\arctan[(I_1-I_3)/(2I_2-I_1-I_3)]$
2	0，$\dfrac{\pi}{2}$，π，$\dfrac{3\pi}{2}$	$\delta(x,y)=\arctan[(I_2-I_4)/(-I_1+I_3)]$
3	$-\dfrac{3\alpha}{2}$，$-\dfrac{\alpha}{2}$，$\dfrac{\alpha}{2}$，$\dfrac{3\alpha}{2}$	$\tan[\delta(x,y)+3\alpha/2]=$ $\tan(\alpha/2)[(-I_1-I_2+I_3+I_4)/(I_1-I_2-I_3+I_4)]$ 以及 $\tan[\alpha(x,y)/2]=\sqrt{[3(I_2-I_3)-(I_1-I_4)]/[(I_2-I_3)+(I_1-I_4)]}$
4	-2α，$-\alpha$，0，α，2α	$\delta(x,y)=\arctan[2\sin\alpha(I_2-I_4)/(2I_3-I_5-I_1)]$ 以及 $\alpha(x,y)=\arccos\{(1/2)[(I_5-I_1)/(I_4-I_2)]\}$

可以看出,计算相位的误差随着测量步数的增加而减少。在许多应用中,五步相位算法具有相当高的精度。

4.6.2 空间移相

对于瞬变事件,需要同时截取移相干涉图。一种方法是使用几个 CCD 相机;每个 CCD 相机截取一个移相干涉图。使用单个 CCD 相机的新方法是像素化方法。使用偏振移相器,同时收集 4 个移相 π/2 的干涉图。另一种方法是傅里叶变换方法。

使用这种方法时,采用载波频率。此时干涉图样的光强分布可以表示为

$$I(x,y) = I_1(x,y) + I_2(x,y) + 2\sqrt{I_1(x,y)I_2(x,y)}\cos\left[\delta(x,y) + \frac{2\pi}{\lambda}x\sin\theta\right]$$
$$(4-32)$$

还可以写为

$$I(x,y) = A(x,y) + B(x,y)\cos\left[\delta(x,y) + \frac{2\pi}{\lambda}x\sin\theta\right] \qquad (4-33)$$

式中:$A(x,y) = I_1(x,y) + I_2(x,y)$,$B(x,y) = 2\sqrt{I_1(x,y)I_2(x,y)}/[I_1(x,y) + I_2(x,y)]$

式(4-33)也可表示为

$$I(x,y) = A(x,y) + C(x,y)e^{i\frac{2\pi}{\lambda}x\sin\theta} + C^*(x,y)e^{-i\frac{2\pi}{\lambda}x\sin\theta} \qquad (4-34)$$

式中:$C(x,y) = 1/2B(x,y)e^{i\delta(x,y)}$,$C^*(x,y)$ 为其复共轭。

根据这种光强分布的傅里叶变换,可得

$$I(f_x,f_y) = A(f_x,f_y) + C(f_x - f_0,f_y) + C^*(f_x + f_0,f_y)$$
$$\tilde{I}(f_x,f_y) = \tilde{A}(f_x,f_y) + \tilde{C}(f_x - f_0,f_y) + \tilde{C}^*(f_x + f_0,f_y) \qquad (4-35)$$

式中:$f_0(=\sin\theta/\lambda)$ 为载波频率,$\tilde{I}、\tilde{A}、\tilde{C}$ 和 $\tilde{C}^*$ 分别为 $I、A、C$ 和 C^* 的傅里叶变换。

如果选择了正确的载波频率,则 $\tilde{A}、\tilde{C}$ 和 $\tilde{C}^*$ 项是分开的。可以看出,$\tilde{C}(f_x - f_0,f_y)$ 一项包含相位项 $\delta(x,y)$。但当转移到原点时,就变成了 $\tilde{C}(f_x,f_y)$。根据傅里叶逆变换,得到 $C(x,y) = [(1/2)B(x,y)e^{i\delta(x,y)}]$。可以看出,其自然对数的虚部得出的相位为

$$\ln C(x,y) = \ln\left[\frac{1}{2}B(x,y)\right] + i\delta(x,y) \qquad (4-36)$$

使用该关系式计算每个点的相位:

$$\delta(x,y) = \arctan\frac{\mathrm{Im}C(x,y)}{\mathrm{Re}C(x,y)} \qquad (4-37)$$

必须分别考虑分子和分母的符号,以获得 $-\pi \sim \pi$ 内的值。2π 的模糊度可以通过补充信息来解决。

思考题

4.1 两个振幅相等的正弦波沿正 z 方向传播。如果它们之间的光程差是 $\lambda/4$,那么其合成振幅是多少? 假设两个波的振幅不相等($1:3$)并且它们之间的相位差是 $3\pi/4$,那么其合成振幅是多少? 干涉图样中的合成光强是多少?

4.2 在如下图所示的双缝实验中,任意点 P 处的两个波之间的光程差由 $\Delta = r_1 - r_2$ 给出。r_2 可表示为

$$r_2 = \sqrt{r_1^2 - 2r_1 d\sin\theta + d^2}$$

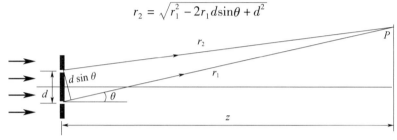

r_2 还可进一步表示为

$$r_2 = r_1 - d\sin\theta + \frac{d^2}{2r_1}\cos^2\theta + \cdots$$

如果光程差($r_1 - r_2$)表示为 $d\sin\theta$,试证明:$d^2/2r_1 \ll \lambda$。

4.3 使用来自 488nm 处的激光照射一对彼此相隔 0.2mm 的细狭缝,并在距狭缝平面 1.6m 处观察到干涉图样。五级条纹和零级条纹之间的间距是多少? 如果是在水下进行的该实验($\mu = 4/3$),那么五级条纹和零级条纹之间的间距是多少?

4.4 在 N 对狭缝彼此平行地随机分布时,获得其干涉图样中的光强分布。

4.5 将曲率半径为 R_1 的双凸透镜放置在曲率半径为 R_2 的球面测试板上。使用波长为 λ 的光束照射实验装置。第 m 个暗环的半径 r_m 可表示为

$$r_m = \sqrt{\frac{m\lambda(R_1 R_2)}{(R_2 - R_1)}}$$

4.6 将平凸柱面透镜放置在平面上,使平面与圆柱形表面接触。所获得的条纹是直线,并且第 m 个直线暗条纹的位置是:

$$X_m = \sqrt{m\lambda R}$$

式中:R 为圆柱形表面的曲率半径,λ 为光的波长。

4.7 将波长为 546nm 且折射率为 1.362 的薄膜覆盖在折射率为 1.515 的玻璃板上。在该波长下反射最小的薄膜的厚度是多少? 在没有薄膜的情况下,玻璃板的反射率是多少? 对光在传播时遇到 20 个这样的界面时的反射损失进行估计。这突显了抗反射涂层在多元件成像光学器件上的重要性。

4.8　将使用一阶 3000 线/mm 的 10cm³ 光栅的分辨率，与由熔融石英($\mu = 1.552$）制成并覆盖有反射率为 85% 的薄膜的 20mm 厚的法布里 - 珀罗标准具的分辨率进行比较。假设波长约为 600nm。

4.9　覆盖法布里 - 珀罗干涉仪的反射镜，以提供 0.9488 的振幅反射系数。计算条纹半高处的精细度和角度的全宽度。两个反射镜之间的间距的作用是什么？

第 5 章 技　　术

光学计量学中应用了大量测量技术。本章将对此类技术进行介绍,此类技术为全视场技术,该类技术包括:全息术和全息干涉测量法;散斑照相和散斑干涉测量法;莫尔干涉测量法;光弹性和显微镜。所有此类技术都广泛用于变形研究、振动分析和表面形貌学。本章将讨论此类技术的基本原理及演变,后续章节将介绍其相关应用。

5.1　全息术和全息干涉测量法

全息术的诞生源自对于改善电子显微镜分辨度的技术需求。由于电子透镜的性能较差,相对于波动理论规定的分辨度极限,电子显微镜的分辨度极差。因此,当时无法提供任何改进其性能的技术方案。为解决该问题,伽柏发明了包含记录和重现的两步法工艺。通过目标衍射/散射的光线看到目标。成像系统或眼睛晶状体操纵此类散射光,从而产生类似于目标的强度分布。接收器/探测器或视网膜检测此类分布并生成图像。光学探测器为能量探测器;即其响应绝对振幅平方,因此丢失相位信息。另一方面,来自目标的散射光(称为目标波)包含关于目标的所有信息:振幅和相位都进行编码。在伽柏的两步法工艺中,记录步骤旨在记录波的振幅和相位。因此,记录步骤将存储目标波并在重现步骤中再现。伽柏的设想是记录来自目标的电子波并用可见光进行播放,从而完全避免电子透镜的作用。伽柏的两步法工艺称为全息术,字面意思表示全记录,即记录波的振幅和相位。由于光学探测器能够对强度做出响应,因此,相位信息可通过干涉现象转变为强度信息。基本上,全息术涉及目标波和参考波之间的干涉图样的记录。处理后的记录称为全息图。伽柏展示了两步法工艺,使用透明胶片形式的微型目标,并采用近点光源的过滤光照亮。为在当时的低分辨度胶片上进行记录,他使用了直线几何,其中参考波和目标波都沿着相同方向传播。事实上,他选择的目标能够产生参考波和目标波。

在 1948 年发明之后,全息术一直未受到足够的关注,直到激光器的到来,因为需要较长的相干长度光源以便记录目标全息图。早期采用激光器光线记录的三维目标采用柯达 649F 底片,产生了令人印象深刻的结果。全息重现与目标一样真实,并提供必要的视差。因此,全息术也被称为三维摄影。但是,其远非普通的三维摄影,还提供具有可变视角的三维视图。全息图就像具有记忆的窗口。通过全息图的不同部分可获得有关场景的不同视角。除了记录三维目标全息图和创作三维重现以及为艺术家和画家提供灵感外,全息术还具有许多科学和商业应用价值。全息干涉测量法(HI)就是全息术的重要科学应用之一。

由于可对时间和空间上分离的真实目标或事件进行干涉对比,HI 成为一项具有广阔应用前景的技术。例如,开发了各种 HI,包括实时、双重曝光和时间平均。此外,HI 可通过一个参考波、两个参考波执行。此类参考波可具有相同或不同波长。参考波可来自全息图的目标波一侧或来自全息图的另一侧。其可采用连续波激光器或脉冲激光器进行。记录可在光刻胶、热塑性塑料、光聚合物、电荷耦合器件(CCD)等材料和设备上进行。数字全息术可用于比较位于不同位置的目标。可研究小型目标对外部试剂的响应。一切皆有可能,技术应用也是如此。

5.1.1 全息图记录

目标遭到激光器波束的照射,一块位于 $x-y$ 平面中的记录底片将接收衍射场。位于记录平面中的衍射场将添加参考波,如图 5-1(a)所示。来自目标的衍射场构成目标波,由 $O(x,y) = O_0(x,y)\exp[i\delta_0(x,y)]$ 表示,其中 $O_0(x,y)$ 为目标波振幅,$\delta_0(x,y)$ 为其相位。记录平面上参考波的复杂振幅 $R(x,y)$ 表示为 $R(x,y) = R_0\exp(2\pi if_R y)$,其中 f_R 为波的空间频率。假设平面入射角为 θ,其中 z 轴作为参考波,则 $f_R = \sin\theta\lambda$。此类波来自相同的波(源),因此彼此相干。记录平面的总振幅为

$$A(x,y) = O(x,y) + R(x,y) \tag{5-1}$$

因此,平面上的强度分布 $I(x,y)$ 为

$$I(x,y) = O_0^2(x,y) + R_0^2 + 2O_0(x,y)R_0\cos[2\pi f_R y - \delta_0(x,y)] \tag{5-2}$$

因此,可看出目标波的振幅变化 $O_0(x,y)$ 和相位变化 $\delta_0(x,y)$ 已转换成记录材料响应的强度变化。我方假设记录材料为光刻。例如:全息底片或胶片。在适当的时间范围(T)内记录相关强度,产生曝光变化 $E(x,y) = I(x,y)T$。在开发后,底片/胶片被称为全息图。在全息图上,曝光变化转换为密度变化或振幅透射率变化。振幅透射率是位置的复函数,全息图引入振幅和相位变化,相位变化为厚度变化的结果。如果将全息图置于液体片门中,则可消除相位变化。此外,如果两个波阵面具有相同的相位变化,则当此类波阵面干涉时,无法观察到相位变化。但是,我们假设全息图的振幅透射率与记录期间的曝光事件成正比。在此假设下,全息图的振幅透射率 $t(x,y)$ 表示为

$$t(x,y) = t_0 - \beta E(x,y) \tag{5-3}$$

式中:β 为取决于加工参数、曝光等变量的常数。

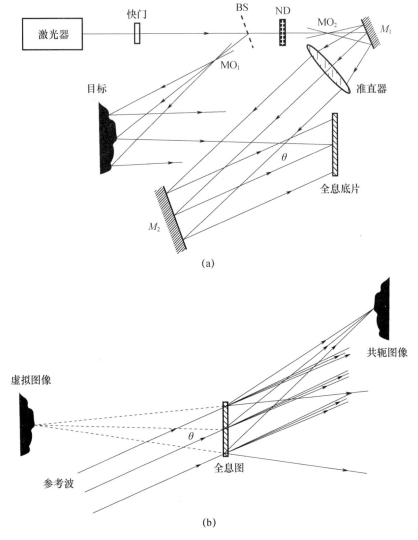

(a)

(b)

图 5 – 1　全息图记录和其重现

(a)全息图记录;(b)重现。

5.1.2　重现

全息图放回到记录期间保持并由参考波照亮的相同位置。全息图后方区域确定如下:

$$t(x,y)\boldsymbol{R}(x,y) = t_0'\boldsymbol{R}(x,y) - \beta T\boldsymbol{R}(x,y)$$

$$\{\boldsymbol{O}_0^2(x,y) + 2\boldsymbol{O}_0(x,y)\boldsymbol{R}_0\cos[2\pi f_R y - \delta(x,y)]\}$$

$$(5-4)$$

式中:$t_0' = t_0 - \beta T R^2$ 为经修正的直流透射率。式(5 – 4)也可表示为

$$t(x,y)\boldsymbol{R}(x,y)=t_0^*\boldsymbol{R}(x,y)-\beta T\boldsymbol{R}(x,y)$$
$$[\boldsymbol{O}_0^2(x,y)+\boldsymbol{O}(x,y)\boldsymbol{R}^*(x,y)+\boldsymbol{O}^*(x,y)\boldsymbol{R}(x,y)]$$

$(5-5)$

式中:*表示复共轭。可以看出,在全息图后面共有 4 个波,其中:波 $t_0'\boldsymbol{R}(x,y)$ 为均匀衰减的参考波。波 $-\beta T\boldsymbol{R}(x,y)\boldsymbol{O}_0^2(x,y)$ 也沿着参考波方向传播。由于 $\boldsymbol{O}_0^2(x,y)$ 空间变化缓慢,参考波方向周围存在衍射场。第 3 个波 $-\beta T\boldsymbol{R}_0^2\boldsymbol{O}(x,y)$ 为原始目标波乘以常数,$-\beta T\boldsymbol{R}_0^2$ 该波在目标波方向上传播,并具有目标波的所有属性,除其空间维度受全息图大小的限制。负号表示由于湿过程显影发生 π 相变。第 4 个波 $-\beta T\boldsymbol{R}^2(x,y)\boldsymbol{O}^*(x,y)$ 表示共轭波,其沿不同方向传播。该波也可写成 $-\beta T\boldsymbol{R}_0^2\boldsymbol{O}_0(x,y)\exp[2\pi i2f_Ry-\delta_0(x,y)]$;参考波相位由目标波相位调制而成,但其基本上沿方向 ϕ 传播,其中 $\sin\phi=2\sin\theta$。图 5-1(b) 所示为在重现步骤期间生成的这 4 个波。

记录和重现几何为 Leith 和 Upatnieks 的离轴全息术几何。但是,参考光束可轴向添加到目标光束。此为同轴全息术或伽柏全息术。同轴全息术可用于粒度测量。

5.1.3 同轴全息术

图 5-2 所示为同轴全息术示意图。准直光束照亮透明度,其具有较高的透射率。例如其上写入文本的载玻片。目标散射的光束为目标光束,而直接传播的光束为参考光束。

在重现时,人们看到真实和虚拟的同轴图像一个紧接一个。一个可能聚焦,另一个可能散焦。当参考光束强度远大于目标光束强度时,图像将呈现在几乎均匀的明亮背景中。另一方面,如果参考光束较弱,则可能无法观察到清晰的图像。

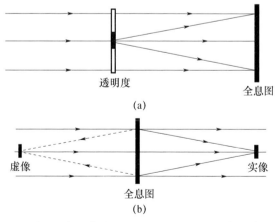

图 5-2　(a)同轴全息图记录和(b)通过同轴全息图进行重现

5.1.4 离轴全息术

伽柏全息术具有两个显著的缺点：(1)图像将同轴显示，一个聚焦和另一个散焦；(2)其仅限于一类具有高透射率的目标。离轴全息图中不存在此类限制。最初，以透明度作为目标，但参考光束以一定角度添加。图 5-3 所示为离轴全息图记录。

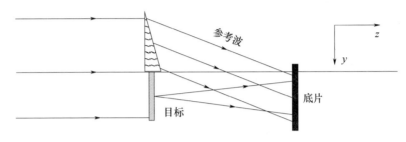

图 5-3　离轴全息图记录

在重现时，图像呈一定角度分离。离轴参考波产生载波频率。因此，需要更高分辨度的记录介质。此外，需要相干长度更长的来源。此类要求无法通过完美重现进行抵消。离轴全息术还可记录具有完全视差的真实 3D 目标。

当目标和参考波位于记录介质的任一侧时，也可记录目标。记录介质必须具有足够的厚度，以便将两个波之间干涉所形成的条纹记录在介质内。重现源自介质内布拉格状平面反射。此类全息图，也称为反射型或丹尼苏克全息图，可使用白光重现。

5.1.4.1　参考波角度选择

伽柏全息术的缺点之一是所有衍射波都在同一方向上传播。如果在全息图记录期间以一定角度添加参考波，则此类波以一定角度分开。问题是，角度应该有多大？实际上，离轴参考波可作为目标信息的载体。其还产生非常精细的干涉条纹，通过该等条纹对目标信息进行编码。条纹频率由 $\sin\theta/\lambda$ 确定，其中 θ 为参考和目标波之间的平均角度。记录介质应能满足条纹频率的要求。此外，如前所述，当 θ 较小时，各种波角度相差 θ。但是，对 θ 的限制通过简单条件进行设置，即各种波的光谱不应重叠。如果目标波带宽为 f_0，如图 5-4 所示。当 $3f_0 = f_R$ 时，光谱将分离。从而获得最小角度 $\theta_{\min} = \arcsin(3\lambda f_0)$。如果角度小于 $\theta_{\min}$，各种衍射光束将重叠。

5.1.4.2　参考波强度的选择

默认情况下，全息图的振幅透射率与曝光量成正比。仅当在透射率与曝光 ($t-E$) 曲线的很小一部分上进行操作时才适用，如图 5-5 所示。为满足该条件，参考波强度应为目标波强度的 3～10 倍。如果不满足该条件，则将产生非线性关系,并产生高阶图像。

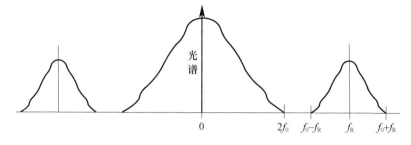

图 5-4　全息图透射率的傅里叶变换

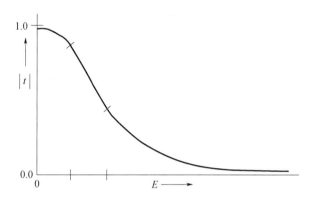

图 5-5　典型照相乳胶的振幅透射率与曝光($|t|$对比 E)曲线

5.1.5　全息图类型

不同类型的全息图如表 5-1 所列。

表 5-1　全息图分类

属性	全息图类型
透射函数	振幅全息图 相位全息图
衍射区域	菲涅耳全息图 弗劳恩霍夫全息图 傅里叶全息图 图像平面全息图
记录几何体	轴上/伽柏/同轴全息图 离轴/Leith - Upatnieks/载波频率全息图 反射/丹尼苏克全息图 Benton 全息图

续表

属性	全息图类型
曝光	单次曝光/实时/活动条纹全息图 双重曝光/缩时/冻结条纹全息图 多重曝光全息图 时间平均全息图
乳液厚度/Q 参数	薄全息图 厚全息图
重现	单色光全息图 白光全息图
记录全息图	透射全息图 反射全息图 彩虹全息图 数字全息图
目标类型	透射目标/相位目标全息图 透射目标 – 漫射照明全息图 不透明目标全息图

5.1.5.1　衍射效率

衍射效率是当参考波照射全息图时构成有用图像的光量量度。计算假设两个平面波之间存在理想的干扰状态。对于薄幅透射全息图,最大衍射效率为 6.25%。该值可通过漂白进行改善;即振幅全息图转换成相位全息图。对于薄相透射全息图,最大衍射效率可达到 33.6%。厚相全息图衍射效率接近 100%:基本上全部入射光都用于构成图像并且仅有一个衍射级。

5.1.6　实验装置

实验装置(图 5 – 1(a))包括激光器、分束器、光束扩展光学器件和记录介质。下面进行详细说明。

5.1.6.1　激光器

有大量激光器可供选择。其中某些说明如下:

(1)红宝石激光器:为脉冲宽度约 10ns 级的脉冲激光器。当与标准量具配合使用时,其相干长度 2m,并且可在单个脉冲中提供超过 1J 的能量。HI 激光器具有双脉冲设施,具有可变脉冲分离,可用于动态研究。

(2)氩离子激光器:输出功率超过 5W 的连续波激光器。其具有多线输出能力,因此,安装色散棱镜用于选择谱线。此外,腔间标准量具可增加相干长度,从而研究中等尺寸目标。使用时,可采用光刻胶和热塑性塑料作为记录介质。

（3）氦氖激光器:这是全息术和 HI 最常用的激光器,功率输出范围为 25 ~ 35mW。相干长度超过 20cm。

（4）Nd:YAG 半导体泵浦,一次谐波(绿色):该激光器正逐步用于全息术。其提供非常长的相干长度以及连续波操作。输出范围为 40 ~ 150mW。

（5）氦镉激光器:其为输出范围为 40 ~ 150mW 的连续波激光器。适用于光刻胶记录。蓝色和紫外线都可用于全息术。

（6）半导体或二极管激光器:可作为连续和脉冲激光器。连续波激光器为全息术的最佳选择,但并非常见选择。需要温度和电流稳定性。可输出高达 500mW 的连续波。

5.1.6.2　分束器

通常情况下,未扩展激光器光束被分成两束或更多光束。为此,玻璃板(最好是楔形板)可作为良好的分束器。但是,当要分割扩展的准直光束时,推荐采用一面具有抗反射涂层的立方体分束器或平行于平面的板状分束器。还可使用薄膜分束器。在某些情况下,采用偏振光学器件(沃拉斯顿棱镜)作为分束器。

5.1.6.3　扩束器

对于高功率激光器,采用适当的凹透镜或负透镜扩展光束;还可使用 5 ×、10 ×、20 ×、40 ×(45 ×)和 60 ×(63 ×)显微镜物镜。由于光学表面上的灰尘颗粒,光束通常很脏;即具有圆环和深色光斑。可在显微镜物镜焦点处放置针孔进行清洁。该装置称为空间滤波器。针孔尺寸应与显微镜物镜匹配。为扩展和准直光束,将消色差透镜放置在光束中并使针孔位于其焦点上。该装置称为扩束器。

5.1.6.4　目标照度光束

对于小尺寸目标,推荐采用准直光束照明,因为在其整个表面上照度光束传播矢量都保持恒定。对于大型目标,采用球形发散波。对于圆柱形目标,则推荐采用圆柱形发散波。目标必须位于相干体积中。放松相干要求的特殊记录几何形状可用于大型目标。

5.1.6.5　参考光束

球形发散波或平面波了作为参考波。但是,如果随后或在不同位置重现全息图,则建议使用平面波。光束过度扩张,使其在全息图平面上均匀分布。对于线性记录,参考光束强度必须比全息图平面处的目标光束强度高 3 ~ 10 倍。

5.1.6.6　目标与参考光束之间的夹角

目标波是漫射波。因此,在记录平面上目标与参考波之间的夹角(即使为平面波)将发生变化。但是,我们取角度平均值。记录平面上的条纹频率取近似值为 $\sin\theta/\lambda$,其中 θ 为参考波与几乎沿法向入射记录平面上目标波之间的平均角度。记录介质应满足该条纹结构的要求。过大的角度将对分辨度提出更高要求。重现时的小角度可能不会导致光束间隔。因此,应明智选择目标波与参考波之间的平均角度。

5.1.7　全息记录材料

如第 3 章所述,可提供各种记录材料。选择基于波长灵敏度、分辨度、灵敏度和其他属性。

5.1.8　全息干涉量度学

HI 用于比较来自真实对象的两个波。这两个波通常源自目标的初始(无应力)状态和最终(应力)状态。但是,假设加载不会导致表面微结构发生变化。因此,两个波存在差异的原因可归结于路径差异变化而非微观结构变化。HI 可按照多种方式执行。最常用的方法是:实时 HI;双重曝光 HI;和时间平均 HI。根据应用开发了几种新配置,并充分利用 HI 的优势。将在适当部分进行说明。

5.1.8.1　实时 HI

将对目标全息图进行记录、处理并将其准确放置在记录期间其所在的实验装置中相同位置。根据参考波重现全息图生成原始目标波的复制品,其沿着原始波方向传播。但是,由于湿式照相显影过程,其发生 π 相移。由于还存在目标波,在通过全息图时将发生衍射,全息图直流透射率透射的波将沿着原始方向传播。因此,存在两个波,其中一个波通过参考波的相互作用源自全息图,另一个则按照全息图直流透射率进行透射。

除 π 相位变化外,这些波在所有方面都相同。因此,产生干扰暗视场。如果现在加载目标,则目标波携带变形相,因此,观察到干涉图样。该图案将随负载变化发生实时变化。因此,人们可连续监视目标对外部装载机构的响应,直到条纹变得太细而无法观察。该技术也称为单次曝光或活动条纹 HI。

可看出在参考波比目标波强得多的条件下,目标上的强度分布可表示为

$$I_{obj}(x,y) = I_o(x,y)\left[1 + \frac{(t_0 - \beta TR_0^2)^2}{(\beta TR_0^2)^2} - 2\frac{(t_0 - \beta TR_0^2)}{(\beta TR_0^2)}\cos\delta(x,y)\right] \quad (5-6)$$

式中: $I_0(x,y)$ 与目标波强度成比例; $\delta(x,y)$ 为变形阶段,其他符号具有通常含义。

在 $\delta(x,y) = 2m\pi$(其中 m 为整数)时,将形成暗条纹。条纹的对比度 η 为

$$\eta = 2\frac{(\beta TR_0^2)(t_0 - \beta TR_0^2)}{(\beta TR_0^2)^2 + (t_0 - \beta TR_0^2)^2} \quad (5-7)$$

由上可知通过重现期间的参考波强度可控制条纹对比度。通常情况下,对比度小于1,但通过适当增加参考波强度,可实现单位对比度条纹。例如,如果偏置透射率 $t_0 = 2\beta TR^2$,则产生单位对比度条纹图样。

5.1.8.2 双重曝光 HI

在相同照相底片上按顺序记录目标的初始状态和最终状态曝光量。所记录的总曝光量可表示为

$$E(x,y) = T[I_1(x,y) + I_2(x,y)] \tag{5-8}$$

式中:$I_1(x,y)$ 和 $I_2(x,y)$ 为在第一次和第二次曝光期间记录的强度。代入式(5-6)并将振幅透射率分配给双重曝光全息图,重现目标的强度分布可表示为

$$I_{obj}(x,y) = 2(\beta TR_0^2)^2 O_0^2(x,y)[1+\cos\delta(x,y)] = I_o(x,y)[1+\cos\delta(x,y)] \tag{5-9}$$

在 $\delta = 2m\pi$(其中 m 为整数)时,形成明亮条纹。该技术也称为冻结条纹或缩时 HI。应注意该技术仅对比目标的两种状态。图5-6所示为具有缺陷的管道双重曝光干涉图。通过在暴露之间施加液压加载管道。可看出壁厚较薄的区域存在缺陷。

5.1.8.3 时间平均 HI

时间平均 HI 用于研究振动体,如乐器和受撞击的目标。顾名思义,在明显长于振动期限的时期内进行记录。由于正弦振动目标的大部分时间都处于最大位移的位置上。因此,此类振动目标的记录相当于双重曝光记录。但是,修改重现图像上的强度分布。

缺陷

图5-6 存在缺陷的管道双重曝光干涉图

很大程度上是由于此类极端位置之间的偏离时间。为研究该现象,可在记录平面上写下瞬时强度为

$$I(x,y;t) = O_0^2(x,y;t) + R_0^2 + O^*(x,y;t)R(x,y) + O(x,y;t)R^*(x,y) \tag{5-10}$$

对象波 $O(x,y;t)$ 表示为

$$O(x,y;t) = O_0 e^{i\delta 0} e^{i\delta(x,y;t)} \qquad (5-11)$$

相位 $\delta(x,y;t)$ 表示由振动引入的相变, δ_0 为恒定相位。如果主体的振幅为 $A(x,y)$ 及振频为 ω 并沿着与局部法线成 θ_1 和 θ_2 角度的方向照射和观察,则相位差 δ 可表示为

$$\delta(x,y;t) = \frac{2\pi}{\lambda} A(x,y)(\cos\theta_1 + \cos\theta_2)\sin\omega t \qquad (5-12)$$

式(5-10)所表示强度分布的记录期限为 T,其比振动周期更长;即在大量振动周期中记录强度分布。在 T 期间记录的平均强度为

$$I(x,y) = \frac{1}{T}\int_0^T I(x,y;t)\,\mathrm{d}t \qquad (5-13)$$

该记录在开发时被称为时间平均全息图,该过程称为时间平均全息干涉量度学。全息图通过参考波进行重现。因为,在重现时所产生的各种波可相互分离,仅考虑所需波 $a(x,y)$ 的振幅,有

$$a(x,y) = -\beta T R_0^2 \frac{1}{T}\int_0^T O(x,y;t)\,\mathrm{d}t$$

$$= -\beta T R_0^2 O_0(x,y) \frac{1}{T}\int_0^T e^{(2\pi i/\lambda)A(x,y)(\cos\theta_1+\cos\theta_2)\sin\omega t}\mathrm{d}t \qquad (5-14)$$

时间积分

$$\frac{1}{T}\int_0^T e^{(2\pi i/\lambda)A(x,y)(\cos\theta_1+\cos\theta_2)\sin\omega t}\mathrm{d}t$$

称为正弦振动特征函数,并由 M_T 表示。因此,重现对象中的强度分布为

$$I_{obj}(x,y) = a(x,y)a^*(x,y) = \beta^2 T^2 R_0^4 O_0^2 |M_T|^2 = I_o(x,y)|M_T|^2 \qquad (5-15)$$

表 5 - 2 特征函数 $|M_T|^2$

HI 型	位移	$|M_T|^2$
实时	静态(L)	$1 + c^2 - 2c\cos(k,L)$
	振幅谐波 $A(x,y)$	$1 + c^2 - 2cJ_n(k,A)$
	谐波(时间平均)	$1 - J_0(k,A)$
实时参考条纹	谐波	$1 + c^2 - 2c\cos(k,L)J_0(k,A)$
实时频闪	谐波:$\omega t = \pi/2$ 和 $3\pi/2$ 时的脉冲	$1 + c^2 - 2c\cos(2k,A)$
双重曝光	静态(L)	$\cos^2(k,L/2)$

续表

HI 型	位移	$\mid M_T \mid^2$
双重曝光频闪	谐波：$\omega t = \pi/2$ 和 $3\pi/2$ 时的脉冲	$\cos^2(k,A)$
时间平均	振幅谐波 $A(x,y)$ 恒定速度 $Lr = vT$ 从静止开始恒定加速度	$J_0^2(k,A)$ $\sin^2(k,L_r/2)$ $\dfrac{C^2(\sqrt{k \cdot a}) + S^2(\sqrt{k \cdot a})}{(2/\pi)(k \cdot a)}$
时间平均 暂时转换频率	非理性相关模式	$J_0(k,A_1)J_0(k,A_2)$
	谐波运动	$J_m^2(k,A)$
	振幅调制参考波 $f_r(t) = e^{i(m\omega t - \Delta)}$	$J_m^2(k,A)\cos^2\Delta$
	相位调制参考波 $f_r(t) = e^{iMR\sin\omega t}$	$J_m^2(k,A - M_R)$
注意：c 为对比度，k 为传播矢量，C 和 S 为菲涅耳余弦和正弦积分		

特征函数已针对各种运动类型进行通用化处理，各种运动在表 5 - 2 中列出。可分析获得式(5 - 14)中所包括的正弦运动特征函数。可根据下式计算

$$M_T = \frac{1}{T}\int_0^T e^{(2\pi i/\lambda)A(x,y)(\cos\theta_1 + \cos\theta_2)\sin\omega t}\,\mathrm{d}t = J_0\left[\frac{2\pi}{\lambda}A(x,y)(\cos\theta_1 + \cos\theta_2)\right]$$

$$(5 - 16)$$

式中：$J_0(x)$ 为零阶和第一类贝塞尔函数。重现图像中的强度分布为

$$\boldsymbol{I}_{obj}(x,y) = \boldsymbol{I}_o(x,y) = J_0^2\left[\frac{2\pi}{\lambda}A(x,y)(\cos\theta_1 + \cos\theta_2)\right] \qquad (5 - 17)$$

可看出重现图像由 $J_0^2(x)$ 函数调制而来。$J_0^2(x)$ 随参数 x 的变化关系如图 5 - 7 所示。因此，重现物体被条纹覆盖。图 5 - 8 所示为在二次谐波模式下振动的边缘夹持光阑的时间平均干涉图。重现目标中的零强度出现在 $J_0^2(x)$ 函数的零点处。同时，强度在静止区域 $[A(x,y) = 0]$ 处达到最大，并在以下情况下减小为零。

$$\frac{2\pi}{\lambda}A(x,y)(\cos\theta_1 + \cos\theta_2) = 2.4048 \qquad (5 - 18)$$

其代表贝塞尔函数第一个零点处的振动振幅。假设沿着物体表面法线进行照射和观察，贝塞尔函数的第一个和连续零点处振幅为

$$A(x,y) = \frac{\zeta\lambda}{4\pi} : \zeta = 2.4048, 5.5200, 8.6537, 11.7015, \cdots \qquad (5 - 19)$$

由于强度随振幅迅速下降，因此通过该技术难以监测高振幅。总之，时间平均 HI 表示在一定频率范围内的振动图（振动相位丢失），可测量振动振幅。

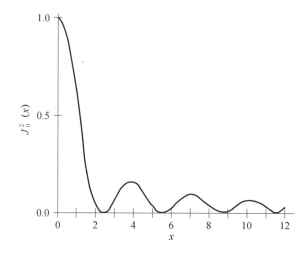

图 5 - 7　$J_0^2(x)$ 分布,其定义了时间平均 HI 条纹中正弦振动目标的强度分布

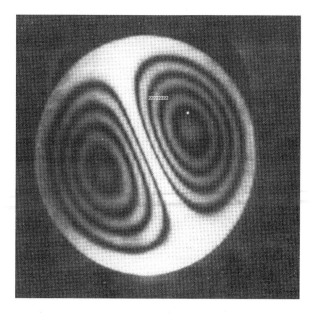

图 5 - 8　在二次谐波模式下振动的边缘夹紧光阑的时间平均干涉图

5.1.8.4　实时,时间平均 HI

在该技术中,首先制作静止物体的单次曝光记录。在经过开发后,全息图正在重新定位。现在在将目标设置为振动并通过全息图查看。全息图重现波与振动目标直接发射波之间的干涉将产生强度分布,其与 $[1 - J_0(x)]^2$ 成比例,其中 $x = 4\pi A(x,y)/\lambda$。因此,目标上的节点较暗。条纹图样的对比度非常低。在观察实时图案的同时,可在振动频率下切断激光器光束。该方法等同于静态目

标的实时 HI。条纹对应于初始位置和激光器光束照射对象时位置之间的位移。通过改变在振动周期内光脉冲照射目标的时间,可绘制出不同振动阶段的位移曲线图。

5.1.8.5　频闪照明/频闪仪 HI

激光器脉冲照射目标,其持续时间明显短于振动周期。因此,目标在任何振动阶段都被冻结。因此,记录的全息图就像双重曝光全息图。当目标处于状态 1 时进行第一次记录,当目标处于振动周期状态 2 时进行第二次记录,如图 5−9 所示。双重曝光全息图所显示的条纹对应于两个振动状态之间的位移 $A(x,y)$。通过改变脉冲间隔,可记录在振动周期不同阶段的全息图,从而记录不同的位移。

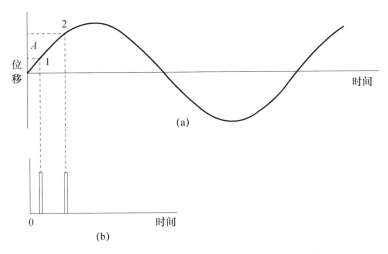

图 5−9　振动目标的频闪 HI

(a)正弦振动目标位移;(b)脉冲照射。

或者,可调整脉冲间隔至相当于时间段的 1/4,并且可在振动周期的各阶段记录双重曝光全息图。频闪 HI 的优点在于可形成类似于双重曝光 HI 中条纹的单位对比度条纹。另外,脉冲照明的使用不需要全息设置的振动隔离。

5.1.9　全息干涉量度学中的特殊技术

5.1.9.1　双参考光束 HI

在讨论干涉图中相位评估之相移方法时,有人提到引入额外的相位,该相位独立于待测相位。在实时 HI 中,通过在重现期间移动参考波相位实现。然而,由于两个记录波的重现采用单个参考光束完成,因此在双重曝光 HI 中不可能实现这一点。

为独立访问两个重现波,并在其之间引入所需的相位差,需要具有两个参考波的全息装置(图 5 – 10)。在对象处于其初始状态并在参考波 R_1(参考波 R_2 被阻挡)的情况下进行双重曝光全息图的第一次曝光。加载目标并采用参考波 R_2 进行第二次曝光(参考波 R_1 被阻挡)。同时采用参考波 R_1 和 R_2 完成全息图重现,产生目标初始状态和最终状态之间的干涉图样:可通过更改其中某个参考波,以便改变干涉图样,同时保留其他未受影响的参考波。从数学上而言,程序可描述如下:

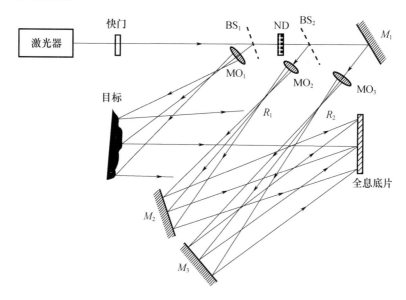

图 5 – 10 双参波 HI 示意图

在第一次曝光中记录参考波 R_1 的强度分布 $I_1(x,y)$,其中 $I_1(x,y)$ 为

$$I_1(x,y) = O_0^2 + R_{01}^2 + OR_1^* + O^*R_1 \qquad (5-20)$$

在第二次曝光中记录参考波 R_2 的强度分布 $I_2(x,y)$ 为

$$I_2(x,y) = O_0^2 + R_{02}^2 + OR_2^* + O^*R_2 \qquad (5-21)$$

其中 $O'(x,y) = O(x,y)e^{i\,\delta(x,y)}$ 是来自目标变形状态的目标波。双重曝光全息图的振幅透射率 $t(x,y)$ 为

$$t(x,y) = t_0 - \beta T(I_1 + I_2) \qquad (5-22)$$

该全息图由两个参考波照射。因此,在全息图后的波振幅为 $(R_1 + R_2)t(x,y)$。该全息图生成多个图像,该等图像可能会重叠。但是,$R_1R_1 * O$ 和 $R_2R_2 * O'$ 完全重叠并产生干涉条纹。如果两个参考波之间的角度非常大,则可从该干涉图样中分离其他不需要的图像。通常情况下,两个参考波源自目标法线的同一侧,并且相互的角距远大于目标角度。

5.1.9.2　三明治 HI

无论相位差的来源是什么,HI 都记录相位差。但是,当应用 HI 研究目标中的菌株时,主要的应用是测量目标表面上的局部变形。根据载荷条件,目标通常经历刚性体运动(平移和倾斜),并且其通常比局部变形大得多。此类刚性体的变形可能超出 HI 的测量范围,或者可能完全掩盖相关的局部变形。因此,人们一直试图开发能够补偿刚性体运动影响的技术。已开发出条纹控制技术,但其仅适用于实时 HI。三明治 HI 为补偿刚性体运动提供了极具吸引力的方案。

顾名思义,在两块全息底片上完成记录,其构成三明治状。Abramson 阐述了记录三明治全息图并从此类三明治中提取信息的各种可能性。可操纵三明治引入受控路径差异,因此,可用于补偿不需要的倾斜和平移影响。为充分利用三明治 HI 的强度,参考表面置于实际目标一侧。参考表面应无重现条纹。但是,当目标上的条纹图样获得补偿时,在参考表面上将出现线性条纹图样,其可用于确定赋予三明治全息图的倾斜。或者参考表面的位置应确保其不受载荷的影响,但受到刚性体倾斜和平移的影响。然后,在重现时,参考表面也将带有条纹图样,其应获得完全补偿,以获得目标的正确变形图。

5.1.9.3 反射 HI

消除刚性体运动和倾斜对测量相位差影响的另一种方法是将全息底片夹到所研究目标上,如图 5 - 11(a)所示。全息底片乳剂一侧朝向目标,垂直入射平面波照射在全息底片上。在第一次通过底片时,该波作为参考波,而从目标散射的光线形成目标波。因此,由于入射波与目标散射波之间存在干涉,将在乳剂内记录反射全息图。记录将在较厚乳剂上进行,如厚度约 10μm。Agfa - Gevaert 8E75 全息底片适用于采用氦氖激光器记录。

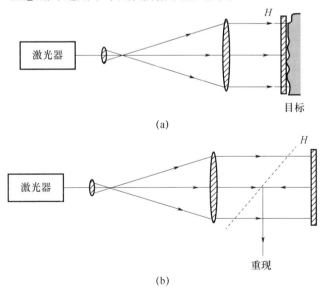

(a)

(b)

图 5 - 11 (a)反射 HI 中全息图记录;(b)重现

对于干涉比较而言,进行两次曝光,并在两次曝光之间加载目标。采用激光重现全息图,如图 5 – 11(b) 所示。由于乳剂收缩,仅可在适当的较低波长下进行重现。另外,将乳剂浸泡在三乙醇胺 $(CH_2OHCH_2)_3N$ 水溶液中,使其膨胀至其原始厚度,然后在空气中缓慢干燥并在记录波长下观察条纹图样。

5.1.9.4 外差 HI

条纹分离通常对应于 $\lambda/2$ 的路径差。利用相移技术,可轻松测量小至 $\lambda/30$ 的变形。如果要监测更小的变形,则应探索其他方法。外差 HI 是一种能够提供 $\lambda/1000$ 解决方案的技术。但是,这种方法的代价是更复杂实验设置和更缓慢数据采集。

图 5 – 12 所示为实验装置。其采用双参考波几何。其中某参考波通过两个声光学(AO) 调制器。第一次曝光通过参考光束 R_1(R_2 阻挡) 进行,而第二次曝光则在目标加载后完成,通过参考波 R_2(R_1 阻挡) 进行。两次曝光均在相同波长下进行,同时关闭 AO 调制器。重现采用参考波完成;打开 AO 调制器确保两个参考波波长不同。如 AO 调制器调制 40MHz 的光束。这意味着以一阶衍射的光波频率偏移 40MHz。然后,其通过第二个 AO 调制器,其按照 40.08 MHz 的频率进行调制。现在考虑 –1 阶衍射以抵消光束的偏差,并获得频移 80kHz (= 40.08 – 40.0MHz) 的光波。因此,当前两个参考波存在 80kHz 频移。

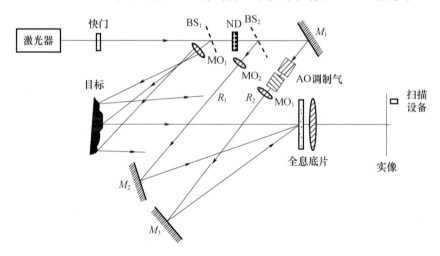

图 5 – 12　外差全息干涉测量法示意图

如前所述,双参考波 HI 中产生多个图像。但是,仅考虑全息图振幅透射率的关注项,即 $OR_1^* + O'R_2^*$,其中参考波 R_1 和 R_2 具有相同的频率。在重现期间,参考波 R_2 发生平移。基于关注项,表明目标图像中强度分布为

$$I(x,y) = a(x,y) + b(x,y)\cos[\delta(x,y) + \Delta\omega t] \qquad (5-23)$$

式中:$a(x,y)$ 和 $b(x,y)$ 包含目标和参考波的各项;$\Delta\omega$ 为重现期间两个参考波

之间的频率差。

目标重现图像上任何一点的强度随时间呈正弦变化。在该信号中,所测量的变形相位引入相移。不幸的是,无法从该信号中提取任何有关变形相位的信息。但是,可使用电子相位计测量两点(x_1, y_1)和(x_2, y_2)处的相移,精确地测量任意两点处变形相位之间的相位差。

$$\Delta\delta(x_1, y_1; x_2, y_2) = [\delta(x_1, y_1) + \Delta\omega t] - [\delta(x_2, y_2) + \Delta\omega t] = \delta(x_1, y_1) - \delta(x_2, y_2)$$
$$(5-24)$$

有两种方法可执行暂时外差评估。在某种方法中,可将探测器固定到参考点并通过另一个探测器扫描图像以测量相位差。通过该方式,可测量参考点处存在的相位差模2π。可对各点的干涉相位差进行求和,产生沿线或平面的相位分布。在第二种方法中,我们使用具有已知间隔的一对、三个、四个或五个光电探测器扫描实际图像,然后测量相位差。在实践中,探测器包括尾部带纤维的光电二极管。光纤的另一端扫描真实图像。

由于实验装置以及周围环境的极高稳定性要求,外差 HI 无法作为实时 HI 实施。

5.1.10 全息轮廓/形状测量

对于完整的应力分析,有必要了解所研究目标的形状。以下为获得目标形状的 3 种技术:

(1)曝光间波长变化 – 双波长法;

(2)曝光间目标介质折射率变化 – 双折射率法;

(3)曝光间照明光束方向变化 – 双照明法。

5.1.10.1 双波长法

该技术要求在具有两个略微不同波长 λ_1 和 λ_2 的同一全息底片上记录目标的全息图。因此,当用波长 λ_1 照射目标并且参考波以与底片法线成 θ 角入射时,进行第一次曝光。在使用波长 λ_2 进行第二次曝光前,调整参考波使其与底片法线成 f 角,其中,$k_2 \sin\varphi = k_1 \sin\theta$。此处,$k_1$ 和 k_2 分别是波长为 λ_1 和 λ_2 的两个波的传播矢量。然后用波长为 λ_1 的参考波照射经处理后的全息底片,以便在 λ_1 处重现原始目标波,并且在波长 λ_2 处记录目标失真重现;两个波沿相同方向传播并且干涉产生条纹图样,其中条纹对应于深度恒定的轨迹。

目标重现图像上的强度分布为

$$I(x_0, y_0, z_0) = I_0(x_0, y_0, z_0)[1 + \cos(k_2 - k_1)z_0] = I_0\left[1 + \cos 2\pi \frac{|\lambda_2 - \lambda_1|}{\lambda_1 \lambda_2} z_0\right]$$
$$(5-25)$$

式中：x_0、y_0 和 z_0 为目标上某个点的坐标；I_0 为目标上的强度分布。

当满足以下条件时，将形成明亮的条纹，即

$$z_0(x_0, y_0) = m \frac{\lambda_1 \lambda_2}{|\lambda_2 - \lambda_1|} \qquad (5-26)$$

轮廓间隔为 $\Delta z_0(x_0, y_0) = \lambda_1 \lambda_2 / |\lambda_2 - \lambda_1|$。本质上，该方法产生垂直于 z 轴并且间隔为 $\lambda_1 \lambda_2 / |\lambda_2 - \lambda_1|$ 的干涉平面。根据两个合适的波长，轮廓条纹的灵敏度范围在 $1\mu m$ 到数毫米之间。采用两个波长生成的目标干涉图如图 5-13 所示。目标为球面，因此，平行平面的交点产生圆形轮廓线。

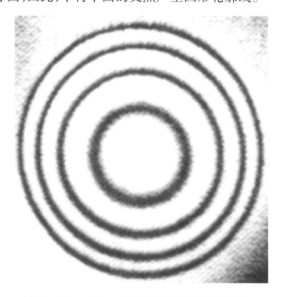

图 5-13　通过双波长 HI 获得球形表面条纹

5.1.10.2　双折射率法

当通过更改曝光间目标周围介质进行双重曝光 HI 时，将获得类似的结果。在具有透明窗口的外壳中，将目标置于折射率为 μ_1 的介质中，并完成第一次曝光。目标周围介质用折射率为 μ_2 的介质代替，并在相同全息底片上进行第二次曝光。更改介质折射率的方法之一是在第二次曝光前用水和乙醇混合物代替第一次曝光中使用的水。在查看时，全息图显示覆盖有干涉平面的目标。

如果记录光的真空波长为 λ_0，则折射率为 μ_1 的介质中波长为 $\lambda_1 = \lambda_0 / \mu_1$，而在折射率为 μ_2 的其他介质中波长为 $\lambda_2 = \lambda_0 / \mu_2$。基本上，此为双波长 HI，轮廓间隔可表示为

$$\Delta z_0(x_0, y_0) = \frac{\lambda_1 \lambda_2}{|\lambda_2 - \lambda_1|} = \frac{\lambda_0^2 / \mu_1 \mu_2}{|(\lambda_0 / \mu_1) - (\lambda_0 / \mu_2)|} = \frac{\lambda_0}{|\mu_2 - \mu_1|} \qquad (5-27)$$

如双波长 HI,在第二次曝光前,不需要校正参考波角度。可适当选择目标周围介质,以便改变轮廓间隔。

5.1.10.3 双照明法

由于简单易用,双照明法经常用于绘制轮廓。准直光束以与光轴成 θ 角度的方向照射目标,并按照通常的方式记录实时全息图。在重现时,可观察到暗视场。现在,如果照射光束倾斜一个小角度 $\Delta\theta$,则等距干涉平面系统与目标相交。此类平面平行于角度的平分线 $\Delta\theta$。轮廓间隔 $\Delta z_0(x,y)$ 由下式表示

$$\Delta z_0(x_0,y_0) = \frac{\lambda}{\sin\theta\sin\Delta\theta} \approx \frac{\lambda}{\sin\theta}\frac{1}{\Delta\theta} \qquad (5-28)$$

通常情况下,干涉平面不会与垂直于视线的目标相交。大型目标由来自点光源的球面波照射,该点光源横向平移以产生干涉表面。双重曝光 HI 也可通过在曝光间移动点光源进行轮廓绘制。

5.1.11 离轴全息术

5.1.11.1 数字全息图的记录

采用 CCD 代替光乳剂或其他记录介质作为记录介质,信息以电子方式存储。在电子存储数据上以数字方式执行重现。在 CCD 上进行记录的优点在于,在视频频率下完成全息图的记录,而不需要任何化学或物理开发过程。但是,CCD 相机的分辨度为 -1/100mm,其比全息术中常用的照相乳剂分辨度至少低一个数量级。因此,目标和参考波之间的最大允许角度为 -1°。

CCD 探测器包含沿 x 和 y 方向尺寸为 Δx 和 Δy 的 N×N 个像素。假设相邻像素间不存在间隔和重叠,Δx 和 Δy 也是像素中心距离。在数字全息术中,通过叠加目标波和参考波在 CCD 目标上生成菲涅耳全息图。全息图经过数字化、量化处理并存储在图像处理系统存储器中。图 5-14(a) 所示为记录数字全息图的示意图。为简单起见,假设平面参考波。重现采用数字方式完成。但是,根据采样定理,仅沿 x 方向低于 μ_{max} 和沿 y 方向低于 ν_{max} 的空间频率才能可靠重现,其中 $\mu_{max}=(1/2\Delta x)$ 和 $\nu_{max}=(1/2\Delta y)$。设置了目标和参考波之间角度的最大允许限制。$x-z$ 平面中的角度 θ 可表示为 $\theta=\arcsin(\lambda\mu_{max})$。作为数值示例,考虑像素为 1024×1024 的 CCD 探测器,各像素大小为 $6.8\mu m \times 6.8\mu m$,并且通过 He-Ne 激光器光束在 633nm 处照射目标。最大允许角度为 2.67°。因此,距离 CCD 1 米距离的目标沿 x 方向必须小于 4.3cm。较大的目标必须远离 CCD 平面,或必须通过透镜减小其表面尺寸,如图 5-14(b) 所示。

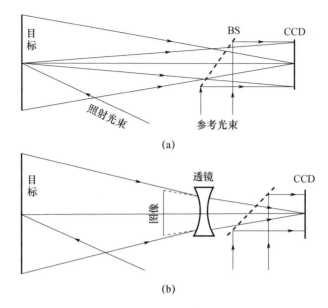

图 5 - 14   记录数字全息图

(a)小型目标;(b)大目标装置示意图。

5.1.11.2   数字全息图的再现

通常情况下,通过平面参考波照射全息图完成重现。真实图像中的振幅可表示为

$$A(\xi,\eta) = \frac{iR}{\lambda z} e^{-i(\pi/\lambda z)(\xi^2+\eta^2)} \int_{-\infty}^{\infty}\int_{-\infty}^{\infty} t(x,y) e^{-i(\pi/\lambda z)(x^2+y^2)} e^{(2\pi i/\lambda z)(x\xi+y\eta)} \mathrm{d}x\mathrm{d}y$$

$$(5-29)$$

式中:R 为参考波振幅。该等式在菲涅耳近似下有效,即

$$z^3 \gg \frac{\pi}{4\lambda}[(x-\xi)^2 + (y-\eta)^2]^2$$

式中:z 为目标和全息图之间的距离,即全息图和真实图像之间的距离。

由于全息图记录在 CCD 探测器上,因此,数据以数字形式提供,式(5-29)表示为

$$A(m,n) = \frac{iR}{\lambda z} e^{-i(\pi/\lambda z)(m^2\Delta\xi^2 + n^2\Delta\eta^2)} \sum_{k=0}^{N-1}\sum_{l=0}^{N-1}$$
$$t(k,l) e^{-i(\pi/\lambda z)(k^2\Delta x^2 + l^2\Delta y^2)} e^{(2\pi i/\lambda z)[(km\Delta x\Delta\xi/N)+(\ln\Delta y\Delta\eta/N)]}$$

$$(5-30)$$

式中:$m = 0,1,2,\cdots,(N-1)$;$n = 0,1,2,\cdots,(N-1)$;$t(k,l)$ 为 N × N(CCD 像素)数据矩阵,其描述了全息图数字采样振动透射率 Δx 和 Δy;$\Delta\xi$ 和 $\Delta\eta$ 分别为全息图平面和真实图像平面中的像素尺寸。

真实图像中的振幅分布作为全息图透射率 $t(k,l)$ 与包含二次相位因子的

指数因子之乘积的逆傅里叶变换(FT)获得。FT 按照 FFT 算法执行。重现图像中的振幅 $A(m,n)$ 为复函数。因此,计算各像素点的强度和相位。强度 $I(m,n)$ 和相位 $f(m,n)$ 分别为

$$I(m,n) = |A(m,n)|^2 = \{Re[A(m,n)]\}^2 + \{Im[A(m,n)]\}^2 \quad (5-31)$$

和

$$\phi(m,n) = \arctan \frac{Im[A(m,n)]}{Re[A(m,n)]} \quad (5-32)$$

ϕ 值位于 $-\pi \sim \pi$ 之间。

表面粗糙度导致相位 $f(m,n)$ 随机变化。在数字全息术中,仅目标上强度变化具有意义。因此,不会进行 $iR/\lambda z$、相位 $\phi(m,n)$ 和指数项 $e^{-i(\pi/\lambda z)(m^2\Delta\xi^2 + n^2\Delta\eta^2)}$ 等计算。

5.1.12 全息干涉量度学

可通过数字全息干涉量度学以类似于双重曝光 HI 的方式对加载所造成的目标状态进行对比。具有属于目标两种状态的振幅透射率 $t_1(x,y)$ 和 $t_2(x,y)$ 的两副全息图采用数字方式记录和存储。在重现期间,我们可按照两个程序获得代表目标状态变化的干涉图。在第一个程序中,逐像素添加全息图透射率并且进行菲涅耳变换。将重现两次振幅的总和。当计算强度分布时,其将展示两个波之间干涉的余弦变化特性。可通过任何一种公开的程序评估干涉图样。在第二种方法中,单独重现全息图,并且其相位 $\phi_1(m,n)$ 和 $\phi_2(m,n)$ 按像素计算。虽然 $\phi_1(m,n)$ 和 $\phi_2(m,n)$ 为随机函数,但其差异 $\delta(m,n)\} = [\phi_2(m,n)\phi_1(m,n)]\}$ 将是确定性的并且将给出因加载而发生的相变。相变 $\delta(m,n)$ 可表示为

$$\delta(m,n) = \phi_2(m,n) - \phi_1(m,n) \qquad \phi_2(m,n) \geqslant \phi_1(m,n) \quad (5-33)$$
$$= \phi_2(m,n) - \phi_1(m,n) + 2\pi \quad \phi_2(m,n) < \phi_1(m,n) \quad (5-34)$$

图 5-15 中总结了这两种方法。图 5-16(a)和图 5-16(b)所示为未变形和变形目标的数值重现相位,两者间的差异在图 5-16(c)中显示为干涉图。

由于数字 HI 仅能处理小型目标,其可能应用于微系统的测试和表征。可按照数字全息术,简便比较远程目标及其对外部试剂的反应。

5.1.13 位移矢量的条纹形成与测量

我们已提及,目标变形导致两个波之间的相变,其中至少有一个波源自全息图。该相变是造成条纹图样的原因。在本节中,讨论两个问题:

(1)相变与变形矢量的关联?

(2)条纹在何处实现真正本地化?

考虑目标表面上的 A 点。在加载后,该点可移动到不同的位置 A'。矢量距

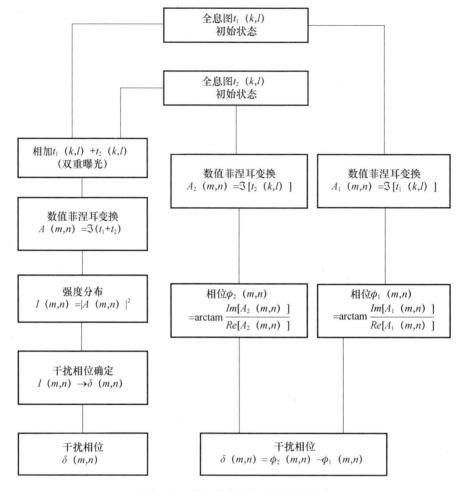

图 5 - 15 获取数字全息干涉图的程序

离 AA' 为变形矢量 $\boldsymbol{L}$。采用如图 5 - 17 所示的几何形状,计算由变形引入的相位差 δ。观察点 P 处的相位差 δ 可表示为

$$\delta = \boldsymbol{k}_i \cdot \boldsymbol{r}_i + \boldsymbol{k}_0 \cdot \boldsymbol{r}_0 - (\boldsymbol{k}_i + \Delta\boldsymbol{k}_i) \cdot \boldsymbol{r}'_i - (\boldsymbol{k}_0 + \Delta\boldsymbol{k}_0) \cdot \boldsymbol{r}'_0 \qquad (5-35)$$

式中:$\boldsymbol{r}_i$ 和 $\boldsymbol{r}_0$ 为通过目标上点 A 从源点 S 到图像点 P 的距离;$\boldsymbol{r}'_i$ 和 $\boldsymbol{r}'_0$ 为在目标经历变形后的距离。

变形矢量表示为 $\boldsymbol{L} = \hat{u}i + \hat{v}j + \hat{w}k$,$u$、$v$ 和 w 是沿 x、y 和 z 方向的分量。可将 $\boldsymbol{r}'_i$ 和 $\boldsymbol{r}'_0$ 表述为 $\boldsymbol{r}'_i = \boldsymbol{r}_i + \boldsymbol{L}$ 和 $\boldsymbol{r}'_0 = \boldsymbol{r}_0 - \boldsymbol{L}$。代替 $\boldsymbol{r}'_i$ 和 $\boldsymbol{r}'_0$,得

$$\delta = \boldsymbol{k}_i \cdot \boldsymbol{r}_i + \boldsymbol{k}_0 \cdot \boldsymbol{r}_0 - (\boldsymbol{k}_i + \Delta\boldsymbol{k}_i) \cdot (\boldsymbol{r}_i + \boldsymbol{L}) - (\boldsymbol{k}_0 + \Delta\boldsymbol{k}_0) \cdot (\boldsymbol{r}_0 - \boldsymbol{L})$$

$$(5-36)$$

简化后,得

$$\delta = (\boldsymbol{k}_0 - \boldsymbol{k}_i) \cdot \boldsymbol{L} = \boldsymbol{k} \cdot \boldsymbol{L} \qquad (5-37)$$

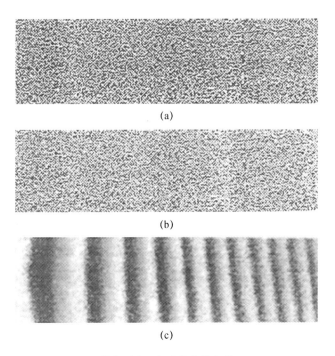

图 5 – 16   重现的数值相位

(a)未变形目标;(b)变形目标;(c)由图(a)和图(b)间相位差产生的干涉图。

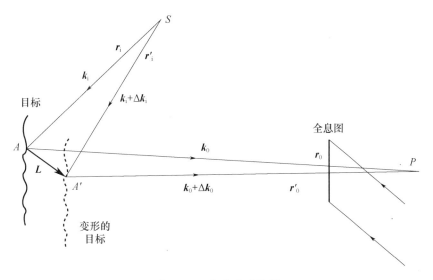

图 5 – 17   相位差的计算

在此我们忽略二阶项 $\Delta k_0 \cdot L$ 和 $\Delta k_i \cdot L$,并且已设置 $\Delta k_i \cdot r_i = 0$ 和 $\Delta k_0 \cdot r_0 = 0$,因为在实验条件下,此类矢量彼此正交。矢量 k 被称为灵敏度矢

量。式(5-37)是设计实验装置和进行变形矢量分量计算的控制方程。

式(5-37)表明,何时以及如何形成条纹图样;没有告诉我们条纹图样实际在何处形成。情况与经典干涉量度学中遇到的情况大不相同。在 HI 中,条纹通常并非位于目标表面上,而是空间表面上。该表面被称为定位表面。对定位表面位置的了解有助于确定变形矢量。实际上,定位表面取决于包括变形矢量在内的多个要素。文献中已提出了多种理论。毋庸置疑,在开始任何定量评估前,全息摄影师应详细了解条纹的位置。

5.1.14   目标加载

由于 HI 仅看到目标状态的变化,因此,目标必须由外部试剂改变其状态。可通过以下任何一种方法执行:

(1)机械加载;

(2)热加载;

(3)压力/真空加载;

(4)振动或声学加载;

(5)冲击加载。

最常用的方法是机械加载,其中目标受到压缩力或拉伸力。如果需要对动态响应进行研究,则需进行振动或冲击加载。在全息无损测试中,必须使用适当的加载类型。例如,当施加压力或真空应力时,容易看到脱黏物。

5.2   散斑现象、散斑照相和散斑干涉测量法

5.2.1   散斑现象

通过相干光照射漫射目标会在空间中产生粒状结构。此类颗粒状光分布被称为散斑图样。其产生的原因是来自漫射目标表面散射中心大量波的自干扰,如图5-18所示。振幅和散射波相位为随机变量。假设各散射波振幅和相位为独立的统计变量,同样也独立于所有其他波的振幅和相位,以及此类波的相位均匀分布在 $-\pi \sim \pi$ 之间。此类散斑图样为完全显影的散斑图样。所获得的复振幅 $u(x,y) = u(x,y)\exp(i\phi)$ 由式表示,即

$$u(x,y)\mathrm{e}^{i\phi} = \frac{1}{\sqrt{N}}\sum_{k=1}^{N}u_k = \frac{1}{\sqrt{N}}\sum_{k=1}^{N}a_k\mathrm{e}^{i\phi_k} \qquad (5-38)$$

式中:a_k 和 ϕ_k 为来自第 k 个散射体的波振幅和相位。对于此类散斑图样而言,所获得的复振幅 $u(x,y)$ 遵循高斯统计。散斑图样中的强度通常按照下式获得 $I(x,y) = |u(x,y)|^2$。

散斑图样中某点强度值为 I 的概率取决于概率密度函数 $p(I)$,即

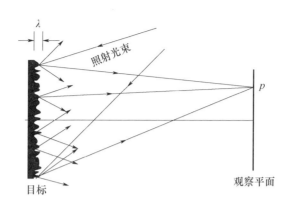

图 5 – 18 散斑图样的形成

$$p(I) = \frac{1}{\bar{I}} e^{-(I/\bar{I})} \qquad (5-39)$$

式中:$\bar{I}$ 为平均强度。散斑图样中的概率密度函数遵循负指数定律。最可能的强度值为零。散斑图样中对比度的度量为比率 $c = \sigma/\bar{I}$,其中 σ 为散斑强度的标准偏差。完全显影的线性偏振散斑图样中的对比度保持一致。

5.2.2 平均散斑尺寸

图案中的颗粒或散斑形状和尺寸未进行妥善定义,但具有一定结构。但是,将散斑与平均尺寸联系起来。在以下两种情况下予以考虑。

5.2.2.1 客观散斑图样

当相干波照射漫射目标时,自由空间传播而在空间中形成的散斑图样被称为客观散斑图样。客观散斑图样中的散斑尺寸 s_{ob} 为

$$s_{ob} = \frac{\lambda z}{D} \qquad (5-40)$$

式中:D 为目标照射区域的尺寸;z 为目标与观察平面之间的距离(图 5 – 19(a))。

尺寸取决于目标上极端散射点波之间的干扰。此类关系与 Young 的双狭缝实验预期结果相同,狭缝位于照射区域的极限位置。随着目标和观察平面之间的分离,散斑尺寸将呈现线性增加。

5.2.2.2 主观散斑图样

用相干波照射的漫射目标图像散斑图样被称为主观散斑图样。其源自成像透镜分辨度元件(区域)中多个散射中心波的干扰。

在该分辨度区域图像中添加随机去相位脉冲响应函数,从而产生散斑。因此,散斑尺寸由众所周知的 Airy 公式确定。Airy 圆盘的直径可表示为

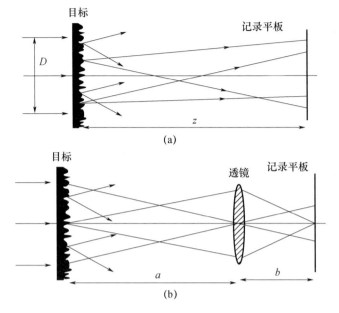

图 5 – 19　(a)客观散斑图样;(b)主观散斑图样

$$s_{\text{sub}} = \frac{\lambda b}{D'} \tag{5 – 41}$$

式中:D'为透镜直径;b为图像距离(图 5 – 19(b))。

　　同样,散斑尺寸取决于透镜的最大孔径。位于透镜前方的客观散斑图样通过透镜进行传播并出现在透镜的另一侧。该图案周边的散斑决定了图像平面的散斑尺寸。通过引入透镜的 f 数 $F\#(=f/D)$,平均散斑尺寸表示为

$$s_{\text{sub}} = (1 + m)\lambda F\# \tag{5 – 42}$$

　　我们引入透镜放大倍数 $m\{ = b/a = (b - f)/f\}$,f 是透镜焦距。因此,可以看出,散斑尺寸可通过(1)放大倍数 m;(2)透镜 $F\#$ 进行控制。通过 $F\#$ 控制散斑尺寸通常用于散斑计量,使散斑尺寸匹配 CCD 阵列探测器像素尺寸。

　　可基于振幅或强度添加散斑图样。根据振幅添加散斑图样包括剪切散斑干涉测量法,其中移动两个散斑图样,然后相互重叠。在此类散斑图样中,所获得的散斑图样统计数据保持不变。但是,当根据强度添加散斑图样时(如在同一全息底片上制作两个散斑记录),完全修改散斑统计数据并且由相关系数进行控制。

　　在完全显影的线性偏振散斑图样的解释中,强调相位均匀分布在 $-\pi \sim \pi$ 之间,并且有大量散射体参与散斑的形成过程。将产生单位对比度散斑图样。但是,如果表面的光滑度超过满足该条件所需的水平,则散斑对比度降低。散斑对比度取决于表面粗糙度和光的相干性。实际上,已通过单色和多色照射将

散斑对比度测量大范围表面粗糙度。

5.2.3　目标位移和散斑位移之间的关系

散斑现象用于测量由于施加外力导致的移位/倾斜或变形所导致的目标变化。因此,了解散斑图样如何随目标或其位置变化而变化将十分有益。

5.2.3.1　平面内位移

让我们假设一个半透明的目标,其在所位于的平面上移动距离 d。客观散斑图样也沿同一方向上移动相同的距离(图 5 – 20(a))。但是,当某些散射中心偏离照射光束时,散斑图样结构将发生改变(即去相关设置)。对于主观散斑图样而言,散斑运动方向与目标相反,其大小为 md,其中 m 是放大倍数(图 5 – 20(b))。

5.2.3.2　离面位移

考虑在位置 $P(r,0)$ 上形成的客观散斑,如图 5 – 21(a)所示。该散斑由源自目标的所有波叠加而成。当目标轴向平移一小段距离 ε 时,所有此类波都会发生几乎相同的相移。如果该相移为 2π 的倍数,则在点 $P'(r-\Delta r,0)$ 处将存在类似的散斑状态;即散斑将径向偏移 Δr。可得

$$|\Delta r| = \varepsilon \frac{r}{z} \tag{5 – 43}$$

主观散斑图样也有类似的情况,如图 5 – 21(b)所示。因此,有

$$|\Delta r| = \varepsilon \frac{r}{a} \tag{5 – 44}$$

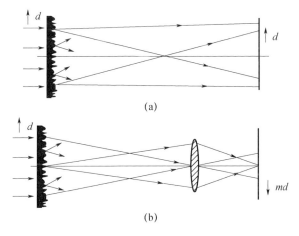

(a)

(b)

图 5 – 20　平面内位移

(a)客观散斑图样;(b)主观散斑图样。

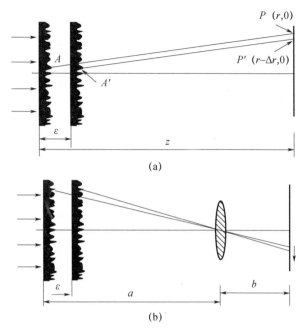

图 5 – 21　离面位移

(a)客观散斑图样;(b)主观散斑图样。

式中:a 为目标距离。因此,对于目标轴向平移而言,散斑图样沿径向移动,根据目标平移方向而发生膨胀或收缩。可以注意到,由于 r/z 或 r/a 因子非常小,散斑图样的径向移动需要目标发生相当大的离面位移。

5.2.3.3　目标倾斜

按照与 z 轴成 α 角的方向照射目标,且位于局部表面法线方向上,并且在 β 角方向上的点 P 处观察到散斑图样,如图 5 – 22(a)所示。当目标倾斜较小角度 $\Delta\phi$ 时,散斑图样移动到角度偏移 $\Delta\psi$ 的新位置,其中 $\Delta\psi = [(1 + \cos\alpha)/\cos\beta]\Delta\phi$。仅在垂直照射和观察方向(角 α 和 β 非常小)时,散斑图样的角度偏移才能达到目标倾斜的两倍。考虑主观散斑图样时,情况则大不相同。事实上,由于目标倾斜,在图像平面上没有移位。在图像和焦平面(或 FT 平面)间,散斑位移源自平面内和倾斜要素。在 FT 平面内,由于在平面内平移,散斑图样不会发生位移,仅由于倾斜而发生位移,位移 Δx_f 为

$$\Delta x_f = f\Delta\phi$$

式中:$\Delta\phi$ 是规定的目标倾斜(图 5 – 22(b))。当发散波照射目标时,可找到仅对平面内运动敏感的平面以及仅对倾斜敏感的另一平面。

因此,可以看出,当目标发生平移或倾斜时,散斑图样将发生变化。但是,对于变形测量而言,我们感兴趣的是测量目标在各点的变化/位移,因此仅采用

主观散斑图样。通过该方式可保持目标和图像点之间的对应关系。换言之,目标中的局部变化导致散斑图样中的局部变化而非整个散斑图样平面上的变化。目标变形引起的散斑图样变化:①伴随着照度变化和去相关的位置变化;②通过在图像平面添加镜面或散射参考波而可见的相变。通常情况下,确实可能同时发生两种变化,但其中一种可能受到另一种的主导。

用于变形测量和振动分析的散斑方法包括:

(1)散斑照相;

(2)散斑干涉测量法;

(3)散斑剪切干涉测量法;

(4)电子/数字散斑图样干涉测量法(ESPI/DSPI)和剪切 ESPI/DSPI。

方法(1)~(3)采用照相介质、热塑性塑料、光折射晶体等进行记录,方法(4)则采用电子检测。如同散斑照相,也可通过数字方式实现相关性。

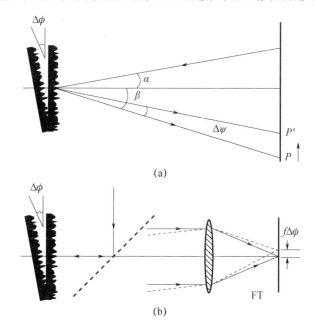

图 5-22　(a)远处平面(客观散斑图样)和(b)FT 平面上目标倾斜导致的散斑运动

5.2.4　散斑现象

使用激光器倾斜或垂直照射目标(图 5-23(a))。在能够分辨图案中散斑的照相底片上根据其初始状态进行成像。在目标受到外力后,即在发生变形后,将在同一底片上再次成像。变形将导致目标图像中散斑发生局部平移。在显影后,双重曝光记录被称为散斑图样。因此,散斑图样包含目标的两个散射图像:在其中一个图像中,散斑发生 *d* 局部平移。需要找到底片上不同位置的

d,然后生成变形图。前文已经指出,散斑位移对于轴向(平面外)位移的灵敏度较差。因此,散斑照相主要用于测量平面内位移和平面内振幅。

首先检查通过单次曝光形成的散斑图样(负片或底片)。记录强度由 $I(x, y) = |u(x,y)|^2$ 确定。假设为线性记录,该负片(散斑图样)的振幅透射率 $t(x, y)$ 表示为

$$t(x,y) = t_0 - \beta T I(x,y) \tag{5-45}$$

式中:t_0 为偏向透射率;β 为常数;T 为曝光时间。

由于散斑图样由粒状结构组成,每个粒子由 δ 函数识别,强度 $I(x,y)$ 也可表示为

$$I(x,y) = \iint I(x',y')\delta(x-x',y-y')dx'dy' \tag{5-46}$$

式中:$I(x',y')$ 为 (x',y') 处的散斑强度。当该散斑图样放置在如图 5-23(b)所示的装置中,并由准直光束照射时,透射振幅由 $u_0(x,y)t(x,y)$ 确定,其中 $u_0(x, y)$ 为照射平面波的振幅。散斑图样将在合理大小的锥体上衍射光线,具体取决于散斑尺寸。

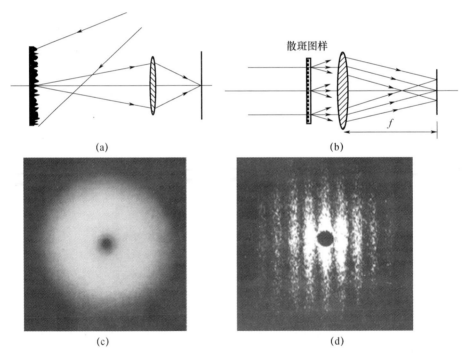

(a)　　　　　　　　(b)

(c)　　　　　　　　(d)

图 5-23　(a)用于测量平面内位移的散斑照相;(b)用于观察透镜焦平面上散斑图样衍射场的装置;(c)单次曝光散斑图样的光晕;(d)双重曝光散斑图样光晕条纹。

我们用透镜收集此类衍射光,并在其后焦平面上进行观察。实质上,我们获取散射图像记录的振幅透射率 $t(x,y)$ 的 FT。假设单位振幅照射波,FT 平面

上的振幅为

$$U(f_x, f_y) = \iint t(x,y) e^{2\pi i(f_x x + f_y y)} dxdy$$

$$U(f_x, f_y) = \iint t_0 e^{2\pi i(f_x x + f_y y)} dxdy - \iint I(x,y) e^{2\pi i(f_x x + f_y y)} dxdy \qquad (5-47)$$

$$= t_0 \delta(f_x, f_y) - \beta T \mathfrak{F}[I(x,y)]$$

式中 $\mathfrak{F}$ [ ] 表示傅里叶变换。傅里叶变换的定义与相位器逆时针旋转或 $e^{i(\omega t - k \cdot r)}$ 形式的波形描述保持一致。FT 平面上的强度分布 $|U(f_x, f_y)|^2$ 包括强中心波峰及周围光分布,后者称为光晕。如图 5 – 23(c) 所示,当记录光晕时,遮挡中央部分。光晕包含 0 到 $s_{sub}/\lambda f$ 之间的空间频率范围,其中 s_{sub} 为主观散斑图样的平均尺寸。光晕直径为 $(2f\lambda/s_{sub})$。光晕分布却居于成像透镜孔径函数的自相关性。如果我们将散斑图样视为具有连续变化间距和随机取向的大量正弦光栅,则可从物理上解释光晕的形成。当照射散斑图样时,此类光栅在各个方向上衍射光束,在透镜的后焦平面处形成光晕。

现在考虑双重曝光散斑图样。在第一次曝光中,记录强度分布 $I_1(x,y)$。然后目标发生变形,并在相同底片上记录第二次曝光 $I_2(x,y)$。变形散斑图样发生局部位移。因此,强度分布 $I_1(x,y)$ 和 $I_2(x,y)$ 可表示为

$$I_1(x,y) = \iint I(x',y') \delta(x-x', y-y') dx'dy' \qquad (5-48)$$

$$I_2(x,y) = \iint I(x',y') \delta(x+d_x-x', y+d_y-y') dx'dy' \qquad (5-49)$$

式中:dx 和 dy 分别为沿 x 和 y 方向的 d 分量。记录的总强度为

$$I_t(x,y) = I_1(x,y) + I_2(x,y)$$

$$I_t(x,y) = \iint I(x',y') [\delta(x-x', y-y') + \delta(x+d_x-x', y+d_y-y')] dx'dy'$$

$$(5-50)$$

同样,当准直光束照射该双重曝光散斑图样时,则可在透镜焦平面处获得初始和最终目标状态光晕的中心顺序和重叠。从数学上而言,双重曝光散斑图样的振幅透射率为

$$t(x,y) = t_0 - \beta T \{ I_1(x,y) + I_2(x,y) \} \qquad (5-51)$$

FT 平面上振幅为

$$\mathfrak{F}[t(x,y)] = t_0 \delta(f_x, f_y) - \beta T \mathfrak{F}[I(x,y)] \qquad (5-52)$$

为简单起见,我们现在仅讨论一个维度,总强度可表示为

$$I_t(x) = \iint I(x') [\delta(x-x') + \delta(x+d_x-x')] dx' \qquad (5-53)$$

此为 $I(x)$ 与 $[\delta(x) + \delta(x+d_x)]$ 的卷积。因此,有

$$\mathfrak{F}[t(x)] = t_0 \delta(f_x) - \beta T \mathfrak{F}[I(x)] \mathfrak{F}[\delta(x) + \delta(x+d_x)] \qquad (5-54)$$

$\delta(x)$的 FT 是在轴上传播的平面波,而$\delta(x+d_x)$的 FT 是随轴倾斜传播的平面波,即

$$\Im[\delta(x)+\delta(x+d_x)] = \int\delta(x)e^{2\pi if_x x}dx + \int\delta(x+d_x)e^{2\pi if_x x}dx = c + ce^{2\pi if_x d_x}$$

$$(5-55)$$

式中:c为常数,为δ函数的 FT。空间频率f_x定义为$f_x = x_f/f\lambda$,其中x_f为 FT 平面上的x坐标,f为透镜焦距。抑制明亮的中心强度,FT 平面(光晕)内的强度分布可表示为

$$\Im(f_x) \propto 2\beta^2 T^2 c^2 [1+\cos(2\pi f_x d_x)] = \Im_0(f_x)\cos^2(\pi f_x d_x) \qquad (5-56)$$

因此,可以看出,由$\Im_0(f_x)$确定的光晕通过$\cos^2(\pi f_x d_x)$项进行调制。换言之,条纹图出现在光晕中,如图 5 - 23(d)所示。条纹图类似于 Young 的双狭缝条纹图样。因此,条纹被称为 Young 条纹。在$\cos^2(\pi f_x d_x)$项中,存在两个变量,即f_x沿x轴的坐标和d_x,如果变形并非常数,则为散斑图样上局部坐标的函数。对于常数d_x而言,光晕分布由余弦条纹调制,其间距为$\bar{x}_f = \lambda f/d_x$。因此,可从条纹宽度测量确定$d_x$的大小。位移$d_x$方向始终沿条纹法线。但是,如果$d_x$并非常数,则$d_x$的每个值都将生成唯一的条纹图,其在叠加时可完全消除强度变化。在这种情况下,用窄的或未扩展的激光器光束查找散斑图样,以便从各查询区域提取位移信息。假定查找区域保持恒定位移。

5.2.5　评价方法

双重曝光散斑图样包含两个位移散斑图样,并且该位移将在散斑图样上多个位置确定,以便生成变形图。前文已表明,当狭窄光束照射散斑图样时会形成 Young 型条纹。根据该条纹图,可获得某点处的位移方向和大小。从散斑图样中提取信息的过程称为滤波。滤波同时在散斑图样平面及其 FT 平面上进行。此类方法称为逐点滤波法和全视场滤波法。

另一种滤波方法通常适用于平面外位移测量,被称为傅里叶滤波法。该方法也可用于其他情况,如条纹通常位于散斑图样上。

5.2.5.1　逐点滤波法

前面已提及,如果散斑位移不均匀,当照射整个散斑图样时,傅里叶平面上不会形成条纹图样。但是,可稳妥假设散斑运动在图像上某个非常小的区域(散斑图样)内将保持恒定。因此,如果双重曝光散斑图样由狭窄(未膨胀)光束照射,并且在如图 5 - 24(a)所示的足够远的平面(远场)上进行观察,将形成 Young 条纹系统。条纹总是垂直于位移方向,条纹宽度$\bar{p}$与位移成反比,即$\bar{p} = \lambda z/|d|$。因此,获得了散斑图样上各查询区域内的位移方向和大小。标志含糊仍未解决。可通过在进行第二次曝光前为照相底片指定已知的线性位移,解决标志含糊的问题。根据在散斑图样上所获得的各点位移大小和方向,生成散斑

图样位移图,然后根据成像系统放大倍数将其转换到目标表面。

Young 条纹的对比度受诸多因素的影响;最重要的是照射区域内的非均匀位移和散斑对缺失。此外,应记住光晕分布不均匀,且背景强度可能并非恒定。因此,Young 的条纹没有单位对比度,且条纹的最大值和最小值位置还发生变动。这种移位导致位移计算存在误差。前面已提出可用于纠正该问题的相关方法。

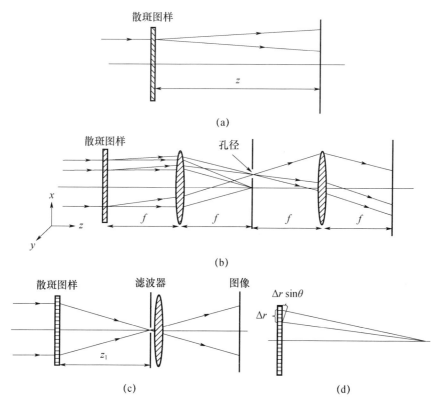

图 5 - 24 (a)逐点滤波装置;(b)全视场滤波装置;
(c)傅里叶滤波装置;(d)与散斑对路径差。

5.2.5.2 全视场滤波法

考虑如图 5 - 24(b)所示的装置,为 4f 配置。滤波通过小孔在 FT 平面处进行。可通过滤波孔的光线在输出平面上以单位放大倍数形成散斑图样的图像。该图像包含条纹,其表示在滤波孔方向上的恒定面内位移。为理解全视场滤波技术的工作原理,在 x 方向上的 x_f 位置设置一个大小足够的小孔。如果其间隔导致成对散射体衍射的波具有相当于 λ 整数倍的路径差,散斑图样上所有相同的成对散射体(散斑)将在滤波孔方向上分相位衍射光,即

$$d_x \sin\theta = m\lambda \quad m = 0, \pm 1, \pm 2, \pm 3, \cdots \quad (5-57)$$

式中:d_x 为位移矢量的 x 分量。

根据 $\sin\theta = x_f/f$，可得

$$d_x = \frac{m\lambda f}{x_f} \qquad\qquad (5-58)$$

因此，该等区域在图像中明亮显示，形成明亮的条纹，其为恒定 d_x 的轨迹。类似地，当滤波孔沿 y 轴放置在 y_f 时，d_y 可表示为

$$d_y = \frac{m'\lambda f}{y_f} \qquad\qquad (5-59)$$

此类条纹为常数 d_y 的轨迹。换言之，条纹表示由增量位移 Δd_x 和 Δd_y 分隔的恒定平面内位移分量的轮廓，其中

$$\Delta d_x = \frac{\lambda f}{x_f} \qquad\qquad (5-60)$$

和

$$\Delta d_y = \frac{\lambda f}{y_f} \qquad\qquad (5-61)$$

此为全视场滤波法：在整个目标表面上形成条纹。为获得 d_x 和 d_y，需要确定 m 和 m'，以及目标上未发生位移的区域。还可看出，该方法存在可变灵敏度，当滤波孔位于衍射光晕周边时，达到最大值；在图像形成的可用光减少时，灵敏度增加。

5.2.5.3　傅里叶滤波法：平面外位移测量

目标的纵向或轴向位移 ε 导致散射图的径向位移，即，$|\Delta r| = \varepsilon r/z$。位移幅度 ε 通过傅里叶滤波法获得。使用准直光束照射散斑图样，如图 5-24(c) 所示，并将小孔置于光轴上进行滤波。位于小孔后的透镜上将出现观察平面上散斑图样的图像。如果 $\Delta r\sin\theta = m\lambda$，其中 $\sin\theta = r/z_1$，并且 λ 为用于滤波的光波长，则所有此类点对(相同散射体)将在滤波平面处相位衍射入射光(图 5-24(d))，有

$$\Delta r\sin\theta = (\varepsilon r/z)(r/z_1) = m\lambda$$

或

$$(\varepsilon r^2/zz_1) = m\lambda \qquad\qquad (5-62)$$

这表明在观察平面处观察到圆形条纹图样。通过测量不同级次的圆形条纹半径，获得位移 ε，即

$$\varepsilon = \frac{n\lambda zz_1}{(r_{m+n}^2 - r_m^2)} \qquad\qquad (5-63)$$

式中：r_{m+n} 和 r_m 分别为第 $(m+n)$ 和 m 阶圆形条纹半径。

5.2.6　振动目标的散斑照相：平面内振动

考虑沿 x 方向按照振幅 $A(x)$ 在平面内振动的目标。目标在照相底片上成像。由于平面内振动，散斑延伸到长度为 $2A(x)m$ 的直线，其中 m 为放大倍数。

由于正弦振动目标在最大位移位置停留更长的时间。因此,散斑线具有不均匀的亮度分布。但是,如果通过高对比度照相底片进行记录,则显影后散斑线会呈现均匀的密度。因此,假设散斑均匀伸长到长度 $2A(x)m$。当此类散斑图样(时间平均记录)进行逐点滤波时,光晕分布通过 $\text{sinc}^2[2A(x)mx'/\lambda z]$ 进行调制。在以下情况下,此函数的零点出现

或有

$$\frac{2\pi A(x)mx'_n}{\lambda z} = n\pi \Rightarrow A(x) = \frac{\lambda z}{2m\ \overline{x'}} \quad n = \pm1, \pm2, \pm3, \cdots \quad (5-64)$$

式中:z 为散斑图样与观察平面间的距离,并且 x'_n 为强度分布最小值的 x 坐标,而 $\overline{x'}$ 为两个连续最小值之间的间隔。根据该表达式,可获得散斑图样上任何位置处的振幅。

事实上,当目标振动时,正在区域中移动的散斑会被抹掉,从而导致对比度降低。未发生运动的节点区域具有单位对比度。因此,可观察到低对比度振动模式图,其中节点线较暗。Archbold 等人提出了视觉散斑干涉仪,后来经由 Stetson 修改。该干涉仪采用参考光束显示平面外振幅。

5.2.7　散斑照相的灵敏度

光晕尺寸由散斑尺寸决定,而散斑尺寸又由成像透镜的 $F\#$ 数决定。为测量散斑的位移,应在光晕中形成至少一道条纹。换言之,条纹宽度必须等于或小于光晕直径。实际上,当散斑的移动量等于其平均尺寸时,将在光晕内形成一道条纹。这可能是散斑照相能感知的位移下限。上限同样也取决于散斑尺寸。当条纹宽度等于散布尺寸时,将无法辨别条纹。在实际应用中,我们选择的条纹宽度约为散斑尺寸的 10 倍,以便方便辨别。因此,设定了散斑位移测量的上限。对于全视场滤波而言,适用于类似的限制。全视场滤波中条纹质量明显低于逐点滤波。

散斑照相的显著缺点之一是,不均匀的光晕分布导致条纹图样中的最大条纹位置发生偏移。在背景强度时,同样适用于最小位置。这种影响导致位移测量值产生误差。可采用相关方法纠正此类错误。

5.2.8　粒子图像测速

通过脉冲激光器或扫描激光器光束进行的种子流散斑照相提供了有关流量的具体信息(流速的空间变化,实际上是种子的速度)。该技术称为粒子图像测速(PIV)。首先,采用持续时间较短的激光器脉冲进行记录,以便冻结运动,然后在短时间内进行第二次曝光。在此期间种子(颗粒)将会移动到新位置,具体取决于其速度。双重曝光记录采用逐点过滤,从而生成速度图。

5.2.9 白光散斑照相术

大多数目标为白光散斑照相术的良好候选者,因为其表面结构非常适合该情况。但是,通过在表面涂上反光涂料可增强该性能。反光涂料中嵌入的玻璃球图像可作为散斑。因此,可根据类似于激光器散斑的原理,通过白光散射进行变形研究。

5.2.10 剪切散斑照相术

很明显,由于对面外分量的灵敏度非常低,散斑照相术是一种用于测量面内位移或面内变形分量的工具。其还用于测量刚性体倾斜。压力分析师通常对应变而非位移感兴趣。通过位移数据乘以数值微分(容易出错)获得应变数据。但是,可通过光学微分获得应变,即通过在两个紧密分离的点处获得位移值。可通过两个紧密间隔的平行窄光束查询双重曝光散斑图样。每个光束都在衍射光晕中产生 Young 型条纹,并且来自每个照射光束的两个图案叠加都将产生莫尔图案,从中可计算得出应变。或者,目标的两种状态可记录在两个单独的胶片/底片中。在滤波期间,一个底片相对于另一个底片发生位移从而产生剪切效果。再次形成莫尔图案,由此计算应变。这两种技术都通过改变光束间隔或散斑图样位移提供可变剪切。

当两个窄光束用于照射时,衍射光晕发生空间位移。对于低角度衍射,重叠区域可尽量小以便提供有意义的莫尔图案。另一方面,当使用两个双重曝光胶片/底片时,可能难以实现有关每次双重曝光记录都加载相同目标的基本假设。因此,应记录单剪切双重曝光散斑图样。

5.2.11 散斑干涉测量法

散斑本身就是一种干扰现象。但是,当对相位进行编码并将参考光束添加到散斑图样中时,该技术被称为散斑干涉测量法。散斑干涉测量法首先由 Leendertz 用于测量面内位移。由于散斑照相受散斑尺寸的限制,所以相对于散斑照相,其具有更高的测量灵敏度。基本理论源自 HI,因为可通过相同的方程确定变形引入的相位差,即 $\delta = (\boldsymbol{k}_2 - \boldsymbol{k}_1) \cdot \boldsymbol{d}$,其中 $\boldsymbol{k}_2$ 和 $\boldsymbol{k}_1$ 为观察和照射光束的传播矢量。$\boldsymbol{d}$ 为位移矢量。当采用两道方向与目标法线(也是光轴)对称的光束照射目标并且沿光轴进行观察时,该装置产生的条纹为恒定平面内的位移轮廓。条纹被称为相关条纹,将在后面的章节中详细介绍。

图 5-25 所示为测量面内位移的装置示意图。采用与光轴分别成 θ 和 $-\theta$ 角对称入射的双平面波照射目标。制作目标图像记录材料上,即摄影底片。目标发生变形,并在相同底片上进行第二次曝光。在滤波时进行双重曝光记录产生表示沿 x 方向面内分量的条纹。整个过程可用数学方法解释如下:

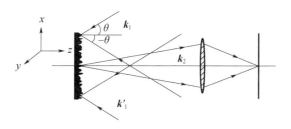

图 5-25　面内位移测量配置

假设目标由单位振幅平面波照射,其在目标平面处表示为 $e^{ikx\sin\theta}$ 和 $e^{-ikx\sin\theta}$。目标平面处的波净振幅为($e^{ikx\sin\theta} + e^{-ikx\sin\theta}$)。目标的散射过程由 $\mathscr{R}(x,y)$ 表示,这是一个包括表面特征的复函数。因此,分散后的目标表面视场为

$$\mathscr{R}(x,y)(e^{ikx\sin\theta} + e^{-ikx\sin\theta})$$

图像平面上的振幅通过叠加积分获得,即

$$u(x_i,y_i) = \iint \mathscr{R}(x,y)(e^{ikx\sin\theta} + e^{-ikx\sin\theta})h(x_i - mx, y_i - my)dxdy$$

$$= a_1(x_i,y_i)e^{i\phi_1(x_i,y_i)} + a_2(x_i,y_i)e^{i\phi_2(x_i,y_i)}$$

$$(5-65)$$

式中:$h(x,y)$ 为脉冲响应函数,m 为成像透镜放大倍数。$a_1(x_i,y_i)$、$\phi_1(x_i,y_i)$、$a_2(x_i,y_i)$ 和 $\phi_2(x_i,y_i)$ 为指各照明波在图像平面上形成的散射波振幅和相位。当目标在 x 方向上的偏移量为 d_x 时,图像中的振幅可表示为

$$u'(x_i,y_i) = \iint \mathscr{R}(x+d_x,y)[e^{ik(x+d_x)\sin\theta} + e^{-ik(x+d_x)\sin\theta}]h(x_i - mx, y_i - my)dxdy$$

$$= a_1(x_i,y_i)e^{i\phi_1(x_i,y_i)}e^{ikd_x\sin\theta} + a_2(x_i,y_i)e^{i\phi_2(x_i,y_i)}e^{-ikd_x\sin\theta}$$

$$(5-66)$$

该方程的默认假设为 $\mathscr{R}(x+d_x,y) = \mathscr{R}(x,y)$。该假设意味着表面特征在距离 d_x 上不会改变。现在,可将两次曝光中所记录的强度表示如下:

$$I_1(x_i,y_i) = a_1^2 + a_2^2 + 2a_1a_2\cos(\phi_1 - \phi_2) = a_1^2 + a_2^2 + 2a_1a_2\cos\phi \quad (5-67)$$

$$I_2(x_i,y_i) = a_1^2 + a_2^2 + 2a_1a_2\cos(\phi + 2kd_x\sin\theta) \quad (5-68)$$

对于各种技术的后续分析,将第二次曝光中的强度分布表示如下:

$$I_2(x_i,y_i) = a_1^2 + a_2^2 + 2a_1a_2\cos(\phi + \delta) \quad (5-69)$$

式中:δ 为变形引入的相位。在这种情况下,$\delta = 2kd_x\sin\theta = (4\pi/\lambda)d_x\sin\theta$。随后,将使用不同的幅角证明对于图 5-25 所述的实验配置,δ 确实等于 $2kd_x\sin\theta$。目前,由于 $\mathscr{R}(x,y)$ 为随机变量,可认为 ϕ_1、ϕ_2、a_1 和 a_2 是随机变量。因此,$\phi = (\phi_1 - \phi_2)$ 也是随机变量。

记录的总强度为

$$I_T(x_i,y_i) = I_1 + I_2 = 2a_1^2 + 2a_2^2 + 4a_1a_2\cos\left(\phi + \frac{\delta}{2}\right)\cos\left(\frac{\delta}{2}\right) \quad (5-70)$$

实际上,对 I_1 和 I_2 的式(5-67)和式(5-69)的检验表明,当 $\delta = 2m\pi$ 时,两个方程都是相同的;也就是说,两次曝光中的散斑完全相关。当 $\delta = (2m+1)\pi$ 时,散斑不相关。这种相关性为条纹形成奠定了基础。

应注意的是,在该装置中的条纹对比度非常低,主要是由于存在非常强的粒状偏置项 $2(a_1^2 + a_2^2)$。讨论隔离该偏差项的其他装置,从而改善条纹对比度。首先,证明由于面内位移 d_x 引起的相位变化 δ 确实由 $2kd_x\sin\theta$ 确定。为此,将位移 $\boldsymbol{d}$ 导致的相位变化 δ 表示为

$$\delta = (\delta_2 - \delta_1) = (\boldsymbol{k}_2 - \boldsymbol{k}_1) \cdot \boldsymbol{d} - (\boldsymbol{k}_2 - \boldsymbol{k}_1') \cdot \boldsymbol{d} = (\boldsymbol{k}_1' - \boldsymbol{k}_1) \cdot \boldsymbol{d} \quad (5-71)$$

式中:$\boldsymbol{d} = d_x\,\hat{i} + d_y\,\hat{j} + z\,\hat{k}$、$\boldsymbol{k}_1'$ 和 $\boldsymbol{k}_1$ 为照明光束的传播矢量。相位差方程 $\delta = (\boldsymbol{k}_2 - \boldsymbol{k}_1) \cdot \boldsymbol{d}$ 已在前文中介绍(参见式(5-37)),同样适用于散斑干涉测量法。根据图 5-26 所述的实验配置几何形状,$\boldsymbol{k}_1'$ 和 $\boldsymbol{k}_1$ 表示如下:

$$\boldsymbol{k}_1' = \frac{2\pi}{\lambda}(\sin\theta\,\hat{i} - \cos\theta\,\hat{k}) \quad (5-72)$$

$$\boldsymbol{k}_1 = \frac{2\pi}{\lambda}(-\sin\theta\,\hat{i} - \cos\theta\,\hat{k}) \quad (5-73)$$

因此,矢量 $(\boldsymbol{k}_1' - \boldsymbol{k}_1)$ $[= (2\pi/\lambda)2\sin\theta\,\hat{i}]$ 位于目标平面中。因此,变形引入的相位 δ 可表示为

$$\delta = (\boldsymbol{k}_1' - \boldsymbol{k}_1) \cdot \boldsymbol{d} = \left(\frac{2\pi}{\lambda}2\sin\theta\,\hat{i}\right) \cdot (d_x\,\hat{i} + d_y\,\hat{j} + z\,\hat{k}) = \frac{2\pi}{\lambda}2d_x\sin\theta$$

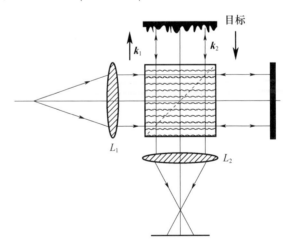

图 5-26 面外位移测量配置

相位 δ 仅取决于位移矢量 $\boldsymbol{d}$ 的面内分量 d_x。当满足以下条件时,将形成明亮的条纹

$$\frac{2\pi}{\lambda}2d_x\sin\theta = 2m\pi$$

因此，

$$d_x = \frac{m\lambda}{2\sin\theta} \tag{5-74}$$

该装置仅对位于照明光束平面内的位移面内分量敏感。连续面内条纹相差 $\lambda/2\sin\theta$。显然，通过改变光束间角度，灵敏度具有很宽的变化范围从 0 到 $\lambda/2$。此外，此类特殊装置具有以下特征：

(1)根据理论分析，离面位移分量 d_z 对于准直照明的作用已获得完全补偿。因为两个波都存在离面位移引起的等量相位变化，因此，净相变为零。

(2)装置对 y 分量不敏感，即 d_y。但是，可将实验装置旋转 90°，以便测量 d_y；

(3)其提供可变灵敏度。

缺点是所获得的条纹对比度较低。

5.2.12 散斑干涉测量中的相关系数

两个随机变量 X 和 Y 的相关系数为

$$\rho_{XY} = \frac{\langle XY\rangle - \langle X\rangle\langle Y\rangle}{\sigma_X\sigma_Y} \tag{5-75}$$

式中：$\sigma_X^2 = \langle X^2\rangle - \langle X\rangle^2$ 和 $\sigma_Y^2 = \langle Y^2\rangle - \langle Y\rangle^2$，以及 $\langle\ \rangle$ 代表整体平均值。

正如预期所述，如果 X 和 Y 不相关，则 $\langle XY\rangle = \langle X\rangle\langle Y\rangle$ 和相关系数为零。随机变量 $I_1(x_i,y_i)$ 和 $I_2(x_i,y_i)$ 的相关系数，即第一次和第二次曝光中记录的强度为

$$\rho(\sigma) = \frac{\langle I_1I_2\rangle - \langle I_1\rangle\langle I_2\rangle}{[\langle I_1^2\rangle - \langle I_1\rangle^2]^{1/2}[\langle I_2{}^2\rangle - \langle I_2\rangle^2]^{1/2}} \tag{5-76}$$

式中：强度 I_1 和 I_2 表示为

$$I_1(x,y) = a_1^2 + a_2^2 + 2a_1a_2\cos\phi = i_1 + i_2 + 2\sqrt{i_1i_2}\cos\phi \tag{5-77}$$

和

$$I_2(x,y) = i_1 + i_2 + 2\sqrt{i_1i_2}\cos(\phi+\delta) \tag{5-78}$$

在该表达式中，强度 i_1 和强度 i_2 是指各照明光束在像平面形成的强度。在评估相关系数式(5-76)时，应注意以下内容：

(1)强度 i_1、i_2 和相位差 ϕ 是独立的随机变量，因此可进行单独平均；

(2) $\langle\cos\phi\rangle = \langle\cos(\phi+\delta)\rangle = 0$；

(3) $\langle i_1^2\rangle = 2\langle i_1\rangle^2$，$\langle i_2{}^2\rangle = 2\langle i_2\rangle^2$。

当用强度值 I_1 和 I_2 代替式(5-76)中的相关系数和平均值后，得

$$\rho(\sigma) = \frac{\langle i_1^2\rangle + \langle i_2{}^2\rangle + 2\langle i_1\rangle\langle i_2\rangle\cos\delta}{(\langle i_1\rangle + \langle i_2\rangle)^2} \tag{5-79}$$

相关系数取决于光束的强度及变形引入的相位。如果假设 $\langle i_1\rangle = r\langle i_2\rangle$，即

光束比另一光束强 r 倍,则相关系数可采用更简单的形式,即

$$\rho(\sigma) = \frac{1 + r^2 + 2r\cos\delta}{(1 + r)^2} \qquad (5 - 80)$$

当 $\delta = 2m\pi$ 时,具有最大值。而当 $\delta = (2m + 1)\pi$ 时,具有 $(1 - r)^2/(1 + r)^2$ 最小值。如果 $r = 1$,则最小值将为零,即两道光束的平均强度相等时。随后由于记录的 δ 值发生变化,相关系数将在 $0 \sim 1$ 之间变动。这种情况完全与 HI 不一致,其中参考光束被视为比目标光束更强。

5.2.13 面外散斑干涉仪

用于测量面外位移的干涉仪为迈克尔逊干涉仪如图 5 - 26 所示,其中某个反射镜被研究中的目标所取代。采用散射或镜面参考波:为镜面/光滑参考波。透镜 L_2 在记录平面上制作目标图像。记录包括目标图像中平滑参考波和散斑视场之间的干涉图样。在加载目标后,将在相同底片上记录第二次曝光。双重曝光散斑图样(干涉图)在滤波时产生条纹,其是恒定面外位移的轮廓。与之前一样,第一次曝光的强度分布为

$$I_1(x_i, y_i) = a_1^2 + r_0^2 + 2a_1 r_0\cos(\phi_1 - \phi_r) = a_1^2 + r_0^2 + 2a_1 r_0\cos\phi \quad (5 - 81)$$

式中:a_1 和 ϕ_1 为随机变量,r_0 和 ϕ_r 为参考波的振幅和相位。第二次曝光记录了由下式确定的强度分布

$$I_2(x_i, y_i) = a_1^2 + r_0^2 + 2a_1 r_0\cos(\phi + \delta) \qquad (5 - 82)$$

式中:由变形引入的相位差 δ 为

$$\delta = (\boldsymbol{k}_2 - \boldsymbol{k}_1) \cdot \boldsymbol{d} = \frac{2\pi}{\lambda}2d_z$$

记录的总强度分布 $I_t(x_i, y_i)$ 为

$$I_t(x_i, y_i) = I_1(x_i, y_i) + I_2(x_i, y_i) = 2a_1^2 + 2r_0^2 + 4a_1 r_0\cos\left(\phi + \frac{\delta}{2}\right)\cos\left(\frac{\delta}{2}\right)$$
$$(5 - 83)$$

强度分布由 $\cos(\delta/2)$ 项进行调制。当 $\delta = 2m\pi$ 时,强度分布 I_1 和 I_2 相关。因此,散斑图样上的此类区域显得更亮。替代 δ,在满足以下情况时,将形成明亮的条纹,即

$$\frac{2\pi}{\lambda}2d_z = 2m\pi$$

或

$$d_z = \frac{m\lambda}{2} \qquad (5 - 84)$$

式中:m 为整数。

该装置对离面位移分量 d_z 敏感。因此,连续条纹由 $\lambda/2$ 的离面位移分开。同样,条纹对比度较低。但是,可注意到,由于成像几何和定制配置,与 HI 不

同,仅感测到变形的其中一个分量,其中由变形引入的相位差 δ 始终取决于所有 3 个分量。此外,不同于 HI 的是相关条纹位于散斑图样的平面上,后者的条纹图通常位于空间中。

5.2.14 平面内测量:杜菲法

在上述 Leendertz 方法中,相对于表面法线对称地照射目标,并且沿着由照明光束包围的角平分线进行观察。这种方法也称为双照明单观察方向法,其具有非常高的灵敏度,但条纹对比度较低。

还可沿一个方向照射目标,并沿着与光轴对称的两个不同方向以及目标的局部法线进行观察。这种方法由杜菲发明,并在莫尔图样测量中得到进一步发展。该方法也称为单照明、双观察方向法。图 5 - 27(a)为实验装置示意图。目标以 θ 角照射,并且双孔罩板放置在透镜前面。孔在目标距离处形成 2α 角度。透镜通过每个孔产生目标图像,这些图像完美地叠加一起。

穿过孔的每个波产生散斑尺寸为 $\lambda b/D$ 的散射图像,其中 D 为孔尺寸。这些波倾斜叠加,因此每个散斑在记录时由条纹图进行调制。散斑中的条纹间距为 $\lambda b/p$,其中 p 为两个孔之间的相互间隔。如图 5 - 27(b)所示。当目标变形时,这些条纹将在散斑中移动。当变形导致条纹发生一个或多个周期移动时,将精确地叠加在较早记录的位置上,此时的条纹对比度则较高,该区域在滤波时将发生强烈衍射。因此,此类区域看起来非常明亮。另一方面,如果变形导致条纹图移动半个条纹宽度或半周期的奇数倍,新图案将落在之前所记录的图案中间,导致条纹图几乎完全冲失。此类区域不会发生衍射或衍射不良并且在滤波时看起来很暗。因此,明暗条纹对应于位移为 $\lambda b/p$($= \lambda/2\sin\alpha$)整数倍和半 $\lambda b/p$ 奇数倍的区域。

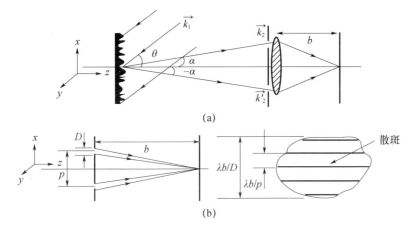

图 5 - 27　(a)杜菲的双孔装置;(b)散斑调制。

在数学上,将通过图像平面上各孔的波振幅表示为

$$a_{11} = a_0 e^{i\phi_{11}} \tag{5-85}$$

$$a_{12} = a_0 e^{i(\phi_{12} + 2\pi\beta x_i)} \tag{5-86}$$

式中:$\beta(=p/\lambda b)$ 为散斑图样中条纹图的空间频率。在第一次曝光中记录的强度为

$$I_1(x_i, y_i) = |a_{11} + a_{12}|^2 = a_0^2 + a_0^2 + 2a_0^2 \cos(\phi_1 + 2\pi\beta x_i) : \phi_1 = \phi_{12} - \phi_{11} \tag{5-87}$$

类似地,当加载目标时,波分别获得额外的相变 δ_1 和 δ_2,可表示为

$$a_{21} = a_0 e^{i(\phi_{11} + \delta_1)} \tag{5-88}$$

$$a_{22} = a_0 e^{i(\phi_{12} + 2\pi\beta x_i + \delta_2)} \tag{5-89}$$

在第二次曝光中记录的强度分布为

$$I_2(x_i, y_i) = |a_{21} + a_{22}|^2 = a_0^2 + a_0^2 + 2a_0^2 \cos(\phi_1 + 2\pi\beta x_i + \delta) \tag{5-90}$$

式中:$\delta(=\delta_2 - \delta_1)$ 为变形引入的相位差。处理后的双重曝光记录(散斑图样)归为振幅透射率 $t(x_i, y_i)$,有

$$t(x_i, y_i) = t_0 - \beta T(I_1 + I_2) \tag{5-91}$$

式中:β 为常数;T 为曝光时间。

通过滤波提取关于变形的信息。

5.2.14.1　滤波

散斑图样放置在图 5-28 所示的装置中,并由准直光束照亮,如单位振幅波。FT 平面上的视场为透射率的傅里叶变换,即 $\Im[t(x, y)]$。

由于各散斑中的光栅状结构,光晕分布得到调制:其具有中心晕(零阶)和 ±1 阶晕。第 0 阶源自 $a_0^2 + a_0^2$ 项,其不包含任何信息。由于用于成像的孔较小,散斑尺寸较大,导致光晕尺寸(零阶晕)收缩。通过选择任何一阶晕完成滤波。由于未携带信息的光晕(零阶)被隔离,因此,获得几乎为单位对比度的条纹图样。

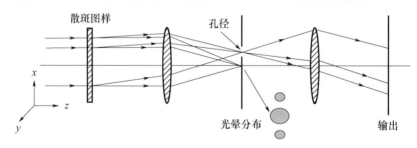

图 5-28　杜菲装置记录的散斑图样的全视场滤波

5.2.14.2　条纹的形成

由于变形导致的波在穿过孔时经历的相位差 δ_2 和 δ_1 可表示为

$$\delta_2 = (\boldsymbol{k}'_2 - \boldsymbol{k}_1) \cdot \boldsymbol{d}$$
$$\delta_1 = (\boldsymbol{k}_2 - \boldsymbol{k}_1) \cdot \boldsymbol{d}$$

因此,相位差 $\delta(= \delta_2 - \delta_1)$ 为

$$\delta = (\boldsymbol{k}'_2 - \boldsymbol{k}_2) \cdot \boldsymbol{d} \qquad (5-92)$$

相位差产生干涉图样。照明和观察光束位于 $x-z$ 平面。将波矢量 $\boldsymbol{k}'_2$ 和 $\boldsymbol{k}_2$,以及位移矢量 $\boldsymbol{d}$ 写入其分量中,相位差可表示为

$$\delta = (\boldsymbol{k}'_2 - \boldsymbol{k}_2) \cdot \boldsymbol{d} = \frac{2\pi}{\lambda} 2 d_x \sin\alpha$$

当满足以下条件时,将形成明亮的条纹

$$\frac{2\pi}{\lambda} 2 d_x \sin\alpha = 2m\pi$$

可得

$$d_x = \frac{m\lambda}{2\sin\alpha} \qquad (5-93)$$

除 θ 角被 α 角取代外,该结果类似于之前针对 Leendertz 方法(式(5-74))所获得的结果。显然,α 不能取很大的值 – α 的大小取决于透镜孔径或透镜 F#。因此,该方法的灵敏度较低。同时,散斑尺寸要大于 Leendertz 方法。因此,面内位移测量的范围很大。由于在记录期间形成的光栅状结构去除了不需要的直流散射视场,该方法产生高对比度条纹。

杜菲法可简单和容易地进行扩展,从而同时测量面内位移的两个分量。如果采用包含三个或四个孔的罩板,不采用透镜前的两个孔罩板,则可通过来自适当光晕的滤波获得两个面内分量的大小。

Leendertz 和杜菲法可合并为一种方法 – 目标由对称准直光束照亮,并采用有孔透镜记录散斑图样。该等组合方法将促使面内位移测量的范围和灵敏度从 Leendertz 法规定的较小值扩展到杜菲法控制的较大值。在滤波双重曝光散斑图样上,同时观察到两种条纹系统。

在位于透镜前的两个孔中的位置靠前的一个采用漫射器并采用窄光束照亮,可产生漫射参考光束。另一个孔用于成像。通过这种装置,还可测量变形的面外分量。事实上,通过明确选定孔及其装置,可同时测量变形矢量的所有三个分量。除了从单个双重曝光散斑图样获得变形矢量的所有分量外,透镜的开孔可用于记录多路复用信息;即:可存储目标的多个状态,并且可从散斑图样中检索信息。可通过两种方式完成多路复用:①频率调制,其中每次曝光后孔径在透镜上发生横向偏移;②θ – 多路复用(调制),其中孔按一定角度偏移。这两种方法也可组合使用。可记录和检索的信息量取决于透镜尺寸、孔尺寸、目标中的空间频率组成以及记录材料的动态范围。在某些实验中,除位移分量测量外,还记录并随后检索斜率信息。

5.2.14.3　杜菲装置:增强灵敏度

　　杜菲装置的灵敏度受到成像透镜 $F\#$ 的限制。但是,可通过修改图 5 – 29 所示的记录设置克服该限制。沿垂直方向照亮目标并沿两个对称方向观察:光束折叠并指向一对反射镜,然后到达透镜前的双孔罩板。因此,通过此类折叠路径形成目标图像。在该装置中,与其他方法一样,散斑尺寸由孔直径决定,条纹频率取决于孔的分离,并且灵敏度由 α 角控制,α 角的变动范围较大,并不受透镜 $F\#$ 限制。可以看出,由变形引起的相位差为

$$\delta = \delta_1 - \delta_2 = (\boldsymbol{k}_2 - \boldsymbol{k}_1) \cdot \boldsymbol{d} - (\boldsymbol{k}_2' - \boldsymbol{k}_1) \cdot \boldsymbol{d} = (\boldsymbol{k}_2 - \boldsymbol{k}_2') \cdot \boldsymbol{d} = \frac{2\pi}{\lambda} 2 d_x \sin\alpha$$

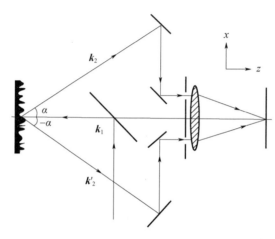

图 5 – 29　具有增强灵敏度的面内测量配置

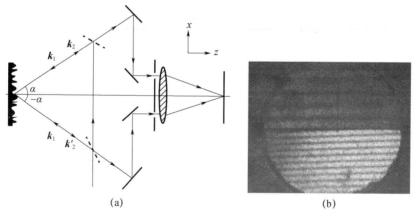

(a) (b)

图 5 – 30　(a)具有增强灵敏度的面内测量配置:目标涂有反光涂料;

(b)照片显示一半透镜上的条纹灵敏度增大两倍。

（印度金奈 IIT 的 N. Krishna Mohan 博士提供）

使用某个一阶光晕通过滤波提取面内条纹。该技术引入了透视误差和以较大角度研究大目标时的剪切。但是,可使用一对棱镜减小透视误差,从而减少会聚。显然,此类装置不够轻便。

如果目标涂有反光涂料,则灵敏度可提高两倍。在这种情况下,照明和观察方向反平行,如图5-30(a)所示。目标被照亮并以对称方向观察。变形引起的相变表示为

$$\delta = \delta_1 - \delta_2 = 2(\boldsymbol{k}_2 - \boldsymbol{k}_2') \cdot \boldsymbol{d} = \frac{2\pi}{\lambda} 4 d_x \sin\alpha \qquad (5-94)$$

同样,通过某个一阶光晕滤波获得面内条纹。图5-30(b)为显示双倍条纹的照片,圆形底片(其中一半涂有反光涂料,剩下的一半涂有普通白色涂料)用作目标,在两次曝光之间发生倾斜。

5.2.15　散斑剪切干涉术

到目前为止,我们仅讨论了测量位移分量的技术。如前所述,应力分析师感兴趣的通常是应变而非位移。通过数值拟合位移数据然后进行区分,从而获得应变。此过程可能导致较大的误差。因此,对可产生条纹图的方法进行研究,该等条纹图代表位移衍生物。通过散斑剪切干涉术实现。由于用于位移测量的所有散斑技术都使用主观散斑(即图像平面记录),我们局限于图像平面上的剪切。剪切方法分为5类,如表5-3所列。

5.2.15.1　剪切的意义

剪切在字典中具有多个含义。但是,我们用其定义源自同一母光束/目标的两道光束/图像的相对定位和方向。当目标通过类似于双孔装置的两条相同路径成像时,图像完美叠加;即使有两个图像,也没有剪切。通过两个独立的路径成像,因此可独立地操纵两个图像。在线性剪切中,某个图像在任何所需方向上横向偏移适当的量。在散斑剪切干涉术中,某个图像作为另一个图像的参考。因此,不需要提供额外的参考波。当使用散斑剪切干涉术时,比较目标在各点与偏移点时对于外部试剂的不同响应。

在旋转剪切中,某个图像通常围绕光轴旋转相对于另一个图像旋转较小的角度。在径向剪切中,某个图像相对于另一图像缩小或扩展。反向剪切允许将(x,y)处的点与$(-x,-y)$处的另一点进行比较。相当于π的旋转剪切。在折叠剪切中,将点与其镜像进行比较,可围绕y轴或x轴拍摄图像。

表5-3　用于散斑干涉术的剪切方法

剪切类型	导致条纹形成的相差
侧向剪切或线性剪切	$\delta(x+\Delta x, y+\Delta y) - \delta(x,y)$
旋转剪切	$\delta(r, \theta+\Delta\theta) - \delta(r,\theta)$

续表

剪切类型	导致条纹形成的相差
径向剪切	$\delta(r \pm \Delta r, \theta) - \delta(r, \theta)$
反向剪切	$\delta(x, y) - \delta(-x, -y)$
折叠剪切	$\Delta(x, y) - \delta(-x, y)$:围绕 y 轴折叠 $\delta(x, y) - \delta(x, -y)$:围绕 x 轴折叠

5.2.15.2 剪切的方法

最常用的剪切方法之一采用迈克尔逊干涉仪,通过如图 5 − 31(a)所示的两条独立路径观察目标。通过两条路径 OABAD 和 OACAD 可看到目标。当反射镜 M_1 和 M_2 彼此垂直并且距 A 的距离相等时,两个图像完全重叠。如图 5 − 31 所示,倾斜其中某个镜面,沿箭头方向移动某个图像:图像线性分离。对该装置的详细分析表明,由于光束在玻璃介质中行进的距离为立方体尺寸的三倍,使用光束间隔立方体将引入较大的球面像差。

当孔罩板放置在成像透镜前时,可方便地采用表 5 − 3 所列的所有剪切方法。对于线性剪切,采用了一对平面平行底片、楔形(图 5 − 31(b))或双棱镜。光栅也做了剪切。如果将成像透镜切成两半,其可在自身的平面内或沿轴进行平移,则其成为一种优良的剪切装置:该装置同时具有剪切和成像功能。实际上,可设计一种衍射光学元件来执行成像和剪切功能。

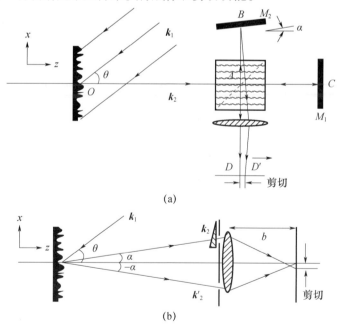

(a)

(b)

图 5 − 31 通过(a)迈克尔逊干涉仪和(b)杜菲带有楔形的装置进行剪切。

5.2.15.3 散斑剪切干涉测量理论

如前所述,在剪切干涉测量法中,目标上的一个点成像为两个点,或者目标上的两个点成像为一个点。因此,获得目标平面剪切或图像平面剪切,与成像透镜的放大相关。

由于目标平面上的两个点 (x_0, y_0) 和 $(x_0 + \Delta x_0, y_0 + \Delta y_0)$,令 a_1 和 a_2 为图像平面上任意点的振幅,ϕ_1 和 ϕ_2 为其相位。图像平面上记录的强度分布为

$$I_1(x_i, y_i) = a_1^2 + a_2^2 + 2a_1 a_2 \cos(\phi_1 - \phi_2) = a_1^2 + a_2^2 + 2a_1 a_2 \cos\phi \quad (5-95)$$

加载目标后,两个点的变形矢量分别由 $d(x_0, y_0)$ 和 $d(x_0 + \Delta x_0, y_0 + \Delta y_0)$ 表示。因此,来自两个点的波到达具有相位差 $\delta(=\delta_2 - \delta_1)$ 的像点。因此,第二次曝光中的强度分布可表示为

$$I_2(x_i, y_i) = a_1^2 + a_2^2 + 2a_1 a_2 \cos(\phi + \delta) \quad (5-96)$$

记录的总强度为 $I_1(x, y) + I_2(x, y)$,因此双重曝光散斑图样的振幅透射率为

$$t(x_i, y_i) = t_0 - \beta T(I_1 + I_2) \quad (5-97)$$

在滤波时,获得表示位移分量导数的条纹图样,随后将详细说明。

5.2.15.4 条纹形成

5.2.15.4.1 迈克尔逊干涉仪

假设仅沿 x 方向剪切,见图 5-31(a),相位差 δ 可表示为

$$\delta = (\boldsymbol{k}_2 - \boldsymbol{k}_1) \cdot \boldsymbol{d}(x_0 + \Delta x_0, y_0) - (\boldsymbol{k}_2 - \boldsymbol{k}_1) \cdot \boldsymbol{d}(x_0, y_0) = (\boldsymbol{k}_2 - \boldsymbol{k}_1) \cdot \frac{\partial \boldsymbol{d}}{\partial x_0} \Delta x_0$$

$$(5-98)$$

将 $\boldsymbol{k}_2, \boldsymbol{k}_1$ 和 $\boldsymbol{d}$ 写入其分量中,相位差式 $(5-98)$ 可写为

$$\delta \cong \frac{2\pi}{\lambda} \Big[\sin\theta \frac{\partial d_x}{\partial x_0} + (1 + \cos\theta) \frac{\partial d_z}{\partial x_0} \Big] \Delta x_0 \quad (5-99)$$

当满足以下条件时,将形成明亮的条纹,即

$$\Big[\sin\theta \frac{\partial d_x}{\partial x_0} + (1 + \cos\theta) \frac{\partial d_z}{\partial x_0} \Big] = \frac{m\lambda}{\Delta x_0} \quad m = 0, \pm 1, \pm 2, \pm 3, \cdots \quad (5-100)$$

条纹图涉及应变 $(\partial dx / \partial x)$ 和斜率 $(\partial d_z / \partial x)$。但是,当垂直照亮目标时,即 $\theta = 0$,条纹图仅代表 x 偏斜率图,即

$$\frac{\partial d_z}{\partial x_0} = \frac{m\lambda}{2\Delta x_0} \quad (5-101)$$

当沿 y 方向施加剪切时,获得对应于 y 偏斜率 $(\partial d_z / \partial y)$ 的条纹图样。

5.2.15.4.2 有孔透镜装置

假设仅沿 x 方向剪切,如图 5-31(b)所示,可再次将相位差 δ 表示为

$$\delta = (\boldsymbol{k}_2 - \boldsymbol{k}_1) \cdot \boldsymbol{d}(x_0 + \Delta x_0, y_0) - (\boldsymbol{k}_2' - \boldsymbol{k}_1) \cdot \boldsymbol{d}(x_0, y_0)$$

重写为

$$\delta = (k_2 - k_1) \cdot d(x_0, y_0) + (k_2 - k_1) \cdot \frac{\partial d}{\partial x_0}\Delta x_0 - (k_2' - k_1) \cdot d(x_0, y_0)$$

$$\delta \cong (k_2 - k_2') \cdot d(x_0, y_0) + (k_2 - k_1) \cdot \frac{\partial d}{\partial x_0}\Delta x_0 \qquad (5-102)$$

$$= \frac{2\pi}{\lambda}2d_x\sin\alpha + \frac{2\pi}{\lambda}\left[\sin\theta\frac{\partial d_x}{\partial x_0} + (1+\cos\theta)\frac{\partial d_z}{\partial x_0}\right]\Delta x_0$$

通过与迈克尔逊干涉仪表达式(5-99)的比较得知,除通常的表达式外,还存在依赖于面内分量的项。由于两个孔之间存在一定距离,产生了该项,该装置已显示出对面内分量存在固有的敏感性。如前所述,透镜开孔的好处在于其能够同时测量面内、面外位移分量及其导数。图 5-32(a)、(b)和(c)所示为从相同的双重曝光散斑图样获得的缺陷管离面位移、x 偏斜率和 y 偏斜率条纹图样。

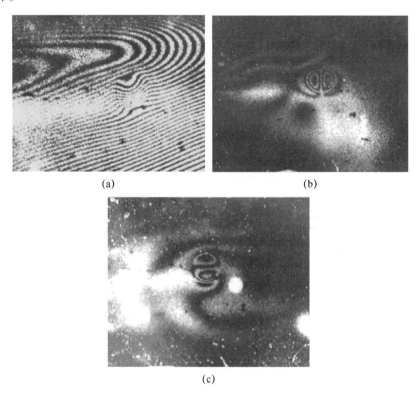

(a)

(b)

(c)

图 5-32 双重曝光散斑图样干涉图
(a)面外位移条纹图;(b)x 偏斜率条纹图;(c)y 偏斜率条纹图样。

5.2.15.5 不受面内平面分量影响的剪切干涉测量法

前文已表明,在成像透镜前用孔罩板进行的剪切干涉测量法始终能够产生由于面内位移分量和位移导数的组合效应引起的条纹图样。同时,希望具有孔罩板以获得高对比度条纹图样。为保持该优势并消除面内位移分量灵敏度,应垂直照亮目标,使 $\sin\theta = 0$ 并轴向观察。因此,可开发一种新的装置,其对面内位移分量不敏感,并且仅呈现由于斜率而产生的条纹。

5.2.16 电子散斑图样干涉测量法

散斑干涉测量法中的散斑尺寸可通过成像透镜的 F# 进行控制。此外,在双孔装置中,通过添加轴向参考光束使尺寸加倍。因此,可使用具有有限分辨度的电子探测器来代替照相乳剂,可避免混乱的开发过程。此外,以视频速率完成处理,确保该技术具有几乎实时的效果。如前所述,光乳剂整合了落在其范围内的光强度。在具有照相记录的散斑技术中,连续添加两次曝光,然后开发技术去除不必要的直流分量。在电子检测中,两次曝光独立处理,减法消除直流分量。相移技术易于合并,因此几乎可实时呈现变形图。高速个人计算机和大密度 CCD 探测器显著提升了电子探测技术的吸引力。事实上,ESPI 为 HI 的替代品,可能会在工业环境中取代它。

有人可能会质疑,在散斑干涉测量法和散斑剪切干涉测量法下所讨论的所有技术都可以简单地使用电子探测器替换记录介质进行应用。这种观点确实不正确,因为电子探测器的分辨度限制在 80 ~ 100 行/mm 的范围内,因此,散斑尺寸应在 10 ~ 12μm 范围内。

5.2.16.1 离面位移测量

图 5 - 33 所示为用于测量变形离面分量的几种配置之一。添加轴向参考光束,使其看起来源自成像透镜出射光瞳的中心。通过控制透镜孔径,散斑尺寸与像素尺寸相匹配。CCD 平面上的目标和参考光束强度可调整至相等水平。第一帧存储在帧抓取器中,并且在加载目标后捕获的第二帧将发生逐像素消减。对差分信号进行整流,随后发送到监视器中,以便显示条纹图样。该过程在数学上可由式(5 - 103) ~ (5 - 105)表示。

在第一帧中记录的强度可表示为

$$I_1(x_i,y_i) = a_1^2(x_i,y_i) + a_2^2(x_i,y_i) + 2a_1(x_i,y_i)a_2(x_i,y_i)\cos\phi, \phi = \phi_2 - \phi_1$$

$$(5 - 103)$$

式中:a_1 和 a_2 为目标和参考波的振幅;ϕ_1 和 ϕ_2 为其在探测器平面上的相位。

假设探测器输出与入射的强度成比例,在第二帧上记录的强度为

$$I_2(x_i,y_i) = a_1^2(x_i,y_i) + a_2^2(x_i,y_i) + 2a_1(x_i,y_i)a_2(x_i,y_i)\cos(\phi+\delta)$$

$$(5 - 104)$$

式中:δ 为变形引入的相位差,可由 $\delta = (\boldsymbol{k}_2 - \boldsymbol{k}_1) \cdot \boldsymbol{d}$ 确定。

消减的信号($I_2 - I_1$)将产生电压信号 ΔV,即

$$\Delta V \propto I_2 - I_1 = 2a_1(x_i, y_i)a_2(x_i, y_i)[\cos(\phi + \delta) - \cos\phi]$$

$$= 4a_1(x_i, y_i)a_2(x_i, y_i)\sin\left(\phi + \frac{\delta}{2}\right)\sin\frac{\delta}{2} \qquad (5-105)$$

监视器上的亮度与来自探测器的电压信号 ΔV(差信号)成比例,因此有

$$B = 4\wp\, a_1(x_i, y_i)a_2(x_i, y_i)\sin\left(\phi + \frac{\delta}{2}\right)\sin\frac{\delta}{2} \qquad (5-106)$$

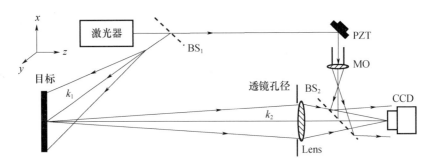

图 5-33 ESPI 配置

式中:$\wp$ 为比例常数当 δ 变化时,$\sin(\delta/2)$ 将在 -1 和 1 之间变化。$\sin(\delta/2)$ 的负值在监视器上显得较暗,会导致信号丢失。避免信号丢失有两种方法:①在将信号发送到监视器前对其进行整流,则亮度 B 可表示为

$$B = 4\wp\, a_1(x_i, y_i)a_2(x_i, y_i)\left|\sin\left(\phi + \frac{\delta}{2}\right)\sin\frac{\delta}{2}\right| \qquad (5-107)$$

②在发送到监视器之前对差分信号进行平方,则监视器上的亮度可表示为

$$B' = 16\wp\, a_1^2(x_i, y_i)a_2^2(x_i, y_i)\sin^2\left(\phi + \frac{\delta}{2}\right)\sin^2\frac{\delta}{2} \qquad (5-108)$$

当 $\delta/2 = m\pi$ 或 $\delta = 2m\pi$ 时,亮度将为零,其中 $m = 0, \pm 1, \pm 2, \cdots$,这意味着差分运算导致散斑图样中相关的散斑区域看起来很暗,而且消除了不必要的项。通过反射来自锆钛酸铅(PZT)反射镜的参考波,可轻易引入相移。由于强度分布 $I_1(x_i, y_i)$ 和 $I_2(x_i, y_i)$ 独立进行处理,因此,可相加获得加法 DSPI 或相乘获得乘法 DSPI,然后通过低通滤波去除直流散斑项。

5.2.16.2 面内位移测量

面内位移可采用 Leendertz 或杜菲的实验配置进行测量。如第 5.2.11 节所述,通过改变光束间角度可改变灵敏度。已开发特殊配置以便测量圆柱形管道中的面内位移。

5.2.16.3 振动分析

ESPI 是研究目标振动模式的绝佳工具,可用于测量极小、中等和较大的振幅,适合面外位移测量。目标通过声学或通过直接连接到通过函数发生器运行

的 PZT 进行激发,从而扫描可研究目标响应的较大频率范围。由于与共振频率相比,视频速率要低很多,因此在监视器上观察到的模式代表时间平均条纹。强度分布由 $J_0^2[(4\pi/\lambda)A(x,y)]$ 确定,其中 $A(x,y)$ 为振幅。当振幅为零时,将出现零阶条纹,即在目标的夹紧部分将出现最高强度。当 $J_0^2[(4\pi/\lambda)A(x,y)]$ = 最大值或 $A(x,y) = (\zeta\lambda/4\pi)$,$\zeta = 0.00,3.833,7.016,10.174,\cdots$,时,将出现明亮的条纹,并且当 $J_0^2[(4\pi/\lambda)A(x,y)] = 0$ 或 $A(x,y) = (\zeta\lambda/4\pi)$,$\zeta = 2.405$,$5.520,8.654,11.702,\cdots$,时,将出现暗条纹。因此,可获得整个表面上的振幅。但是,当参考波也以目标激励频率进行调制时,条纹图中的强度分布可表示为

$$I(x,y) \propto J_0^2\left\{\frac{4\pi}{\lambda}[A^2(x,y) + a_r^2 - 2A(x,y)a_r\cos(\phi - \phi_r)]^{1/2}\right\} \quad (5-109)$$

式中:a_r 和 ϕ_r 为反射自振动镜的参射光束振幅和相位。显然,当目标和参考反射镜发生相位振动时,强度分布可表示为 $J_0^2\{4\pi/\lambda[A(x,y) - a_r]\}$。当 v 时,出现零阶条纹,因此,可测量较大的振幅。但是,如果要测量非常小的振幅,则参考波调制频率与目标振动频率略有不同,但仍在视频内。参考波相位随时间发生变化,强度分布可表示为

$$J_0^2\left(\frac{4\pi}{\lambda}\{A^2(x,y) + a_r^2 - 2A(x,y)a_r\cos[\phi - \phi_r(t)]\}^{1/2}\right) \quad (5-110)$$

由于相位 $f_r(t)$ 随时间变化,贝塞尔函数的自变量在 $\{A(x,y) + a_r\}$ 和 $\{A(x,y) - a_r\}$ 之间变化,因此监视器上的强度将发生波动。但是,如果 $A(x,y) = 0$,则贝塞尔函数的自变量保持不变,并且不存在波动或闪烁。只有在发生闪烁的位置,振幅才非零,从而可检测到非常小的振幅。

5.2.16.4 小型目标测量

EPSI 已用于研究尺寸从大到小的各种目标性能。但是,对于实时评估小型目标特别是微机电系统(MEMS)的性能具有广泛的兴趣。MEMS 通过微加工技术将机械元件、传感器、致动器和电子器件集成在普通硅衬底上,可用于各种领域,例如电信、计算机、航空航天、汽车、生物医学和微光学。需要注意,用于检查和表征 MEMS 的 ESPI 不应改变器件的完整性和力学性能。由于 MEMS 的整体尺寸不超过数毫米,因此需要高空间分辨度测量系统,即:ESPI 中整合具有不同放大倍数物镜组合的长焦距显微镜。图 5-34(a) 为显微镜 ESPI 的示意图。使用长焦距显微镜代替普通相机透镜用于在 CCD 阵列上成像。相移通过 PZT 驱动的反射镜完成。选择用于研究的 MEMS 器件作为压力传感器。光阑通常采用硅材料蚀刻,并使用惠斯通电路测量因施加压力引起的隔膜偏转。但是,可使用 ESPI 测量偏转曲线。事实上,ESPI 用于校准压力传感器。图 5-34(b) ~(d)所示为当对位于 CCD 阵列摄像机捕获的两帧之间传感器施加一定压力时所获得的测量结果。图 5-34(e)所示为压力传感器的偏转曲线。

1.可变密度滤波器
2.显微镜目标
3.空间滤波器
4.准直仪
5.虹膜
6.目标
7.三轴平台
8.中性密度滤波器
9.PZT可调反射镜
10.长焦显微镜
11.电荷耦合器件

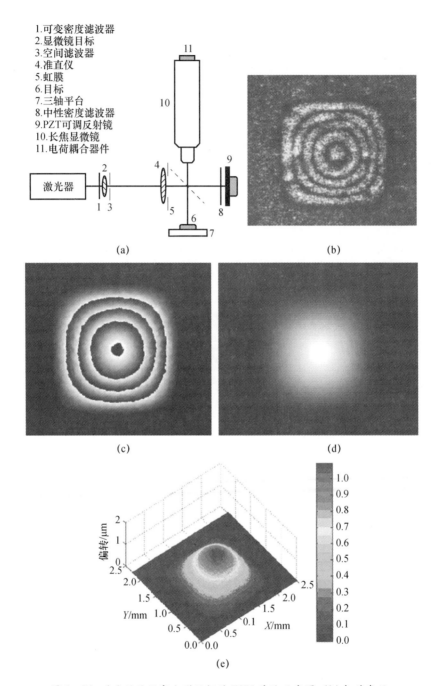

图 5-34 （a）用于研究小型目标的 ESPI 系统示意图；（b）相关条纹；
（c）展开条纹；（d）包裹相；（e）传感器偏转轮廓。
（印度金奈 IIT 的 N. Krishna Mohan 博士提供）

5.2.17　剪切电子散斑干涉测量

同样,仅基于迈克尔逊干涉仪的剪切配置可用于 ESPI。带楔形的孔罩板等其他剪切方法在散斑中产生的条纹太细,无法通过 CCD 探测器进行解析。如前所述,条纹图具有关于面内和面外分量导数的信息,即

$$\delta \cong \frac{2\pi}{\lambda}\Big[\sin\theta\frac{\partial d_x}{\partial x_0}+(1+\cos\theta)\frac{\partial d_z}{\partial x_0}\Big]\Delta x_0 \qquad (5-111)$$

式中:θ 为照明光束与 z 轴形成的角度。显然,当 $\theta=0$ 时,获得偏斜率条纹。

当剪切 ESPI 采用面内敏感配置时,可获得应变和偏斜率条纹图样。假设一次通过一道光束进行照明,我们可通过以下方程表示剪切 ESPI 装置变形所导致的相位差,即

$$\delta_1 \cong \frac{2\pi}{\lambda}\Big[\sin\theta\frac{\partial d_x}{\partial x_0}+(1+\cos\theta)\frac{\partial d_z}{\partial x_0}\Big]\Delta x_0 \qquad (5-112)$$

$$\delta_2 \cong \frac{2\pi}{\lambda}\Big[-\sin\theta\frac{\partial d_x}{\partial x_0}+(1+\cos\theta)\frac{\partial d_z}{\partial x_0}\Big]\Delta x_0 \qquad (5-113)$$

显然,当减去这两个表达式时,我们可得到应变条纹;如果加上它们,我们可得到偏斜率条纹。

5.2.18　电子散斑干涉-形状轮廓测量

以下方法可用于通过散斑干涉测量法和电子散斑图样干涉测量法计算轮廓线:

(1)曝光间照明光束的方向变化。
(2)曝光间的波长变化:双波长技术。
(3)曝光间周围介质折射率的变化:双折射率技术。
(4)面内敏感配置中的曝光间目标旋转。

5.2.18.1　照明方向的变化

目标由来自点光源的发散波照亮,并且采用通常的 ESPI 装置,抓取并存储第一帧。略微横向偏移照明点光源,以便更改照明方向。从存储的帧中以及监视器上显示的轮廓条纹中减去当前捕获的第二帧。轮廓间隔可表示为

$$\frac{\lambda}{2\sin\theta\Delta s}=\frac{\lambda}{2\sin\theta\Delta\phi} \qquad (5-114)$$

式中:Δs 为引起 ϕ 角偏移的点光源横向偏移;L 为点光源和目标平面间的距离。

5.2.18.2　波长变化

在应用双波长法时,需要两个波长略有不同的光源 λ_1 和 λ_2 或者可调谐的单个光源。抓取并减去两个帧,每个帧具有一个光波长。通过该方法获得由 Δz

分隔的真实深度轮廓,其中间隔 Δz 可表示为

$$\Delta z = \frac{\lambda_{\text{eff}}}{2} = \frac{\lambda_1 \lambda_2}{2|\lambda_1 - \lambda_2|} \qquad (5-115)$$

5.2.18.3 目标周围介质的变化

此处,目标周围介质在两次曝光间发生变化。产生真实的深度轮廓。实际上,该方法相当于双波长法,因为当折射率发生变化时,介质波长会发生变化。因此,通过折射率和真空波长表示波长,我们将获得相同结果。轮廓间隔 Δz 可表示为

$$\Delta z = \frac{\lambda}{2|\mu_1 - \mu_2|} = \frac{\lambda}{2\Delta\mu} \qquad (5-116)$$

式中:$\Delta\mu$ 为曝光间一种介质被另一种介质替换时折射率发生的变化。

5.2.18.4 目标倾斜

这是一种新的轮廓计算方法,仅适用于散斑干涉测量法。在此方法中,使用面内敏感配置,即 Leendertz 配置。目标在曝光间发生略微旋转。旋转导致深度信息转换为装置敏感的面内位移。深度轮廓间隔 Δz 可表示为

$$\Delta z = \frac{\lambda}{2\sin\theta\sin\Delta\phi} \cong \frac{\lambda}{2\sin\theta\Delta\phi} \qquad (5-117)$$

式中:2θ 为照明波的光束间角度;$\Delta\phi$ 为旋转角度。

已公布该技术的若干修改。

5.3 莫尔现象

5.3.1 莫尔图样的形成

当两个周期性或准周期性目标叠加时将形成莫尔图样。例如,两个具有相同不透明和透明区域并彼此重叠的粗光栅。当在透射中观察时,可看到莫尔图样随光栅旋转发生变化。莫尔图样的形成不限于线性光栅。点、线、圆、弧、螺旋等任何周期性或准周期性图案都可生成条纹。莫尔图样在视觉上非常悦目,令人印象深刻。莫尔现象是一种机械效应,莫尔图样的形成可通过光栅机械叠加准确进行解释。但是,当此类周期性结构中的周期非常精密时,衍射效应起着非常重要的作用。

在第 5.1.8 节和第 5.2.11 节 ~ 第 5.2.17 节中,我们通过计算相位差讨论条纹的形成。条纹的形成也可根据莫尔现象进行解释。例如,HI 和散斑干涉术都通过干扰现象记录目标的初始和最终状态。所获得的条纹图可解释为目标初始和最终状态干涉结构间的莫尔图样。双波长干涉条纹也属于莫尔图样。通常情况下,莫尔图样可视为双周期函数干涉的数学解。Holodiagram 是由

Abramson 开发的用于处理 HI 相关问题的工具,可通过莫尔现象研究条纹形成和条纹控制。

可通过标记方程或两个正弦光栅的叠加来解释莫尔现象。我们将遵循两种方法,首先是指标方程。

5.3.1.1 两直线光栅之间的莫尔条纹图样

假设存在一条直线光栅,其直线与 y 轴平行并且周期为 b,见图 5 – 35(a)。该光栅可表示为

$$x = mb \tag{5-118}$$

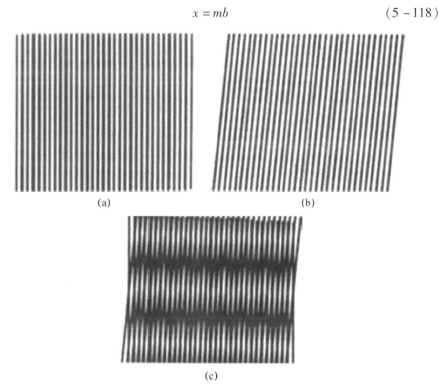

(a)   (b)

(c)

图 5 – 35 莫尔条纹图样

(a)垂直光栅;(b)倾斜光栅;(c)叠加产生的莫尔图样。

式中,光栅中的各条线由索引 m 标识,其取值为 $0, \pm 1, \pm 2, \pm 3, \cdots$。周期 a 的第二光栅与 y 轴成 θ 角,如图 5 – 35(b)所示。该光栅中的线条可表示为

$$y = \frac{x\cot\theta - na}{\sin\theta} \tag{5-119}$$

式中:$a/\sin\theta$ 为与 y 轴的截距;索引 n 取值为 $0, \pm 1, \pm 2, \pm 3, \cdots$,可识别光栅中的各种线条。在两条直线光栅的叠加上所形成的莫尔条纹图样由指标方程控制,即

$$m \pm n = p \tag{5 - 120}$$

式中:p 是取值为 0,±1,±2,±3,…,的整数;"+"号产生总和莫尔图样,其频率通常较高;而负号产生差分莫尔图样,可经常使用和观察到。除非另有说明,我们将使用差分莫尔图样。可通过从式(5-118)~式(5-120)中删除 m 和 n,从而获得如下莫尔图样方程,即

$$y = x \frac{b\cos\theta - a}{b\sin\theta} + \frac{pa}{\sin\theta} \tag{5 - 121}$$

如图 5-35(c)所示,式(5-121)可采用与式(5-119)类似的更熟悉的形式表示,即

$$y = \frac{x\cot\phi + pd}{\sin\phi} \tag{5 - 122}$$

$$\cot\phi = \frac{b\cos\theta - a}{b\sin\theta} \Rightarrow \sin\phi = \sin\theta \frac{b}{\sqrt{a^2 + b^2 - 2ab\cos\theta}} \tag{5 - 123}$$

$$d = \frac{ab}{\sqrt{a^2 + b^2 - 2ab\cos\theta}} \tag{5 - 124}$$

这意味着莫尔图样为周期 d 的光栅,其与 y 轴成 ϕ 角。

在以下两种情况下产生的莫尔图样形成过程值得进行研究。

5.3.1.1.1　$a \neq b$ 且 $\theta = 0$:间距不匹配

在这种情况下,光栅线彼此平行但周期不同。这属于著名的间距不匹配。莫尔图样与光栅线平行,间距 d 为 $d = ab/|a-b|$,其中 $(a-b)$ 表示间距不匹配。当光栅的间距几乎相同时,$a \approx b$,则 $d = a^2/|a-b|$。图 5-36(a)和(b)分别表示间距 a 和 b 的光栅,其中光栅要素平行于 y 轴。图 5-36(c)所示为间距不匹配导致的莫尔图样。从物理上而言,莫尔图样间距是指间距不匹配累积等于光栅本身间距的距离。当光栅具有相同周期时,莫尔图样间距无限。因此,该装置称为无限条纹模式。

5.3.1.1.2　$a = b$ 且 $\theta \neq 0$:角度不匹配

这称为两个相同光栅之间的角度不匹配。这将导致莫尔图样形成,周期 $d = a/2\sin(\theta/2)$ 并且其与 y 轴的取向 ϕ 为 $\pi/2 + \theta/2$。事实上,莫尔图样平行于光栅之间较大封闭角的平分线。

当我们采用傅里叶域时,很容易观察到莫尔图样的形成过程。在傅里叶域中,有限尺寸的正弦光栅产生三个光谱(光斑):光斑位于一条直线上,该线穿过原点并垂直于光栅要素。因为真光栅(强度光栅)的光谱为中心对称,因此,我们可仅考虑 1/2 光谱。光斑位于与光栅要素(直线)垂直的线上,并且两个连续点之间的距离与光栅频率成比例。第二光栅还产生其光谱,其旋转角度等于两个光栅之间的角度。当两个光栅重叠时,两个光斑之间的差 Δr(图 5-37)产生光栅。如果 Δr 位于可见圆内(该圆中的光谱将产生肉眼可见的光栅),则将形

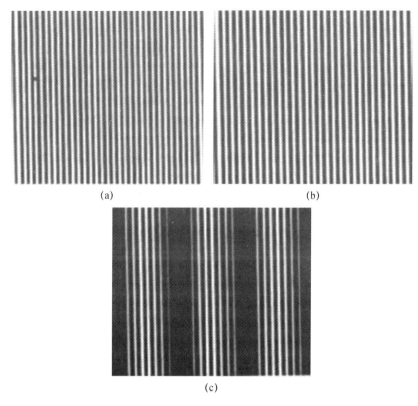

图5-36　间距不匹配情况下的莫尔图样

(a)垂直光栅;(b)另一个具有不同间距的垂直光栅;(c)间距不匹配导致的莫尔图样。

成莫尔图样,此时莫尔图样的间距与长度 Δr 成反比,并且方向与其垂直。显然,当周期两个相等的光栅叠加角度不匹配时,将形成与此类光栅平分线平行的莫尔条纹图样,并且形成与角度不匹配成反比的间隔。

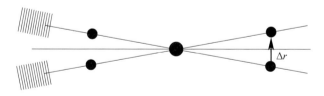

图5-37　两个倾斜正弦光栅的光谱

5.3.1.1.3　直线光栅和圆形光栅之间的莫尔条纹图样

如前所述,通过周期性结构叠加获得莫尔图样。直线光栅与圆圈光栅的叠加具有一定的学术意义,这里考虑通过两个此类光栅形成莫尔图样。我们采用周期为 b 的直线光栅,其要素平行于 y 轴,有

$$x = bm \quad m = 0, \pm 1, \pm 2, \pm 3, \cdots \tag{5-125}$$

周期为 a 的圆形光栅以坐标系原点为中心,可由等间距圆方程表示为

$$x^2 + y^2 = a^2 n^2 \quad n = 0, \pm 1, \pm 2, \pm 3, \cdots \tag{5-126}$$

采用指数方程 $m \pm n = p$,获得莫尔图样,有

$$\frac{x}{b} \pm \frac{\sqrt{x^2 + y^2}}{a} = p \Rightarrow \frac{x^2 + y^2}{a^2} = p^2 + \frac{x^2}{b^2} - \frac{2xp}{b} \tag{5-127}$$

表达式可重新表示为

$$x^2 \left(\frac{1}{a^2} - \frac{1}{b^2} \right) + \frac{y^2}{a^2} + \frac{2xp}{b} - p^2 = 0 \tag{5-128}$$

式(5-128)表示双曲线、椭圆或抛物线,具体取决于相对光栅周期。

对于 $a = b$,莫尔图样可表示为

$$\frac{y^2}{b^2} + 2 \frac{x}{b} p - p^2 = 0 \tag{5-129}$$

式(5-129)代表抛物线莫尔图样,见图 5-38。圆形光栅的 FT 位于圆上,因此,直线光栅与圆形光栅的重叠产生 FT 光谱非常宽的莫尔图样。

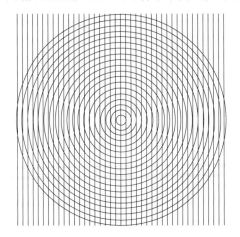

图 5-38   直线光栅和圆形光栅间的莫尔图样

5.3.1.1.4   正弦光栅间的莫尔图样

截至目前,我们已研究通过直线光栅形成莫尔图样的过程,但在实践中很少使用此类光栅。通常使用宽度有限的直线光栅,其采用二进制编码,因此非常容易生成。但是,当采用高频光栅时,通常采用干涉方式生成,因此,其轮廓呈正弦曲线。此外,二元光栅也可通过傅里叶域分解成正弦分量。因此,了解如何形成正弦光栅的莫尔图样非常有益。

可在同一胶片或两个单独的胶片上记录正弦光栅,然后如直线光栅一样进行叠加。我们将分别研究这两种情况。让我们看看由透射率函数 $t_1(x)$ 定义的

光栅,即

$$t_1(x) = t_0\left[1 - M\cos\left(\frac{2\pi x}{b}\right)\right] = t_0\left[1 - M\cos(2\pi f_0 x)\right] \qquad (5-130)$$

式中:t_0 为偏向透射率;M 为调制;b 为周期;f_0 为光栅的空间频率。

光栅要素平行于 y 轴。当 $M=1$ 时,光栅具有单位对比度,其透射函数介于 0 和 $2t_0$ 之间。现在让我们看看倾斜于第一个光栅的另一个正弦光栅。其透射函数 $t_2(x,y)$ 可表示为

$$t_2(x,y) = t_0\left[1 - M\cos\frac{2\pi}{a}(-x\cos\theta + y\sin\theta)\right] = t_0\left[1 - M\cos 2\pi(-f_x x + f_y y)\right]$$

$$(5-131)$$

式中:θ 为光栅与 y 轴的倾斜角;a 为周期;f_x 和 f_y 为其沿 x 和 y 方向的空间频率,且有 $1/a^2 = f_x^2 + f_y^2$。此外,假设两个光栅具有相同的调制 M。

当光栅在相同透明度下曝光时,经适当处理后,正透明度的透射函数可视为与两个透射函数的总和成正比,即

$$t(x,y) \propto [t_1(x,y) + t_2(x,y)]$$
$$= 2t_0\{1 - M\cos\pi[(f_x + f_0)x - f_y y]\cos\pi[(-f_x + f_0)x + f_y y]\} (5-132)$$

透射函数对应于光栅,其由低频光栅(即莫尔图样)进行调制。当满足以下条件时,将形成明亮的莫尔图样,即

$$\cos\pi[(-f_x + f_0)x + f_y y] = -1 \Rightarrow (-f_x + f_0)x + f_y y = 2m+1 \quad (5-133)$$

式中:m 为整数。同样,当满足以下条件时,将形成较暗的莫尔图样,即

$$\cos\pi[(-f_x + f_0)x + f_y y] = 1 \Rightarrow (-f_x + f_0)x + f_y y = 2m \qquad (5-134)$$

莫尔图样与 y 轴的倾斜角为 ϕ,则有

$$\cot\phi = \frac{f_x - f_0}{f_y} = \frac{b\cos\theta - a}{b\sin\theta} \qquad (5-135)$$

当 $a = b$ 时,可得

$$\cot\phi = \frac{\cos\theta - 1}{\sin\theta} = -\tan\frac{\theta}{2} = \cot\frac{\pi + \theta}{2} \qquad (5-136)$$

同理,莫尔图样的周期为

$$d = \frac{1}{\sqrt{(f_x - f_0)^2 + f_y^2}} = \frac{ab}{\sqrt{a^2 + b^2 - 2ab\cos\theta}} \qquad (5-137)$$

这些是采用标记方程就直线光栅获得的相同公式。

当在单独胶片上记录光栅并观察到由于叠加而产生的莫尔图样时,通过将各自的透射函数相乘,可获得透射函数,即 $t(x,y) = t_1(x)t_2(x,y)$。然后按照与此处相同的程序获得莫尔图样。

5.3.2 参考光栅与变形光栅之间的莫尔图样

当莫尔现象用于计量时,其中某个光栅置于目标上,该目标将会发生变形。

因此,观察变形和参变光栅间的莫尔图样。还可在两个变形光栅间获得莫尔图样(当比较目标的两个变形状态时)。因此,应当研究变形和非变形光栅间莫尔图样的形成,并理解如何从莫尔图样中提取相关变形信息。

5.3.2.1 参考和变形光栅沿 Y 轴调整

变形可由称为"失真函数"的函数 $f(x,y)$ 表示,假设其发生缓慢变化,变形光栅可表示为

$$x + f(x,y) = mb \quad m = 0, \pm 1, \pm 2, \pm 3, \cdots \tag{5-138}$$

该光栅叠加在由下式表示的参考光栅上,即

$$x = nb \quad n = 0, \pm 1, \pm 2, \pm 3, \cdots \tag{5-139}$$

从而产生以下莫尔图样,即

$$f(x,y) = pb \quad p = 0, \pm 1, \pm 2, \pm 3, \cdots \tag{5-140}$$

莫尔图样表示周期为 b 的 $f(x,y)$ 轮廓图。此处,两个光栅中的要素平行于 Y 轴,变形光栅表现出缓慢地变化。

5.3.2.2 参考光栅倾斜

我们还可获得变形光栅和参考光栅间的莫尔图样,后者与 y 轴之间的夹角为 θ。光栅可表示为

$$x + f(x,y) = mb \tag{5-141}$$

$$y = \frac{x\cot\theta - nb}{\sin\theta} \tag{5-142}$$

当光栅倾斜一个小角度,使得 $\cos\theta \sim 1$ 和 $\sin\theta \sim \theta$,则莫尔图样可表示为

$$y + \frac{f(x,y)}{\theta} = p\frac{b}{\theta} \tag{5-143}$$

式(5-143)描述了周期和失真函数放大因子为 $1/\theta$ 的莫尔光栅。

当两个扭曲的光栅叠加时,莫尔图样给出了两个失真函数间的差异。当采用有限条纹模式形成莫尔图样时,可能该差异进一步扩大。

5.3.2.3 不同周期光栅

光栅之间的间距不匹配也可用于放大失真的影响。例如,我们考虑扭曲光栅以及由下式确定的参考光栅,即

$$x + f(x,y) = mb \tag{5-144}$$

$$x = na \tag{5-145}$$

莫尔图样可表示为

$$x + \frac{a}{|a-b|}f(x,y) = \frac{ab}{|a-b|}p \tag{5-146}$$

莫尔图样的周期为 $ab/|a-b|$,失真函数被放大 $ab/|a-b|$。

5.3.3 失真函数导数

通过观察变形光栅与其移位复制光栅间的莫尔图样,获得失真函数导数。假设变形光栅可表示为

$$x + f(x,y) = mb \tag{5-147}$$

复制光栅沿 x 方向移动 Δx,因此,其可表示为

$$x + \Delta x + f(x + \Delta x, y) = nb \tag{5-148}$$

当该等光栅叠加时,莫尔图样可表示为

$$\Delta x + f(x + \Delta x, y) - f(x,y) = pb \tag{5-149}$$

在极限情况下,当横向偏移 Δx 较小时,可得

$$\Delta x + \frac{\partial f(x,y)}{\partial x}\Delta x = pb \tag{5-150}$$

式(5-150)中第一项为常数,仅代表莫尔图样的偏移。因此,莫尔图样显示失真函数 $f(x,y)$ 的 x 偏导数。如前所述,莫尔效果可通过有限条纹模式放大 $(1/\theta)$。

5.3.4 变形的正弦光栅莫尔图样

变形正弦光栅的透射函数 $t_1(x,y)$ 可表示为

$$t_1(x,y) = A_0 + A_1 \cos\frac{2\pi}{b}[x - f(x,y)] \tag{5-151}$$

式中:A_0 和 A_1 为指定偏置透射和光栅调制的常数;$f(x,y)$ 为光栅失真。

方向为 θ 角的参考光栅可表示为

$$t_2(x,y) = B_0 + B_1 \cos\frac{2\pi}{a}(x\cos\theta - y\sin\theta) \tag{5-152}$$

式中:B_0 和 B_1 为常数。

5.3.4.1 乘法莫尔图样

当角度 θ 较小时,形成莫尔图样,变形 $f(x,y)$ 的空间缓慢变化,并且两个光栅的周期几乎相等。乘法莫尔的透射函数是其各自透射函数的乘积,即

$$t(x,y) = t_1(x,y)t_2(x,y) = A_0B_0 + A_1B_0\cos\frac{2\pi}{b}[x - f(x,y)] +$$

$$A_0B_1\cos\frac{2\pi}{a}(x\cos\theta - y\sin\theta) + \tag{5-153}$$

$$A_1B_1\cos\frac{2\pi}{b}[x - f(x,y)]\cos\frac{2\pi}{a}(x\cos\theta - y\sin\theta)$$

假设两个光栅的对比度相同,即 $A_0 = B_0$ 和 $A_1 = B_1$,可得

$$t(x,y) = A_0^2 + A_1A_0\cos\frac{2\pi}{b}[x - f(x,y)] + A_0A_1\cos\frac{2\pi}{a}(x\cos\theta - y\sin\theta) +$$

$$\frac{A_1^2}{2}\left\{\begin{array}{l}\cos 2\pi\left[x\left(\frac{1}{b} + \frac{\cos\theta}{a}\right) - y\frac{\sin\theta}{a} - \frac{f(x,y)}{b}\right] + \\ \cos 2\pi\left[x\left(\frac{1}{b} - \frac{\cos\theta}{a}\right) + y\frac{\sin\theta}{a} - \frac{f(x,y)}{b}\right]\end{array}\right\}$$

$$(5-154)$$

在式(5-154)中,第一项为直流项;第二、第三和第四项为载体;第五项代表莫尔图样。当满足以下条件时,将形成莫尔图样,即

$$x\left(\frac{1}{b} - \frac{\cos\theta}{a}\right) + y\frac{\sin\theta}{a} - \frac{f(x,y)}{b} = p \qquad (5-155)$$

式中:p 为整数。由于 $f(x,y)$ 作用,莫尔图样变形为直线,当 θ 很小时,局部变形为 $f(x,y)/\theta$。

5.3.4.2 附加的莫尔图样

当添加单个光栅的透射函数时,获得附加的莫尔图样。因此,假设光栅经过相同调制,则透射函数为

$$t(x,y) = t_1(x,y) + t_2(x,y)$$

$$= 2A_0 + A_1\cos\frac{2\pi}{b}[x - f(x,y)] + A_1\cos\frac{2\pi}{a}(x\cos\theta - y\sin\theta) \qquad (5-156)$$

表达式可重新表示为

$$t(x,y) = 2A_0 + A_1\cos\pi\left[x\left(\frac{1}{b} + \frac{\cos\theta}{a}\right) - y\frac{\sin\theta}{a} - \frac{f(x,y)}{b}\right]$$

$$\cos\pi\left[x\left(\frac{1}{b} - \frac{\cos\theta}{a}\right) + y\frac{\sin\theta}{a} - \frac{f(x,y)}{b}\right] \qquad (5-157)$$

第二个余弦项代表莫尔图样,其对载体光栅进行调制。由于莫尔项的余弦变化,载体的相位在交叉点处发生实质性变化。莫尔图样的可见度通常很差,并且需要成像光学器件才能分辨载体光栅。通过使用 FT 处理器对必要信息进行滤波可改善对比度。出于滤波目的,透明度 $t(x,y)$ 位于 FT 处理器的输入端。在滤波器/频率平面观察到零阶和两个一阶。过滤掉一阶中的任何一个并用于成像。输出平面的强度分布可表示为

$$I(x,y) \propto A_1^2\cos^2\pi\left[x\left(\frac{1}{b} - \frac{\cos\theta}{a}\right) + y\frac{\sin\theta}{a} - \frac{f(x,y)}{b}\right]$$

$$= \frac{1}{2}A_1^2\left\{1 + \cos 2\pi\left[x\left(\frac{1}{b} - \frac{\cos\theta}{a}\right) + y\frac{\sin\theta}{a} - \frac{f(x,y)}{b}\right]\right\} \quad (5-158)$$

其代表单位对比度莫尔图样。

5.3.5 塔尔博特现象

当采用相干单色光束照明周期性目标时,在称为自成像平面或塔尔博特平

面的特定平面上形成图像。该效应首先由塔尔博特于 1836 年观察到,而瑞利于 1881 年发布了其相关理论。自成像由衍射引起,可通过满足蒙哥马利条件的周期性目标进行观察。线性(1D)光栅就是此类目标。对于由波长为 λ 的准直光束照射且空间频率为 f_x 的一维光栅而言,自成像平面是等距的,并且距目标距离为 $N/f_x^2\lambda$,其中 $N = 1,2,3,\cdots$ 表示塔尔博特平面的阶数。换言之,目标的横向周期性表现为纵向周期性。由于未采用成像装置,该成像称为自成像。在两个方向上具有相同空间频率 f 的二维(交叉)光栅也在距离光栅 $N/f_x^2\lambda$ 处的平面上自成像。

5.3.5.1 准直照明中的塔尔博特效应

为解释塔尔博特成像,让我们考虑某一维光栅,其透射率可表示为

$$t(x) = \frac{1}{2}[1 + \cos(2\pi f_x x)]$$

光栅位于 $z = 0$ 平面,由振幅为 A 的准直光束照射,如图 5 – 39 所示。光栅($z = 0$ 平面)后的波振幅 $u(x,0)$ 可表示为

$$u(x,0) = \frac{1}{2}A[1 + \cos(2\pi f_x x)] \tag{5-159}$$

根据菲涅耳衍射方法,获得任何平面 z 处的振幅,即

$$u(x_1,z) = \frac{A}{2}e^{-ikz}[1 + e^{-i\pi f_x^2\lambda z}\cos(2\pi f_x x_1)] \tag{5-160}$$

如果 $e^{-i\pi f_x^2\lambda z} = 1$,任何平面 z 处的振幅分布将与光栅透射率函数相同,除恒定乘法相位因子外。在以下情况时,该条件得到满足,即

$$\pi f_x^2\lambda z = 2N\pi \quad N = 0,1,2,3,\cdots \tag{5-161}$$

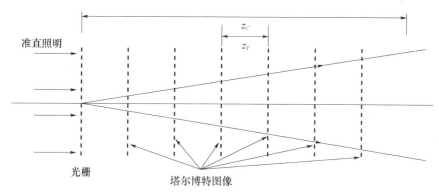

图 5 – 39 在准直照射中形成塔尔博特图像

满足该条件的平面为塔尔博特平面。但是,当 N 取半整数值时,我们仍然获得正弦光栅的透射率函数,但其相移为 π。因此,塔尔博特平面被 $z_T = 1/f_x^2\lambda$ 分开。在准直照明的情况下,塔尔博特平面是等距的。

5.3.5.2　截止距离

连续塔尔博特平面上衍射波间的相长干涉形成塔尔博特图像。对于由无限大光束照射的无限光栅,不论距离如何,各种衍射波将继续叠加,从而产生数量无限的塔尔博特图像。在实际情况中,光栅和光束具有有限尺寸。因此,衍射波在一定距离后不会叠加;因此,在该距离后不会形成塔尔博特图像。让我们考虑由尺寸为 D 的光束照射的且线性尺寸为 D 和空间频率为 f_x 的光栅。截止距离 z_c 定义为距光栅的距离,在该距离上,一阶衍射光束的偏离量为光束尺寸的一半,可表示为 $z_c = D/2f_x\lambda$。

5.3.5.3　非准直照明中的塔尔博特效应

让我们考虑电光源位于 $(0,0)$ 并且光栅位于 $z = R$ 平面。光栅由来自点光源的发散球面波照射。光栅后的波振幅为

$$u(x,R) = \frac{A}{R}e^{-ikR}e^{-i(k/2R)x^2}(1 + \cos 2\pi f_x x) \qquad (5-162)$$

式中:A 为距点光源单位距离的发散球面波振幅。在近轴近似下,式(5-162)有效。使用菲涅耳衍射近似,在距离光栅为 z 的平面处振幅为

$$u(x_1, R+z) = \frac{iA}{\lambda(R+z)}e^{-ik(R+z)}e^{-i[k/2(R+z)]x_1^2}\left[1 + e^{i\pi(Rz/R+z)f_x^2\lambda}\cos\left(2\pi f_x \frac{R}{R+z}x_1\right)\right] \qquad (5-163)$$

如果 $e^{i\pi(Rz/R+z)f_x^2\lambda} = 1$,则式(5-163)表示空间频率为 $f'_x = f_x(R/R+z)$ 乘以复合常数的光栅透射率函数。因此,形成其空间频率取决于距离 z 的光栅。产生自成像平面距离 $(z_T)_s$ 可表示为

$$(z_T)_s = \frac{2N}{f_x^2\lambda - (2N/R)}N = 1,2,3,\cdots \qquad (5-164)$$

连续塔尔博特平面间的间距随着 N 阶增加,光栅周期也随着几何投影而增加。类似地,当用会聚球面波照射光栅时,连续的塔尔博特平面距离缩小并且空间频率增加。在距收敛点一定距离前,该规律适用。

5.4　光弹性

光是电磁波谱的一小部分。电磁波为横波;电场和磁场矢量正交并且振动方向垂直于自由空间或各向同性介质传播方向。实际上,电场矢量、磁场矢量和传播矢量形成正交三元组。与照相乳剂上观察或记录的一样,照片效果取决于电场矢量,因此,在处理光线时,我们仅关注电场矢量(E 矢量)。

让我们考虑沿 z 方向传播的平面波和限制在 $y-z$ 平面上的电矢量。电矢量的尖端为表示波在 $y-z$ 平面中传播路径的直线。这种波称为平面偏振波。因为光源发射的波虽然是平面偏振,但是为随机取向,白炽灯或荧光管发出的

光并非平面偏振。这种波称为非偏振或自然光。我们可从非偏振光中获得偏振光。

5.4.1　两个平面偏振波的叠加

让我们考虑沿 z 方向传播的两个正交偏振平面波:在一个波中,$\boldsymbol{E}$ 矢量沿 y 方向振动,而另一个沿 x 方向振动。此类波可表示为

$$E_y(z;t) = E_{0y}\cos(\omega t - \kappa z + \delta_y) \qquad (5-165)$$

$$E_x(z;t) = E_{0x}\cos(\omega t - \kappa z + \delta_x) \qquad (5-166)$$

式中:δ_y 和 δ_x 为此类波的相位。此类波满足波动方程。根据叠加原理,此类波的总和也应满足波动方程。通常情况下,波将同时具有 x 和 y 分量,并且可写为

$$\boldsymbol{E}(z;t) = \hat{i}E_x(z;t) + \hat{j}E_y(z;t) \qquad (5-167)$$

我们旨在确定当波叠加时电矢量尖端所形成的轨迹。为此,我们引入变量 $\tau = (\omega t - kz)$ 并将平面波表示为

$$E_y(z;t) = E_{0y}(\cos\tau\cos\delta_y - \sin\tau\sin\delta_y)$$

$$E_x(z;t) = E_{0x}(\cos\tau\cos\delta_x - \sin\tau\sin\delta_x)$$

从此类方程中消除 τ,可得

$$\left(\frac{E_y}{E_{0y}}\right)^2 + \left(\frac{E_x}{E_{0x}}\right)^2 - 2\frac{E_y E_x}{E_{0y}E_{0x}}\cos\delta = \sin^2\delta \qquad (5-168)$$

式中:$\delta = \delta_x - \delta_y$ 该式表示椭圆。椭圆内接在以 $2E_{0y}$ 和 $2E_{0x}$ 为边的矩形内,其与 y 轴和 x 轴平行,如图 5-40 所示。因此,通常在单色波传播下,其电矢量尖端在任何 z 平面中构成椭圆轨迹。此类波称为椭圆偏振波。由于其为传播波,$\boldsymbol{E}$ 矢量尖端呈螺旋状。$\boldsymbol{E}$ 矢量尖端可在平面中顺时针或逆时针旋转。此类偏振称为右旋偏振(当面对光源时,$\boldsymbol{E}$ 矢量顺时针旋转)和左旋偏振(当面对光源时,$\boldsymbol{E}$ 矢量逆时针旋转)。

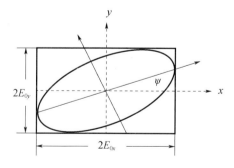

图 5-40　椭圆偏振

根据显示,旋转方向由相位差 δ 符号决定。让我们考虑当 $(\omega t_0 - kz + \delta_y) =$

0 时的时刻 t_0。此时，$E_y = E_{0y}$ 和 $E_x = E_{0x}\cos(\delta_x - \delta_y) = E_{0x}\cos\delta$ 和 $\mathrm{d}E_x/\mathrm{d}t = -\omega E_{0x}\sin\delta$。$E_x$ 的变化率，即 $\mathrm{d}E_x/\mathrm{d}t$，在 $0 < \delta < \pi$ 时为负，在 $\pi < \delta < 2\pi$ 时为正。显然，前一种情况对应于右旋偏振波，而后者对应于左旋偏振波。

椭圆偏振有两种特殊情况，称为平面偏振或线偏振和圆偏振。光的各种偏振态如图 5-41 所示。

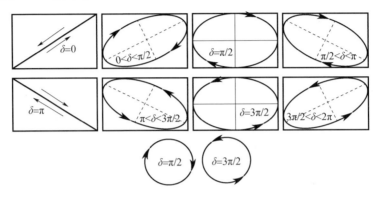

图 5-41　正弦电磁波的偏振态：线性、椭圆形（相位差 δ 增大）

以及圆形（当 $E_{0x} = E_{0y}$ 且 $\delta = (2m+1)\pi/2$ 时）

5.4.1.1　线偏振

当两个波之间的相位差为 π 的倍数时，我们获得线性偏振波。当两个波同相时，即 $\delta = 2m\pi, m = 0,1,2$，$E$ 矢量在第一和第三象限内构成直线轨迹。当其处于反相时，即 $\delta = (2m+1)\pi$，E 矢量在第二和第四象限内的轨迹为一条直线。

5.4.1.2　圆偏振

当两个波之间的相位差为 $\pi/2$ 的奇数倍时，即 $\delta = (2m+1)\pi/2$，波为椭圆偏振波，但其长轴和短轴平行于 x 和 y 轴。但是，如果两个波的振幅也相等，则其变成圆偏振波。如果相位差为 $\pi/2$、$5\pi/2$、$9\pi/2$、$\cdots$，则其为右旋圆偏振。

而当 $\delta = 3\pi/2$、$7\pi/2$、$11\pi/2$、$\cdots$ 时，其为左旋圆偏振。因此，为获得圆偏振光，必须满足两个条件：相位差必须是 $\pi/2$ 的奇数倍，并且两个波的振幅必须相等。

5.4.2　偏振光的产生

自然光为非偏振光，E 矢量随机取所有可能的方向。但是，我们可将 E 矢量方向分解为两个分量，一个在入射平面振荡或 p 偏振，而另一个则与该分量正交或 s 偏振。在任何时刻此类组件的振幅相等。我们通常可通过在正交偏振分量间引入相位差以获得椭圆偏振波。但是，在大多数情况下，我们需要线偏振波。幸运的是，可通过许多方法从自然光中获得线偏振波，主要包括：

（1）介电界面反射；

（2）介电界面折射；

（3）双折射；

（4）二色性；

（5）散射。

其中，前四种方法用于制作实用的偏振镜——从自然光产生线偏振光波的装置。

5.4.2.1　反射

当光束以入射角 θ_B（布鲁斯特角）入射到空气 – 电介质界面时，反射光束为线性偏振，E 矢量在垂直于入射平面的平面中振荡，因此也称为 s 偏振光束；透射光束为部分偏振。布鲁斯特角 θ_B 由电介质折射率 μ 决定，即

$$\tan\theta_B = \mu \tag{5 – 169}$$

需要注意的是，在空气 – 电介质界面处以反射布鲁斯特角入射，则固定了反射光束中电矢量振动方向，因此可用于校准偏振镜。

5.4.2.2　折射

如前所述，当入射角为布鲁斯特角时，反射光束为 s 偏振并且透射光束部分偏振。由于布鲁斯特角已经除去一部分 s 分量，反射透射光束具有较少的 s 分量。但是，如果按照布鲁斯特角对准的多个平行于平面的底片上，允许存在多个连续反射，则大部分 s 偏振光将通过反射去除，然后透射光束为 p 偏振。此类偏振镜称为片堆偏振镜，通常与高功率激光器共同使用。

5.4.2.3　双折射

在一类晶体中，入射光束分解成晶体内的两个线性正交偏振光束，晶体结构支持两个正交偏振光束，此类晶体为各向异性晶体。在此类晶体中，未分解的方向称为光轴。某些晶体仅有一个光轴，称为单轴晶体；而另一些晶体有两个光轴，称为双轴晶体。从偏振镜或其他偏振分量的角度来看，单轴晶体更加重要，因此我们只讨论单轴晶体。方解石和石英属于两种众所周知的单轴晶体。

让我们考虑单轴晶体底片，光束倾斜入射，在底片内分解成两个正交偏振光束。一个光束遵循 Snell 折射定律，称为普通光束或 o 光束；而另一个光束不遵守该定律，称为非常光束或 e 光束。o 光束的折射率 μ_o 与传播方向无关，而 e 光束的折射率 μ_e 随方向变化，其极值出现在垂直于光轴的方向上。如果 $\mu_o > \mu_e$，则该晶体是负单轴晶体，方解石属于该种晶体（对于黄色钠波长，$\mu_o = 1.658, \mu_e = 1.486$）。如果 $\mu_e > \mu_o$，则该晶体是正单轴晶体，石英属于该种晶体。（$\mu_o = 1.544, \mu_e = 1.553$）。光轴是方解石中的慢轴，而与此正交的轴是快轴。o 光束中的 E 矢量在一个平面内振荡，且该平面垂直于晶体的主要部分。主要部

分包含光轴和传播方向。e 光束的 $\boldsymbol{E}$ 矢量位于主平面中。

5.4.3 晶体光学元件

5.4.3.1 偏振镜

由于晶体内部存在两个线偏振光束,因此,在消除任何此类光束后,将获得线偏振光束。幸运的是,由于 e 光束角度依赖折射率和折射率介于 μ_o 和 μ_e 之间的介质可用性,可通过方解石晶体中的全内反射去除 o 光束。尼科尔棱镜为基于该原理的早期设备之一。其更常用的配套设备为格兰—汤普森棱镜,如图 5 - 42 所示,包括两部分,采用加拿大香脂黏合而成。光轴(OA)的方向如图 5 - 42 所示,阻碍了 o 偏振光束。若非偏振光束入射在偏振镜上时,出射光束产生线偏振。但是,如果线偏振光束入射在其上,若偏振镜的透光轴与此正交,则将完全阻挡光束。通过各向异性晶体获得的偏振镜通常尺寸较小,但具有较高的消光比,通常不用于光弹性工作。因为光弹性模型的尺寸通常适中,这需要更大的偏振镜。

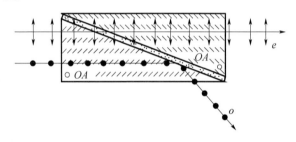

图 5 - 42　格兰—汤普森偏振镜

5.4.3.2 相位板

除从此类晶体中获得偏振镜外,我们还可获得相位板。此类相位板在两个分量之间提供固定但依赖于波长的相位差。让我们考虑平行于平面的单轴晶体相位板,其光轴位于相位板表面。线偏振光束通常垂直入射在该相位板上,分解成两个光束,分别沿着相位板的慢轴和快轴以不同的速度传播。令沿此类轴的折射率分别为 μ_o 和 μ_e,相位板将在传播距离达到相位板厚度 d 后,在两个波间引入路径差 $|(\mu_o - \mu_e)|d$。因此,可适当选择给定各向异性晶体的相位板厚度,在两个波间引入任何路径差。

5.4.3.2.1 四分之一波相位板

选择的相位板厚度 d 应引入等于 $\lambda/4$ 或其奇数倍的路径差,即 $(2m+1)\lambda/4$,其中 m 为整数。换言之,此类相位板引入 1/4 波相位差,有

$$d = \frac{2m+1}{|(\mu_o - \mu_e)|} \frac{\lambda}{4} \quad m = 1,2,3,\cdots \tag{5-170}$$

1/4 波相位板用于将线偏振光束转换为圆偏振光束。其定向确保入射光束矢量 E 与 1/4 波相位板的快轴或慢轴形成 45°角。相位板内的 E 矢量分量具有同等的振幅,相位板在分量间引入 $\lambda/4$ 的路径差。因此,出射光束为圆偏振。通过将相位板绕光束轴旋转 90°,可改变圆偏振的旋向性。

5.4.3.2.2　半波相位板

当其厚度 d 引入 $\lambda/2$ 或 $(2m+1)\lambda/2$ 的路径差时,将获得半波相位板,可转动线偏振光束平面。例如,如果线性偏振光束以 45°的方位角入射到半波相位板上,则其方位角旋转 90°。换言之,光束出现线偏振,但 E 矢量方向旋转 90°。

5.4.3.2.3　补偿器

相位板是引入固定相位差的设备。某些应用需要可变路径差,而其他应用需要补偿路径差。补偿器可实现此类功能。有两种著名的补偿器:Babinet 和 Soleil – Babinet 补偿器。Babinet 补偿器由两个楔形相位板组成,其光轴彼此正交并平行于入射面,如图 5 – 43(a) 所示。当光束从一个楔形相位板进入另一个楔形相位板时,o 光束和 e 光束的作用发生变化。补偿器引入的路径差由 $|\mu_0 - \mu_e|[d_2(y) - d_1(y)]$ 确定,其中 $d_2(y)$ 和 $d_1(y)$ 表示在 $(0,y)$ 处的两个楔形相位板厚度。显然,路径差在楔形相位板上沿 y 方向变化。但是,如果我们想在两个光束间保持恒定的路径差,则使用 Soleil – Babinet 补偿器,它包括两个元件,一个是相位板,另外一个为由两个相同楔形相位板组合而成的平行相位板,且相位板和楔形组合的光轴正交。通过在楔形组合中将一个楔形相位板滑过另一相位板,其厚度发生变化。因此,厚度差 $(d_2 - d_1)$ 在整个表面上保持恒定,其中 d_2 和 d_1 分别是相位板和楔形组合的厚度。图 5 – 43(b) 所示为 Soleil – Babinet 补偿器示意图。

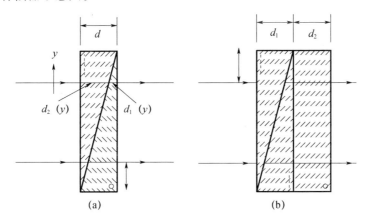

图 5 – 43　补偿器示意图
(a)Babinet 补偿器;(b)Soleil – Babinet 补偿器。

5.4.4 二色性

存在各向异性晶体,其特征在于相对于 o 光束和 e 光束的吸收系数不同。例如,电气石晶体可强烈吸收自然光束。因此,当自然光束穿过该晶体足够厚的相位板时,我们可获得 e 偏振光束。基于选择性吸收的大尺寸偏振镜可作为层板,因此也称为 Polaroid 或层板偏振镜,通常用于光弹性工作。

5.4.5 散射

粒子散射光为部分偏振。但是,实际上并未使用基于散射的偏振镜。

5.4.6 马吕斯定律

考虑入射在偏振镜上的振幅为 E_0 的线偏振光束。光束的 $\boldsymbol{E}$ 矢量与偏振镜透光轴成 θ 角。光束被分解为两个分量,一个平行于透光轴,另一个垂直于透光轴,阻挡了垂直于透光轴的分量。因此,偏振镜透射的光振幅为 $E(\theta) = E_0 \cos\theta$,透射光强度为 $I(\theta) = I_0 \cos^2\theta$,其中 I_0 为入射光束强度,有效论证了马吕斯定律。可见偏振镜也可用作线偏振光束中的衰减器。

5.4.7 应力光学定律

某些各向同性材料(例如玻璃和塑料)在受到应力或应变时,也可能发生双折射或光学各向异性现象。但这种情况只是暂时的,当应力消除后就会消失。布鲁斯特首先观察到这种现象,并成为光弹性的研究基础。在光弹性测试中,目标模型采用各向同性材料铸造或制造而成,然后受到应力作用,产生物理变形,完全改变材料的初始各向同性特征。随后,我们通过三个主折射率表征材料,其沿着应力主轴。

马克斯韦尔确定了临时双折射材料的主折射率 μ_i 与主应力 σ_i 之间的关系,即

$$\mu_1 - \mu_0 = C_1 \sigma_1 + C_2 (\sigma_2 + \sigma_3) \tag{5-171}$$

$$\mu_2 - \mu_0 = C_1 \sigma_2 + C_2 (\sigma_3 + \sigma_1) \tag{5-172}$$

$$\mu_3 - \mu_0 = C_1 \sigma_3 + C_2 (\sigma_1 + \sigma_2) \tag{5-173}$$

式中: μ_0 为无应力(各向同性)材料的折射率; C_1 和 C_2 为取决于材料的常数。

对于受到三轴应力作用的材料,应力光学定律表示为

$$\mu_1 - \mu_2 = C(\sigma_1 - \sigma_2) \tag{5-174}$$

$$\mu_2 - \mu_3 = C(\sigma_2 - \sigma_3) \tag{5-175}$$

$$\mu_1 - \mu_3 = C(\sigma_1 - \sigma_3) \tag{5-176}$$

式中: C 为光弹性材料应力 – 光学系数, $C = (C_1 - C_2)$。

现在让我们考虑厚度为 d 的各向同性材料板,受到单轴或双轴应力的影

响。当板受到单轴应力时,$\sigma_2 = \sigma_3 = 0$,因此 $\mu_2 = \mu_3$。应力光学定律采取非常简单的形式,即

$$\mu_1 - \mu_2 = C\sigma_1 \tag{5-177}$$

此时板的性质类似于单轴晶体。当板受到双轴应力时,即 $\sigma_3 = 0$,应力光学定律可表示为

$$\mu_1 - \mu_2 = C(\sigma_1 - \sigma_2) \tag{5-178}$$

$$\mu_2 - \mu_3 = C\sigma_2 \tag{5-179}$$

$$\mu_1 - \mu_3 = C\sigma_1 \tag{5-180}$$

此时板的性质类似于双轴晶体。

现在让我们考虑波长为 λ 的线偏振光束垂直入射到厚度为 d 的光弹性材料板上。在板内,支持两个线偏振光束,一个在 $x-z$ 平面中振动,另一个在 $y-z$ 平面中振动。两个波在板上获得横向相位差,并且在出射面处的相位差为 δ,即

$$\delta = \frac{2\pi}{\lambda}|\mu_1 - \mu_2|d = \frac{2\pi C}{\lambda}(\sigma_1 - \sigma_2)d \tag{5-181}$$

相变 δ 线性取决于主应力差、板的厚度,并且与所用光的波长成反比。在 $\delta = 2m\pi$ 时,将形成明亮条纹,即

$$\delta = \frac{2\pi C}{\lambda}(\sigma_1 - \sigma_2)d = 2m\pi \tag{5-182}$$

在光弹性实践中,将式(5-182)写为

$$(\sigma_1 - \sigma_2) = \frac{mf_\sigma}{d} \tag{5-183}$$

式中:$m = \delta/2\pi$ 为条纹级次;$f_\sigma = \lambda C$ 为给定波长的材料条纹值,$f_\sigma = \lambda/c$。

此类关系称为应力光学定律。

如果已知或通过校准获得材料条纹值 f_σ,则可通过测量条纹级次 m 确定二维模型中的主应力差($\sigma_1 - \sigma_2$),亦可通过观察光弹性仪中模型测量光弹性模型中各点的条纹级次。

此时,最好说明厚度为 d 及折射率为 μ_o 的板,可引入 $k(\mu_o - 1)d$ 的相位延迟;$k = 2\pi/\lambda$。当板受到应力时,线性偏振分量以不同的速度行进,并获得相位延迟 $k(\mu_1 - 1)d_1$ 和 $k(\mu_2 - 1)d_1$,其中 d_1 为受应力板的厚度,且与无应力板厚度 d 之间的关系可表示为

$$d_1 = d\left[1 - \frac{\nu}{E}(\sigma_1 + \sigma_2)\right] \tag{5-184}$$

该厚度变化($d_1 - d$)在干涉术和全息光弹性中都非常重要。

5.4.8 应变光学定律

对于在二维应力状态下表现出完美线性弹性行为的材料,应力—应变关系

可表示为

$$\varepsilon_1 = \frac{1}{E}(\sigma_1 - \nu\sigma_2) \qquad (5-185)$$

$$\varepsilon_2 = \frac{1}{E}(\sigma_2 - \nu\sigma_1) \qquad (5-186)$$

式中：E 和 ν 为弹性模量及材料泊松比。从式(5-185)和式(5-186)可见，主应力之差为

$$(\sigma_1 - \sigma_2) = \frac{E}{1+\nu}(\varepsilon_1 - \varepsilon_2) \qquad (5-187)$$

将其带入应力光学定律,可得

$$(\varepsilon_1 - \varepsilon_2) = \frac{mf_\varepsilon}{d} \qquad (5-188)$$

式中：f_ε 为材料条纹的应变值,$f_\varepsilon = [f_\sigma(1+\nu)/E]$。

式(5-188)所述的关系称为光弹性应变光学定律。

5.4.9　分析方法

最常用于应力分析的光学系统为光弹性仪。它具有多种形式,取决于最终用途。通常情况下,光弹性仪包括光源、偏振镜、模型和分析仪。此外,它还可能包括透镜、1/4 波相位板、摄影或记录设备和加载设备。我们将分别论述平面偏振光镜和曲面偏振光镜的光学系统。

5.4.9.1　平面偏振光镜

平面偏振光镜包括光源、滤光器、提供准直光束的准直光学器件、偏振镜、分析仪、透镜和照相设备,如图 5-44 所示。该模型位于偏振镜和分析仪之间。偏振镜和分析仪交叉,从而产生暗视场。

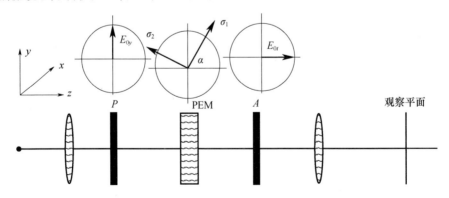

图 5-44　平面偏振光镜示意图

设偏振镜 P 的透光轴沿 y 方向。偏振镜后的波振幅为

$$E_y(z;t) = E_{0y}\cos(\omega t - kz) \tag{5-189}$$

式中: $k = 2\pi/\lambda$。

除 z 指的是模型平面外,该表达式还给出了垂直入射模型的视场。我们还假设主应力方向之一与分析仪传输方向成 α 角,即 x 轴。位于模型入射面处的入射视场可分成两个分量,其在 σ_1 和 σ_2 平面中正交偏振并振动。

此类分量的振幅分别为 $E_{0y}\sin\alpha$ 和 $E_{0y}\cos\alpha$。此类分量在模型出射面处的振幅为

$$E_1(z;t) = E_{0y}\sin\alpha\cos[\omega t - kz - k(\mu_1 - 1)d] = E_{0y}\sin\alpha\cos(\omega t - kz - \delta_x) \tag{5-199}$$

$$E_2(z;t) = E_{0y}\cos\alpha\cos[\omega t - kz - k(\mu_2 - 1)d] = E_{0y}\cos\alpha\cos(\omega t - kz + \delta - \delta_x) \tag{5-200}$$

模型在此类分量间引入相位差 $\delta = (2\pi\lambda)(\mu_1 - \mu_2)d = (2\pi/f_\sigma)(\sigma_1 - \sigma_2)d$,其中 μ_1 和 μ_2 是沿厚度 d 的模型 σ_1 (慢)和 σ_2 (快)轴的折射率。分析仪将此类分量进一步分解为沿着或垂直于透射方向的分量,而透射方向沿 x 方向。沿透射方向的分量可通过并产生光弹性图案,同时正交方向分量受到阻挡。净透射振幅为

$$E_1\cos\alpha - E_2\sin\alpha = \frac{E_{0y}}{2}\sin2\alpha\cos[(\omega t - kz - \delta_x) - \cos(\omega t - kz + \delta - \delta_x)]$$

$$= E_{0y}\sin2\alpha\sin\frac{\alpha}{2}\sin\left(\omega t - kz - \delta_x + \frac{\delta}{2}\right) \tag{5-201}$$

这也表示沿 z 方向传播的振幅为 $E_{0y}\sin 2\alpha\sin(\delta_2)$ 的波。因此,在分析仪后,该波强度可表示为

$$I = E_{0y}^2\sin^2 2\alpha \sin^2\left(\frac{\delta}{2}\right) = I_0\sin^2 2\alpha\sin^2\left[\frac{\pi(\sigma_1 - \sigma_2)}{f_\sigma}\right] \tag{5-202}$$

可采用琼斯演算跟踪视场通过平面偏振光镜的传播。令光弹性材料的慢轴与 x 轴成 α 角,由光弹性材料引入的相位差为 δ,则有

$$E_{0t} = P_x R(-\alpha)J_{PEM}(\delta)R(\alpha)P_y E_{0y}$$

$$\begin{pmatrix} E_{0t} \\ 0 \end{pmatrix} = \begin{pmatrix} 1 & 0 \\ 0 & 0 \end{pmatrix}\begin{pmatrix} \cos\alpha & -\sin\alpha \\ \sin\alpha & \cos\alpha \end{pmatrix}\begin{pmatrix} e^{-i(\delta/2)} & 0 \\ 0 & e^{i(\delta/2)} \end{pmatrix}\begin{pmatrix} \cos\alpha & \sin\alpha \\ -\sin\alpha & \cos\alpha \end{pmatrix}\begin{pmatrix} 0 & 0 \\ 0 & 1 \end{pmatrix}\begin{pmatrix} 0 \\ E_{0y} \end{pmatrix} \tag{5-203}$$

式中: P_y 和 P_x 分别为偏振镜 P 和分析仪 A 的琼斯矩阵,其透光轴分别沿 y 和 x 方向; $R(\alpha)$ 为旋转矩阵; $J_{PEM}(\delta)$ 为代表光弹性材料的矩阵,该材料透明; E_{0t} 为透射视场。

式(5-203)可改写为

$$\begin{pmatrix} E_{0t} \\ 0 \end{pmatrix} = \begin{pmatrix} 1 & 0 \\ 0 & 0 \end{pmatrix} \begin{pmatrix} \cos^2\alpha e^{-i(\delta/2)} + \sin^2\alpha e^{i(\delta/2)} & -i\sin2\alpha\sin\dfrac{\delta}{2} \\ -i\sin2\alpha\sin\dfrac{\delta}{2} & \sin^2\alpha e^{-i(\delta/2)} + \cos^2\alpha e^{i(\delta/2)} \end{pmatrix} \begin{pmatrix} 0 & 0 \\ 0 & 1 \end{pmatrix} \begin{pmatrix} 0 \\ E_{0y} \end{pmatrix}$$

也可改写为

$$\begin{pmatrix} E_{0t} \\ 0 \end{pmatrix} = \begin{pmatrix} \cos^2\alpha e^{-i(\delta/2)} + \sin^2\alpha e^{i(\delta/2)} & -i\sin2\alpha\sin\dfrac{\delta}{2} \\ 0 & 0 \end{pmatrix} \begin{pmatrix} 0 & 0 \\ 0 & 1 \end{pmatrix} \begin{pmatrix} 0 \\ E_{0y} \end{pmatrix}$$

$$= \begin{pmatrix} 0 & -i\sin2\alpha\sin\dfrac{\delta}{2} \\ 0 & 0 \end{pmatrix} \begin{pmatrix} 0 \\ E_{0y} \end{pmatrix} \tag{5-204}$$

$$= \begin{pmatrix} -i\sin2\alpha\sin\dfrac{\delta}{2}E_{0y} \\ 0 \end{pmatrix}$$

透射波强度为

$$I_t(\delta) = \frac{|E_{0t}|^2}{2c\mu_0} = \frac{|E_{0y}|^2}{2c\mu_0}\sin^2 2\alpha\sin^2\frac{\delta}{2}$$

$$= I_0\sin^2 2\alpha\sin^2\frac{\delta}{2} = I_0\sin^2 2\alpha\sin^2\left[\frac{\pi(\sigma_1-\sigma_2)d}{f_\sigma}\right] \tag{5-205}$$

透射光束强度取决于 α、主应力方向相对于分析透光轴的取向,以及相位延迟 δ。当 $\sin^2 2\alpha\sin^2(\delta/2)$ 为零时,透射强度为零。换言之,当 $\sin2\alpha=0$ 或 $\sin(\delta/2)=0$ 时,透射强度为零。当 $\sin2\alpha=0$ 时,角度 $\alpha=0$ 或 $\alpha=\pi/2$,此时在任何一种情况下,主应力方向都与偏振镜透光轴对齐。因此,此类暗条纹可确定模型上任何一点的主应力方向,并被称为等倾线或等斜线条纹。

当 $\sin(\delta/2)=0$ 时,则有 $\delta=2m\pi$,因此有 $(2\pi/f_\sigma)(\sigma_1-\sigma_2)d=2m\pi$,进而可得

$$\sigma_1-\sigma_2 = \frac{mf_\sigma}{d} \tag{5-206}$$

当 $(\sigma_1-\sigma_2)$ 为 f_σ/d 的整数倍时,透射强度为零。因此,此类条纹是常数 $(\sigma_1-\sigma_2)$ 的轨迹,并被称为等色线,相邻的等色线相差 f_σ/d。当白光用于照射模型时,此类条纹存在颜色;每种颜色对应于 $(\sigma_1-\sigma_2)$ 的常数值,因此而命名等色线。

等倾线是主应力方向平行于偏振镜和分析仪透光轴的点轨迹。等斜线图案与模型所承受的载荷大小和材料条纹值无关。当白光用于照明时,相对于等色线而言,等倾线较暗,除零阶条纹外,等色线都是彩色的。在各点主应力方向变化不大的区域内,等倾线表现为较宽的漫射带。除各向同性点外,等倾线彼此不相交,各向同性点是主应力在振幅和符号上相等的点,即 $(\sigma_1-\sigma_2)=0$。此外,在平行于边界的应力具有最大值或最小值的无剪切边界上的点处,等斜线与边界正交。

可以看出,等倾线和等色线同时出现在平面偏振光镜中,应分隔此类条纹图样。曲面偏振光镜具有此功能,仅提供等色线。

5.4.9.2 曲面偏振光镜

可以看出,线偏振光波入射到模型上导致出现等倾线。如果入射到模型上的光发生圆偏振,等倾线将会消失。因此,需要一种整合线性偏振镜和5°方位角1/4波相位板的圆偏振镜。此外,为分析该种光,我们还需要圆形分析仪。因此,曲面偏振光镜由光源、准直光学器件、偏振镜、两个1/4波相位板、分析仪和记录光学器件组成,如图5-45所示。

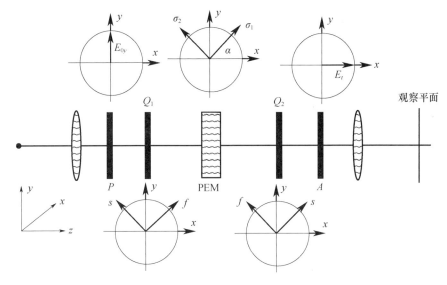

图5-45 曲面偏振光镜示意图

P—偏振镜;Q_1和Q_2—1/4波相位板;

PEM—型号;A—分析仪。

该模型位于1/4波相位板之间。由于此类板通过慢轴和快轴确定,可采用两种排列方式,即轴平行和轴交叉。类似地,偏振镜和分析仪的透光轴可平行或交叉。因此,有四种组装曲面偏振光镜的配置方法,其中两种产生暗视场,另外两种产生亮视场,如表5-4所列。

表5-4 曲面偏振光镜的四种配置

配置	偏振镜和分析仪轴	1/4波相位板轴	视场
1	平行	平行	暗
2	平行	交叉	亮
3	交叉	平行	亮
4	交叉	交叉	暗

我们现在考虑相关配置,其中偏振镜 P 透射方向沿 y 轴;1/4 波相位板 Q_1 的慢轴与 x 轴成 $-45°$ 角。模型置于 1/4 波相位板和相位板 Q_2 之间,其慢轴与 x 轴成 $45°$ 角,分析仪 A 与偏振镜交叉。因此,这是配置 4,其中偏振镜和分析仪交叉,并且 1/4 波相位板 Q_1 和 Q_2 也交叉,导致暗视场输出。

偏振镜透射的视场可表示为式(5 - 198)。该视场分成两个分量,沿着 1/4 波相位板 Q_1 的快轴和慢轴传播。沿轴的 Q_1 出射面视场为

$$E_{f1}(z;t) = \frac{E_{0y}}{\sqrt{2}}\cos[\omega t - kz - k(\mu_0 - 1)d'] = \frac{E_{0y}}{\sqrt{2}}\cos[\omega t - kz - \psi_1]$$

$$(5 - 207)$$

$$E_{s1}(z;t) = \frac{E_{0y}}{\sqrt{2}}\cos[\omega t - kz - k(\mu_e - 1)d'] = \frac{E_{0y}}{\sqrt{2}}\cos\left[\omega t - kz - \frac{\pi}{2} - \psi_1\right]$$

$$(5 - 208)$$

$$= \frac{E_{0y}}{\sqrt{2}}\sin[\omega t - kz - \psi_1]$$

其中,由厚度为 d' 的 Q_1 引入的相位差 $\pi/2$ 表示为 $(2\pi/\lambda)(\mu_e - \mu_0)d' = \pi/2$ 和 $\psi_1 = (2\pi/\lambda)(\mu_0 - 1)d'$。该视场入射至模型上,因此,沿主应力方向进一步分解。我们还假设主应力方向之一与分析仪透射方向成 α 角,即 x 轴。沿着 σ_1 和 σ_2 方向分解的模型入射面视场可表示为

$$E_{\sigma 1}(z;t) = E_{f1}(z;t)\cos\left(\frac{\pi}{4} - \alpha\right) - E_{s1}(z;t)\sin\left(\frac{\pi}{4} - \alpha\right) = \frac{E_{0y}}{\sqrt{2}}\cos\tau$$

$$(5 - 209)$$

$$E_{\sigma 2}(z;t) = E_{f1}(z;t)\sin\left(\frac{\pi}{4} - \alpha\right) - E_{s1}(z;t)\cos\left(\frac{\pi}{4} - \alpha\right) = \frac{E_{0y}}{\sqrt{2}}\sin\tau$$

$$(5 - 210)$$

$$\tau = \omega t - kz - \psi_1 + (\pi/4) - \alpha$$

此类视场分量沿着厚度为 d 的模型 σ_1 和 σ_2 方向进行传播并获得相位。模型出射面上沿着 σ_1 和 σ_2 方向的视场可表示为

$$E_{\sigma 1e}(z;t) = \frac{E_{0y}}{\sqrt{2}}\cos(\tau - \psi_2) \qquad (5 - 211)$$

$$E_{\sigma 2e}(z;t) = \frac{E_{0y}}{\sqrt{2}}\sin(\tau + \delta - \psi_2) \qquad (5 - 212)$$

$$\psi_2 = (2\pi/\lambda)(\mu_1 - 1)d$$

$$\delta = (2\pi/\lambda)(\mu_1 - \mu_2)d$$

现在,我们沿着第二个 1/4 波相位板的轴分解此类视场,其与 y 轴之间的倾斜角为 $45°$ 和 $-45°$,则有

$$E_{s2}(z;t) = E_{\sigma1e}(z;t)\cos\left(\frac{\pi}{4}-\alpha\right) + E_{\sigma2e}(z;t)\sin\left(\frac{\pi}{4}-\alpha\right)$$

$$= \frac{E_{0y}}{\sqrt{2}}\left[\cos\left(\frac{\pi}{4}-\alpha\right)\cos(\tau-\psi_2) + \sin\left(\frac{\pi}{4}-\alpha\right)\sin(\tau+\delta-\psi_2)\right]$$

$$(5-213)$$

$$E_{f2}(z;t) = E_{\sigma2e}(z;t)\cos\left(\frac{\pi}{4}-\alpha\right) + E_{\sigma1e}(z;t)\sin\left(\frac{\pi}{4}-\alpha\right)$$

$$= \frac{E_{0y}}{\sqrt{2}}\left[\cos\left(\frac{\pi}{4}-\alpha\right)\sin(\tau+\delta-\psi_2) + \sin\left(\frac{\pi}{4}-\alpha\right)\cos(\tau-\psi_2)\right]$$

$$(5-214)$$

1/4 波相位板 Q_2 的出射面视场为

$$E_{s2}(z;t) = \frac{E_{0y}}{\sqrt{2}}\left[\cos\left(\frac{\pi}{4}-\alpha\right)\cos\left(\tau-\psi_2-\frac{\pi}{2}-\psi_1\right) + \sin\left(\frac{\pi}{4}-\alpha\right)\sin\left(\begin{array}{c}\tau+\delta-\psi_2\\-\frac{\pi}{2}-\psi_1\end{array}\right)\right]$$

$$= \frac{E_{0y}}{\sqrt{2}}\left[\cos\left(\frac{\pi}{4}-\alpha\right)\sin(\tau-\psi_2-\psi_1) + \sin\left(\frac{\pi}{4}-\alpha\right)\cos(\tau+\delta-\psi_2-\psi_1)\right]$$

$$(5-215)$$

$$E_{f2}(z;t) = \frac{E_{0y}}{\sqrt{2}}\left[\cos\left(\frac{\pi}{4}-\alpha\right)\sin(\tau+\delta-\psi_2-\psi_1) + \sin\left(\frac{\pi}{4}-\alpha\right)\cos(\tau-\psi_2-\psi_1)\right]$$

$$(5-216)$$

由于分析仪透射方向沿 x 轴,因此分析仪透射的视场为

$$E_t = \frac{E_{s2}(z;t)}{\sqrt{2}} - \frac{E_{f2}(z;t)}{\sqrt{2}}$$

$$= \frac{E_{0y}}{2}\left[\sin\left(\frac{\pi}{4}-\alpha\right)\cos(\tau+\delta-\psi_2-\psi_1) - \cos\left(\frac{\pi}{4}-\alpha\right)\sin(\tau+\delta-\psi_2-\psi_1)\right] +$$

$$\cos\left(\frac{\pi}{4}-\alpha\right)\sin(\tau-\psi_2-\psi_1) - \sin\left(\frac{\pi}{4}-\alpha\right)\cos(\tau-\psi_2-\psi_1)$$

$$= \frac{E_{0y}}{2}\left[-\sin\left(\tau+\delta-\psi_2-\psi_1+\frac{\pi}{4}-\alpha\right) + \sin\left(\tau-\psi_2-\psi_1+\frac{\pi}{4}-\alpha\right)\right]$$

$$= E_{0y}\sin\left(\frac{\delta}{2}\right)\left[\cos\left(\tau-\psi_2-\psi_1+\frac{\pi}{4}-\alpha+\frac{\delta}{2}\right)\right]$$

$$(5-217)$$

其代表振幅为 $E_{0y}\sin(\delta/2)$ 的波。因此,强度分布可表示为

$$I(\delta) = I_0\sin^2\frac{\delta}{2} \qquad (5-218)$$

这表示暗视场配置。同样,可使用琼斯演算轻松执行该分析。可通过琼斯演算跟踪通过各分量的偏振态情况,有

$$\mathbb{E}_{0t} = P_x R\left(\frac{-\pi}{4}\right) Q_2 R\left(\frac{\pi}{4}\right) R(-\alpha) J_{\text{PEM}}(\delta) R(\alpha) R\left(\frac{\pi}{4}\right) Q_1 R\left(\frac{-\pi}{4}\right) P_y E_{0y}$$

$$(5-219)$$

或

$$\mathbb{E}_t = \begin{pmatrix} 1 & 0 \\ 0 & 0 \end{pmatrix} \begin{pmatrix} \cos\frac{\pi}{4} & -\sin\frac{\pi}{4} \\ \sin\frac{\pi}{4} & \cos\frac{\pi}{4} \end{pmatrix} \begin{pmatrix} e^{-i\pi/4} & 0 \\ 0 & e^{i\pi/4} \end{pmatrix} \begin{pmatrix} \cos\frac{\pi}{4} & \sin\frac{\pi}{4} \\ -\sin\frac{\pi}{4} & \cos\frac{\pi}{4} \end{pmatrix}$$

$$\begin{pmatrix} \cos\alpha & -\sin\alpha \\ \sin\alpha & \cos\alpha \end{pmatrix} \begin{pmatrix} e^{-i\delta/4} & 0 \\ 0 & e^{i\delta/4} \end{pmatrix} \begin{pmatrix} \cos\alpha & \sin\alpha \\ -\sin\alpha & \cos\alpha \end{pmatrix} \qquad (5-220)$$

$$\begin{pmatrix} \cos\frac{\pi}{4} & \sin\frac{\pi}{4} \\ -\sin\frac{\pi}{4} & \cos\frac{\pi}{4} \end{pmatrix} \begin{pmatrix} e^{-i\pi/4} & 0 \\ 0 & e^{i\pi/4} \end{pmatrix} \begin{pmatrix} \cos\frac{\pi}{4} & -\sin\frac{\pi}{4} \\ \sin\frac{\pi}{4} & \cos\frac{\pi}{4} \end{pmatrix} \begin{pmatrix} 0 & 0 \\ 0 & 1 \end{pmatrix} E_{0y}$$

可改写为

$$\begin{pmatrix} \mathbb{E}_{0t} \\ 0 \end{pmatrix} = \begin{pmatrix} 1 & 0 \\ 0 & 0 \end{pmatrix} \frac{1}{\sqrt{2}} \begin{pmatrix} 1 & i \\ i & 1 \end{pmatrix} \begin{pmatrix} \cos^2\alpha\, e^{-i\delta/2} + \sin^2\alpha\, e^{i\delta/2} & -i\sin2\alpha\sin\frac{\delta}{2} \\[2mm] -i\sin2\alpha\sin\frac{\delta}{2} & \sin^2\alpha\, e^{-i\delta/2} + \cos^2\alpha\, e^{i\delta/2} \end{pmatrix}$$

$$\frac{1}{\sqrt{2}} \begin{pmatrix} 1 & -i \\ -i & 1 \end{pmatrix} \begin{pmatrix} 0 & 0 \\ 0 & 1 \end{pmatrix} \begin{pmatrix} 0 \\ E_{0y} \end{pmatrix}$$

简化后,可得

$$\begin{pmatrix} \mathbb{E}_{0t} \\ 0 \end{pmatrix} = \begin{bmatrix} 0 & (-\cos2\alpha - i\sin2\alpha)\sin\frac{\delta}{2} \\ 0 & 0 \end{bmatrix} \begin{pmatrix} 0 \\ E_{0y} \end{pmatrix} \qquad (5-221)$$

透射波强度为

$$I_t(\delta) = \frac{|\mathbb{E}_{0t}|^2}{2c\mu_0} = \frac{|E_{0y}|^2}{2c\mu_0}(-\cos2\alpha - i\sin2\alpha)(-\cos2\alpha + i\sin2\alpha)\sin^2\frac{\delta}{2} = I_0\sin^2\frac{\delta}{2}$$

$$(5-222)$$

显然,这属于暗视场配置,因为当不存在应力时,透射强度为零。

另一方面,如果分析仪方向确保其透光轴与偏振镜轴平行,则透射场可表示为

$$\begin{pmatrix} 0 \\ \mathbb{E}_{0t} \end{pmatrix} = \begin{pmatrix} 0 & 0 \\ 0 & 1 \end{pmatrix} \frac{1}{\sqrt{2}} \begin{pmatrix} 1 & i \\ i & 1 \end{pmatrix} \begin{pmatrix} \cos^2\alpha\, e^{-i\delta/2} + \sin^2\alpha\, e^{i\delta/2\cdot} & -i\sin2\alpha\sin\frac{\delta}{2} \\[2mm] -i\sin2\alpha\sin\frac{\delta}{2} & \sin^2\alpha\, e^{-i\delta/2} + \cos^2\alpha\, e^{i\delta/2} \end{pmatrix}$$

$$(5-223)$$

$$\frac{1}{\sqrt{2}}\begin{pmatrix} 1 & -i \\ -i & 1 \end{pmatrix}\begin{pmatrix} 0 & 0 \\ 0 & 1 \end{pmatrix}\begin{pmatrix} 0 \\ E_{0y} \end{pmatrix}$$

在对式(5-223)进行简化后,可得

$$\begin{pmatrix} 0 \\ E_{0t} \end{pmatrix} = \begin{pmatrix} 0 & 0 \\ 0 & \sin^2\alpha\cos\dfrac{\delta}{2} + \cos^2\alpha\cos\dfrac{\delta}{2} \end{pmatrix}\begin{pmatrix} 0 \\ E_{0y} \end{pmatrix}$$

因此,有

$$E_{0t} = E_{0y}\cos\frac{\delta}{2} \Rightarrow I(\delta) = I_0\cos^2\frac{\delta}{2} \tag{5-224}$$

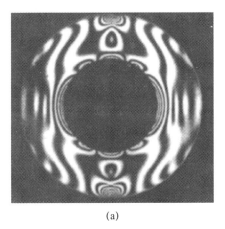 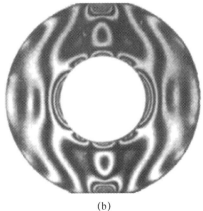

(a)   (b)

图 5-46 (a)暗视场和(b)亮视场中的等色线。

当没有应力分布时,$\delta=0$,因此透射强度达到最大值且保持均匀。因此,这代表亮视场配置。

式(5-218)和式(5-224)表明曲面偏振光镜中分析仪出射的光强度仅为主应力差值$(\sigma_1 - \sigma_2)$的函数,且已消除等倾线。

在暗视场配置中,在$\delta = 2m\pi(m=0,1,2,\cdots)$时,出现暗条纹,分别对应于整体等色条纹级次$m=0,1,2,\cdots$。图5-46(a)为条纹图示例。但是,对于亮视场配置,当$\delta = (2m+1)\pi$时,可获得暗条纹。

对应于半阶等色条纹,即$m=1/2,3/2,5/2,\cdots$,亮视场条纹图如图5-46(b)所示。

5.4.9.3 评价步骤

采用平面偏振光镜确定模型中任何一点的主应力方向。偏振镜和分析仪围绕光轴旋转,直到等斜线穿过相关点。透光轴的倾斜度说明了主应力方向。暗视场中的主应力差$(\sigma_1 - \sigma_2)$为

$$(\sigma_1 - \sigma_2) = \frac{mf_\sigma}{d} \qquad (5-225)$$

而在亮视场中主应力差为

$$(\sigma_1 - \sigma_2) = \left(m + \frac{1}{2}\right)\frac{f_\sigma}{d} \qquad (5-226)$$

因此,在计算$(\sigma_1 - \sigma_2)$前,需知道材料条纹值f_σ。使通过校准获得材料条纹值f_σ,具有相同光弹性材料和厚度的圆盘用作模型并径向加载。测量圆盘中心的条纹级次,并按照公式计算f_σ,即

$$f_\sigma = \frac{8Fd}{n\pi D} \qquad (5-227)$$

式中:F为施加的力;D为圆盘直径;N为光盘中心的测量条纹级次。

还有其他采用拉伸加载或弯曲的校准方法。

通过使用材料条纹值和等色线阶数m,确定任意模型中的主应力差$(\sigma_1 - \sigma_2)$。但是,阶数m从$m=0$开始计数,而后者通常未知。如果模型中确实存在,可通过白光照明简便地确定该级次,因为$m=0$是消色差条纹,而高级次条纹为彩色条纹。因此,光弹性仪通常配备两种光源:用于定位零阶数等色线的白光源;用于计数高阶数等色线的单色光源。如果在没有亮等色线和暗等色线通过的某点应存在主应力差,则要采用某些测量微小条纹级次的方法。用于测量微小条纹级次的方法,参见第5.4.10节。

5.4.10 微小条纹级次的测量

此处所述的方法假设主应力方向已知。一种方法是采用 Babinet 或 Soleil – Babinet 补偿器。补偿器的主轴沿主应力方向排列。随后,可引入附加的相位差将暗等色线移动到相关点,并且从补偿器读取额外的相移。另一种方法称为塔迪法,其利用1/4波相位板进行补偿。

5.4.10.1 塔迪法

该方法利用暗视场配置中的平面偏振光镜,其中强度分布由$I = I_0 \sin^2 2\alpha \sin^2(\delta/2)$确定。观察区域包含等色线和等倾线。现在测量如图5-47所示点P处的微小等色线阶数。

由于暗视场配置,完整等色线阶数对应于暗条纹,并且为使用暗条纹,我们需要照亮点P及周围区域。为此,将偏振镜—分析仪组合旋转45°,使其透光轴与主应力方向成45°角。现在通过$I = I_0 \sin^2(\delta/2)$确定强度分布。现在,在模型和分析仪之间插入1/4波相位板,使其主轴平行于偏振镜和分析仪的透光轴。现在,可根据第5.4.11节所述的相移,通过旋转分析仪将等色线移动一定角度。

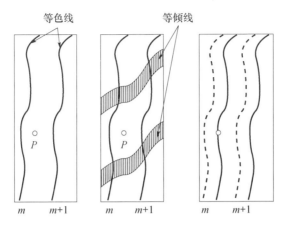

图 5－47　塔迪补偿法

令偏振镜透射方向与模型中主应力方向 σ_2 成 45°角；模型中的主应力方向沿 x 轴和 y 轴，σ_1 沿 x 轴，如图 5－48 所示。

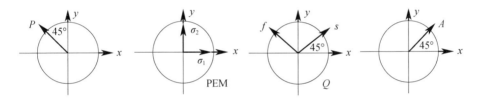

图 5－48　塔迪法各分量安排

从偏振镜出射的波振幅为

$$E_p(z;t) = E_{op}\cos(\omega t - kz) \qquad (5-228)$$

沿着模型中主应力方向分解波的振幅。模型出射面振动分量为

$$E_{\sigma 1e}(z;t) = \frac{E_{op}}{\sqrt{2}}\cos(\omega t - kz - \psi_2 - \delta) \qquad (5-229)$$

$$E_{\sigma 2e}(z;t) = \frac{E_{op}}{\sqrt{2}}\cos(\omega t - kz - \psi_2) \qquad (5-230)$$

$$\psi_2 = (2\pi/\lambda)(\mu_1 - 1)d$$

$$\delta = (2\pi/\lambda)(\mu_1 - \mu_2)d$$

式中：μ_1 和 μ_2 为沿主应力方向的折射率。我们现在引入 1/4 波相位板 Q，其慢轴与 x 轴成 45°角。现在模型出射振幅将沿着 1/4 波相位板的快轴和慢轴进行分解。通过 1/4 波相位板后的振幅表示为

$$E_{fe} = \frac{E_{op}}{2}[\cos(\omega t - kz - \psi_2 - \psi_1) + \cos(\omega t - kz - \psi_2 - \delta - \psi_1)] \quad (5-231)$$

$$E_{se} = \frac{E_{op}}{2}\Big[\cos\Big(\omega t - kz - \psi_2 - \psi_1 - \frac{\pi}{2} \Big) - \cos\Big(\omega t - kz - \psi_2 - \delta - \psi_1 - \frac{\pi}{2} \Big) \Big]$$

$$= \frac{E_{op}}{2}[\sin(\omega t - kz - \psi_2 - \psi_1) - \sin(\omega t - kz - \psi_2 - \delta - \psi_1)]$$

$$(5-232)$$

由于分析仪透光轴平行于 1/4 波相位板的慢轴,将仅透射 E_{se} 分量。因此,分析仪透射波振幅为

$$E_{se} = E_{op}\sin\Big(\frac{\delta}{2} \Big)\cos\Big(\omega t - kz - \psi_2 - \frac{\delta}{2} - \psi_1 \Big) \qquad (5-233)$$

其对应于暗视场配置。我们现在将分析仪旋转 χ,分析仪将传输 E_{fe} 和 E_{se} 分量。透射振幅为

$$E_t = E_{se}\cos\chi + E_{fe}\sin\chi$$

$$= \frac{E_{op}}{2}[\cos\chi\sin\tau - \cos\chi\sin(\tau - \delta) + \sin\chi\cos\tau + \sin\chi\cos(\tau - \delta)]$$

$$= \frac{E_{op}}{2}[\sin(\chi + \tau) + \sin(\chi - \tau + \delta)] = E_{op}\sin\Big(\chi + \frac{\delta}{2} \Big)\cos\Big(\tau - \frac{\delta}{2} \Big)$$

$$(5-234)$$

式中: $\tau = [\omega t - kz - \psi_2 - \psi_1 - (\pi/2)]$。

式(5-234)代表振幅为 $E_{op}\sin[\chi + (\delta/2)]$ 的波。因此,波的强度由 $I = I_0 \sin^2[\chi + (\delta/2)]$ 确定。对于第 m 级等色线, $\delta = 2m\pi$,因此,该点的强度必须满足 $I = I_0 \sin^2\chi$。当 $\chi = 0$ 时,明显为零。当 $\chi = \pi$ 时,相同位置处的强度也将为零,但是,第 m 阶等色线将移动到第 $(m+1)$ 级等色线。换言之,分析仪旋转 π 使等色线移动 1 阶。因此,如果分析仪旋转角度 χ_p,将等色线移动到点 P,则该点处的分数阶必须等于 χ_p/π。

5.4.11 相移

相移是根据强度数据自动评估相位图的一种技术。但是,由于参干涉光束沿相同路径传播,并且某个波的相位不能独立于另一波而改变,其在光弹性中具有特殊意义,类似于其他干涉测量方法。因此,我们提出了光弹性中相移的其他方法。

5.4.11.1 等倾线计算

这种方法采用亮视场平面偏振光镜。该配置中的透射强度为

$$I = I_0 - I_0 \sin^2 2\alpha \sin^2\Big(\frac{\delta}{2} \Big)$$

$$= I_0 \Big[1 - \sin^2\Big(\frac{\delta}{2} \Big)(1 - \cos^2 2\alpha) \Big]$$

$$= I_0 \left[1 - \frac{1}{2}\sin^2\left(\frac{\delta}{2}\right)(1 - \cos4\alpha) \right]$$

$$= I_B + V\cos4\alpha \qquad (5-235)$$

式中: $I_B = I_0[1 - (1/2)\sin^2(\delta/2)]$, $V = (1/2)\sin^2(\delta/2)$。

当整个光弹性仪旋转 β 时,透射强度可表示为

$$I = I_B + V\cos4(\alpha - \beta) \qquad (5-236)$$

式中: I_B 和 V 都取决于等色参数的值,因此取决于所用光的波长。但是,等斜率参数不依赖于所用光的波长。可采用四步算法,其中强度数据来自 $\beta_i = (i-1)\pi/8, i = 1, 2, 3, 4$,等倾线相位可表示为

$$\tan4\alpha = \frac{I_4 - I_2}{I_3 - I_1} \qquad (5-237)$$

除调制 V 非常小的区域外,可根据该关系式获得等倾线相位。由于 V 取决于 δ,因此低调制区域取决于波长。如果使用单色光,则可能存在 δ 值使调制不可用的区域。但是,使用白光源可克服该问题,因为对应于给定波长的低调制区域将是另一波长的高调制区域。因此,除在调制明显为零的零级次条纹处,将保持足以使用的高水平。

5.4.11.2 等色线计算

如塔迪补偿法所示,某点处的等色条纹可通过从交叉位置旋转分析仪而移动,即分析仪旋转 π 可使等色线移动 1 阶。它提供了很好的相移方法,但其也有缺点:需要事先确定主轴;根据等斜线参数的固定值计算等色线。通过在分析仪的四个位置获取强度数据,即 0°、45°、90° 和 135°,可逐像素获得等色线相位。

我们现在提出一种不存在上述缺点的方法,即在曲面偏振光镜的几个方向上采集强度数据。以下介绍配置以及透射强度表达式。

编号	光弹性仪配置	透射强度
1	$P_{\pi/2}Q_{\pi/4}Q_{\pi/4}A_{\pi/4}$	$I_1 = (I_0/2)(1 + \cos2\alpha\sin\delta)$
2	$P_{\pi/2}Q_{\pi/4}Q_{-\pi/4}A_{\pi/4}$	$I_2 = (I_0/2)(1 - \cos2\alpha\sin\delta)$
3	$P_{\pi/2}Q_{\pi/4}Q_{-\pi/4}A_0$	$I_3 = (I_0/2)(1 - \cos\delta)$
4	$P_{\pi/2}Q_{\pi/4}Q_{\pi/4}A_0$	$I_4 = (I_0/2)(1 + \cos\delta)$
5	$P_{-\pi/4}Q_{\pi/2}Q_{\pi/2}A_0$	$I_5 = (I_0/2)(1 + \sin2\alpha\sin\delta)$
6	$P_{-\pi/4}Q_{\pi/2}Q_0A_{\pi/2}$	$I_6 = (I_0/2)(1 - \sin2\alpha\sin\delta)$
7	$P_{-\pi/4}Q_{\pi/2}Q_0A_{\pi/4}$	$I_7 = (I_0/2)(1 - \cos\delta)$
8	$P_{-\pi/4}Q_{\pi/2}Q_{\pi/2}A_{\pi/4}$	$I_8 = (I_0/2)(1 + \cos\delta)$

根据上述 8 项透射强度数据,根据关系式计算各像素处的等色图案相位,即

$$\tan\delta = \frac{(I_1 - I_2)\cos2\alpha + (I_5 - I_6)\sin2\alpha}{\frac{1}{2}[(I_4 - I_3) + (I_8 - I_7)]} \tag{5-238}$$

可以看出,I_3 和 I_4 理论上等于 I_7 和 I_8。但是,在实践中,由于光弹性仪的缺陷,可能存在差异,因此,算法中可使用所有四个值。

FT 方法也可用于相位评估。载体条纹图由适当楔角的双折射楔形相位板引入。通常情况下,载波频率应为 3~5 线/mm。板靠近模型放置。使用 FT 方法捕获并处理条纹图样。

5.4.12 双折射涂层方法—反射式光弹性仪

在目标表面上使用双折射涂层的方法,同样适用于将光弹性用于测量不透明目标上表面应变,因此不必再制造模型。在该方法中,将一层薄的双折射材料黏合到目标表面上。假设附着力良好,则在加载时目标表面上的位移转移到涂层上,导致涂层中发生双折射。在反射中观察到应变诱导的双折射。为获得良好的反射强度,可抛光目标表面使其产生自然反射或在水泥中添加反射颗粒,将双折射涂层黏合到目标表面。图 5-49 所示为用于双折射涂层的反射式光弹性仪示意图。

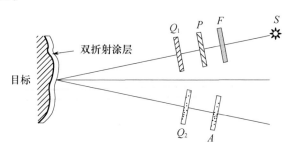

图 5-49 反射光弹性仪示意图

反射式光弹性仪既可用作平面偏振光镜,也可用作曲面偏振光镜。通过曲面偏振光镜获得的等色线,可以得到涂层中主应力的差异,即

$$(\sigma_1 - \sigma_2)_c = \frac{m f_{\sigma c}}{2d} \tag{5-239}$$

式中:d 为厚度;$f_{\sigma c}$ 为涂层条纹值;下标 c 代表涂层。由于光两次穿过几乎相同的区域,因此有效厚度为 $2d$。主要应变与胡克定律规定的主应力相关,因此,我们获得主要应变差为

$$\varepsilon_1 - \varepsilon_2 = \frac{1 + \nu_c}{E_c}(\sigma_1 - \sigma_2)_c \qquad (5-240)$$

式中：E_c 和 ν_c 为双折射涂层材料的弹性常数。同样，我们可将目标表面的主应变差异表述为

$$\varepsilon_1 - \varepsilon_2 = \frac{1 + \nu_o}{E_o}(\sigma_1 - \sigma_2)_o \qquad (5-241)$$

式中：下标 o 代表目标。假设涂层和目标表面的应变相同，可得

$$(\sigma_1 - \sigma_2)_o = \frac{E_o}{E_c}\frac{1 + \nu_c}{1 + \nu_o}(\sigma_1 - \sigma_2)_c \qquad (5-242)$$

通过倾斜入射方法完成涂层中的应力分离。因此，可计算涂层中的主应变。获得涂层中主应变后，目标表面的主应力可通过以下方程获得，即

$$\sigma_{1o} = \frac{E_o}{1 - \nu_o^2}(\varepsilon_1 + \nu_o\varepsilon_2) \qquad (5-243)$$

$$\sigma_{2o} = \frac{E_o}{1 - \nu_o^2}(\varepsilon_2 + \nu_o\varepsilon_1) \qquad (5-244)$$

该分析基于涂层中和目标表面应变相同的假设。

5.4.13　全息光弹性

除了从光弹性获得的 $(\sigma_1 - \sigma_2)$ 外，分离应力还需知道 σ_1 或 σ_2 或 $(\sigma_1 + \sigma_2)$。例如，使用 Mach – Zehnder 干涉仪在干涉情况下获得主应力总和。另一方面，全息光弹性同时提供属于 $(\sigma_1 - \sigma_2)$ 和 $(\sigma_1 + \sigma_2)$ 的条纹图，从而可便捷地分离应力。但是，该方法需要使用相干光提供照明。此处，我们使用全息术记录通过模型透射的波，然后重建该记录提取信息。可通过两种方法应用该技术。第一种方法中，我们仅获得等色线，因此该方法相当于曲面偏振光镜，同时还可灵活评价条纹图样。第二种方法中，获得等色线和等和线条纹图样。第二种方法需要两次曝光，称为双重曝光全息光弹性，而第一种方法是单曝光方法。

5.4.13.1　单曝光全息光弹性

用于进行单曝光全光弹性实验的实验装置如图 5-50 所示。当光束在水平平面中传播时，激光器所光线通常会发生偏振，其 **E** 矢量在垂直平面中振动，光束进行扩展和准直。如果激光器输出发生随机偏振，可使用偏振镜，然后是位于 45° 的 1/4 波相位板。简言之，模型由圆偏振波照射。模型已经受到压力，因为为双折射。参考波也是圆偏振并且具有相同的旋向性，从而在干涉情况下记录电场的两个分量。

模型后的波分量表示为

$$E_{\sigma_1} = \frac{E_{0y}}{\sqrt{2}}\cos(\omega t - \kappa z + \psi_2) = \frac{E_{0y}}{\sqrt{2}}\cos(\tau + \psi_2) \qquad (5-245)$$

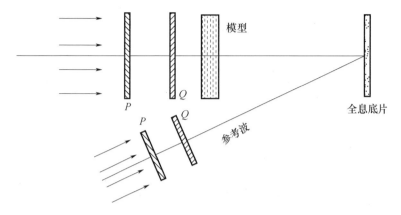

图 5-50 单曝光全息光弹性的实验装置

$$E_{\sigma_2} = -\frac{E_{0y}}{\sqrt{2}}\sin(\omega t - \kappa z + \psi_2) = -\frac{E_{0y}}{\sqrt{2}}\sin(\tau + \psi_2 + \delta) \qquad (5-246)$$

$$\psi_2 = -(2\pi/\lambda)(\mu_1 - 1)d_1$$

$$\delta = (2\pi/\lambda)(\mu_1 - \mu_2)d_1$$

式中:d_1 为应力模型的厚度。与第 5.1.1 节关于全息术的处理一致,我们通过指数函数将此类分量写为

$$E_{\sigma_1}(z;t) = \mathrm{Re}\left[\frac{E_{0y}}{\sqrt{2}}\mathrm{e}^{\mathrm{i}(\tau_1 + \psi_2)}\right] \qquad (5-247)$$

$$E_{\sigma_2}(z;t) = \mathrm{Re}\left\{\frac{E_{0y}}{\sqrt{2}}\mathrm{e}^{\mathrm{i}[\tau_1 + \psi_2 + (\pi/2) + \delta]}\right\} \qquad (5-248)$$

由于单色波用于照明,τ_1 没有时间依赖性,因此被忽略。此外,$\mathrm{Re}\{\cdots\}$ 是指实部。类似地,参考波组件写为

$$E_{r_1} = \mathrm{Re}[a_r\mathrm{e}^{\mathrm{i}\phi_r}] \qquad (5-249)$$

$$E_{r_2} = \mathrm{Re}\{a_r\mathrm{e}^{\mathrm{i}[\phi_r + (\pi/2)]}\} \qquad (5-250)$$

由于此类分量为正交偏振,会干扰各分量,为此我们记录了两张全息图。记录强度为

$$I = \left|E_{\sigma_1} + E_{r_1}\right|^2 + \left|E_{\sigma_2} + E_{r_2}\right|^2 \qquad (5-251)$$

关于处理的记录为全息图。假设为线性记录并且采用释放两个光束的参考光束进行照明,此类光束干涉并产生以下类型的强度分布,即

$$I = I'_0\left|\mathrm{e}^{\mathrm{i}(\tau_1 + \psi_2)} + \mathrm{e}^{\mathrm{i}(\tau_1 + \psi_2 + \delta)}\right|^2 = I_0(1 + \cos\delta) \qquad (5-252)$$

这是在亮视场曲面偏振光镜中获得的强度分布。值得注意的是,在记录期间,1/4 波相位板—分析仪组合未放置在模型后。参考波中的偏振态起到该组件的作用。如果参考波中的偏振态与来自模型的目标波中的偏振态正交,即参考波具有相反的旋向性,则将获得对应于暗视场曲面偏振光镜的等色线图案。

5.4.13.2 双重曝光全息光弹性

用于进行双重曝光全光弹性研究的实验装置类似于图 5-50 所示的装置。该模型由圆偏振波照射,并且具有相同旋向性的另一个圆偏振波用作参考波。第一次曝光是在无应力模型下进行的,第二次曝光在应力模型下进行。在第一次曝光期间,模型具有各向同性。但是,为与之前采用的处理方法保持一致,我们将第一次曝光中记录的目标和参考波振幅表示为

$$E_1(z;t) = \mathrm{Re}\left[\frac{E_{0y}}{\sqrt{2}}\mathrm{e}^{i(\tau_1+\psi_0)}\right] \tag{5-253}$$

$$E_2(z;t) = \mathrm{Re}\left\{\frac{E_{0y}}{\sqrt{2}}\mathrm{e}^{i[\tau_1+\psi_2+(\pi/2)]}\right\} \tag{5-254}$$

式中:$\psi_0 = -(2\pi/\lambda)(\mu_0-1)d$,且

$$E_{r_1} = \mathrm{Re}[a_r\mathrm{e}^{i\phi_r}] \tag{5-255}$$

$$E_{r_2} = \mathrm{Re}\{a_r\mathrm{e}^{i[\phi_r+(\pi/2)]}\} \tag{5-256}$$

在第二次曝光中,我们记录来自应力模型的两个波。这些波表示为

$$E_{\sigma_1}(z;t) = \mathrm{Re}\left[\frac{E_{0y}}{\sqrt{2}}\mathrm{e}^{i(\tau_1+\psi_2)}\right] \tag{5-257}$$

$$E_{\sigma_2}(z;t) = \mathrm{Re}\left\{\frac{E_{0y}}{\sqrt{2}}\mathrm{e}^{i[\tau_1+\psi_2+(\pi/2)+\delta]}\right\} \tag{5-258}$$

$\psi_2 = -(2\pi/\lambda)(\mu_1-1)d_1$ 和 $\delta = (2\pi/\lambda)(\mu_1-\mu_2)d_1$。参考波与第一次曝光相同。如前所述,我们在第二次曝光中记录了两张全息图;记录的强度由式(5-197)确定。所记录的强度可表示为

$$I = |E_1+E_{r_1}|^2 + |E_2+E_{r_2}|^2 + |E_{\sigma_1}+E_{r_1}|^2 + |E_{\sigma_2}+E_{r_2}|^2 \tag{5-259}$$

在双重曝光全息图重现时,相关的波振幅与下式成正比,即

$$2\mathrm{e}^{i(\tau_1+\psi_0)} + \mathrm{e}^{i(\tau_1+\psi_2)} + \mathrm{e}^{i(\tau_1+\psi_2+\delta)} \tag{5-260}$$

这三个波干涉产生等色线$(\sigma_1-\sigma_2)$和等和线$(\sigma_1+\sigma_2)$条纹图样系统。干涉图中的强度分布为

$$I = I_0\left[1 + 2\cos\left(\frac{2\psi_2+\delta-2\psi_0}{2}\right)\cos\frac{\delta}{2} + \cos^2\frac{\delta}{2}\right] \tag{5-261}$$

在继续之前,我们需要了解$(2\psi_2+\delta-2\psi_0)$代表什么。替换ψ_2、δ 和 ψ_0,可得

$$\begin{aligned}
2\psi_2+\delta-2\psi_0 &= -\frac{2\pi}{\lambda}[2(\mu_1-1)d_1 - (\mu_1-\mu_2)d_1 - 2(\mu_0-1)d] \\
&= -\frac{2\pi}{\lambda}[(\mu_1+\mu_2)d_1 - 2\mu_0 d - 2\Delta d] \\
&= -\frac{2\pi}{\lambda}[(\mu_1-\mu_0)d + (\mu_2-\mu_0)d + (\mu_1+\mu_2)\Delta d - 2\Delta d]
\end{aligned} \tag{5-262}$$

式中：$\Delta d = d_1 - d$。假设双折射较小，使得可用 $2\mu_0$ 代替 $(\mu_1 + \mu_2)$，然后分别代替式 5 – 180 和 5 – 181 中的 $(\mu_1 - \mu_0)$ 和 $(\mu_2 - \mu_0)$，并且根据式（5 – 193），可得

$$2\psi_2 + \delta - 2\psi_0 = -\frac{2\pi}{\lambda}\Big[(C_1 + C_2)(\sigma_1 + \sigma_2)d - 2(\mu_0 - 1)\frac{\nu}{E}(\sigma_1 + \sigma_2)d \Big]$$

$$= -\frac{2\pi}{\lambda}\Big\{ \Big[(C_1 + C_2) - 2(\mu_0 - 1)\frac{\nu}{E} \Big](\sigma_1 + \sigma_2)d \Big\} \quad (5-263)$$

$$= \frac{2\pi}{\lambda}[(C_1' + C_2')(\sigma_1 + \sigma_2)d] = \frac{2\pi}{\lambda}C'(\sigma_1 + \sigma_2)d$$

因此，可以看出，式（5 – 261）中第二项余弦函数的自变量仅取决于主应力的总和，因此，产生等值条纹图样。可将式（5 – 261）重新表述为

$$I = I_0\Big\{ 1 + 2\cos\Big[\frac{\pi}{\lambda}C'(\sigma_1 + \sigma_2)d \Big]\cos\Big[\frac{\pi}{\lambda}C(\sigma_1 - \sigma_2)d \Big] + \cos^2\Big[\frac{\pi}{\lambda}C(\sigma_1 - \sigma_2)d \Big] \Big\}$$

$$(5-264)$$

可以看出，式（5 – 264）中第二项包含有关等和线的信息，而第二项和第三项包含有关等色线的信息。图 5 – 51 为描绘两类条纹的干涉图。我们现在将阐述式（5 – 264），并研究等色线和等和线的形成。

由于我们使用亮视场配置，因此，在以下情况时，会出现暗等色线，即

$$\frac{\pi}{\lambda}C(\sigma_1 - \sigma_2)d = (2n+1)\frac{\pi}{2} \quad (5-265)$$

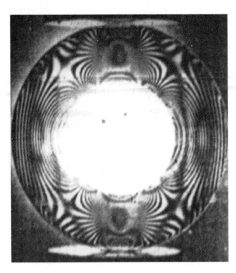

图 5 – 51　显示等色线（宽条纹）和等和线的干涉图注意当等压线穿过等色线时的 π 相移

但是，暗等色线的强度不是零而是 I_0。当 $(\pi/\lambda)C(\sigma_1 - \sigma_2)d = n\pi$ 时的亮等色线以及亮等色线的强度为

$$I = I_0\left\{1 + (-1)^n\cos\left[\frac{\pi}{\lambda}C'(\sigma_1 + \sigma_2)d\right]\right\} \quad (5-266)$$

亮等色线的强度通过等和线调制。让我们首先考虑强度为偶数阶的亮等色线,其强度为

$$I = 2I_0\left\{1 + \cos\left[\frac{\pi}{\lambda}C'(\sigma_1 + \sigma_2)d\right]\right\} \quad (5-267)$$

在满足以下情况时,亮等色线强度为零,即

$$\frac{\pi}{\lambda}C(\sigma_1 + \sigma_2)d = (2K+1)\pi \quad K=0,1,2,3,\cdots \quad (5-268)$$

式中:整数 K 为等和线阶数。只要满足该条件,等色线的强度为零。因此,等和线用于调制亮等色线。接下来我们将论述下一阶亮等色线的情况。显然,该等色线的强度分布为

$$I = 2I_0\left\{1 - \cos\left[\frac{\pi}{\lambda}C'(\sigma_1 + \sigma_2)d\right]\right\} \quad (5-269)$$

如果我们替代该方程中第 K 阶暗等和线条件,获得最大强度为 $4I_0$。表明第 K 阶等和线改变了半阶,从亮等色线转移到下一亮等色线。

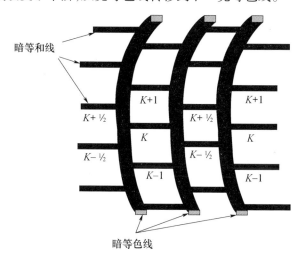

图 5-52　简化组合等色线和等和线图案(绘制)

当两个条纹族几乎保持垂直时,解释十分简单并且有效,如图 5-52 所示。在另一种极端情况下,等色线和等和线相互平行,该分析无效。因此,建议使用某种方法分离这两个条纹图样。将光束两次穿过模型和法拉第旋转器,可消除双折射的影响,从而消除等色线图案。对于模型而言,还可使用 PMMA 等材料,其双折射几乎为零或非常少。对于此类模型,仅观察到等速模式。可实时进行全息光弹性,具有一定的优势。

5.4.14 三维光弹性

截至目前,在三维应力状态下无法通过光弹性方法对目标进行研究。当偏振波通过该目标传播时,假设其为透明的,其整合在行进距离上的偏振变化。整合的光学效应非常复杂,无法对其进行分析或将其与产生它的应力联系起来。然而,存在数种研究方法。其中,我们讨论了两种方法,即冻结应力法和散射光法。冻结应力法在其应用中受限于外力加载的静态情况。

5.4.14.1 冻结应力法

冻结应力法是最有效的实验应力分析方法。它充分利用了作为模型材料的塑性材料多相性质。应力冷冻过程包括将模型加热到略高于临界温度的值,然后缓慢冷却至室温,通常在所需的加载条件下以低于2℃/小时的速度冷却。可在达到临界温度之前或之后向模型施加负载。由于模型材料在临界温度下具有较低的刚性,可能会引起弯曲和重力负载从而导致杂散应力,因此应特别注意确保模型所承受的负载正确。

在模型冷却到室温后,光学各向异性的弹性变形被永久锁定。现在将该模型切成薄片,在光弹仪下进行检查。如果操作在高速和冷却剂条件下进行,则在切片期间通常不会干扰光学各向异性。

5.4.14.2 散射光弹性

当光束穿过包含分散在体积中的细颗粒介质时,部分光束将发生散射。当粒子远小于光波长时,散射光强度变化为 ω^4,其中:ω 为光波的角频率。雷利详细研究了这种现象,并称为雷利散射。大气中气体分子的散射造成红色日落和蓝色天空的美丽景象。此外,在蓝天所产生的光线中,部分会发生线性偏振。在某些观察方向上,散射光发生线性偏振。

考虑位于图 5−53 所示 P 点的散射中心。令入射光非偏振,可将其分解成具有随机相位的两个正交线性偏振分量。在被吸收时,$y-z$ 平面中振动的入射分量将导致粒子沿 y 方向振动(相当于粒子中的电子)。再辐射的波具有沿 y 方向的零振幅。另一方面,如果粒子沿 x 方向振荡,则再辐射波在该方向上的振幅为零。因此,当观察方向沿着 $x-y$ 平面中的 y 方向穿过点 P 时,散射波将发生平面偏振,颗粒充当偏振镜。

现在我们考虑入射波线性偏振,E 矢量在 $y-z$ 平面内振动,粒子中的电子将沿 y 方向振荡。当沿 y 轴观察时,再辐射波的振幅为零。因此,颗粒充当分析仪。该照片相当于在模型中任何位置放置偏振镜和分析仪。因此,可在不冻结应力和切割模型的情况下获得应力信息。因此,散射光方法提供了可非破坏性地进行三维光学切割的方法。

5.4.14.2.1 散射光中应力模型的检验

(1)非偏振入射光。让我们考虑非偏振光窄光束路径中的应力模型。假设

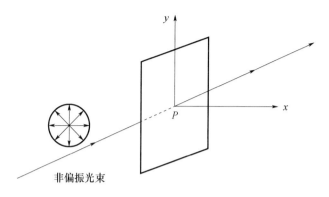

图 5 - 53　P 处散射体对非偏振光束的散射

模型中有大量的散射体。现在让我们考虑当观察方向垂直于入射光束时,由散射体在模型内点 P 处散射的光。散射光沿主应力 σ_2 和 σ_3 方向分解成不同的分量,如图 5 - 54 所示。在模型中的传输距离 PQ 时,两个正交偏振分量获得相位差。如果将分析仪放置在观察方向上,则透射强度将取决于所获得的相位差。由于入射光束非偏振,因此模型中不存在横向 AP 的影响。考虑到散射体在某位置 P 的透射强度为零;当相位差为 2π 的倍数时,会发生此类情况。当光束发生移动,以便沿着视线在同一平面中的点 P' 处照射另一散射体时,透射强度将在最小值和最大值之间经历周期性变化,具体取决于在传输距离 PP' 时获得的附加相位。但是,假设主应力 σ_2 和 σ_3 的方向在距离 PP' 上未发生变化。

　　当对从点 P 和 P' 处散射体散射的光进行分析时,令 m_1 和 m_2 为条纹级次,则有

$$x_1(\sigma_2 - \sigma_3) = m_1 f \qquad (5-270)$$

$$x_2(\sigma_2 - \sigma_3) = m_2 f \qquad (5-271)$$

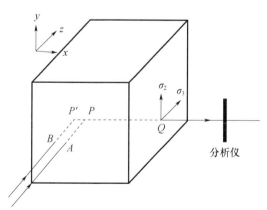

图 5 - 54　应力模型——通过非偏振光束照射并通过分析仪观察

$$x_1 = PQ$$
$$x_2 = P\,'Q$$

综合以上各式，可得

$$(\sigma_2 - \sigma_3) = \frac{m_2 - m_1}{x_2 - x_1} = \frac{\mathrm{d}m}{\mathrm{d}x}f \tag{5-272}$$

由此可以看出，沿着观察方向任何点处的主应力差与条纹级次的梯度成比例。

（2）线性偏振入射光束。下面我们将阐述入射在模型上的线性偏振光束的另一种情况，如图 5-55 所示。为简单起见，我们假设主应力方向沿 x 轴和 y 轴，偏振镜的透光轴与 x 轴成 α 角，振幅为 E_0 的入射波沿 x 方向和 y 方向分解。此类线性偏振分量在模型中以不同的速度传播，因此，获得相位差 δ。因此，在垂直于传播方向的任何平面处，波的偏振状态通常为椭圆形，可表示为

$$\frac{E_x^2}{E_0^2 \cos^2\alpha} + \frac{E_y^2}{E_0^2 \sin^2\alpha} - \frac{2E_x E_y}{E_0^2 \cos\alpha\sin\alpha}\cos\delta = \sin^2\delta \tag{5-273}$$

式中：E_x 和 E_y 分别为沿 x 和 y 方向的分量。椭圆的长轴与 x 轴成 ψ 角，有

$$\tan2\psi = \tan2\alpha\cos\delta \tag{5-274}$$

当 $\delta = 2p\pi$ 时，$p = 0, \pm 1, \pm 2, \pm 3, \pm 4, \cdots$ 波的偏振状态为线性，取向为 $\psi = \pm\alpha$。对于整数 p 的正值，任何平面上波的偏振状态与入射波相同。通常情况下，在任何平面中点 P 处的散射体由椭圆偏振波激发。在散射光弹性中，我们正在寻找垂直于传播方向的模型，即观察仅限于椭圆偏振光平面。如果沿椭圆长轴方向观察，观察者接收到的再辐射波振幅将与椭圆短轴的大小成比例，因此为最小值。另一方面，如果观察方向与短轴重合，则强度将为最大值。

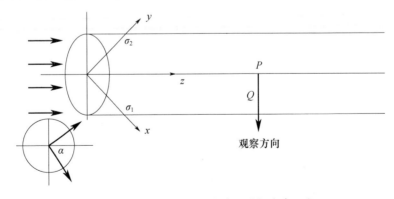

图 5-55　应力模型——由线性偏振光束照射

当光束在应力模型中传播时，椭圆偏振光随着相位差的变化而继续旋转。因此，在垂直于入射光束方向的散射光中，可以观察沿入射光束方向的模型长度的强度变化。模型中双折射对横向距离 PQ 没有影响。图 5-56（a）所示为

径向压缩下椭圆散射光应力图案。入射光束的方向和散射光的方向分别如图 5 - 56(b)所示。

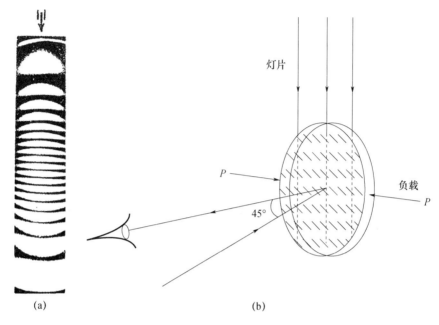

图 5 - 56　偏振光入射与散射
(a)径向压缩下圆盘的散射光图案;(b)显示照明和观察方向的示意图。

　　由于散射光强度较弱,将使用高强度入射光束。该光束源自具有适当准直光学系统的高压汞灯。由于光束能够在没有光学器件的情况下使用,因此激光器是一种具有吸引力的替代方案。模型放置在含有折射率匹配液体的罐中,避免模型表面发生折射和偏振变化。为便于进行适当调整,罐中的模型安装在能够进行平移和旋转运动的载物台上。

5.5　显微术

　　显微镜有助于查看细节。眼睛分辨度约为 10^{-4} rad,眼睛可成像的最小距离约为 25cm,称为视觉距离。因此,眼睛可清楚观察到两个相隔 0.25mm 的点。对于距离更近的目标,在成像前应进行放大。放大镜和显微镜是用于放大图像的设备。

　　显微镜还用于测量微型目标的尺寸,研究其双折射并检查表面。有各种显微镜配备多个物镜和测量设备。目标可以是透射或落射照明。

5.5.1　简单显微镜

　　图 5 - 57 所示为简单显微镜,本质上是短焦距单透镜。目标靠近透镜,且

在焦距范围内。在距离眼睛大约250mm处形成直立图像。它确定了角度放大倍数,即 $M = 1 + (250/f)$,其中焦距 f 以 mm 为单位。但是,当目标放置在焦平面上并在无穷远处成像时,则放大倍数 $M = 250/f$。显然,使用单个透镜或简单放大镜无法获得高放大倍数。

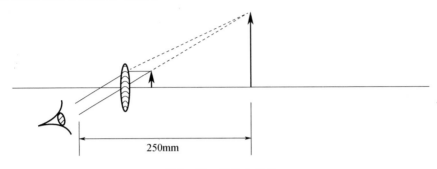

图 5 – 57　简单显微镜

5.5.2　复合显微镜

复合显微镜是两个透镜的组合,其中:物镜是经校正的短焦距复合透镜,其呈现放大图像;目镜在无穷远处形成图像。图 5 – 58 为复合显微镜示意图。

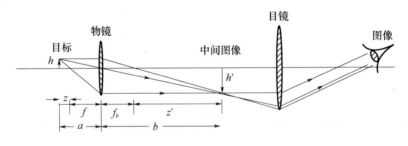

图 5 – 58　复合显微镜

放大倍数 M 由 $M = h'/h$ 确定,也可表示为 $M = b/a = f/z = z'/f_b$。此处,f_b 为后焦距,z' 为镜筒长度。镜筒长度介于 $160 \sim 210$ mm 之间,具体取决于制造商。物镜放大倍数乘以目镜放大倍数,后者以 $250/f_E$ 为单位,获得复合显微镜的放大倍数,其中 f_E 为目镜焦距。图 5 – 58 所示的原理图为有限共轭,物镜根据有限共轭位置进行校准。可以看出,如果在会聚光束中引入任何光学分量,都将引入像差并导致图像发生劣化。因此,1980 年诞生了无限校正物镜。图 5 – 59 所示为无限校正复合显微镜示意图。在物镜后,还增加了额外的透镜称为镜筒透镜。

无限校正复合显微镜放大倍数由 $M = h'/h = f_{镜筒透镜}/f_{物镜}$ 确定。物镜和镜筒透镜之间的空间用于引入其他光学元件,如偏振镜和差分干涉对比(DIC)棱镜。

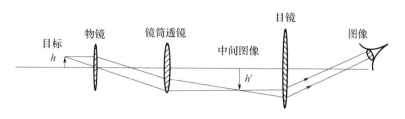

图 5-59　无限校正复合显微镜

　　真正的显微镜包含带有滤光片、聚光器、载有目标的载物台、一组位于旋转台上的物镜以及目镜的透射照明系统。相机可取代目镜,或者可同时使用目镜和相机。有一套光阑用于控制照明。有些显微镜可能同时具有落射和透射照明系统和带有测量刻度的目镜。在某些显微镜中,载物台还带有 x 和 y 位置的测量刻度。

　　根据阿贝的显微镜成像理论,衍射同时发生在目标以及显微镜目镜上。根据目标中的细节,衍射角可能很大,因此,目标可能无法从目标收集衍射场。目镜的数值孔径可用于表征其采光能力。数值孔径定义为 $NA = \mu \sin\theta$,其中 μ 为物镜前介质的折射率,θ 为物镜可捕获的锥体半角。理论上而言,θ 可取不超过 $\pi/2$ 的值。物镜的设计具有非常高的 NA 值。

　　每个显微镜物镜都具有相关规格,如数值孔径值和放大倍数。物镜通常由厚度为 0.17mm 并且折射率为 1.515 的盖玻片构成。此外,还为偏振光设计了特殊物镜,其带有 P、PO、POL 和 SF 等缩写,所有镜筒雕刻均为红色,PH 代表相差,镜筒雕刻为绿色,DIC 代表差分干涉对比度,NIC 代表诺马斯基干涉对比度。

　　显微镜呈现出具有良好分辨度的放大图像。如第 1 章所述,分辨度由衍射控制。如果我们考虑通过显微镜物镜对点目标进行成像,则其图像将不是一个点,而是众所周知的艾里分布。点图像上的强度分布为

$$I(r) = I_0 \left[\frac{2J_1(k\omega r)}{k\omega r} \right]^2 \qquad (5-275)$$

$$k = 2\pi/\lambda$$

式中:ω 为衍射角正弦;r 为极坐标。

　　图像由中心圆盘组成,周围包括强度递减的环。因此,无法任意接近并看清两个非相干点。在雷利之后,当某个目标的强度分布最大值超过第二个点强度分布的第一个最小值时,才分解两点目标。雷利准则下两点图像之间的距离 d 由 $d = 1.22\lambda/(NA_{obj} + NA_{condenser})$ 确定。当聚光器 NA($NA_{condenser}$)与物镜 NA 匹配时,距离 d 由 $d = 0.61\lambda/NA_{obj}$ 确定。

　　请注意,直射和衍射光的组合(或直射和衍射光的操纵)将在图像形成中发挥至关重要的作用。此类操作主要在物镜后焦平面以及台下聚光器前聚焦平面上进行。该原理构成大多数对比度增强方法的基础。

5.5.3　科勒照明

1983 年,科勒在灯中加入聚光透镜,并通过该聚光透镜。灯的图像聚焦在聚光器前孔上,然后通过聚光镜聚焦控制将视场光阑聚焦在样本上。该方法可提供明亮、均匀的照明,并固定显微镜光学器件焦平面位置。现代显微镜的所有制造商推荐此类照明,因为其产生均匀且无眩光的样本照明。为确保获得适当的样本照明,显微镜组件应正确对齐,实现图像对比度和分辨率之间的最佳平衡。为实现显微镜的完整成像潜力,需了解照明和成像路径。

显微镜具有两组共轭平面:一组四个目标或视场平面和一组四个孔或衍射平面。在目镜的正常观察模式下,观察视场平面,该模式也称为正视模式,目标图像称为正视图像。为观察孔或衍射平面,应使用伯特兰透镜或带望远镜的目镜,伯特兰透镜聚焦于物镜的背孔,该模式称为锥光模式。图 5 - 60 所示为两组共轭平面。

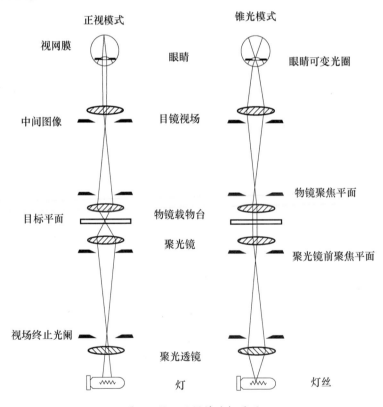

图 5 - 60　显微镜共轭平面

目镜中视野直径表示为视场编号(FN)。可使用目镜 FN 的信息,获得目标视场的实际直径,即

$$视场直径(\text{obj}) = \frac{\text{FN}}{M_{\text{obj}} \times M_{\text{tubelens}}} \quad (5-276)$$

式中:FN 为目镜视场编号;M_{obj} 和 $M_{\text{tube lens}}$ 分别为物镜和镜筒透镜的放大倍数。

5.5.4 无效放大

早期的目镜可放大 6.5 ~ 30 倍甚至更高。当此类目镜与具有高放大倍数的物镜共同使用时,可能导致无效放大的问题。目前大多数目镜的放大倍数为 10 ~ 20。

物镜/聚光器系统的数值孔径定义了物镜—目镜组合的有用放大倍数范围。为解析图像细节,需达到最低放大倍数,并且该值设置为数值孔径的 500 倍($500 \times \text{NA}$)。

另一方面,图像的最大有效放大倍数通常设定为 $1000 \times \text{NA}$。超过该放大倍数不会产生任何进一步的信息,进而导致图像将出现无效放大的现象。表 5 - 5所示为满足有用放大倍数范围要求的物镜和目镜组合。

表 5 - 5　物镜目镜组合

有效放大范围 $[(500 \sim 1000) \times \text{NA}_{\text{obj}}]$

物镜	目镜放大倍数				
放大倍数/(NA)	10x	12.5 ×	12.5 ×	12.5 ×	12.5 ×
2.5 × (0.08)	—	—	—	√	√
4 × (0.12)	—	—	√	√	√
10 × (0.35)	—	√	√	√	√
25 × (0.55)	√	√	√	√	—
40 × (0.70)	√	√	√	—	—
60 × (0.95)	√	√	√	—	—
100 × (1.42)	√	√	—	—	—

注:人眼分辨度约为 1 弧分(2.9×10^{-3} rad)

5.5.5 景深

景深是沿着光轴的距离,在该距离上可按照可接受的清晰度观察图像细节。影响分辨度的因素也影响景深,但方向相反。因此,必须在这两个参数之间实现折中,但随着放大倍数的增加,这将变得更加困难。景深 d_{axial} 可估算为

$$d_{\text{axial}} = \frac{\lambda}{\text{NA}^2}\sqrt{\mu^2 - \text{NA}^2} = \frac{\lambda}{\mu \sin\theta}\cot\theta = \frac{\lambda}{\text{NA}}\cot\theta \quad (5-277)$$

式中:μ 为试样与物镜之间介质的折射率(空气为 $n \sim 1.0$);λ 为光的波长;NA 为数值孔径。该等式表明景深随 NA 减小而增加。显微镜中的景深非常小,通

常以微米为单位进行测量。

在显微镜物镜的高数值孔径处,景深主要由波动光学确定,而在较低的数值孔径处,混淆的几何光学度盘是主要原因。使用各种不同的标准确定图像锐度的可接受标准,提出不同的公式以描述显微镜中的景深。总景深由波总数及几何光学景深确定,即

$$d_{\text{tot}} = \frac{\lambda_0 \mu}{\text{NA}^2} + \frac{\mu}{M \times \text{NA}} e \qquad (5-278)$$

式中:d_{tot} 为总景深;λ 为照明光的波长;μ 为盖玻片和物镜前透镜元件之间介质[通常是空气(1.000)或浸油(1.515)]的折射率;NA 为物镜数值孔径;e 为放置在显微镜物镜图像平面上探测器可分辨的最小距离;M 为横向放大倍数。

5.5.6 焦深

焦深通常与景深互换使用,焦深指的是图像空间,而景深指的是目标空间。术语的互换可能导致混淆。

文献中包括多种焦深公式,分别为

$$d_{\text{焦深}} = \frac{1000}{7 \times \text{NA} \times M} + \frac{\lambda}{2\text{NA}^2} \qquad (5-279)$$

$$d_{\text{焦深}} = \frac{\lambda}{2\text{NA}^2} \qquad (5-280)$$

$$d_{\text{焦深}} = \frac{1000 M_{\text{obj}}}{7 \times \text{NA} \times M_{\text{obj}}} + \frac{\lambda M_{\text{obj}}^2}{2\text{NA}^2} \qquad (5-281)$$

这些公式似乎都没有给出结果,与实验形成鲜明对比。因此,这里给出了焦深公式,即

$$d_{\text{焦深}} = \frac{\lambda}{4\mu \left[1 - \sqrt{1 - (\text{NA}/\mu)^2} \right]} \qquad (5-282)$$

焦深取决于数值孔径和目标放大倍数。在某些条件下,即使景深较小,高数值孔径系统(通常具有更高的放大倍数)的聚焦深度也要高于数值孔径较低的系统。

5.5.7 对比增强技术

对比度是目标相对于背景明显性的衡量标准,其定义为

$$对比度百分比 = \frac{I_b - I_s}{I_b} \times 100 \qquad (5-283)$$

式中:I_b 为背景强度;I_s 为场景/信号强度。

有些目标可完全或部分地吸收光(振幅目标),因此可在亮视场显微镜中轻松看到。其他为天然着色或可进行染色,因此,也可在亮视场显微镜中看到。

许多样本,特别是活样本,对比度很差;在许多情况下,对比度很差,导致几乎看不见样本。同样重要的是不要通过灭活或人工染色或化学固定进行任何更改。从而产生许多对比增强技术。

5.5.7.1 暗视场显微观察

当被照亮时,目标通过目标内部的频率成分使光衍射为忠实成像,物镜应收集所有透射和衍射光。在暗视场照明中,应消除非衍射(直射)光,并且仅衍射光用于成像。如果样本存在反射边缘或折射率梯度,由于存在较小的偏差,反射光或折射光将进入物镜并有助于成像。

显微镜的分辨能力在暗视场照明中与亮视场照明相同,但图像的光学特性并不能如实再现。暗视场图像非常引人注目,亮视场中对比度非常低的目标在暗视场照明中会闪耀光芒。此类照明非常适合揭示轮廓、边缘和边界。

5.5.7.2 莱茵堡照明

莱茵堡照明是一种光学染色形式。该技术是使用彩色明胶或玻璃滤光片的低中功率暗视场照明的变体,为样本和背景提供丰富的色彩。插入对比色透明环中的透明彩色圆形挡块,将取代中央不透明的暗视场,一般位于聚光器底部透镜(前焦平面)下方。结果是导致样本呈现为环的颜色,而背景则为挡块的颜色。

5.5.7.3 相差显微术

相位目标不会衰减光强度,因此不可见。在显微镜中,我们遇到了吸收光(振幅目标)、仅改变相位(相位目标)及改变振幅和相位(复杂目标)的目标。

当光入射到相位目标时,目标中的相位变化会衍射光。因此,透射光由直射光(非衍射光)和衍射光组成。在后焦平面处,非衍射光聚焦在轴(零级)和衍射光上,具体取决于光晕的形成角度。衍射和非衍射光束传播并有助于成像。由于衍射和非衍射光束正交,因此,不会发生干涉并且图像不可见。

在数学上,在较小相位近似下,我们将相位目标表述为

$$O(x,y) = e^{i\phi(x,y)} = 1 + i\phi(x,y) \tag{5-284}$$

式中:$\phi(x,y)$为目标引入的相位。因此,入射在相位目标上的单位振幅波产生单位振幅的透射波和和振幅为$\phi(x,y)$的衍射波,其与直射光束同相。

单位振幅直射光束聚焦在物镜后焦平面上,而振幅为$\phi(x,y)$的衍射光束表现为光分布。

在相差显微术中,直射光束的相位提前或延迟$\pi/2$。由于该光束可用于操纵后焦平面,因此,在该处放置相位板。相位板将直射光束相位提前或延迟$\pi/2$。因此,在相位板后的后焦平面上,可得

$$O(x',y') = e^{\pm i\pi/2} + i\phi(x',y') = \pm i + i\phi(x',y') \tag{5-285}$$

两个光束现在同相或反相,因此会发生干扰。图像中的强度分布表示为

$$I(x_i,y_i) = OO' = \{ \pm i + i\phi(x_i,y_i) \}\{ \mp i - i\phi(x_i,y_i) \} = 1 \pm 2\phi(x_i,y_i)$$
$$(5-286)$$

如果直射光束加速 $\pi/2(e^{i\pi/2})$，则两个光束将发生破坏性干涉。因此，相位增加的样本区域相对于背景显得更暗，称为暗或正相位衬度。

另一方面，如果直射光束延迟 $\pi/2(e^{i\pi/2})$，则两个光束相长干涉导致较亮的图像，称为亮或负相位衬度。

5.5.7.4　干涉显微镜术

由于相位信息可转换成强度信息，干涉显微镜术下可看到相位目标。为此将使用特殊附件，例如迈克尔逊干涉仪或 Mirau 物镜(图 5 – 61)。Mirau 物镜主要用于计量学。

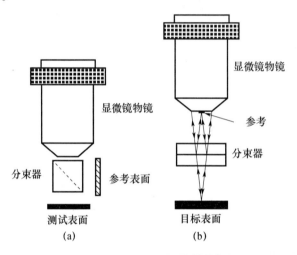

图 5 – 61　特殊附件
(a)物镜与迈克尔逊干涉仪；(b)Mirau 物镜。

5.5.7.5　偏(振)光显微镜术

存在非各向同性的目标/晶体，折射率取决于光传播方向，这样的材料称为双折射材料。进入此类目标的光束分解成普通和非常光束，并具有不同的速度。其为线性偏振，其振动方向彼此正交，称为普通和非常光束。但是，两个光束沿某方向以相同速度传播。这些为光轴。这些目标进一步分类为单轴和双轴。在单轴晶体中，只有一个轴，称为光轴，两个光束的折射率相同，而在双轴晶体中存在两个此类方向(两个光轴)。

厚度为 d 的试样(单轴)引入的光路为

$$\Delta = |\mu_0 - \mu_e|d \qquad (5-287)$$

式中：μ_0 和 μ_e 为普通和非常光束折射率。与其他技术相比，如暗视场和亮视场照明、差分干涉对比度、相差、霍夫曼调制对比度和荧光，偏振光可有效增强对比度,可改善双折射材料的成像质量。偏振光显微镜具有高度灵敏度,可用于不同各向异性样本的定量和定性研究。

图 5-62 所示为偏光显微镜示意图。偏振镜先对来自光源的光进行线性偏振,然后通过聚光器照射双折射样本。在样本中,产生两个正交偏振光束,传播方向存在略微差异。分析仪将此类光束分量聚集在同一方向,以便其发生干涉。波特兰透镜将锥光图像投射到目镜。

对于双折射样本的定量测量,提供相位板和其他附件,且样本台可旋转。但是,偏(振)光显微术需要无应变光学器件(聚光器、物镜和目镜)。

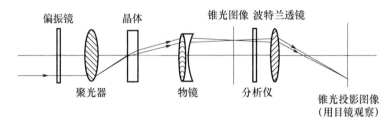

图 5-62　偏光显微镜示意图

5.5.7.6　霍夫曼调制对比度

霍夫曼调制对比度系统旨在通过检测光学梯度(或斜率),并将其转换为光强度变化,以提高未染色和活体样本的可见度和对比度。在物镜后焦平面插入称为调制器的光学振幅滤波器。调制器有三个区域:靠近后焦平面周边的较小暗区,仅能透射 1% 的光强度;狭窄的灰色区域,能透射 15% 的光线;透明区域覆盖后焦平面的大部分区域,能透射 100% 的光。由于透射的光强度与平均值存在一定差异,因此需要进行调制。对于在普通亮视场显微镜中基本上不可见的透明目标,在调制对比光学器械下观察时可呈现出由相位梯度决定的明显三维外观。霍夫曼调制器不会改变所通过的光相位,但会影响主要的零阶最大值,而高阶最大值不受影响。

在试样台下方,带有旋转转台的聚光器用于固定霍夫曼调制对比度系统的其余部件。转塔式聚光器有一个用于孔径可变光圈的亮视场开口,用于亮视场显微镜、对准并创造适当的科勒照明条件。在其他旋转台开口处,都会存在偏心狭缝,且部分覆盖有小型矩形偏振镜。对于不同放大倍数的物镜,狭缝/偏振镜组合尺寸不同,因此应配备旋转台。当光线通过轴外狭缝时,它会在物镜后焦平面或安装有调制器的傅里叶平面上成像。与相差显微术中的中心环和相环一样,包含离轴狭缝相位板的聚光器前焦平面与放置在物镜后焦平面的调制器光学共轭。图像强度与样本中光密度的一阶导数成比例,并且由相位梯度衍射图案的零阶进行控制。

在聚光器下方,将圆偏振镜放置在显微镜光出口上,偏振镜(圆形和狭缝)

都置于样本下方。通过偏振镜的旋转,可控制狭缝的有效宽度。例如,如果两个偏振镜交叉,则狭缝宽度将最小,并且图像中的对比度最高。

狭缝位于外围,以便高倍物镜可充分利用其 NA。霍夫曼调制对比度系统可与各种放大倍数的物镜共同使用。

5.5.7.7 微分干涉相差显微术

相位信息可通过干扰现象转换为强度信息。一个光束穿过样本并携带其相位信息,另一个光束充当参考光束,添加到目标光束。这些光束之间的干扰揭示了目标,也可用于获取目标中相位分布的定量信息。但是,如果两个光束都穿过样本,在传输过程中会发生相位延迟。干涉图样将包含关于两个路径之间相位差的信息。但是,如果光束彼此非常接近,则干涉图样将包含关于相位梯度的信息。从数学上而言,令光束在经过时经历相位延迟 $\phi(x,y)$,而第二光束经历相位延迟 $\phi(x-\Delta x,y)$,干涉图样将包含有关相位差的信息,即

$$\delta = \phi(x,y) - \phi(x-\Delta x,y) = \frac{\partial \phi}{\partial x}\Delta x \qquad (5-288)$$

微分干涉相差显微镜(DIC)利用通过样本时彼此非常靠近的两个光束。此类光束源自偏振光学器件。

在透射光 DIC 中,来自灯的光通过位于图 5-63 所示台下聚光器下方的偏振镜,然后通过修改的沃拉斯顿棱镜(由诺马斯基修改),分成两个正向偏振光束,并沿略微不同的方向传播。沃拉斯顿棱镜位于聚光器的前焦平面。来自沃拉斯顿棱镜的光束会发生正交偏振并且具有轻微的路径差异。每个不同放大倍数的物镜都需要不同的棱镜。在改变放大倍数时聚光器上的旋转台可,由操作人员将适当的棱镜旋转到光路中(物镜)。

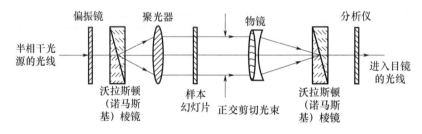

图 5-63 微分干涉相差显微术示意图

两个光束在非常接近的情况下传播,并以平行光束穿过样本,由于是正交偏振,所以不会发生干涉。光束之间的距离称为剪切,非常微小,并且小于艾里尺寸。在通过样本时,其相位会根据试样的不同厚度、斜率和折射率发生变化。当平行光束进入物镜时,聚焦在后焦平面,然后进入第二个沃拉斯顿棱镜,将两个光束组合在一起,从而消除了剪切和原始路径差异,仅保留穿过样本不同区域所产生的路径差。为了使光束发生干涉,必须将光束振动带入同一平面,这

可通过放置在沃拉斯顿棱镜后的分析仪实现。然后,光线进入目镜,可观察到强度和颜色的差异。该设计导致细节一侧较亮(或可能是某种颜色),而另一侧则较暗(或另一种颜色)。该阴影效果为样本提供了伪3D外观。

出现在图像中的颜色和/或强度效率与折射率的变化率、样本厚度或两者存在关联。试样的取向可对浮雕状外观产生明显影响,并且试样旋转180°会使波峰变成波谷,反之亦然。3D外观无法代表样本的真实几何性质,而是基于光学厚度的夸张表示。它不适合对实际高度和深度进行精确测量。

相对于相差显微镜和霍夫曼对比度调制显微镜,DIC 具有多个优点:利用完整的 NA,分辨性能出色;提供光学染色(颜色);使用完全物镜孔径,可使操作人员专注于较厚试样的薄平面部分,而不会混淆平面上方或下方的图像。

5.5.8 计量显微镜

该显微镜用于在小型目标上进行高精度尺寸测量。尺寸测量总是涉及两次测量,并且要为每次测量确定一定的标准。使用以下三种方法之一完成测量:

(1)直接接触;

(2)使用 $x-y$ 测量台;

(3)使用带有十字线的目镜。

在直接接触法中,待测量的目标和标尺直接接触,两者同时放大并进行测量。该方法适用于低放大倍数和大视场情况。

通常使用 $x-y$ 测量台。通用测量显微镜和工具制造商的显微镜配备精密的 $x-y$ 测量台,采用放大倍数在 $1\sim8x$ 的物镜以及放大倍数为 $10x$ 的双目目镜进行线性测量。它使用机械探针或光学探针进行设置。双图像棱镜也可用于正确设置目标。在长度为 20cm 及宽度为 10cm 的范围内测量精度达到 $1\mu m$。在某些显微镜中,目镜具有测量计数线。为精确测量尺寸,必须明确物镜的放大倍数。

5.5.9 共焦扫描光学显微镜

传统显微镜在 $x-y$ 平面上具有优异的分辨度,但深度分辨度较差,不能用于观察较厚的目标。与传统光学显微镜不同共焦扫描光学显微镜(CSOM)通过针孔每次照射一个点并成像,然后基于焦点检测技术按照动态聚焦测量原理进行工作。图5-64所示为 CSOM 原理。激光器光束通过透镜 L_1 聚焦于针孔 P_1 上。从针孔 P_1 射出的光束经分束器 BS 部分反射,然后通过平面 B 处的透镜 L_2 聚焦在衍射极限点($\sim0.5\mu m$)。

透镜 L_2 在针孔 P_2 对衍射限制点进行成像。针孔 P_1 的平面和平面 B 构成共轭平面。同样,平面 B 和针孔 P_2 平面为共轭平面。在这种情况下,探测器 D

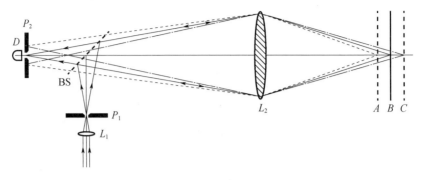

图 5-64 共焦光学显微镜原理

接收最大光通量。

但是,如果平面 B 从任一侧的正确焦点位置稍微偏移,其在针孔 P_2 平面处的图像将变为斑块,并且探测器的输出迅速下降。因此,此类布置可用于以非常高的精度确定位移和台阶高度,可用于粗糙度测量、表面起伏测量和样本圆度。它还可通过扫描和焦点检测制作目标图像,且 2D 和 3D 目标都可成像。在其各种变体中,共焦显微镜已被用于生物学目标成像。

当透镜 L_2(显微镜物镜)沿其光轴从正确共焦位置向上或向下平移时,探测器 D 发出的信号将衰减。可通过测量探测器信号获得共焦显微镜的响应曲线,作为目标相对于共焦位置的函数。探测器响应的半功率点之间的距离 d_z 称为距离分辨度。对于如上所述的反射型 CSOM,距离分辨度 d_z 为

$$d_z = \frac{0.45\lambda}{1 - \cos\theta} \qquad (5-289)$$

式中:λ 为激光辐射的波长;θ 为目标的半锥角,与目标的数值孔径(NA)有关,且有 $NA = \sin\theta$。

当与 He-Ne 激光器共同使用时,物镜(100 × 和 NA = 0.90)的距离分辨度值为 0.5 μm。显然,通过共焦显微镜,可实现较高的深度分辨度。

思考题

5.1 实时 HI 条纹对比度为

$$\eta = 2\frac{(\beta TR_0^2)(t_0 - \beta TR_0^2)}{(\beta TR_0^2)^2 + (t_0 - \beta TR_0^2)^2}$$

式中:β 为常数;T 为曝光时间;t_0 为全息图的直流透射率;R_0 为参考波振幅。

请问,对比度与参考波振幅是否相关?

5.2 请证明偏振镜和分析仪透光轴平行的平面偏振光镜中透射波强度公式,即

$$I_t(\delta) = I_0 \left(1 - \sin^2 2\alpha \sin^2 \frac{\delta}{2} \right)$$

5.3 使用直角棱镜引入横向和折叠剪切,请设计此类配置。

5.4 在使用反光涂漆的目标面内敏感配置中,可通过倾斜某个反射镜引入剪切。请证明变形引入的相变 δ,即

$$\delta = \frac{2\pi}{\lambda} 4 d_x \sin\theta + \frac{2\pi}{\lambda} 2 \left(\sin\theta \frac{\partial d_x}{\partial x_0} + \cos\theta \frac{\partial d_z}{\partial x_0} \right) \Delta x_0$$

式中:θ 和 $-\theta$ 为照明光束与沿 z 方向局部法线形成的角度。

5.5 为使用时间平均电子散斑图样干涉测量法测量大振幅,参考波频率偏移目标激发频率的 n 倍。假设观察和照明方向沿着局部法线,请证明监视器上的强度分布为

5.6 散斑照相和散斑干涉测量法有什么区别?摄影或干涉哪种方法具有更高的分辨度?

5.7 影子和投影莫尔图样有什么区别?哪个所需的成像传感器分辨度更高?关于主网格必要尺寸有哪些不同的要求?为什么一个基本方程中的几何项为 $\tan\theta$,而另一个为 $\sin\theta$?

5.8 计算机准备的作品由下式说明:

$$a[x^3 + x(3y^2 + b)] = n$$

式中:a 和 b 为常数;n 为整数($n = 1, 2, 3, 4, \cdots$)。

沿 x 方向偏移 $\pm d$ 的两个作品彼此重叠,表明产生的莫尔图样为波带板。请问 a、b 和 d 项的主要焦距?

5.9 以坐标系原点为中心的两个不同周期的圆形光栅叠加,获得莫尔图样等式。

5.10 中心沿着 x 轴从笛卡尔坐标系原点位移 $\pm d$ 的两个圆形光栅叠加。获得莫尔图样。

5.11 两种图样分别为

$$6r^2 + 4x = m$$
$$-6r^2 + 4x + 2xy = n$$

式中:m 和 n 为整数。当这两种图样叠加时,可获得莫尔图样方程。

5.12 由两种图样 A 和 B 叠加产生的莫尔图样为

$$4r^4 + 6r^2 - 2xy + 2x = p$$

式中:p 为整数。若图样 A 为

$$6r^4 + 6r^2 - 2xy - 2x = m$$

式中:m 为整数。请问图样 B 的方程。

第6章　折射率的测量

6.1　概述

有多种方法可测量液体和固体的折射率。这些方法可分为两大类:①使用光谱仪和测角器测量;②基于临界角测量。此外,还可通过测量布鲁斯特角来测定折射率。若要测量薄膜的折射率,则要用到椭圆偏振法。事实上,椭圆偏振法常用于测量块状试样及薄膜试样的光学常数。

6.2　光谱仪

将待测量折射率的材料制成等腰棱镜形状,顶角通常取60°。对棱镜的两个表面进行光学抛光,并假设材料具有各向同性和均质性。用波长为 λ 的准直光束照亮棱镜,然后用一台望远镜接收其折射光束。图6-1所示为光线射入顶角为 A 的棱镜后的光路图。光线入射到入射面后发生折射,并以出射角 ε 出射。光线偏离其初始方向的角度 δ 称为偏向角。可以证明,在最小偏向角的情况下,入射角等于出射角,光线平行穿过底板。

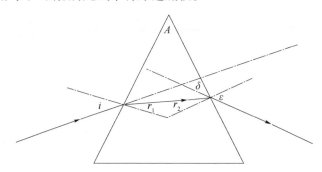

图6-1　光线穿过棱镜后的光路图

偏向角为最小值时,折射率 μ 为

$$\mu = \frac{\sin[(A + \delta_{\min})/2]}{\sin(A/2)} \tag{6-1}$$

测量棱镜顶角 A 及最小偏向角 $\delta_{\min}$,可得出折射率。这些角度的测量精度

可达到1″以上。已知棱镜顶角 $A = 60°, \mu = 1.5$，可得 $\mathrm{d}\mu/\mu = 8 \times 10^{-6}$。若这些角度的测量精度达到零点几弧秒，则折射率的准确度会更高。

可使用空心棱镜测量液体的折射率。这种棱镜镜架通常保持恒温状态。因此，可以通过改变其温度，研究折射率随温度的变化。可证明棱镜壁的厚度或/和折射率不影响液体折射率的测量，但前提是棱镜壁厚度恒定，且具有匀质性和各向同性。

6.3 测角器

若在测角器上安装自准直仪，还可测出棱镜材料的折射率。首先，棱镜正面逆反射光。然后，棱镜背面逆反射光。由此可测得角度 θ，单独测量棱镜顶角，图6-2所示为测量过程的原理图。

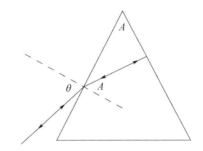

图6-2 通过逆反射测量棱镜材料的折射率

折射率的计算公式为

$$\mu = \frac{\sin\theta}{\sin A} \tag{6-2}$$

此方法涉及两种角度（θ 和 A）的测量。此外，还可使用空心棱镜测量液体的折射率。

6.3.1 液体折射率的测量

将顶角为 A 的空心棱镜装满测试液体后安装到测角器上。首先使光束从棱镜正面逆反射，然后逆反射光束穿过针孔落在光电探测器（PD）上，如图6-3所示，将来自光电探测器的信号调至最大。这是棱镜的初始设置。

此时旋转棱镜使其背面达到逆反射条件，如图6-3所示。旋转角度取 θ，则液体折射率 μ 的计算公式为

$$\mu = \frac{\sin\theta}{\sin A}$$

如果选取顶角为30°的空心直角棱镜，则可测量所有折射率接近2的液体。

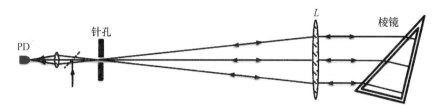

图 6 - 3　通过逆反射测量液体的折射率

6.3.2　Hilger – Chance 折射计

这种折射计最适用于测定液体折射率。图 6 - 4 所示为折射计组件的原理图,它通过折射率为 μ_0 的 45°棱镜实现工作原理,并具有 90°顶角的空棱柱体积,使来自准直仪的波长为 λ 的光束入射到液体单元上,由望远镜接收其出射光束。测量偏向角 δ,初始读数对应直接透视条件。

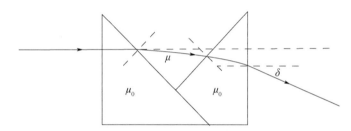

图 6 - 4　光线穿过 Hilger – Chance 折射计后的光路

液体折射率的计算公式为

$$\mu = \sqrt{\mu_0^2 - \sin\delta \sqrt{\mu_0^2 - \sin^2\delta}} \tag{6-3}$$

绝对折射率的测量精度为 1×10^{-4},而折射率变化的测量精度要高得多,达到 2×10^{-6}。如果将固体做成直角棱镜形状放在周围有均匀液体层的单元,则可测量固体的折射率。

显然,当 $\mu = \mu_0$,偏向角 δ 为零。因此,μ_0 是折射计所能测量的最大折射率。

6.4　基于临界角测量的方法

假设有三种介质,折射率分别为 μ_1、μ_2 和 μ_3,其两界面互相平行。假设光线以角 θ_3 入射,根据斯涅耳折射定律,可得

$$\mu_3\sin\theta_3 = \mu_2\sin\theta_2 = \mu_1\sin\theta_1$$

式中:θ_1 为折射率为 μ_1 的介质中的折射角。根据相对折射率,光线可透射或全反射。特殊情况下,光线可沿着界面射出,此时的入射角称为临界角。为测量

透明固体材料的折射率,需用到具有适当折射率的液体层。因此,我们通过三种介质来研究光线传播。图 6-5 所示为产生临界角的三种情形。其中,μ_2 是液体层的折射率,μ_3 是通常制成棱镜形状的参考材料的折射率。参考材料具有很高的折射率。折射率 μ_1 代表待测定的固体折射率。

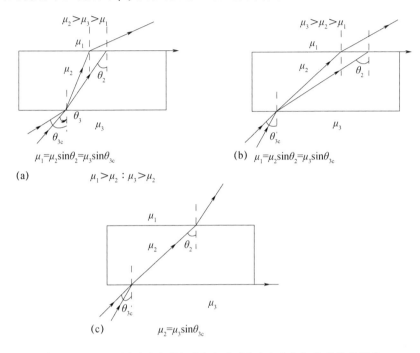

图 6-5　用于测定(a)和(b)固体折射率与(c)液体折射率的临界角

　　测量固体试样的折射率时,液体折射率可高于或低于参考材料的折射率 μ_3,但应高于待测固体的折射率。测量液体的折射率时,液体层应位于参考介质之上,对应临界角的测量如图 6-5(c)所示。

　　固体材料和液体的折射率均可通过临界角的测量来测定。下面将介绍两种基于临界角测量的折射计——普尔弗里希折射计和阿贝折射计。基于临界角测量的方法的优点在于避免测量棱镜顶角,适用于有色液体和固体。缺点在于只可测量表面折射率,且测得的折射率可能与散装材料的折射率有所不同。

6.4.1　普尔弗里希折射计

　　1896 年,普尔弗里希提出了一种可以测量固体材料、液体和粉末状材料的折射率的折射计。这种折射计由高折射率材料制成的直角棱镜组成,拥有两个抛光面。适当放置折射计,使其中一个抛光面处于水平状态而另一个处于垂直状态,如图 6-6 所示。将一滴待测液体滴在棱镜表面的顶端,即可测量该液体的折射率。角 θ 可用光谱仪或测角器测得。该角度是从准直仪出射的直射光束与在界面顶端以临界角折射的光束之间的夹角。

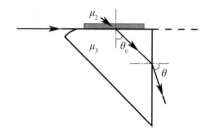

图 6-6　普尔弗里希折射计中的光路

由图 6-6 可得 $\mu_2 = \mu_3 \sin\theta_c$。然后,对于垂直界面的折射,可得 $\mu_3 \cos\theta_c = \sin\theta$。从以上两方程可得

$$\mu_2 = \sqrt{\mu_3^2 - \sin^2\theta} \tag{6-4}$$

因此,液体折射率取决于由望远镜测得的角 θ 以及棱镜的折射率。

测量固体折射率时,将固体做成小平板形状,在板和棱镜表面之间滴一滴液体,该液体的折射率应高于固体材料(板材)。光线在固—液界面临界折射。根据理论,板材折射率的计算公式为

$$\mu_1 = \sqrt{\mu_3^2 - \sin^2\theta} \tag{6-5}$$

测量粉末状材料的折射率时,首先将其与折射率匹配液混合,然后放在棱镜的上表面,测量方法与上述示例一致。

6.4.2　阿贝折射计

阿贝折射计是测量液体和固体折射率时使用最为广泛的仪器。这种折射计由重火石玻璃材质的两棱镜 P_1 和 P_2(图 6-7)组成。其中,表面 1、3、4 都经过抛光,而表面 2 粗糙。棱镜 P_1 在 H 处装上铰链,以便视情况远离 P_2 或者与其一起移除。测定液体的折射率时,在表面 2 上滴一滴液体,然后使表面 2 靠拢接触表面 3;液体被挤压成薄膜状态,使来自合适光源的光(通常为白光)直射棱镜系统。光从粗糙表面 2 射入,接着散射到液膜和棱镜 P_2。图 6-7 展示了光线的路径,光线在液体介质中掠入射并在棱镜介质中以临界角 θ 折射,光线以角 θ 从棱镜射出。

可以证明:用测量角 θ、棱镜顶角 ε 和折射率 μ_3 将液体折射率 μ_2 表示为

$$\mu_2 = \sin\varepsilon \left(\mu_3^2 - \sin^2\theta\right)^{1/2} - \cos\varepsilon\sin\theta \tag{6-6}$$

相比掠入射光线,其他光线均无法以更大折射角入射到 P_2,因此望远镜所收集的出射光线会在焦平面上汇聚成一条线。由此,视野会被分为暗区和亮区;亮区的边缘对应临界光线的 θ 值。

望远镜的旋转角度记录在分度弧上,通过该弧度可直接读取折射率。实际

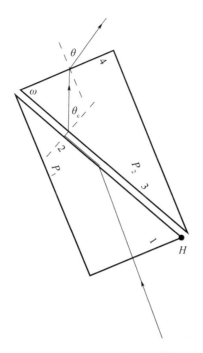

图 6-7　阿贝折射计中的棱镜光路

操作中,仪器使用的光为白光。为补偿系统的色散并同时粗略测量受试物质的色散,它采用一种巧妙的装置,通过两直视棱镜引入反向色散。将两棱镜叠加安装在望远镜的物镜前面,通过调整确保转动旋钮便可使其在相反的方向上旋转。使两棱镜起初位于适当的方位,确保其色散平面彼此平行并与棱镜 P_2 的主平面平行,从而增加色散。

　　如果 R 是其中一个棱镜在 C 和 F 线之间的角色散,则该位置的总色散为 $2R$。如果此时棱镜反方向匀速转动,所得色散仍与 P_2 主平面平行但会减弱。相对于初始位置的任意方向 ϕ 上的色散为 $2R\cos\phi$。当 ϕ 等于 $90°$,所得色散为零,且当 $\phi>90°$ 时所得色散的正负号改变,从反方向增加到 $2R$。

　　使用仪器时,最初观察到的临界边缘有可能散开成短光谱。旋转补偿棱镜直到颜色消失,并获得清晰的消色差边缘。将目镜中的十字线固定至此边缘;根据标尺读数得出钠波长的液体折射率。参考仪器随附的一组表格,通过补偿棱镜的方位可得出受试物质从 C 到 F 色散的粗略值 $(\mu_F-\mu_C)$。

　　测量固体试样的折射率 μ_1 时,移除棱镜 P_1,将试样放在棱镜 P_2 上。通过滴入一滴液体(例如 α-单溴萘,其折射率 $\mu_d=1.658$)进行光学接触。将十字线固定在视野中亮区的边缘,并读取刻度以获取折射率。色散值也可由补偿棱镜的位置得出。

6.5　布鲁斯特角的测量

当一束单色光入射到两种电介质的界面上,或者特定情形下以布鲁斯特角入射到空气—玻璃界面上时,反射光将发生平面偏振。根据菲涅耳关系式,可证明:当光线以布鲁斯特角入射时,横电(TE)波的反射率为有限值,而横磁(TM)波的反射率为零。因此,反射光中的 E 矢量垂直于入射面振荡,反射光和折射光互相垂直。根据斯涅耳折射定律可证明

$$\mu = \tan\theta_B \tag{6-7}$$

式中: θ_B 为入射角,又称布鲁斯特角。因此,在反射光束中使用线偏振器,可调整入射角直到无光线透射。偏振器的透光轴沿着 E 矢量方向,根据入射角切线可得出介质的相对折射率。这是一种相当快速的方法,可得出精确到三位小数的折射率值。

介质表面必须保持干净。任何薄膜的存在都会导致反射光发生椭圆偏振,因此即便是布鲁斯特角,使用适当取向的偏振器也会导致非零透射光强。

6.6　椭圆偏振法

当 E 矢量既不在入射面也不在入射面的垂直面上的线偏振光,射入复折射率材料制成的裸露面时,反射光将发生椭圆偏振,即 E 矢量顶端运动轨迹为椭圆。椭圆偏振法用于测量该椭圆的参数,并因此得名。该方法也用于测量电介质或金属基底上的薄膜厚度,甚至可用于多层材料的估算。

椭圆偏振法用于测定透明薄膜的折射率,并得出基底的复折射率。物理和化学吸收、氧化、腐蚀均可改变入射光的偏振,因此使用椭圆偏振法时这些问题都在研究范围内。该方法也用于其他领域,例如表面计量,生物和医药。

图 6-8 是椭偏仪的原理图。发射自单色器或激光器的单色光组成的准直细光束,以一定角度入射到样品表面。反射前光线的偏振状态由偏振器和补偿器共同决定。反射光经过分析仪(第二偏振器)后,由光电探测器或者肉眼感知透射光。补偿器位置可随意摆放,也可将其放在样品和分析仪之间。

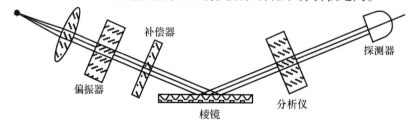

图 6-8　椭偏仪原理图

将补偿器和两偏振器安装在精密圆形刻度盘(分辨率为几弧秒)上。当偏振器的透光轴位于样品的入射面时,偏振器方位角读数为0°;当其快轴位于入射面时,补偿器方位角读数为0°。

椭圆偏振测量法有两种:①零椭圆偏振法;②光度测定的椭圆偏振法。在零椭圆偏振法中,通过调整偏振分量来获得零透射光强的数据,而光度测定的椭圆偏振法则研究了由一个元件(例如分析仪)的周期性旋转产生的透射光强的时间依赖性。在这两种情况下,由分析仪传输的电场的复振幅 E_A 的一般表达式是相同的。利用琼斯运算即可得出 E_A 计算公式为

$$E_A = K \begin{pmatrix} r_{\parallel} \cos C \cos P^* \cos A - r_{\parallel} \rho_c \sin C \sin P^* \cos A \\ + r_{\perp} \sin C \cos P^* \sin A + r_{\perp} \rho_c \cos C \sin P^* \sin A \end{pmatrix} \quad (6-8)$$

$$P^* = P - C$$

式中:A、P 和 C 分别为分析仪、偏振器和补偿器的方位角;$r_{\parallel}$ 和 $r_{\perp}$ 为光束处于平行或垂直偏振状态时样品的菲涅耳反射系数;$\rho_c [= \rho_0 e^{i\delta}]$ 为补偿器的透射比;K 为常数。

反射系数比计算公式为

$$\rho = \frac{r_{\parallel}}{r_{\perp}} = \left| \frac{r_{\parallel}}{r_{\perp}} \right| e^{i(\delta_P - \delta_S)} = \tan\psi e^{i\Delta} \quad (6-9)$$

式中:ψ 和 Δ 为样品的椭圆偏振角,由椭偏仪测得。

6.6.1 零椭圆偏振法

使用零椭圆偏振法时,调整偏振分量使得分析仪的透光率为零。因此,在式(6-8)中将透射振幅设为零($E_A = 0$),就是零椭圆偏振技术。

因此,可得

$$\rho = \frac{(\rho_c \tan P^* + \tan C)}{(\rho_c \tan P^* \tan C - 1)} \tan A \quad (6-10)$$

实际操作中,固定补偿器方案最常用,且便于数据简化。在固定补偿器方案中,将补偿器方位角设为 $+45°$ 或者 $-45°$,即 $C = \pm 45°$,调整偏振器和分析仪使角度为零。为了进一步分析,我们假设用理想的四分之一波片作为补偿器,此时 $\rho_0 = 1, \delta = 90°[\rho_c = -i]$。每次设置补偿器时,都可获得两组偏振器和分析仪角度设置,即:$C = -\pi/4$ 时,两组设置为 $[P_1, A_1]$ 和 $[P_3, A_3]$;$C = \pi/4$ 时,两组设置为 $[P_2, A_2]$ 和 $[P_4, A_4]$。从式(6-9)和式(6-10)可得

$$\Delta = 2P_1 + \frac{\pi}{2} \quad \Psi = A_1 \quad (6-11)$$

$$\Delta = 2P_3 + \frac{\pi}{2} \quad \Psi = -A_3 \quad (6-12)$$

$$\Delta = -2P_2 - \frac{\pi}{2} \quad \Psi = A_2 \tag{6-13}$$

$$\Delta = -2P_4 + \frac{\pi}{2} \quad \Psi = -A_4 \tag{6-14}$$

因此,椭圆偏振角 ψ 和 Δ 可直接由偏振器和分析仪的测量方位角得出。测定样品的光学常数时需使用这些角度。

6.6.2 光度测定的椭圆偏振法

在本方案中,分析仪匀速旋转,其他元件保持静止,由此产生周期性变化的探测器信号。对该信号进行傅里叶分析,从式(6-8)可得透射光强 $I(t) = E_A E_A^*$,当 $C = 0$ 时,表达式为

$$I(t) = \frac{1}{2} I_0 (|r_\parallel|^2 \cos^2 P + |r_\perp|^2 \sin^2 P)(1 + \alpha\cos 2A + \beta\sin 2A) \tag{6-15}$$

式中: I_0 为不放样品时直线通过位置的光强; A 为分析仪的瞬时方位角; α 和 β 为归一化的傅里叶系数,由实验中的直流透射光强的余弦和正弦分量算得。

系数 α 和 β 与方位角的关系式为

$$\alpha + i\beta = \frac{\tan^2 \Psi - \tan^2 P + i2\tan\Psi\tan P\cos(\Delta - \delta)}{\tan^2 \Psi + \tan^2 P} \tag{6-16}$$

理想椭圆偏振角 ψ 和 Δ 的计算公式为

$$\tan\Psi = \sqrt{\frac{1 + \alpha}{1 - \alpha}} \tan P \tag{6-17}$$

$$\cos(\Delta - \delta) = \frac{\beta}{\sqrt{1 - \alpha^2 - \beta^2}} \tag{6-18}$$

因此,椭圆偏振角 ψ 和 Δ 取决于 α、β、P 和 δ 的计算值。方位角 P 和相位 δ 可从仪器设置中获取,而 α 和 β 则通过分析探测器信号得出。

6.6.3 样品的光学常数

假设样品表面裸露。一般来说,其折射率 μ_2 可能是复数,即 $\mu_2 = \mu - ik$,其中 μ 是实部,k 是负责吸收的虚部。进一步来说,假设样品被折射率为 μ_1 的介质包围,则菲涅耳反射系数的表达式为

$$r_\parallel = \frac{-\mu_2\cos\theta_1 + \mu_1\cos\theta_2}{\mu_2\cos\theta_1 + \mu_1\cos\theta_2} = \frac{\tan(\theta_1 - \theta_2)}{\tan(\theta_1 + \theta_2)} \tag{6-19}$$

$$r_\perp = \frac{\mu_1\cos\theta_1 - \mu_2\cos\theta_2}{\mu_1\cos\theta_1 + \mu_2\cos\theta_2} = \frac{\sin(\theta_1 - \theta_2)}{\sin(\theta_1 + \theta_2)} \tag{6-20}$$

式中: θ_1 和 θ_2 分别为入射角和折射角。

因此,有

$$\tan\psi e^{i\Delta} = \frac{r_{\parallel}}{r_{\perp}} = \frac{-\mu_2\cos\theta_1 + \mu_1\cos\theta_2}{\mu_2\cos\theta_1 + \mu_1\cos\theta_2} \frac{\mu_1\cos\theta_1 + \mu_2\cos\theta_2}{\mu_1\cos\theta_1 - \mu_2\cos\theta_2} \tag{6-21}$$

此表达式可按以下方式重组,即

$$\frac{1 - \tan\psi e^{i\Delta}}{1 + \tan\psi e^{i\Delta}} = \frac{\cos\theta_1\sqrt{\mu_2^2 - \mu_1^2\sin\theta_1}}{\mu_1\sin^2\theta_1} \tag{6-22}$$

两边平方之后使实部和虚部相等,可得

$$\mu^2 - k^2 = \mu_1^2\sin^2\theta_1\left[1 + \tan^2\theta_1\frac{(\cos2\Psi - \sin2\Psi\sin\Delta)^2}{(1 + \sin2\psi\cos\Delta)^2}\right] \tag{6-23}$$

$$2\mu k = \frac{\mu_1^2\sin^2\theta_1\tan^2\theta_1\sin4\psi\sin\Delta}{(1 + \sin2\psi\cos\Delta)^2} \tag{6-24}$$

因此,如果在入射角为 θ_1 且 μ_1 已知时测量 ψ 和 Δ,就可确定裸露表面的光学常数 μ 和 k。

6.6.4 薄膜的光学常数

测定样品上薄膜的光学常数是相当重要的。假设薄膜的厚度为 d,折射率 μ_1,样品折射率 μ_2,样品—薄膜系统周围介质的折射率为 μ_0。当光束的入射角为 θ_0 时,系统的菲涅耳反射系数表达式为

$$r_{\parallel} = \frac{r_{01\parallel} + r_{12\parallel}e^{-2i\beta}}{1 + r_{01\parallel} + r_{12\parallel}e^{-2i\beta}} \tag{6-25}$$

$$r_{\perp} = \frac{r_{01\perp} + r_{12\perp}e^{-2i\beta}}{1 + r_{01\perp} + r_{12\perp}e^{-2i\beta}} \tag{6-26}$$

$$\beta = \frac{2\pi}{\lambda}\mu_1 d\cos\theta_1 = \frac{2\pi}{\lambda}\mu_1 d\sqrt{\mu_1^2 - \mu_0^2\sin^2\theta_0} \tag{6-27}$$

式中:β 为由薄膜引入的相位;r_{01} 和 r_{12} 分别为周围环境—薄膜界面和薄膜—样品界面的菲涅耳反射系数;θ_0 和 θ_1 分别为周围介质和薄膜介质中的入射角。此时反射系数的比率 ρ 的表达式为

$$\tan\psi e^{i\Delta} = \frac{r_{\parallel}}{r_{\perp}} = \rho$$

显然,ρ 是由几个参数组成的函数。因此,可写为

$$\tan\psi e^{i\Delta} = \rho(\mu_0, \mu_1, \mu_2, \theta_0, d, \lambda) \tag{6-28}$$

划分实部和虚部并使其相等,可得

$$\psi = \arctan[\rho(\mu_0, \mu_1, \mu_2, \theta_0, d, \lambda)] \tag{6-29}$$

$$\Delta = \arg[\rho(\mu_0, \mu_1, \mu_2, \theta_0, d, \lambda)] \tag{6-30}$$

这些方程非常复杂,只能用计算机来求解。一般来说,ρ 是由 9 个实参数组成的函数,包括除了 θ_0、d 和 λ 之外的 μ_0、μ_1 和 μ_2 的实部和虚部。在特殊条件下,求解方程更为容易。例如,如果将透明(不可吸收)薄膜放在已知的基底上,

则可容易地得出解。

6.7 光谱透射测量

假设薄膜厚度为 t，复折射率 $\mu_2^* = \mu_2 - \mathrm{i}k$，将薄膜放在折射率为 μ_3 的透明基底上，如图 $6-9$(a) 所示。

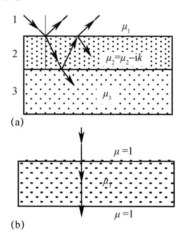

图 6-9 基底上薄膜和基底透射原理图
(a)基底上薄膜;(b)基底透射原理图。

薄膜透射率的表达式为

$$t_f = \frac{t_{12}t_{23}\mathrm{e}^{-\mathrm{i}2\pi\mu_2^* t/\lambda}}{1 + r_{12}r_{23}\mathrm{e}^{-\mathrm{i}4\pi\mu_2^* t/\lambda}} \qquad (6-31)$$

无穷大基底上薄膜的透射率的计算公式为

$$T = \frac{\mu_3}{\mu_1}\,|\,t_f\,|^2 \qquad (6-32)$$

假设薄膜吸收能力较弱且考虑到基底的干涉效应，系统透射率表达式为

$$T = \frac{A\chi}{B - C\chi\cos\phi + D\chi^2} \qquad (6-33)$$

$$A = 16\mu_1\mu_2^2\mu_3 \qquad (6-34)$$

$$B = (\mu_1 + \mu_2)^3(\mu_2 + \mu_3^2) \qquad (6-35)$$

$$C = 2(\mu_2^2 - \mu_1^2)(\mu_2^2 - \mu_3^2) \qquad (6-36)$$

$$D = (\mu_2 - \mu_1)^3(\mu_2 - \mu_3^2) \qquad (6-37)$$

$$\phi = \frac{4\pi\mu_2 t}{\lambda} \qquad (6-38)$$

$$\chi = \mathrm{e}^{-4\pi kt/\lambda} \qquad (6-39)$$

然而,如果考虑到基底足够厚以致于可以忽略干涉效应,此时透射率的计算公式为

$$T = \frac{A\chi}{B' - C\chi\cos\phi + D'\chi^2} \tag{6-40}$$

$$B' = (\mu_1 + \mu_2)^3 (\mu_2 + \mu_3^2) \tag{6-41}$$

$$D' = (\mu_2 - \mu_1)^3 (\mu_2 - \mu_3^2) \tag{6-42}$$

需要注意:在上述两种情形下,仅常数 B 和 D 的数值略有不同,而常数 A 和 C 保持不变。

当 $\cos\phi = 1$ 时透射率有最大值,而当 $\cos\phi = -1$ 时有最小值。因此,有

$$T_{max} = \frac{A\chi}{B' - C\chi\cos\phi + D'\chi^2} \tag{6-43}$$

$$T_{min} = \frac{A\chi}{B' + C\chi\cos\phi + D'\chi^2} \tag{6-44}$$

取式(6-43)和式(6-44)的倒数并相减,可得

$$\frac{1}{T_{min}} - \frac{1}{T_{max}} = \frac{2C}{A} \tag{6-45}$$

需要注意:该表达式不考虑基底的干涉效应。

代入 C 和 A 并简化,可得

$$\frac{1}{T_{min}} - \frac{1}{T_{max}} = \frac{2C}{A} = \frac{\mu_2^4 - \mu_2^2(\mu_1^2 + \mu_3^2) + \mu_1^2\mu_3^2}{4\mu_1\mu_2^2\mu_3} \tag{6-46}$$

令 $E = 2C/A, \alpha = \mu_1^2 + \mu_3^2, \beta = \mu_1\mu_3$,则薄膜的折射率 μ_2 可写为

$$\mu_2 = \sqrt{\frac{\alpha + 4\beta E + \sqrt{(\alpha + 4\beta E)^2 - 4\beta}}{2}} \tag{6-47}$$

在式(6-47)中,E 是测定量且 $\mu_1 = 1$。为测量薄膜的折射率,我们需要 μ_3 的值和相同波长下透射率 T_{max} 和 T_{min} 的测量值。接下来要展示的透射率测量方法,也可用来测量基底的折射率。

取式(6-43)和式(6-44)的倒数,可得

$$\frac{1}{T_{min}} + \frac{1}{T_{max}} = 2\frac{B' + D'\chi^2}{A\chi} \tag{6-48}$$

可改写为

$$D'\chi^2 - \frac{T_{min} + T_{max}}{T_{min} \cdot T_{max}}\frac{A}{2}\chi + B' = 0 \tag{6-49}$$

令 $F = (T_{min} + T_{max}/T_{min}T_{max})(A/2)$,式(6-49)可写为

$$D'\chi^2 - F\chi + B' = 0 \tag{6-50}$$

由此可得 χ 值的计算公式为

$$\chi = \frac{F - \sqrt{F^2 - 4B'D'}}{2D'} \tag{6-51}$$

因此,通过测量作为波长函数的透射光强,可以得出薄膜的折射率和吸收系数。

6.7.1 基底折射率

当考虑基底的干涉效应时,基底的透射率 T_s 的表达式为(图 6−9(b))

$$T_s = \frac{8\mu_3^2}{(\mu_3^2+1)^2 - (\mu_3^2-1)^2\cos\phi + 4\mu_3^2} \tag{6-52}$$

可证明最大透射率可证明是统一的,而最小透射率的表达式为

$$T_{smin} = \frac{4\mu_3^2}{(\mu_3^2+1)^2} \tag{6-53}$$

写成二次方程可得

$$\mu_3^2 - 2\mu_3 \frac{1}{\sqrt{T_{smin}}} + 1 = 0 \tag{6-54}$$

解二次方程式(6−54),可得

$$\mu_3 = \frac{1}{\sqrt{T_{smin}}} + \frac{1}{\sqrt{T_{smin}}}\sqrt{1-T_{smin}} \tag{6-55}$$

因此折射率可从特定波长下透射率的测量值得出。

然而,若假设基底足够厚以致于可以忽略干涉效应,则透射率 T_{sni} 为

$$T_{sni} = \frac{(1-R)^2}{1-R^2} \tag{6-56}$$

$$R = = \left(\frac{\mu_3-1}{\mu_3+1}\right)^2 \tag{6-57}$$

式中:R 为界面的反射率。

在式(6−56)中代入式(6−57),透射率 T_{sni} 为

$$T_{sni} = \frac{2\mu_3}{1+\mu_3^2} \tag{6-58}$$

由此,折射率计算公式为

$$\mu_3 = \frac{1}{T_{sni}} + \frac{1}{T_{sni}}\sqrt{1-T_{sni}^2} \tag{6-59}$$

需要注意:式(6−55)和式(6−59)算出的折射率会略有不同。实际操作中,我们认为基底足够厚,因此忽略干涉效应。

6.8 干涉测量

干涉测量对应的是光程差,光程差是几何路径、折射率和波长的函数。当波长和几何路径恒定不变时,通过测量光程差可得出折射率的差值。干涉测量

是探测和测量折射率极为精密的方法。其中,瑞利干涉仪是一种用来测量两种气体的折射率差或者一种气体相对于空气或者真空的折射率的干涉仪。

该干涉仪的原理图如图 6-10 所示。图中,S 是狭缝光源,由白光或者单色光组成。透镜 L_1 将来自狭缝光源 S 的光变成平行光。在该准直光束上放置一个包含两条狭缝(S_1 和 S_2)的光阑。光阑中的狭缝与狭缝光源 S 保持平行。

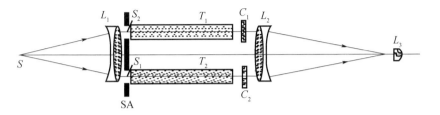

图 6-10　瑞利干涉仪原理图

穿过狭缝 S_1 和 S_2 的准直光束穿过两个等长的腔室(电子管)。透镜 L_2 将两条光束汇聚到焦平面上。由于插入了电子管,狭缝 S_1 和 S_2 被隔开,因此透镜 L_2 焦点的干涉图样上会产生与狭缝 S 相平行的细直线条纹,需要增加放大倍率以便观察。柱面透镜 L_3 满足了这一要求,它有两大优点:①由于仅在一个方向上放大,因此条纹的亮度不会降低过多;②在电子管下方延伸的条纹图样可用作基准标记。干涉仪采用白光源来定位零级条纹,并使用一对补偿器(平行板)——一个固定另一个旋转,代替计算由于光程差导致的偏移条纹数。补偿器的旋转造成光程差,由此补偿了气体在电子管中因折射率不同而导致的光程差。根据单色光源的波长校准旋转角度。在下半部分,刚好在透镜 L_2 之前放置另外一块锐边玻璃板,经过调整使得干涉图样下半部分的顶部与上半部分的底部重合。由于两电子管都含有空气或抽空并且处于相同的温度下,因此干涉图样的下半部和上半部重合呈现一个整体。

设每条电子管的长度为 L,电子管内部介质的折射率分别为 μ_1 和 μ_2。因此,光程差可表示为 $(\mu_1-\mu_2)L$。波长为 λ 时,这将使零级条纹偏移 m 级次。干涉方程可写为

$$(\mu_1-\mu_2)L = m\lambda \tag{6-60}$$

式中:λ 为用于测量折射率差的单色光源的波长。级次 m 不需要是整数,而目标是求得 m 的数值。为达到此目的,用白光照亮狭缝 S,在最初两条电子管都真空或填满空气时观察消色差条纹。若用单色光代替白光,干涉图样上半部分和下半部分的重合会更加精确。这是补偿器上的原始读数。此时将电子管中填满待测量折射率差的气体,或者一条电子管填满气体另一条抽空,这将使零级条纹偏移 m 级次。用白色光源时,通过旋转补偿器可使零级条纹重合,而使用单色光可提高重合精度。从原始读数中减去补偿器读数就能得出级次 m,从

式(6-60)可得出折射率差或者折射率。设电子管长度为 30.0cm,波长为
546.1nm,假设条纹级次可由条纹宽度的 1/20 精确算出,则得出的折射率差
$(\mu_1 - \mu_2)$ 值约为 10^{-7}。增大电子管长度会进一步减小此数值。此干涉仪也可
用以研究折射率随温度的变化。

人们也用迈克尔逊干涉仪来测量透明材料薄片的折射率,基本方法与上述
一致。将薄片插入干涉仪的一侧会使零级条纹移位,移动镜子可使其重新进入
视野中。镜子的移动与透明薄片导致的光程差有关。

此外,也可通过测量小波长区域上的光谱反射率来测量薄膜的折射率,但
前提是薄膜厚度是已知的或可用多光束干涉测量等方法测得。有关该方法的
细节,参见第 10 章。

思考题

6.1　使用带有图示传感棱镜的折射计来监测工艺液体的折射率。

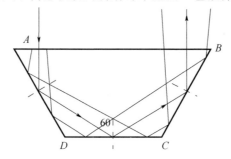

棱镜尺寸为 $AB = 4$cm,$DC = 2$cm,$\angle DAB = \angle ABC = 60°$,$\angle ADC = \angle DCB = 120°$。棱镜折射率 $\mu_3 = 1.5473$。工艺液体折射率 μ_2 为 1.34。采用准单色光源
照明。棱镜中光束的散度为 ±1.5°。观测面在棱镜顶面的右边,布置有电荷耦
合器件探测器。工艺液体的折射率为 1.34 时,中间光线(正常从棱镜表面入
射)全反射。当工艺液体折射率变为 1.35 时,视野中的分界线将移动多少,向
哪个方向移动?

6.2　一束线偏振光正常入射到上图显示的棱镜中。光束在三个表面发生
全反射且在上表面正常出射。求证电矢量的 s 和 p 分量的相位差计算公式为

$$\delta_s - \delta_p = 6 \tan^{-1}\left(\sqrt{\frac{1}{3} - \frac{4}{9\mu_{pr}^2}}\right) - 3\pi$$

式中:μ_{pr} 为棱镜材料的折射率。当棱镜底面与一种液体接触时,相位差
$(\delta_s - \delta_p)$ 的计算公式为

$$\delta_s - \delta_P = 4 \tan^{-1}\left(\sqrt{\frac{1}{3} - \frac{4}{9\mu_{Pr}^2}}\right) + 2 \tan^{-1}\left(\sqrt{\frac{1}{3} - \frac{4\mu^2}{9\mu_{Pr}^2}}\right) - 3\pi$$

式中:μ 为液体的折射率。可以由此测量某种液体的折射率吗?

6.3 取一个曲率半径较长的凹面镜,通过对照明箭头进行成像来定位其曲率中心,如图所示。往镜中倒一些液体时,图像位于离原来位置下方 d 距离处。求证液体折射率 μ_2 的计算公式为

$$\mu_2 = \frac{R}{R-d}$$

式中:R 为凹面镜的曲率半径。

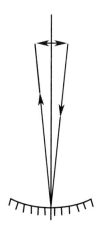

6.4 通过显微镜对移动显微镜载物台上的黑斑(点)进行成像。此时,厚度为 t 的玻璃板正位于黑斑上。为再次聚焦到斑点,将显微镜升高 d。求证玻璃板折射率 μ_1 的计算公式为

$$\mu_1 = \frac{t}{t-d}$$

6.5 Hilger - Chance 折射计所能测量的折射率范围是多少? 假设棱镜由折射率为 1.6705 的重火石玻璃制成。

6.6 用临界角测量方法来测量固体样品的折射率时,在样品和参考材料之间滴一滴液体。求证无需知道液体的折射率,只需知道其大于固体试样的折射率即可。

6.7 推导式(6-6),以便用阿贝折射计测量某种液体的折射率。

6.8 用零椭圆偏振法测量洁净表面的光学常数时采用了带氦氖激光器的椭偏仪。表面入射角为 65°,ψ 和 Δ 的测量值分别为 29.02° 和 126.35°,计算某材质表面的光学常数。使用折射率为 1.515 的玻璃基底时,ψ 和 Δ 角的测量值是多少?

6.9 将厚度为 10.0μm 的聚甲基丙烯酸甲酯薄片插入迈克尔逊干涉仪的一侧,导致白光条纹图样偏移。将镜子移动 4.94μm 使得条纹图样重回视野中。如果这项试验中使用波长为 546.1nm 的光,插入薄片后有多少条纹发生偏移,

该波长下的折射率是多少?

　　6.10　牛顿环实验采用波长为 546.1nm 的光测量特定牛顿环的直径为 10.0mm。将未知液体倒在平凸透镜和玻璃底板之间的空隙时,牛顿环直径缩小到 8.45nm。该液体的折射率是多少?

　　6.11　求证忽略多层反射光束的干涉效应时,空气中折射率为 μ 的透明材料厚板的透射率 T 的计算公式为

$$T = \frac{(1-R)^2}{1-R^2}$$

$$R = \frac{(\mu-1)^2}{(\mu+1)^2}$$

式中:R 为界面的反射率。

第7章　曲率半径与焦距的测量

7.1　概述

所有光学元件都是由平面和曲面结合而成的。尽管非球面和自由曲面在一些复杂的设计中的用途越来越重要，但是为了制造方便，曲面仍采用球面。曲面为光学元件提供了屈光度。球面的制作需要符合严格的表面曲率公差要求。透镜和反射镜的曲率半径与焦距的测量，是生产环节中一项非常重要的活动。而其测量范围和所要求的准确度及精度，使得这些测量变得往往非常复杂。但在大多数情况下，测量程序都比较简单明了。

7.2　曲率半径的测量

通过力学方法和光学方法都可以测量曲率半径。每种方法均可分为两类：①间接法（测量表面的矢高或斜率）；②直接法（测量顶点位置到曲率中心的距离）。

7.2.1　间接法：矢高的测量

可以采用机械球径计或光学球径计测量矢高。也可采用干涉法测量矢高，如牛顿环法。

7.2.1.1　机械球径计

机械球径计通常是一种三足仪器，其三只尖足位于一个等边三角形的三个顶点处。它利用一个中央柱塞来测量矢高。调节仪器时，将其放置在一个平面上，并使柱塞接触该平面来进行读数作为参考。然后再将仪器放置在一个球面上，并在柱塞接触表面时进行读数。这两个读数的差便是矢高。曲率半径 R 与测得的矢高 h 相关，即

$$R = \frac{a^2}{6h} + \frac{h}{2} \qquad (7-1)$$

式中：a 为等边三角形的边长。通常用带球（半径为 r）的足来取代尖足。在此情况下，需对测得的矢高稍作修正。这时，曲率半径可表示为

$$R = \frac{a^2}{6h} + \frac{h}{2} \pm r \qquad (7-2)$$

式中:" + "号适用于凹面镜;" − "号适用于凸面镜。

根据图 7 - 1(a),可得

$$(R-r)^2 = d^2 + [R - (h+r)]^2 \Rightarrow R = \frac{d^2}{2h} + \frac{h}{2} + r \qquad (7-3)$$

根据图 7 - 1(b),d 与等边三角形的边长 a 的关系式为

$$\frac{a}{2} = d\cos30° = d\frac{\sqrt{3}}{2} \Rightarrow d = \frac{a}{\sqrt{3}} \qquad (7-4)$$

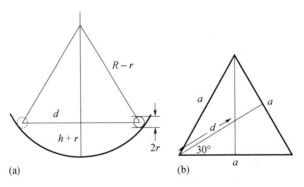

图 7 - 1　矢高的测定以及 a 与 d 之间的关系
(a)矢高的测定;(b)a 与 d 之间的关系。

将式(7 - 4)代入式(7 - 3),可得

$$R = \frac{a^2}{6h} + \frac{h}{2} \pm r \qquad (7-5)$$

当使用带有环座的球径计时,曲率半径可表示为

$$R = \frac{y^2}{2h} + \frac{h}{2} \qquad (7-6)$$

式中:y 为环的半径。该环有锋利的边缘,其与球面接触,因此可能会划伤球面。为避免环的锋利边缘划伤球面,可在上面安装三个半径为 r 的球。此时,曲率半径就可表示为

$$R = \frac{y^2}{2h} + \frac{h}{2} \pm r \qquad (7-7)$$

当用圆截面半径为 r 的圆环代替三个球时,式(7 - 7)同样适用。

假设已经准确知道 y 和 r,由于在矢高 h 测量中存在不确定参数 Δh,因此 R 中的不确定参数 ΔR 可表示为

$$\Delta R = \frac{\Delta h}{2}\left(1 + \frac{y^2}{h^2}\right) \qquad (7-8)$$

式中已经添加了不确定参数。

棒形球径计用于像散评定。棒形球径计呈棒形,其两端是接触点,中间为测量用的心轴。棒形球径计可用于测量任意直径试件的曲率。日内瓦规就是一种商用验光棒形球径计。假设玻璃的折射率为 1.523,日内瓦规的刻度就可通过屈光度直接进行校准。

物理接触法需要在每次测量中施加恒定的压力,这就意味着施加的压力不得使表面变形。因此,非接触法是测量表面曲率半径的首选方法。

7.2.2 直接法

7.2.2.1 成像

当物体放置在曲率中心时,凹面镜就会形成一个与物体等大的图像。更确切地说,成像位于物体所在位置,如图 7 - 2 所示。此时,物面到反射镜顶点之间的距离就是曲率半径。

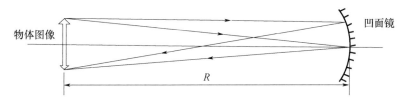

图 7 - 2　球面凹面镜曲率半径的测量

7.2.2.2 共轭位置的差异

在定位反射镜顶点时,可能会出现一个较大误差,因此物体和图像的距离也可能会出现误差,从而导致测得的曲率值出现较大误差。然而,如果我们能够找到一个测量距离的参考点,那么就可以得到更精确的曲率半径值。为此,我们将曲率中心作为参考点,通过在其自身上形成点物体的图像来定位,如图 7 - 3 所示。我们现在可以将一个物体放置在任何一个位置 O_1,然后滑动一个小屏幕(或探测器)通过曲率中心平面来获得它的图像。设该位置为 I_1。现在将点物体移至另一个位置 O_2,并在 I_2 处获得了它的图像。设曲率中心 C 与 I_1 之间的距离为 b,C 与 I_2 之间的距离为 c,并设物体位置 O_1 与 O_2 之间的距离为 a。这些距离可以精确测出,因为它们就是两个位置之差。

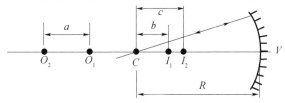

图 7 - 3　球面凹面镜的成像

利用成像条件,我们可得

$$\frac{1}{p} + \frac{1}{R-b} = \frac{2}{R} \tag{7-9}$$

$$\frac{1}{p+a} + \frac{1}{R-c} = \frac{2}{R} \tag{7-10}$$

式中:I_2 为从顶点 V 到 O_1 物体点所测得的距离,是个未知数;R 为顶点 V 与曲率中心 C 之间的距离,待测定。

去掉式(7-9)和式(7-10)中的 p,重新整理后得

$$R^2(a+b+c) - 2Ra(b+c) + 4abc = 0 \tag{7-11}$$

求解二次方程式(7-11)可得

$$R = \frac{a(b+c) + \sqrt{a^2(b+c)^2 - 4abc(a+b-c)}}{a+b-c} \tag{7-12}$$

代入 a、b 和 c 的值,即可计算出曲率半径 R。请注意 a、b 和 c 是差值且已知,其精度为实验中所用光学试验台的最小计数。

7.2.2.3 光学球径计

光学球径计是由一个点聚焦显微镜和一条合适的测量导轨构成。显微镜和测试表面安装在该导轨上。对于凹面镜,可以找到给出逆反射点图像的两个位置。这两个位置之间的距离是该面镜的曲率半径。凸面镜测量需要一个额外的透镜,其焦距必须大于被测面镜的曲率半径。实验装置如图7-4所示。

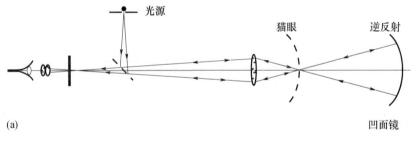

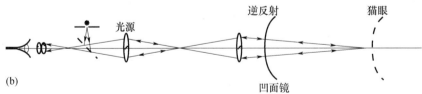

图 7-4 球面特长曲率半径的测量

(a)球面凹面镜;(b)凸面镜曲率半径的测量。

对于中间范围(1~2m),可以使用配备合适透镜的自准直仪来获取猫眼位

置和共焦位置,也可以用一台泰曼-格林干涉仪或斐索干涉仪,通过观察干涉图样中的零值来测定这些位置。采用一台长相干长度激光器作为光源,通过谨慎操作,就可以使球面半径的测量精度达到 10^5。

7.2.2.4　长曲率半径的测量

对于球面特长曲率半径的测量,采用机械测量矢高法或直接距离测量法均不合适:第一种方法是因为矢高的测量精度;而第二种方法是出于空间可用性和光学方面的考虑。

但是,采用干涉测量法测量矢高时精度较高。测量长曲率半径时,可以采用牛顿环法及相移等干涉方法。采用牛顿环法时,曲率半径 R 可表示为

$$\rho_m = \sqrt{m\lambda R} \quad \text{or} \quad R = \frac{\rho_m^2}{m\lambda} \qquad (7-13)$$

式中:ρ_m 为第 m 环的半径。

测量球面中长曲率半径时,也可采用塔尔博特效应。

7.2.2.5　空腔法——凹面镜长曲率半径的测量

葛奇曼(Gerchman)和亨特(Hunter)提出了一种测量长曲率半径的方法,即利用被测凹面镜与平面镜之间形成的空腔。平行(准直)光束入射到凹面镜上,使其聚焦在平面镜所在的一个点上,而该点对该光束进行逆反射。事实上,可以通过改变平面镜与凹面镜之间的距离找到许多这样的位置,使光束可以聚焦在两个表面中的任何一个表面上,从而形成逆反射,这就大大减少了测量所需的工作空间。

当准直光束入射到凹面镜上,该光束就会投射到平面镜所在的 $R/2$ 距离处的一个聚焦点上,该现象称为 $n=1$ 组态。当向凹面移动平面镜使该光束聚焦于凹面时,这就会形成 $n=2$ 组态。进一步移动平面镜,就会使该光束聚焦于平面镜上,即 $n=3$ 组态。可以继续进行这一过程,从而形成更高级次的组态。当 n 为奇数时,聚焦在平面镜上;当 n 为偶数时,聚焦在凹面镜上。利用这样的两个连续位置之间的距离就可以得出曲率半径的值。

设 z_n 为 n 组态下凹面镜与平面镜之间的距离(腔长)。通过近轴光线分析,得出腔长 z_n 与凹面镜曲率半径 R 的关系式。为此,需反复应用高斯图像公式和共轭递推公式,即

$$\frac{1}{p_m} + \frac{1}{q_m} = \frac{2}{R} \qquad (7-14)$$

$$p_m = 2z_n - q_{m-1} \qquad (7-15)$$

式中:$m = k, k-1, k-2, \cdots, 0$,其中,当 n 为奇数时有 $k = (m-1)/2$,当 n 为偶数时有 $k = (n-2)/2$。

根据系统聚焦的位置,可为每种组态确定一个适当的初始条件。初始条件

如下：当 n 为奇数时，$z_n = q_k$；当 n 为偶数时，$z_n = q_k/2$。

现在，我们应用式 $(7-14)$ 和式 $(7-15)$ 求取第五级组态的腔长。对于第五级组态，n 为 5，k 为 2，由此可得 m 值为 2、1 和 0。进而，可得

$$p_2 = 2z_5 - q_1 \qquad (7-16)$$

$$p_1 = 2z_5 - q_0 \qquad (7-17)$$

$$z_5 = q_2 \qquad (7-18)$$

图 $7-5$ 给出了五级空腔的几何形状和显示 p_m 与 q_m 位置的光线路径。利用高斯成像关系 $1/p_2 + 1/q_2 = 2/R$，然后代入 q_2，可得

$$p_2 = \frac{Rz_5}{2z_5 - R} \qquad (7-19)$$

利用式 $(7-16)$，可得

$$p_2 = \frac{Rz_5}{2z_5 - R} = 2z_5 - q_1 \Rightarrow q_1 = \frac{4z_5^2 - 3Rz_5}{2z_5 - R} \qquad (7-20)$$

现在，我们应用 $m=1$ 的高斯成像条件，即

$$\frac{1}{p_1} + \frac{1}{q_1} = \frac{2}{R} \Rightarrow \frac{1}{p_1} = \frac{2}{R} - \frac{2z_5 - R}{4z_5^2 - 3Rz_5} \Rightarrow p_1 = \frac{4z_5^2 - 3R^2 z_5}{8z_5^2 - 8Rz_5 + R^2} \qquad (7-21)$$

利用式 $(7-17)$，可得

$$p_1 = \frac{4z_5^2 - 3R^2 z_5}{8z_5^2 - 8Rz_5 + R^2} = 2z_5 - q_0 = \frac{16z_5^3 - 20Rz_5^2 + 5R^2 z_5}{8z_5^2 - 8Rz_5 + R^2} \qquad (7-22)$$

现在应用 $m=0$ 的高斯成像条件，可得

$$\frac{1}{p_0} + \frac{1}{q_0} = \frac{2}{R} \Rightarrow \frac{1}{p_0} = \frac{2}{R} - \frac{8z_5^2 - 8Rz_5 + R^2}{16z_5^3 - 20Rz_5^2 + 5R^2 z_5} \qquad (7-23)$$

由此可得

$$p_0 = \frac{16Rz_5^3 - 20R^2 z_5^2 + 5R^3 z_5}{32z_5^3 - 48Rz_5^2 + 18R^2 z_5 - R^3} \qquad (7-24)$$

由于准直光束入射到凹面镜上，有 $p_0 = \infty$。因此，式 $(7-24)$ 中的分母必须为零，即

$$32z_5^3 - 48Rz_5^2 + 18R^2 z_5 - R^3 = 0 \qquad (7-25)$$

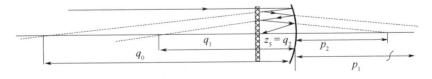

图 $7-5$　五级反射空腔法的光线路径

该三次方程的解为 $z_5 = 0.0669873R$。从本质上讲，我们可以解出任何 n 值的腔长。z_3 和 z_4 的值如下：$z_3 = 0.1464466R$；$z_4 = 0.0954915R$。因此，通过关系

式 $z_n = C_n R$，可知腔长 z_n 与凹面曲率半径 R 相关。其中，前九级组态的 C_n 值见表 7－1。该表还给出了曲率半径与差分腔长($z_{n-1} - z_n$)之间的关系。

表 7－1　曲率半径与差分腔长之间的关系

	腔长 z_n	半径与差分腔长
n	z_n	
1	$0.5R$	$R = 4\,(z_1 - z_2)$
2	$0.25R$	$R = 9.65685\,(z_2 - z_3)$
3	$0.1464466R$	$R = 19.62512\,(z_3 - z_4)$
4	$0.0954915R$	$R = 35.08255\,(z_4 - z_5)$
5	$0.0669873R$	$R = 57.23525\,(z_5 - z_6)$
6	$0.0495156R$	$R = 87.29584\,(z_6 - z_7)$
7	$0.0380603R$	$R = 126.47741\,(z_7 - z_8)$
8	$0.0301537R$	$R = 175.99437\,(z_8 - z_9)$
9	$0.0244717R$	

7.2.2.6　特长曲率半径的测量

采用干涉测量法，可以测量凹面镜或凸面镜的矢高。将一个平整的表面镜放置在球面上。球面镜为凸面时，使中心处相互接触，从而形成一层薄薄的空气膜。对于凹面镜，触点位于该平面镜的边缘或该凹面镜的边缘(以较小者为准)。用准直光束照亮该装置，从空气膜顶部反射的光束与从底部反射的光束之间就会发生干涉。条纹是恒定厚度的条纹，因此呈圆形。凸球面镜在中心处的条纹级次为零，向外递增。由于空气—玻璃界面反射发生相变 π，中心条纹为黑色。对于凹面镜，接触圆的级次为零，向中心递增。

试想在一个凸面镜顶部放置一个平面镜。我们可以得出，因该平面镜与凸面镜之间的波干涉而形成的第 n 个暗环的半径 r_n 可表示为

$$r_n = \sqrt{n\lambda R} \qquad (7-26)$$

式中：R 为凸面镜的曲率半径；λ 为光的波长。

当曲率半径非常大时，该公式有效。调整该公式，可得出凸面镜的曲率半径为

$$R = \frac{D_n^2 - D_{n-1}^2}{4\lambda} \qquad (7-27)$$

式中：D_n 和 D_{n-1} 分别为第 n 级和第 $(n-1)$ 级条纹的直径。可用移动式显微镜测量条纹环的直径。D_n^2 与 n 之间的关系图为线性图，其斜率为 $4\lambda R$。由式(7－27)，可得

$$\frac{D_{n+1}^2 - D_n^2}{D_{n+2}^2 - D_{n+1}^2} \approx 1 + \frac{1}{2n} \qquad (7-28)$$

当 n 值较大时,条纹宽度实际上是恒定的。

对于凹面镜,空气膜的形状如图 7-6 所示。中心处的空气厚度最大(t_0),然后向边缘方向减小。

从图 7-6 可知,$(2R-t_x)t_x = x^2$,$t_x = t_0 - t(x)$。当 $R \gg t_0$ 时,我们可得

$$2[t_0 - t(x)] = \frac{x^2}{R} = m'\lambda = (m_0 - m)\lambda \qquad (7-29)$$

式中:m_0 为对应于厚度 t_0 的条纹级次,其不一定是个整数,是个未知数;m 为厚度 $t(x)$ 处的条纹级次。

依据式(7-29),与 $(m_0 - m)$ 级和 $(m_0 - m - 1)n$ 级条纹分别对应的直径 $D^2_{m_0-m}$ 和 $D^2_{m_0-m-1}$ 可表示为

$$D^2_{m_0-m} = 4R(m_0 - m)\lambda \qquad (7-30)$$

$$D^2_{m_0-m-1} = 4R(m_0 - m - 1)\lambda \qquad (7-31)$$

两式相减,可得

$$D^2_{m_0-m} - D^2_{m_0-m-1} = 4R\lambda \qquad (7-32)$$

这与凸面镜式(7-27)相同。通过 $D^2_{m_0-m}$ 与 $(m_0 - m)$ 关系图中的斜率,可求出凹面镜的半径。

当干涉图中有数个圆形条纹时,该方法有效;圆形条纹说明该面镜为球面。然而,当曲率半径较大,条纹数量较少时,仍可应用该方法。但是当条纹数量小于 1 时,该方法就不再适用了。在此情况下,可通过稍微倾斜试件来移动条纹图样的中心。这时,条纹就会变成圆弧形。这些圆弧几乎是等距的。假设第 n 级条纹通过了测试面镜的中部,如图 7-7 所示。

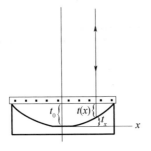

图 7-6 平面镜与凹面镜
之间膜厚度的计算

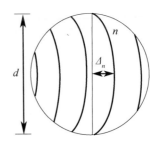

图 7-7 大曲率半径的
干涉测量

这样,可得

$$D^2_{n+1} - D^2_n = (D_{n+1} - D_n)(D_{n+1} + D_n) = 4\lambda R \qquad (7-33)$$

$$\Delta_n D_n = \frac{d^2}{4} \qquad (7-34)$$

式中:$(D_{n+1} - D_n)$ 是条纹宽度 $\bar{x}$ 的两倍,$D_{n+1} \approx D_n$,于是可得

$$\frac{\Delta_n}{\bar{x}} = \varepsilon = \frac{d^2}{4\lambda R} \Rightarrow R = \frac{d^2}{4\lambda \varepsilon} \qquad (7-35)$$

通过测量矢高 Δ_n 和条纹宽度 x，我们就可得到曲率半径。值得注意的是，牛顿环法可用于测量各种长度的曲率半径（从短曲率半径到特长曲率半径）。

7.2.2.7 验光板法曲率半径测量

验光板是通过研磨和抛光两个相同的圆形玻璃板而制成的。这个过程产生一个球面，其曲率半径可以采用其他一些独立过程进行测量。为此，要求不断进行研磨与抛光，直到实现所需的曲率半径。其中任何一个都称为验光板，用于检查生产车间在造部件的曲率半径。凸验光板用于检查凹面镜，凹验光板用于检查凸面镜。

当测试面镜的曲率半径与验光板的曲率半径存在差距时，可观察到圆形条纹。我们还可以确定测试面镜的曲率半径是小于还是大于验光板的曲率半径。设验光板的曲率半径为 R，测试面镜的曲率半径为 $R + \Delta R$。进而，设验光板的直径为 d。可以得出，垂直于距离接触点 r_n 处某一面镜的间隙可表示为

$$\Delta_n = \Delta R(1 - \cos\theta) \qquad (7-36)$$

式中：角 θ 可通过 $\sin\theta = r_n/R$ 求出；r_n 为第 n 级圆形条纹的半径。

当 $2\Delta_n = n\lambda$ 时，就会形成第 n 级条纹。代入 Δ_n，然后进行稍微调整，可得

$$r_n^2 = n\lambda \frac{R^2}{\Delta R} \Rightarrow D_n^2 = 4n\lambda \frac{R^2}{\Delta R} \qquad (7-37)$$

式中：D_n 为第 n 级条纹的直径。在实践中，人们并不希望看到出现数条圆形条纹，相反，人们希望测试面镜的曲率半径尽可能接近验光板的曲率半径，最好不出现任何条纹。正因为如此，人们才需要确定是否出现偏离预期曲率半径的情况。于是，需要通过稍微倾斜测试面镜的方法来移动条纹图样的中心。这时的条纹为圆弧，其矢高用来确定 ΔR 值。与式（7-33）和式（7-34）一样，建立下面两个公式，分别为

$$D_{n+1}^2 - D_n^2 = (D_{n+1} - D_n)(D_{n+1} + D_n) = 4\lambda \frac{R^2}{\Delta R} \qquad (7-38)$$

$$\Delta_n D_n = \frac{d^2}{4} \qquad (7-39)$$

利用这两个公式，我们可得

$$\frac{\Delta_n}{\bar{x}} = \varepsilon = \frac{d^2 \Delta R}{4\lambda R^2} \Rightarrow \Delta R = \frac{4\lambda \varepsilon R^2}{d^2} \qquad (7-40)$$

该公式给出了测试面镜曲率半径与期望值 R 之间的偏离情况。

7.2.2.8 牛顿环法

当通过焦距测量物距和像距时，我们得到了牛顿透镜公式（简称"牛顿公

式"),有

$$zz' = ff' \tag{7-41}$$

式中:z 和 z' 分别为额外聚焦物距和像距,分别从前焦点和后焦点测得。式(7-38)已经被非常巧妙地运用于测量长曲率半径。图7-8给出了测量原理图。在图7-7中,点物体 O 成像于 O' 处,然后插入一个凸透镜,使其顶点与后焦点 F' 重合。在此情况下,$z' = R$,焦距 f 与 f' 相等。因此,运算公式就是 $z = f^2/R$。如果可以测量 z,那么仅靠测量就能得到曲率半径。

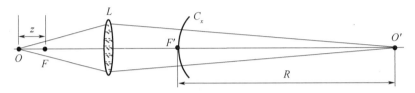

图7-8 采用牛顿透镜公式测量曲率半径的原理图

最基本的问题是,如何将面镜精确地放置在后焦点上,并精确测量 z。为了定位 O、F 和 F',用一台斐索干涉仪在一把精密线性尺上测出距离 z。下面结合图7-9对该过程进行了详细解释。

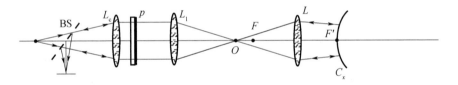

图7-9 定位点 O 和点 F 的实验装置

扩展激光束,然后用透镜 L_c 准直。验光板 p 是一张部分涂覆的验光板,其提供参考光束。按顺序定位 F'、F 和 O 的过程如下。

将透镜 L 置于准直光束中,使光束聚焦到一个衍射焦点上。现在,将凸透镜置于会聚光束中。当放置到位时,该光束就会被逆反射(猫眼位置),并在参考光束与逆反射光束的干扰之间得到一个零值。

现在,将透镜 L_1 置于光束中,然后在 L 和 C_x 之间插入一个平面镜,而不影响透镜 L 和凸面镜 C_x 的位置。平移透镜 L_1,直到从透镜 L 射出的光束被准直。当从平面镜反射过来的光束在干涉作用下产生零值时,即可找到这个位置。在此情况下,透镜 L_1 的后焦点和透镜 L 的前焦点重合。于是,便找到了位置 F,然后记下 L_1 的位置。移走平面镜,平移撤离透镜 L_1,直到获得零值。在此情况下,来自透镜 L 的光线正常入射至面镜 C_x 上,然后被逆反射(共焦位置),记下透镜 L_1 的位置。这两个位置之间的差就是测定 R 所需的距离 z。曲率半径测量中的相对误差可表示为

$$\frac{\Delta R}{R} = \sqrt{4\left(\frac{\Delta f}{f}\right)^2 + \left(\frac{\Delta z}{z}\right)^2} = \sqrt{4\left(\frac{\Delta f}{f}\right)^2 + \left(\frac{\Delta R}{f^2}\right)^2 (\Delta z)^2} \quad (7-42)$$

式中：Δf 为透镜 L 的焦距测量精度；Δz 为距离 z 的测量精度。

7.3 扫描轮廓测定法

我们可以通过测量沿对称面镜直径的斜率来获得面镜轮廓。将面镜定义为沿直径的 $z = f(x)$，然后设 $f(0) = 0$。在 x_k 处测出斜率，然后 Δx 分隔出连续位置。于是，我们得出 $f(x_{k+1}) = f(x_k) + (\Delta x/2)[f'(x_k) + f'(x_{k+1})]$。这样，可以通过对斜率值的积分，生成面镜的轮廓。然后通过下面的公式，就可得出曲率半径，即

$$R = \frac{f''(x)}{\{1 + [f'(x)]^2\}^{3/2}} \quad (7-43)$$

可通过一台自准直仪配合一个五棱镜扫描面镜的方式测量斜率。如果使用相位测量干涉仪作为干涉装置，可提高测量精度。

7.4 塔尔博特干涉法曲率半径测量

从第 5.3.5.1 节可知，当被相干光束照亮时，周期性结构会重复出现。我们可以利用这一现象来测定球面镜的曲率半径。图 7-10 为实验装置的原理图（仅共焦部分）。

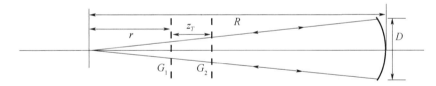

图 7-10 塔尔博特现象法曲率半径测量

间距为 p 的光栅 G_1 由曲率半径为 r 的发散波照亮。

在距离 z_s 处形成了塔尔博特平面，其中 $z_s = 2Np^2 r/(\lambda r - 2Np^2)$，对于不同塔尔博特平面，$N = 1, 2, 3, \cdots$。连续塔尔博特平面的间距，随着级次 N 的增大而增大。光栅的间距也会增大，就好比几何投影，更确切地说 $p' = p(r + z_s)/r$，其中 p' 为 $(r + z_s)$ 平面处的间距。

如果光栅 G_2 放置在第一个塔尔博特平面，那么就会因为间距不匹配形成莫尔图样。莫尔条纹图样的间距为 $p_m = (\lambda r/2p) - p \approx (\lambda r/2p)$，这样就得到了 G_1 光栅平面处波的曲率半径。这可能与镜面的曲率半径相关。

假设光栅 G_1 和 G_2 的照亮尺寸分别为 y 和 y_1，则有

$$p' = p \frac{y_1}{y} = p \frac{y + \alpha z_T}{y} \qquad (7-44)$$

$$\alpha = D/R$$

莫尔条纹的间距为 $p_m = pp'(p'-p) = p'y/\alpha z_T$。如果图样中形成了 n 条莫尔条纹,则有

$$n = \frac{y}{p_m} = \frac{\alpha z_T}{p'} = \frac{D z_T}{R p'} \Rightarrow R = \frac{D z_T}{n p'} = \frac{D z_T}{n p}\left(1 - \frac{np}{y}\right) \qquad (7-45)$$

可以通过测量 D、z_T 并记下形成的莫尔条纹数目,来计算出曲率半径。塔尔博特现象通常用于设定用途。

7.5　焦距测量

7.5.1　薄透镜焦距

对于单个薄透镜来说,有效焦距 f 和 f' 分别定义为透镜顶点到前焦点和后焦点的距离。然而,对于厚透镜或透镜组合来说,有效焦距 f 和 f' 分别为前焦点与前主点之间的距离和后主点与后焦点之间的距离。后焦距是后顶点与后焦点之间的距离,前焦距是透镜前焦点与前顶点之间的距离。测量前焦距和后焦距更容易。

7.5.1.1　成像法焦距测量

测定透镜焦距最简单的方法是对一个远处的物体成像,但这种方法不够精确。由于物体很远,透镜与图像之间的距离就是焦距。我们可以把太阳当作一个物体,并给太阳成像。另外,也可以把房间远处的白炽灯或荧光灯当作发光物体。采用这种方法,可以将焦距精确到几毫米内。

一种测量薄的正透镜焦距的简单装置,便是利用漫射光源照亮的网格(网目规)。把网格齐平放置在光学试验台的一个屏幕上。把测试透镜也放置在光学试验台上并在其后放置一个平面镜,然后适当调整它们的高度。将网格靠近或远离透镜移动,直到其在屏幕上形成清晰的图像。该图像由平面镜逆反射而来的光形成。可以稍微倾斜一点面镜,以便沿着网格的一侧成像。屏幕与透镜顶点之间的距离就是透镜的焦距。

7.5.1.2　$y'/\tan\theta'$ 法

图 7-11 所示为入射到透镜上的离轴准直光束,成像位于其焦平面处。从图中可以看出,$y' = -f\tan\theta = f'\tan\theta'$。当透镜位于空中时,其节点面与主平面重合,因此焦距 f 和 f' 相等,像空间中的角 θ' 等于入射角 θ。在实践中,$y'/\tan\theta'$ 法是通过在准直仪的焦平面处放置一个分划板来实现的。分划板的刻度和准

直仪的焦距是精确已知的,这意味着物体的角度也是准确已知的。测试透镜与准直仪同轴放置;分划板出现在离测试透镜的无穷远处,用显微镜测量其在透镜的焦平面处形成的图像。如果直接用配备显微镜的平移台进行测量,那么焦距为

$$f = \frac{y'}{\tan\theta} = \frac{y'}{y_0}f_c \qquad (7-46)$$

式中:y_0 为分划板的尺寸,其图像为 y';f_c 为准直仪的焦距。如果用显微镜目镜上的十字丝来测量 y',那么测得的 y' 值应除以显微镜的放大倍数 m。

7.5.1.3 放大法

利用透镜成像公式,当透镜两侧的介质相同时,横向放大倍数 M 可以表示为

$$M = \frac{q}{p} = 1 - \frac{q}{f} \qquad (7-47)$$

式中:p 和 q 分别为从薄透镜顶点所测得的物距和像距。如果物平面与像平面之间的距离大于 $4f$,那么透镜位于其他不同位置时也可成像。因此,在保持物平面和像平面固定的情况下,可以平移测试透镜来成像。设透镜顶点与像平面之间的距离为 q_i,图像的对应放大倍数为 M_i,图中 q_i 与 M_i 之间的斜率是焦距的倒数。

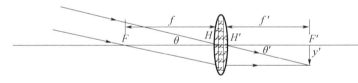

图 7-11　测量透镜焦距的光线路径

另外,还可以固定透镜,然后改变物体位置,并在相应图像位置测量放大倍数。设 q_1 和 q_2 为图像位置,在这两个图像位置所测得的放大倍数分别为 M_1 和 M_2,可得

$$M_1 = 1 - \frac{q_1}{f}; M_2 = 1 - \frac{q_2}{f} \Rightarrow (M_2 - M_1) = \frac{|q_2 - q_1|}{f} \qquad (7-48)$$

就可以准确测量出间距($q_2 - q_1$)。该方法不需要知道主平面的位置。

这种方法的另一种形式是测量物体的位移。设 M_1 和 M_2 分别为物体位置 p_1 和 p_2 的放大倍数,从数学角度来说,有

$$1 + \frac{1}{M_1} = \frac{p_1}{f}; 1 + \frac{1}{M_2} = \frac{p_2}{f}$$

由此,可得

$$f = (p_2 - p_1)\frac{M_1 M_2}{M_1 - M_2} \qquad (7-49)$$

该方法是由阿贝提出的。

贝塞尔提出了另外一种有趣的方法。该方法中,物平面和像平面是固定的。我们已经确定两个平面之间的间距 L 等于或大于待测透镜焦距的四倍。在此情况下,有两个透镜位置使得物体图像位于焦点,如图 7-12,所示。将这两个位置之间的距离设为 d,那么透镜的焦距就可表示为

$$f = \frac{L^2 - d^2}{4L} \tag{7-50}$$

这种方法只需测量两段距离。

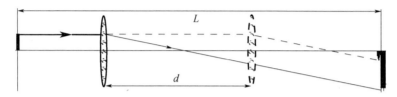

图 7-12 正透镜焦距测定贝塞尔法

7.5.1.4 负透镜/发散透镜焦距

发散透镜的焦距无法直接测定,但可用其他间接方法进行测定。其中的一种方法称为"虚拟物体法",该方法需要一个焦距比发散透镜焦距短的正透镜。图 7-13 给出了正透镜和负透镜组合成像的原理图。我们可能会注意到,这些透镜不需要互相接触。

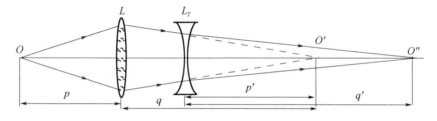

图 7-13 发散透镜焦距的测定

正透镜 L 在图像位置 O' 处形成了 O 光源的图像。当把测试透镜 L_T 插入到光路中并予以正确定位时,图像就会移动到 O'' 处。根据这一关系可计算出负透镜的焦距,即

$$f = \frac{p'q'}{p' - q'} \tag{7-51}$$

7.5.1.5 测节器法

这种方法的基本原理是:当透镜两侧的介质相同时,节点平面与主平面重合,且透镜围绕后节点旋转不会改变图像。

在实践中,用一个物体表明光源照亮一个细网格,并通过放置在测节器上

的一个测试透镜成像。将透镜放置在一个平移台上,而该平移台安装在一个可旋转的底座上。通过移动该平移台,可以使旋转轴通过透镜的任何部分。该装置称为"测节器"。透镜的位置应使旋转轴能够通过节点。在此情况下,透镜的旋转不会改变图像。实际上,这个判据可用来定位节点平面。由于节点平面与主平面重合,像平面与旋转轴之间的距离就是焦距。

7.5.1.6 通过共轭位置差测量焦距

此节所述的几种方法均基于一种数学理想化的假设情况,即透镜是一个薄透镜。透镜是由两个表面结合而成的,具有有限中心厚度。焦距是各自主平面和焦平面之间的距离。测节器法定位节点平面。这里介绍一种利用数据的方法,即物体位置与图像位置差法。然而,要获得这些位置差数据,我们需要找到一个测量参考。为此,我们可将透镜放置在准直光束中,即可找到第二个焦点。可将该点作为参考,对不同物体位置进行测量。图7-14所示为点物体的不同位置。

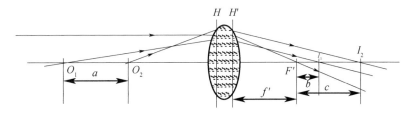

图 7 – 14　透镜成像法

当点物体在无穷远时,其在第二个焦点上成像。焦距 f' 是主平面 H' 与焦平面 F' 之间的距离。点物体 O_1 在 I_1 处成像,而点物体 O_2 在 I_2 处成像。为了接收图像,应将光屏/探测器移动 b 段和 c 段距离。这两段距离可在光学试验台上测出。同样,O_1 与 O_2 之间的距离也可在光学试验台上测出,该距离等于 a。通过测得的 a、b 和 c 值,就可以计算焦距 f'。利用成像条件可得

$$\frac{1}{p} + \frac{1}{f'+b} = \frac{1}{f'} \tag{7-52}$$

$$\frac{1}{p-a} + \frac{1}{f'+c} = \frac{1}{f'} \tag{7-53}$$

式中:p 为从主平面 H 测得的点 O_1 物距。去掉式(7-52)和式(7-53)中的 p,重新整理后得

$$f' = \sqrt{\frac{abc}{(c-b)}} \tag{7-54}$$

于是,我们就可以利用所测差值得出焦距,从而以更高的精度测定焦距。

7.6 莫尔偏折术

让我们考虑这样一种情况:通过准直光束照亮透镜,测试透镜聚焦。在会聚光束中放置间距为 p 的两个相同朗奇光栅。设这两个光栅之间的距离为 Δ,如图 7 - 15 所示。它们的所在位置应使它们的分划板保持平行。

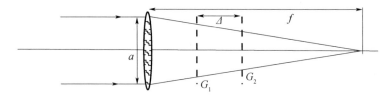

图 7 - 15 焦距测量的莫尔条纹

光栅 G_1 投影到光栅 G_2 上,于是其间距 p' 变小了。如果光栅 G_2 的照亮尺寸为 L,光栅 G_1 的照亮尺寸为 $L+y$,那么间距 p' 与间距 p 的关系为

$$p' = \frac{1}{L+y} p \Rightarrow \frac{p}{p'} = 1 + \frac{y}{L} \tag{7-55}$$

间距不匹配形成了莫尔条纹。莫尔条纹间距 d 计算公式为 $d = p\,p'/(p-p') = pL/y$。进而,依据图 7 - 15 可得 $a/f = y/\Delta$。代入 y 后,我们可得

$$f = \frac{a\Delta}{pN} \tag{7-56}$$

式中:$N(=L/d)$ 表示在尺寸为 L 的光栅 G_2 上观察到的条纹数量。因此,记下采用相同朗奇光栅观测到的莫尔条纹数量,就可以确定焦距。

思考题

7.1 三足机械球径计不是形成一个等边三角形,而是形成一个三条边分别为 a_1、a_2 和 a_3 的一个三角形。柱塞与棱镜各顶点等距。当用于测量曲率半径时,求证曲率半径 R 计算公式为

$$R = \frac{(a_1 + a_2 + a_3)}{54h} + \frac{h}{2}$$

7.2 求证可通过以下二次方程求解得出三级组态的腔长,即

$$8z_3^2 - 8Rz_3 + R^2 = 0$$

该公式的解为 $z_3 = 0.1464466R$。

7.3 求证可通过以下二次方程求解得出四级组态的腔长,即

$$16z_4^2 - 12Rz_3 + R^2 = 0$$

该公式的解为 $z_4 = 0.0954915R$。

7.4 准直光束照亮长曲率半径的薄平凸透镜。从前平面镜反射出来的光和从后球面镜反射出来的光发生干涉形成了圆形条纹,我们将其称为"改进型牛顿环"。从球面镜反射的光束聚焦在 f_0 处。求证透镜材料折射率的计算公式为

$$\mu = \frac{R}{2f_0}$$

式中:R 为通过改进型牛顿环测得的凸面镜曲率半径。

7.5 列出采用牛顿公式测定凹面镜曲率半径所需的步骤,并绘制实验装置的原理图。

7.6 利用塔尔博特现象测定焦距时,将一个周期为 a 的朗奇光栅 G_1(其光栅分划板与 y 轴平行)与测试透镜接触,如图所示,并将一个相同的光栅 G_2 放置在第 n 级塔尔博特平面处并与 y 轴形成夹角 θ。求证莫尔条纹图样将与 x 轴形成一个夹角 ϕ_n,其中 $\tan\phi_n = [(f/(f-z_n)) - \cos\theta]/\sin\theta$。式中:$f$ 为测试透镜的焦距;z_n 为第 n 级塔尔博特平面。进而求证通过莫尔条纹的倾角得出焦距 f 为 $f = [1/(\cos\theta + \tan\phi_n\sin\theta - 1)](na^2/)\lambda$。

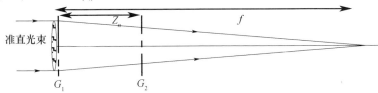

7.7 求证

$$\frac{D_{n+1} - D_n}{D_{n+2} + D_{n+1}} \approx 1 + \frac{1}{2n}$$

$$\frac{D_{n+1}^2 - D_n^2}{D_{n+2}^2 - D_{n+1}^2} = 1$$

式中:D_n 为牛顿环实验中第 n 个环的直径。

7.8 用校准折射率为 1.523 的日内瓦规测量折射率为 1.5 的平凸透镜曲率。日内瓦规两个端销之间的距离为 2cm。日内瓦规测得的屈光度为 2D,求日内瓦规测得的矢高为多少微米?

7.9 将线性尺寸为 12mm 的物体放置在透镜前面 12.0cm 处,测得其图像大小为 8mm。当把该物体移动到透镜前面 17.0cm 处时,图像大小为 6mm,求该透镜的焦距。

7.10 以 $\pm 3\mu m$ 的测量精度,测量一个标称焦距为 600mm、直径为 150mm 的透镜的后焦距和焦距。这是否可行?并予以解释。

7.11 已知物平面与像平面之间的距离以及两个物体位置之间的距离和测得的放大倍数。请推导用于测量厚透镜焦距的公式。如需得出透镜的焦距

及其主平面,还需哪些额外信息?

7.12 采用准直仪测量给定透镜的焦距。其中,准直仪物镜焦距与分划板的线尺寸之比为1000。已知测试透镜形成的分划板图像为 2.0 ± 0.01mm。该测试透镜的焦距是多少? 绘制实验装置示意图。

7.13 如图所示,在平凸透镜和平凹透镜之间出现牛顿环。凸透镜的曲率半径为50.0cm。如果在波长为564.1nm的反射光中,观测到第25个暗环的直径为15.0mm,那么该凹透镜的曲率半径是多少?

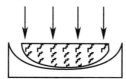

第 8 章 光学测试

设计、生产和测量之间存在协同作用。你不可能制作出比你能够测量的光学器件更好的器件产品。在车间环境中所用的测试方法必须稳定可靠,并且能够满足设计所规定的公差测量要求。本章介绍表面光学测试的基本原理。

8.1 平面测试

大多数光学元件至少有一个平面,一些器件也会有很多平面。这些元件是光学系统或仪器的一部分,并且直接影响其性能。所以,有必要对这些器件的平面进行测量。可以采取将它们与表面平面度已知的参考表面进行比较的测量方法来进行测量。

8.1.1 液体表面作为参考

液体注入一个相当大的开口容器中。假设液体处于平衡状态下,其表面将是精确的球面,具有与地球相同的曲率半径 6371km。因此,直径为 50cm 的容器中的液体也会与地球具有相同的曲率半径(忽略了边缘效应),因此可以说是一个平面。假设直径为 40cm 的液体表面不受边缘影响,其矢高将为 3.1nm。采用 500nm 的波长进行测量,可以测得表面的平面度为 $\lambda/161$,这比车间环境要求的要好得多。因此,液体的表面作为参考平面,可以将车间中制造的其他表面与之进行比较。然而,所涉及的液体必须满足某些要求,例如高黏度、不吸湿、低蒸气压。用于蒸发装置中的硅油(DC705)的性质正好与上述要求吻合,可用作参考液体平面。

将液体参考表面测量的光学平面放置在底座上(通常是三点支撑底座),并且使用具有移相能力的斐索(Fizeau)干涉仪观察干涉图。

该方法的主要缺点是易受到液体本身不稳定性问题的影响。由于进行机械调整或传递到硅油表面的振动而导致硅油的任何扰动,都需要数小时甚至数天才能消散,而使用汞齐作为液体能够缓解该问题,但是还有其他相关的问题。

8.1.2 三平面法校准

使用斐索型移相干涉仪成对比较具有标称平面度和相同圆形形状的三个平面(A,B 和 C)。假设这三个平面的平面度偏差分别为 $W_A(x,y)$、$W_B(x,y)$ 和

$W_C(x,y)$。图 8-1 显示了这三个平面成对进行测量的过程。

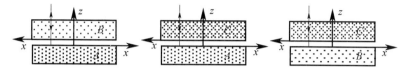

图 8-1 三平面法测量平面度

当平面 A 和 B 成对进行测量时,斐索干涉仪测量波前函数 $W(x,y)$,其表达式为 $W(x,y) = 2[W_B(-x,y) + W_A(x,y)]$。从平面 B 的下表面和平面 A 的上表面反射的光束之间发生了干涉。因子 2 表示干涉光束通过了两次,我们将在之后的讨论中忽略因子 2,但是在显示表面误差的最终结果时应包含该因子。因此,对于这三对平面,测量的波前误差与平面的表面误差相关,即

$$W_1(x,y) = W_B(-x,y) + W_A(x,y) \qquad (8-1)$$

$$W_2(x,y) = W_C(-x,y) + W_A(x,y) \qquad (8-2)$$

$$W_3(x,y) = W_C(-x,y) + W_B(x,y) \qquad (8-3)$$

可以注意到,这三个方程包含四个未知数,分别为 $W_A(x,y)$、$W_B(x,y)$、$W_B(-x,y)$ 和 $W_C(-x,y)$,因此无法获得所有表面的逐点解。这是由于测试的固有性质导致的问题。当一个表面与另一个表面进行比较时,会发生从左到右的反演,这就会引入一组新的未知数。

沿着反演轴 $(x=0)$,式(8-1)、式(8-2)和式(8-3)简化为

$$W_1(0,y) = W_B(0,y) + W_A(0,y) \qquad (8-4)$$

$$W_2(0,y) = W_C(0,y) + W_A(0,y) \qquad (8-5)$$

$$W_3(0,y) = W_C(0,y) + W_B(0,y) \qquad (8-6)$$

现在只有三个未知数,可以进行求解,有

$$W_A(0,y) = \left[\frac{W_1(0,y) - W_3(0,y) + W_2(0,y)}{2} \right] \qquad (8-7)$$

$$W_B(0,y) = \left[\frac{W_1(0,y) - W_2(0,y) + W_3(0,y)}{2} \right] \qquad (8-8)$$

$$W_C(0,y) = \left[\frac{W_2(0,y) - W_1(0,y) + W_3(0,y)}{2} \right] \qquad (8-9)$$

这就得出了沿直径的表面误差:经典的三平面测试。然而,如果要确定整个表面上的表面误差,则需要更多数据,这些数据可以通过在一对板中的其中一块板的自身平面内旋转板得到。详细内容可在弗里茨(1984)提出的理论中找到。

在获得光学平面之后,在光学车间或实验室中将其用于测试元件的平面。早期的泰曼 - 格林干涉仪是生产设施中常用的主要仪器。现在经常使用的是斐索相位测量干涉仪。但是,测试的基本原理保持不变,因此,我们先讨论如图

8 - 2 中所示用泰曼 - 格林干涉仪进行的光学测试。将来自准单色光源的光束准直,分成两条光束。其中:一条光束被反光镜反射回来,作为平面参考;而另一条光束通过测试系统反射后,并再次通过测试系统。这两条光束由分束器 BS_1 组合。可以通过相机观察或记录条纹。反光镜 M_1 可以安装在 PZT(锆钛酸铅)线性驱动器上进行移相,并且 M_1 可以使用 CCD(电荷耦合器件)记录条纹图样并进行处理。

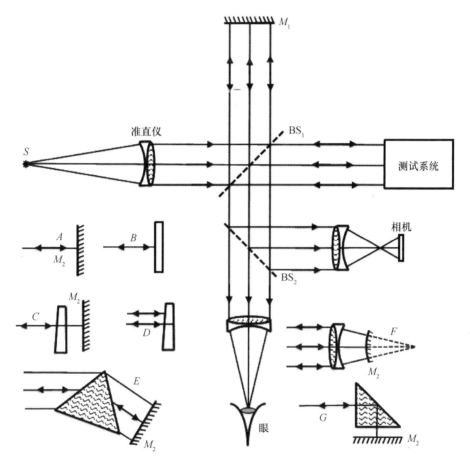

图 8 - 2 泰曼 - 格林干涉仪及各种测试组态的示意图

一些测试系统如图 8 - 2 所示,标记为 A 到 G。可以以两种方式测试平行平板形式的分束器:在 A 中,对反光镜 M_2 进行平面度测试;而在 B 中,则是对平面进行平面度测试。将其插入测试臂,其中有一面反光镜 M_2,且反光镜 M_2 是一个平面。分束器和反光镜组合构成测试系统。当正确对准时,由于分束器引入的相位差 φ_1 而出现条纹,有 $\varphi_1 = 2\left(\dfrac{2\pi}{\lambda}\right)(\mu - 1)t$,式中:$\mu$ 和 t 分别为分束器的折射率和厚度。如果折射率始终保持恒定,若由于厚度变化而出现条纹,则其中一个或两个表面可能存在平面度偏差。因此,首先应检查表面的平面度,并测试以检查材料的均质性。

在第二种布置中,来自反光镜 M_1 的光束被阻挡,并且在从分束器的前表面和后表面反射的光束之间观察到干涉。这两条光束具有相位差 φ_2,即 $\varphi_2 = 2(2\pi\lambda)\mu t$。这种布置比前一种布置更敏感。由于 μ 和 t 的变化,条纹再次出现。如果已经检查了平面度,则该方法以更高的灵敏度给出关于材料的非均质性信息。

也可以以相同的方式测量楔形板的角度。假设楔形板被平面固定并且材料是均匀的,则干涉条纹将是直线。如果楔形板边缘沿 x 方向并且楔角为 α,则条纹平行于 xx 方向,并且组态 C 和 D 中的条纹宽度分别为

$$\bar{y}_1 = \frac{\lambda}{2(\mu-1)\alpha} \tag{8-10}$$

$$\bar{y}_2 = \frac{\lambda}{2\mu\alpha} \tag{8-11}$$

通过测量条纹宽度可以确定楔角。

棱镜用于光束的偏离和散射。在这两种应用中,入射准直光束应该以准直光束的形式射出。非平面和介质的非均质性会使光束畸变。因此,测试棱镜以评估畸变并通过修磨表面来校正。组态 E 和 G 用于测试 60° 和 45° 棱镜。60° 棱镜用于最小偏差位置,而 45° 棱镜用于将光束改变 90° 的位置。

组态 F 用于测试透镜的轴上像差。具有猫眼组态的球形镜可以反射光束。为了使光线在返回行程中在同一区域内行进,必须适当选择凸面镜的曲率半径,反光镜应尽可能靠近透镜。

8.2　球面测试

由于平面或球面更容易实现,因此,测试表面的基本原理是将其与平面或具有几乎相同曲率半径的球面进行比较。此外,可以注意到,当有像差波传播时,其形状会发生改变,特别是当波呈非球面时更显著。因此,应在光瞳平面处测试波前的像差。

考虑图 8-2 中组态 F 所示的测试系统,该测试系统用于评估透镜和凸面镜的轴上像差。相反,如果透镜有衍射极限,那么它会输出球面光束,这种组态可用于评估凸面/凸面镜。如果表面是球面,则应在适当对准的干涉仪中获得直线条纹。然而,这对表面的曲率半径存在限制。在这种组态中无法测试长曲率半径的凹面镜/凹面。

8.2.1 散射板干涉仪

该干涉仪的有用性源于它可以使用白光以非常高的精度测试大型光学器件。这是共光程干涉仪的绝佳示例。干涉发生在直射—散射和散射—直射光束之间,这实际上需要两块完全相同定向适配的散射板。

图 8-3 显示了伯奇(Burch)的散射板干涉仪,其中使用了两块相同的散射板 S_1 和 S_2,放置在通过被测反光镜的曲率中心的平面上。板 S_1 由会聚光束照射,会聚在反光镜 M 处。从反光镜 M 反射的直射光束通过板 S_2。来自板 S_1 的散射光束填充反光镜的整个表面并且在经过反射后通过板 S_2。因此,实际上有 4 条光束通过板 S_2,这些光束是:①通过 S_1 并发生散射,由 M 反射后直射通过 S_2(散射—直射);②直射通过 S_1,经反射后通过 S_2 并发生散射(直射—散射);③直射通过 S_1,经过反射后直射通过 S_2(直射—直射);④通过 S_1 并发生散射,经过反射后通过 S_2 并发生散射(散射—散射)。其中,散射—直射光束是测试光束,直射—散射光束是参考光束。这两条光束干涉产生相等光程差的条纹。

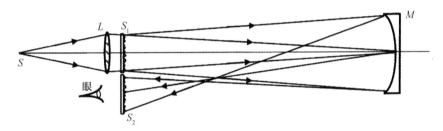

图 8-3 散射板干涉仪的示意图

板 S_1 翻转后就是板 S_2,因此可以将两块板的功能合二为一。这种复合散射板可以通过照相或计算机制作。如果要通过照相制作,则用激光束照射磨砂玻璃板,并将照相底板放置在合适的距离处进行第一次曝光。将板在其自己的平面中旋转 $180°$ 并进行另一次记录,在显影后可得到复合散射板。但是,在记录时应注意散斑的大小,而且旋转位置应在 $180°$ 附近 $1''$ 内。

图 8-4 显示了带有单个散射板的实验装置。散射板 S_1 保持在测试镜 M 的曲率中心。透镜 L_2 在记录干涉图的观察平面上的散射板上对干涉光束进行成像。散射板干涉仪是一种共光程干涉仪,因此对振动和由温度引起的折射率变化不敏感。作为共光程干涉仪,很难引入移相法。但是,有两种可选择的方法,即在测试环形镜/表面时,可以在 PZT(锆钛酸铅)上安装一面小反光镜,让参考光束落在上面,或者参考光束和物体光束可以处于垂直偏振状态并且引入基于偏振的移相,这两种方法都已在实践中使用。此外,可以注意到,散射板的横向位移引入了倾斜条纹,而纵向位移引入了散焦。

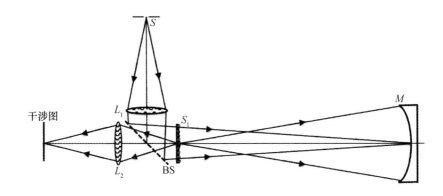

图 8-4 带有单个散射板的散射板干涉仪的示意图

8.2.2 点衍射干涉仪

这是另一种共光程干涉仪,用于使用白光或弱相干光源测试大半径的曲面镜或曲面。这是最简单的干涉仪,并且非常紧凑。

林尼克(Linnik)在大约75年前首次述及这种干涉仪。它由涂层透明片材/薄板组成,平均透射率为百分之几。此干涉仪可能有一个孔或一个完全透明的光阑,大约是与被测光学器件相关的艾里环的一半,有像差波前会聚到该透明片材上。

片材中的光阑衍射出波前的一小部分,从而产生合成参考球面波,如图8-5所示。有像差波透过片材,因此成像为有像差球面波。片材的透射率使得这两个波具有大致相等的振幅,从而产生对比度良好的条纹。点衍射器的横向偏移产生倾斜条纹,而轴向偏移导致由于散焦引起的条纹。这种紧凑型干涉仪的主要缺点是参考光束中的光量取决于针孔的位置,针孔的横向移动导致条纹对比度快速降低。

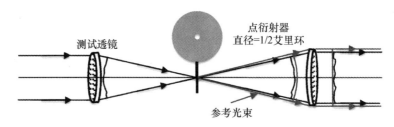

图 8-5 点衍射干涉仪的示意图

点衍射干涉仪可以结合到显微镜中,因此,可以用点衍射干涉仪执行干涉显微镜术。由于此干涉仪是共光程干涉仪,参考波和物体波不能被隔离,因此不能采用直接移相法。

目前采用两种间接方法进行移相：一种采用光栅；另一种采用偏振。现在已经开发和使用了这种干涉仪的几种变体。

8.2.3　激光非等径干涉仪

在激光出现之前，可以使用散射板或点衍射干涉仪测试大型光学器件。激光提供了长相干长度光源。由于激光的相干长度可以非常长，只要物体光束和参考光束之间的光程差完全在相干长度内，就可以测试长半径表面。这导致干涉仪的两个臂非常不相等，因此称为激光非等径干涉仪。因此，用于测试长半径凹面的泰曼－格林干涉仪的合适布置如图 8－6 所示。

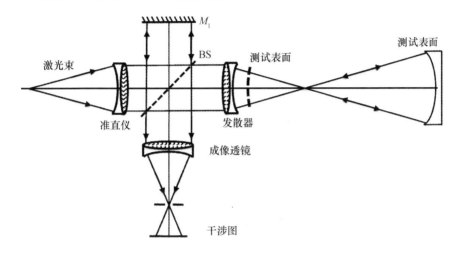

图 8－6　用于测试凹面镜的激光非等径泰曼－格林干涉仪

来自激光器的光束被准直，然后被分束器 BS 分离。一条光束传播到参考镜 M_1，而另一条光束通过发散器，产生良好的球面波。该球面波照射测试表面，形成反射光束。由于表面存在畸变，导致光束出现像差。在通过发散器时，导致平面波出现像差。来自反光镜 M_1 的反射准直光束通过分束器与有像差准直光束组合，进而发生干涉。用分析获得的干涉图来表征表面，这是众所周知的用于测试凹面的共焦位置。凸面/凸面镜的表面图形（如图 8－6 虚线所示），也可以通过将其置于猫眼位置来评估。

激光非等径干涉仪的优点是干涉仪的两个臂可以不相等，从而可以满足相干要求。当两条光束沿正交路径传播时，振动和温度变化的影响可能很严重，对于长半径光学器件，干涉仪和测试光学原存在很大的分离。

随着台式计算机的应用，参考镜 M_1 被放置在 PZT（锆钛酸铅）上，可以在CCD（电荷耦合器件）上捕获三个或更多个移相干涉图并进行处理，以给出相位轮廓或表面误差。

8.2.4　斐索干涉仪

斐索干涉仪可以通过多种方式组装。图 8 - 7 显示了测试凹面的组态,其中参考光束由球面生成凸面参考面。可以采用适当放置的参考平面代替参考球面。如果要测试高反射率表面(反光镜),可以将衰减器放置在测试光束的光程中,以获得高对比度条纹。也可以使用局部有涂层的参考球面,采用多光束干涉测量法,但是这会产生更锐利的条纹,除非扫描表面,否则无法获得条纹之间的信息。此外,参考光束和测试光束之间的倾斜可能导致离散效应并产生一些不对称的特性。

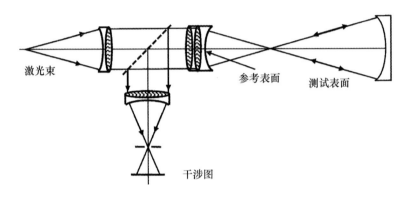

图 8 - 7　用于测试凹面的斐索干涉仪的示意图

斐索干涉仪和泰曼 - 格林干涉仪类似,可用于测试各种光学元件,且具有多种功能,但斐索干涉仪相对便宜且对振动不太敏感。另外,斐索干涉仪比泰曼 - 格林干涉仪灵活性差,光效低。

8.2.5　激波管干涉仪

该干涉仪的核心是一个分束管,如图 8 - 8 所示。在激波管的一侧黏合有一个平凸透镜,其球面质量很高;球面的曲率半径使得其曲率中心位于相对面上或非常靠近它。在垂直面上放置一个空间滤波器 SF,使激光束聚焦在该空间滤波器上。激光束在通过空间滤波器后被反射到球面上,光束的一部分被球面反射,聚焦在激波管的背面。通过表面的光束部分落在测试表面上,如果其曲率中心与参考球面的曲率中心重合,则光束沿原光程返回。黏合有平凸透镜的激波管可以认为是在 I_m 处对测试表面成像的厚透镜,在该平面处形成的条纹通过目镜 E 看到。

激波管干涉仪非常紧凑,其质量可达到平均工业等级质量,但灵活性不如泰曼 - 格林干涉仪或斐索干涉仪。由于光束在激波管内共享相同的光程,因

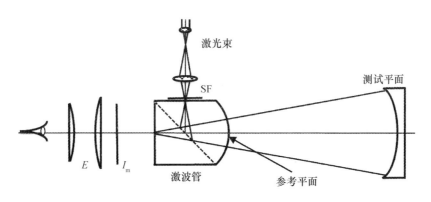

图 8-8　用于测试凹面镜的激波管

此,这种干涉仪更便宜。这种干涉仪只有一个高质量表面,为了测试透镜或凸面,还需要辅助光学器件。

8.3　非球面的测试

　　非球面用于光学仪器中可以减少很多元件,重量更轻,图像质量更好,成本更低。圆锥面可以认为是一种典型的非球面。圆锥面是在笛卡尔坐标系中定义的旋转曲面,其原点位于顶点,其方程式为

$$x^2 + y^2 - 2Rz + (k+1)xz^2 = 0 \qquad (8-12)$$

式中:z 为旋转轴;R 为顶点处的曲率半径;常数 $k(k \neq 0)$ 为圆锥常数,对于抛物面有 $k=1$,对于椭球面有 $k > -1$,对于双曲面有 $k < -1$。

　　圆锥面的矢高为

$$z = \frac{(x^2+y^2)/R}{1 + \sqrt{\{1-(k+1)[(x^2+y^2)/R^2]\}}} \qquad (8-13)$$

　　当考虑非球面时,其矢高可以表示为

$$z = \frac{(x^2+y^2)/R}{1 + \sqrt{\{1-(k+1)[(x^2+y^2)/R^2]\}}} + A_4(x^2+y^2)^2 + A_6(x^2+y^2)^3 + \cdots$$

$$(8-14)$$

式中:A_s 为非球面系数。因此可以看出,非球面与曲率半径 R 的参考球面明显不同。这导致条纹拥挤,有时太多而无法分辨。显然,非球面的测试存在问题。但是,可以使用以下技术解决这些问题:

　　(1)使用零位光学器件。零位光学器件可以是传统的,也可以是计算机生成的全息图,甚至被测波前的全息图也可以用作零位光学器件。

　　(2)使用剪切干涉测量法。这会产生倾斜条纹,因此条纹的数量大大减少。

　　(3)使用长波长干涉测量法。这会自动减少条纹数量,但是波长可能位于

探测器难以找到的区域。或者可以使用两个波长生成合成波长。根据波长的选择,可以实现差异非常大的合成波长。

(4)亚奈奎斯特干涉测量法。该方法适用于非球面测试,只需假设被测表面光滑连续,并具有连续的导数。该假设允许分析解释在远高于奈奎斯特频率的频率处出现的条纹。现已使用亚奈奎斯特干涉测量法测量过相对于参考球面的偏差达到几百个波的表面。

图8-9显示了用于测试非球面的斐索干涉仪,其中参考表面是球面。在光程中引入零位光学器件,将来自测试表面的波前转换为球面波前,然后将其与参考球面波前进行比较。在瞳孔的图像处捕获干涉图。

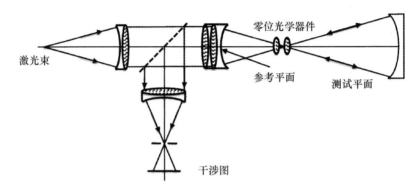

图8-9　用于测试非球面的斐索干涉仪的示意图

8.3.1　用计算机生成全息图的零检验

制造传统的零位光学器件是非常昂贵且耗时的过程。给定测试表面/光学器件的设计数据,制作计算机生成的全息图(CGH)要容易得多。通常使用平面参考光束和测试光束在光瞳平面处生成CGH。当用测试光束重现时,会生成几条光束,其中一条是平面光束。平面光束通过空间滤波隔离。但是,如果测试表面偏离设计表面,则重现时会产生畸变的平面光束,可使用平面参考光束进行检查。

图8-10显示了泰曼-格林干涉仪的布置示意图。CGH的直流透射率将允许平面参考光束通过,而测试光束被衍射成各种光束。其中一种是平面光束,由空间滤波器滤波。两条平面光束干涉,以产生干涉图案。如果测试光束偏离理想表面,则衍射平面光束将会畸变。然后,条纹会描绘相对于理想状态的偏差。

由于CGH是通过计算机产生的,因此,打印机以及还原过程中的畸变会引起误差。我们也可以用平面参考光束在光瞳平面上记录测试光束的全息图。在处理时,全息图放置在图8-10中CGH占据的位置。现在,当用测试光束重

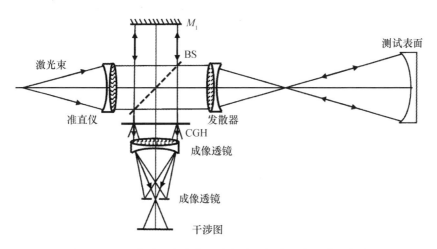

图 8-10 全息图测试非球面的泰曼-格林干涉仪的示意图

现时,将会产生几条光束,其中一条将是平面光束。该过程与 CGH 的相同。

8.4 斜入射干涉仪

在一些实际应用中,表面的平面度偏差可达到几十个波长。因此,要采取减敏技术,以便观察到合理数量的条纹。一种方法是使用更长的波长,另一种是使用斜入射,将高度 $h(x,y)$ 视为 $h(x,y)\cos\theta$,其中 θ 是入射角。粗糙表面的干涉测量评估也可以用斜入射干涉仪完成。

图 8-11(a)显示了此种干涉仪的示意图。使用一对相同的线性光栅实现光束分离和光束组合的双重功能。

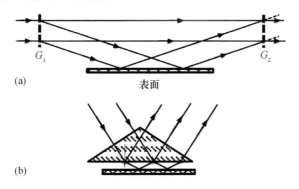

图 8-11 斜入射干涉仪的示意图
(a)配备光栅的;(b)配备棱镜的。

光栅 G_1 产生衍射光束,其中一阶衍射(-1 阶)光束以角度 θ 入射到测试表面上,角度 θ 是衍射角。可以设计一种光栅,使其只能产生直射光束和一条一阶光束。光栅 G_2 衍射来自基底的直射光束和斜光束。通过光栅 G_2 的直射光束和一阶衍射(+1 阶)光束用于观察干涉。

除了恒定光程之外,干涉光束之间的光程差表示为

$$\Delta = 2h(x,y)\cos\theta \qquad (8-15)$$

式中:$h(x,y)$ 为表面上某点 (x,y) 处的高度。连续的条纹在高度变化量 $\bar{h}$ 方面有差异,其中有

$$\bar{h} = \frac{\lambda}{2\cos\theta} \qquad (8-16)$$

与斐索干涉仪中使用半波长的高度变化量不同,斜入射干涉仪已被 $\cos\theta$ 减敏,或者相当于使用 $\lambda/\cos\theta$ 的波长。

使用棱镜可以使干涉仪变得非常紧凑,如图 8 – 11(b)所示。棱镜的基面提供参考光束,与光栅干涉仪相比,其透视误差也较小。

8.5 剪切干涉法

剪切干涉测量法不需要参考光束,而是将测试光束与其剪切的复制品进行比较。虽然有很多种剪切方式,但最重要和最常用的是横向剪切。这里,将有波前变形 $W(x,y)$ 的测试波前与其经过横向位移的复型 $W(x+S,y)$ 进行比较,如图 8 – 12 所示,重叠的光束之间将发生干涉,其中 S 是剪切量。

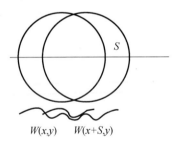

$$W(x,y) \qquad W(x+S,y)$$

图 8 – 12　剪切光瞳

两个波前之间的光程差(OPD)为

$$\text{OPD} = W(x+S,y) - W(x,y) = \frac{\partial W}{\partial x}S + \cdots \qquad (8-17)$$

式中:$\partial W/\partial x$ 为波前变形的梯度或斜率。OPD(光程差)取决于波前变形 $W(x,y)$ 的导数或斜率,而不是波前变形。条纹的形态由以下方程控制,即

$$\frac{\partial W}{\partial x}S = m\lambda \qquad (8-18)$$

该梯度 $\partial W/\partial x$ 与剪切方向上的横向像差分量 TA_x 成正比。实际上,它等于 $(TA_x/r)[(\partial W/\partial x) = (TA_x/r)]$,其中 r 是参考波前的曲率半径,或者是从波前

的顶点到测量横向像差的平面的距离(如果该平面不在波前的曲率中心)。因此,横向剪切干涉仪测量剪切方向上的横向像差 TA_x。

式(8-18)可以改写为

$$\frac{\partial W}{\partial x}S = \frac{TA_x}{r}S = m\lambda \tag{8-19}$$

这大大减少了干涉图中的条纹数量。最简单的剪切干涉仪之一是穆尔蒂(Murty)的平行平板干涉仪,其中,剪切量是由平行平板的厚度引入的,如图8-13所示。剪切量 S 为

$$S = \frac{t\sin2\theta_i}{\sqrt{\mu^2 - \sin^2\theta_i}} \tag{8-20}$$

式中:θ_i 为入射角;t 和 μ 为平行平板的厚度和折射率。

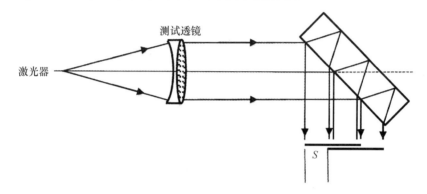

图8-13　穆尔蒂(Murty)的平行平板干涉仪的示意图

通常,将平板置于45°入射角处。然后,由 $S = \sqrt{2}t\,(2\mu^2 - 1)^{1/2}$ 表示剪切量。

8.6　长波长干涉测量

在干涉测量中使用长波长可减少条纹的数量。二氧化物激光器($\lambda = 10.6\mu m$)具有优异的相干特性,可以作为光源。硒化锌和锗可用于制造像参考球面一样的透射光学器件,并且热电视像管可用作探测器。传统干涉测量法使用的技术也适用于该波长。条纹数量按照波长的比率减少,即 $\lambda_{\text{visible}}/\lambda_{\text{CO}_2}$,当 λ_{visible} 选取氦氖(He-Ne)激光波长632.8nm 时,其结果约为16.7。

还可以使用两个波长产生长波长。如果用于测试的两个波的波长为 λ_1 和 λ_2,那么合成波长 λ_S 由 $\lambda_S = \lambda_1\lambda_2/|\lambda_1 - \lambda_2| = \bar{\lambda}^2/\Delta\lambda$ 给出。因此,如果这两个波长彼此非常接近,则可以产生非常长的合成波长。原则上,当参考波前和测试波前干涉时,每个波长产生其自己的干涉图案。这些干涉图案之间的莫尔条纹是由合成波长产生的条纹图案。

思考题

8.1　折射率为 1.5153 的楔形板的楔角使用配备汞灯($\lambda = 546.1\,\text{nm}$)的泰曼－格林干涉仪进行测量。测得的条纹宽度为 5.3 mm。楔角是多少？如果用斐索干涉仪测试该楔形板，那么条纹宽度会是多少？

8.2　证明表达式为 $x^2 + y^2 - 2Rz + (k+1)z^2 = 0$ 的圆锥面的矢高为

$$z = \frac{(x^2 + y^2)/R}{\sqrt{\{1 - (k+1)[(x^2 + y^2)/R^2]\}}}$$

8.3　对于平行平板干涉仪，假设平板的折射率和厚度分别为 μ 和 t，求解剪切量最大的入射角。

8.4　下图给出了波长为 632.8nm 时用斐索干涉仪获得的干涉图。在有和没有倾斜的情况下获得干涉图中心的光程差的分布，是否有可能确定误差迹象？

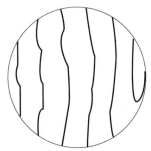

8.5　泰曼－格林干涉仪使用氦－氖激光器(632.8nm)发出的激光测试入射角为 45°处的反光镜，如下图(a)所示。记录的干涉图如下图(b)所示。镜面的峰/谷误差是多少(单位:微米)？当参考镜朝分束器平移时，条纹在干涉图中向右移动。反光镜的中心是峰还是谷？

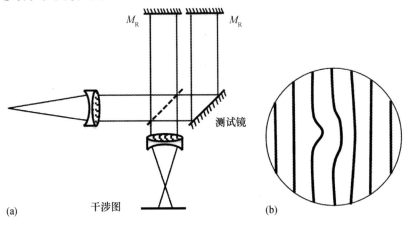

8.6　使用氦－氖激光器(632.8nm)，用双光束干涉仪获得下图所示的干涉图。

(1)如果样品是平面镜，用泰曼－格林干涉仪在垂直入射和以60°角入射时测得的平面度偏差分别是多少？请绘制干涉仪的布置。将样品放在马赫－曾德尔干涉仪中作为其中的一面反光镜进行测试，请绘制干涉仪的布置。

(2)如果样品是折射率为1.515的平行平板，则在泰曼－格林干涉仪和马赫－曾德尔干涉仪中测试时厚度变化量分别是多少？

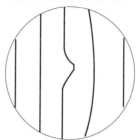

8.7　下图给出了使用氦－氖激光器(632.8 nm)在斐索干涉仪中测试近球面镜所获得的三个干涉图。

(1)识别存在的像差。

(2)峰谷高度误差是多少(单位：微米)？陈述可能的任何假设。

(3)从左侧的干涉图变成右侧的干涉图需要如何调整干涉仪？

(4)请描述将反光镜移近参考表面时干涉图中间条纹的运动情况，请陈述您所做的假设。

8.8　在泰曼－格林干涉仪中测试反光镜时，可获得下图中给出的5种干涉图。计算每个干涉图的像散波数、焦点、x-tilt 和 y-tilt。其中：图(a)顶部和底部的暗条纹；图(b)左侧和右侧的暗条纹；图(c)顶部和底部的暗条纹；图(d)顶部和底部的暗条纹；图(e)顶部和底部的暗条纹及左侧和右侧的亮条纹。

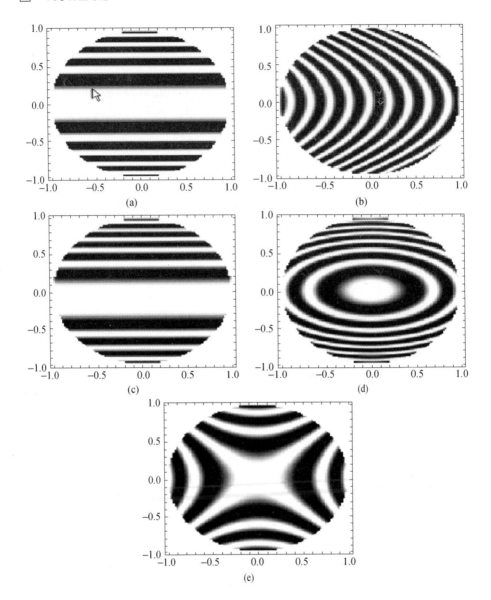

第 9 章　角度测量

9.1　角度的定义

圆周是圆心处形成的 360°或 2π rad。如果将圆周分为 360 等份,则每份对应为 1°。角度是圆的周长与半径之比,1° = 60′,1′ = 60″。因此,角度测量与长度有关,可通过各种技术和仪器溯源到计量标准,使用具有不同公差的角度计工作用长度标准传递到实验室和工业生产中。我们将讨论测量角度的光学方法,包括自准直仪法、测角器法和干涉测量法。

9.2　自准直仪

图 9 - 1 为自准直仪的原理图,其本质上是望远镜。

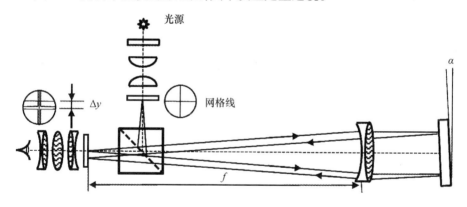

图 9 - 1　自准直仪原理图

滤过的辐射光照射在物镜焦平面上的网格上,从透镜(物镜)射出的光落在反射体上。如果该物体垂直于自准直仪的光轴,则光线会按原路返回并落在物镜焦平面上居中的分划板上。观察者能看到分划板的图像,或者使用阵列探测器来探测图像的位置。当该物体不垂直于光轴但形成倾斜角 α 时,反射光束偏离 2α 且十字丝的图像在分划板处偏移 Δy(=2fα)。分划板标有角度,因此自准直仪直接提供角读数。自准直仪的量程有限,但精度非常高(≈0.1″)。因此,它可用于差分测量。

9.2.1　玻璃楔角的测量

玻璃楔角的测量需要两个对称地放置在工作台上的自准直仪,如图 9 - 2 所示,将折射率为 μ 的玻璃楔放置在工作台上。设入射角为 θ_i,光束从玻璃楔上表面以角度 θ_i 反射,而从底面反射的光束由于楔角 α 而以略微不同的角度 β ($= \theta_i + \Delta\theta$)出射。它可用斯涅耳定律显示,即

$$\sin\beta = \mu\sin(\theta_r + 2\alpha) \tag{9-1}$$

式中: θ_r 为玻璃楔内的折射角。当 α 很小时, $\cos2\alpha = 1$ 且 $\sin2\alpha = 2\alpha$,可得

$$\alpha = \frac{\cos\theta_i}{\sqrt{\mu^2 - \sin^2\theta_i}}\frac{\Delta y}{2f} \tag{9-2}$$

$\Delta y/2f$ 可直接当作角度,或 f 已知时可测量 Δy 来计算角度。

也可以用单个自准直仪来完成玻璃楔角的测量。在这种情况下,校正自准直仪,使其垂直于上表面,即 $\theta_i = 0$,且 $\alpha = (1/\mu)(\Delta y/2f)$。事实上,在这两种情况下,将在楔形板平面内转动楔形板,确保其仅沿一个方向偏转,即楔边缘垂直于入射面。此外,值得注意的是,需要知道楔材料的折射率以确定楔角。如果将楔放置在压板上且校正自准直仪,使从压板反射的光恰好以分划板为中心,则可能无需知道楔材料的折射率。现在如果同时看到从压板和楔上表面反射的光,则从楔上表面反射的光将导致十字线偏移,这种偏移会产生楔角。另外值得注意的是,如果十字线没有偏移($\Delta y = \theta$),则这两个表面是平行的。

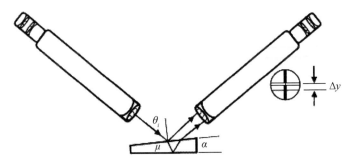

图 9 - 2　用两个自准直仪测量玻璃楔角的实验安排

9.2.2　棱镜的角度测量

在讨论棱镜角度的测量之前,先谈谈塔差。这里所说的棱镜是指实验室中经常使用的 60°棱镜,如图 9 - 3 所示。它有 5 个面,其中 ABC 为底面,DEF 为顶面,这两个面通常是磨过的。其他三个表面应垂直于这两个面,否则棱镜会出现塔差,十字线在自准直仪中的图像将转移到一个象限。我们可以测量塔

差,以避免棱镜受塔差影响。

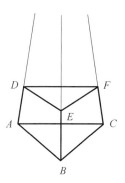

图9-3 塔差表示

通过将棱镜与角度标准器进行比较来测量棱镜的角度。两者并排放置,且都反射从自准直仪射出的光束。两个十字线图像之间的偏移将显示角度的差异。

9.2.3 直角棱镜90°角误差的测量

图9-4显示了直角误差为 α 的直角棱镜。两个45°角中的一个误差可能为 $-\alpha$,或者这两个角误差均为 $-\alpha$。直角棱镜内的射线路径如图9-4(a)所示。从自准直仪射出的光束射入前表面,在两个表面处被全反射,最终以偏移 $2\mu\alpha$ 的角度射出,形成的两个图像偏移 $4\mu\alpha$。如果在分划板内测得的偏移是 Δy,那么有

$$\frac{\Delta y}{f} = 4\mu\alpha \Rightarrow \alpha = \frac{\Delta y}{4\mu f} \tag{9-3}$$

我们可以挡住斜面的一半,使光线从该表面内部反射回来,如图9-4(b)所示。此外,当直角棱镜放在光学平面上时,我们也可以自动对准并发现与直角的偏离,如图9-4(c)所示。

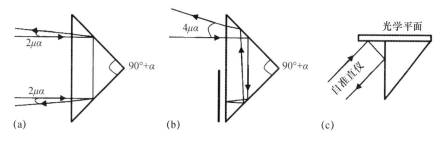

图9-4 直角棱镜90°角误差的测量
(a)光束从斜面入射和出射;(b)从斜面逆反射;(c)外角测量。

9.2.4 直角棱镜45°角误差的测量

图9-5显示了所有角度均偏离正确值的直角棱镜内的射线路径。从自准直仪射出的光束从斜面被全反射,从下面被部分反射,最终朝向自准直仪按原路返回。从棱镜射出时,光束偏转$2\mu(\alpha+2\beta)$,这导致焦平面上分划板处的十字线产生位移Δy。因此,有

$$\frac{\Delta y}{f} = 2\mu\alpha + 2\beta \Rightarrow \beta = \frac{\Delta y}{4\mu f} - \frac{\alpha}{2} \tag{9-4}$$

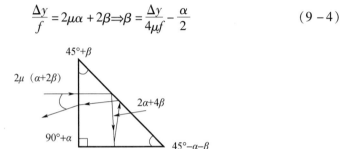

图9-5 直角棱镜45°角误差的测量

9.2.5 五棱镜的检验

五棱镜(光学直角器)是实心的五面棱镜,角度分别为90°、112.5°、112.5°、112.5°和112.5°,如图9-6所示。但是,当两个侧臂延长时,形成45°角,如图9-6所示。入射光线以垂直于入射面的角度入射,穿过理想五棱镜的出射面垂直出射,偏移恰好为90°。此外,如果入射光线与入射孔的法线成ε的夹角,则在角度ε很小($\sin\varepsilon \sim \varepsilon$)时,光线仍以90°的偏移出射。因此,理想的五棱镜是光学直角器并且对未对准的容忍度颇高。如果五棱镜的角度出现误差,则光束的偏移不等于90°,实际偏移取决于棱镜的角度和折射率。

先讨论使光束偏离90°的理想五棱镜。将五棱镜放在转台上,从自准直仪射出的光束入射到五棱镜表面上,调整该表面确保反射光束使十字丝的图像落在十字丝自身上。通过这种方法,光束从前面逆反射。

将平面镜以垂直于从五棱镜射出光束的角度放置,并调节平面镜,使十字丝的图像再次落在十字丝自身上。在这种情况下,平面镜所在平面平行于自准直仪的光轴。现在,五棱镜的另一面可以逆反射从自准直仪射出的光束,校正第二个平面镜,确保从该平面镜射出的光束也会被逆反射。这两个平面镜现在彼此平行。

现在让我们检查一下五棱镜出现误差时的情况。与90°的偏移的测量方法如图9-7所示。从自准直仪射出的光束入射到五棱镜上,调整五棱镜,使前面

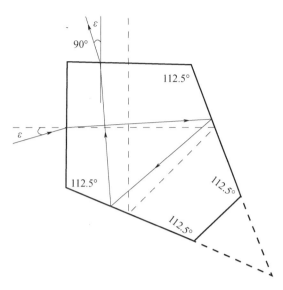

图 9 - 6　五棱镜及其角度

反射光线形成的十字丝图像以分划板为中心,正交于自准直仪轴。从五棱镜射出的光束入射到平面镜 M_1 上,将该平面镜调整至逆反射光束,使十字丝的图像以分划板为中心。如果五棱镜是完美的,则光束偏移 90°,平面镜 M_1 所在平面与自准直仪轴平行,或平面镜所在表面的垂线与自准直仪的光轴成直角。如果五棱镜有误差并使光束偏移 90° + θ,则平面镜所在表面与自准直仪轴成 θ 的夹角。同样地,调整另一个平面镜 M_2,以便在另一侧进行逆反射。这两个平面镜现在是平行的。然而,如果五棱镜角度出现误差,则出射光线与其理想位置成 θ 的夹角。调整平面镜,使其与理想位置成 θ 的夹角,以便逆反射光线。这两个平面镜现在形成 2θ 的夹角,如图 9 - 7(a)所示。简而言之,如果五棱镜的角度是 90°,则平面镜 M_1 和 M_2 是平行的;当五棱镜的角度与 90° 偏离 θ 时,平面镜 M_1 与 M_2 形成 2θ 的夹角。在自准直仪的另一个位置(自准直仪放置在对立空间),如图 9 - 7(b)所示,校正自准直仪,使从平面镜 M_1 逆反射的光束在十字丝上形成图像。现在放置五棱镜,确保在偏移不大时可以看到从平面镜 M_1 反射的图像。注意该图像的角度偏移,相当于 4θ,射线路径如图 9 - 7(b)所示。

值得注意的是,由于自准直仪的量程有限,不能用其测量大于某个值的角度。实际上,当与理想性能的偏差非常小时,应使用自准直仪。此外,如果没有正确遵循角度偏移顺序,则光束可能在最后的测量步骤中沿另一个方向偏移,从而避开自准直仪。

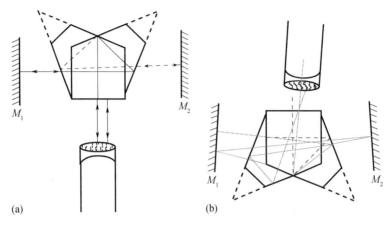

图 9-7　五棱镜的测试程序

9.3　测角器

9.3.1　绝对角测量

测量较大角度时,可使用测角器或光谱仪。仪器的核心是写/刻在玻璃或不锈钢上的圆形刻度盘。例如,刻度盘可能有 36000 个刻度,每度分为 100 个刻度。通过光电方法读取刻度盘的读数,可以达到弧秒级或更高的精度。使用自准直仪测量时,转台和刻度盘的轴线是重合的。

让我们讨论一下待测量顶角的棱镜。将棱镜置于转台上并转动转台,直至从棱镜的一个面逆反射的图像以自准直仪的分划板为中心,记录角位置。再次转动转台,直至接收到从棱镜另一面逆反射的图像且该图像以分划板为中心,再次记录角位置。这两个读数之间的差值是 $(\pi - A)$,其中 A 是棱镜的顶角。另一种测量棱镜 60° 角的方法见第 6 章。

该方法需要垂直于底部的抛光面,且不得出现任何塔差,需要准备用于角度测量的角度编码器和适当的仪器。

9.4　干涉测量法

9.4.1　楔形板角测量

楔形板是相对较薄的板,其中两个表面围成一个可从几弧秒变为接近 1° 的夹角。可将楔形板用作分束器,也可用作准直测试的剪切板。楔形板的角度很重要,可使用菲索干涉仪或泰曼-格林干涉仪通过两种方式来测定楔形板角。当使用菲索干涉仪时,放置楔形板,使其几乎垂直于入射光束,从前表面和后表面反射的光束将形成 $2\mu\alpha$ 的夹角。因此,两个夹角为 $2\mu\alpha$ 的平面波互相干涉,产生间距条纹宽度 $\bar{x} = \lambda/2\mu\alpha$ 的直线条纹图样。通过测量条纹宽度,我们得到楔形板角为 $\alpha = \lambda/2\mu\bar{x}$。我们也可以用另一种方式来测定楔形板角。假若楔形板边缘沿 y 方向,并且楔形板的一个表面垂直于 z 方向。任一 x 坐标处楔形板的厚度 $t = \alpha x$。从前表面和后表面反射的光线之间的路径差为 $2\mu t = 2\mu\alpha x$。因此,条纹形成的条件是 $2\mu\alpha x = m\lambda \Rightarrow \alpha = \lambda/2\mu\bar{x}$,且条纹垂直于 x 方向。

将楔形板放在泰曼-格林干涉仪中时,路径差为 $2(\mu-1)t$,其中 $t = \alpha x$,再次形成了直线条纹图样。条纹间距为 $\bar{x} = \lambda/2(\mu-1)\alpha$,因此可得楔形板角为 $\alpha = \lambda/2(\mu-1)\bar{x}$。

9.4.2　不透明板或长圆柱/杆表面之间的夹角

图 9-8 显示了干涉布置,其中 G 是端面抛光的不透明板/杆。当端面互相平行且正确对准干涉仪时,逆反射的叠加光束产生均匀场。然而,如果端面不平行但形成 α 的夹角,则反射的平面光束也形成 α 的夹角,从而产生直线条纹图样。条纹宽度与端面之间的夹角有关,即 $\alpha = \lambda/2\bar{x}$,其中 $\bar{x}$ 为条纹宽度。从图 9-8 可以看出,此配置对测试对象的未对准不敏感。此处 G' 是未对准的测试对象,但从板/杆的两个端面反射的光束沿相同方向行进,当这两个端面互相平行时实现均匀照明。该布置仅对端面的不平行度敏感。

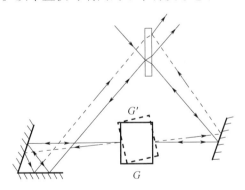

图 9-8　测量块规表面之间角度的原理图

9.4.3　棱镜干涉测试

9.4.3.1　直角棱镜的测试

可使用菲索干涉仪或泰曼-格林干涉仪测试棱镜,也可以测试其他正确对准的棱镜。图 9-9 为用于测试直角棱镜或角隅棱镜的菲索干涉仪的原理图。

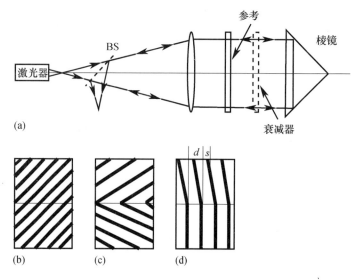

图 9 – 9 直角棱镜的测试

（a）菲索干涉仪；（b）完美棱镜的干涉图；（c）具有角度误差的棱镜的干涉图；（d）误差计算。

插入衰减器，使测试对象的波幅与参考表面的波幅相配。棱镜 90° 角没有误差时，可得到如图 9 – 9（b）所示的条纹图样，此时通过适当调整参考镜可改变条纹的方向和数量。但是，当出现角度误差时，可能得到如图 9 – 9（c）所示的条纹图样。如图 9 – 9（d）所示，对齐该条纹图样，并测量条纹宽度 d 和条纹偏移量 s，以 L 作为棱镜宽度，角度误差可表示为

$$\alpha = \frac{s}{d}\frac{\lambda}{4\mu L}$$

当使用菲索干涉仪测试没有角度误差的角隅棱镜时，得到如图 9 – 10（a）所示的干涉图。测试具有角度误差的角隅棱镜时，得到如图 9 – 10（b）所示的干涉图。

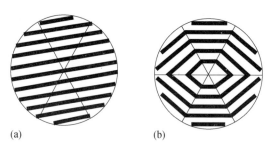

图 9 – 10 棱镜干涉测试

（a）完美角隅棱镜的干涉图；（b）具有角度误差的角隅棱镜的干涉图。

思考题

9.1　请根据式(9－1)推导式(9－2)。

9.2　求证使用自准直仪时直角棱镜45°角误差 β 的计算公式为

$$\beta = \frac{\Delta y}{4\mu f} - \frac{\alpha}{2}$$

式中: α 为90°角误差; μ 为棱镜的折射率; Δy 为在焦距为 f 的准直仪的焦平面处测得的偏移量。

9.3　五棱镜的角度出现误差,5个角分别为90°$+\delta$、112.5°$+\alpha$、112.5°$+\beta$、112.5°$+\gamma$ 和 112.5°$-\delta-\alpha-\beta-\gamma$。求证垂直于一个面入射的光线在出射时与出射面的法线成 $\mu(2\beta+2\gamma-\delta)$ 的夹角。

9.4　使用平行平板干涉仪测量标称长度为 L_0 的金属杆的线性膨胀系数。在金属杆的末端系一个小镜子,焦距为 f 的透镜使光束聚焦在镜子上。逆反射时,在干涉图中得到均匀场。当金属杆的温度改变 ΔT 时,在直径为 D 的视场中观察到 n 个条纹。假若在波长 λ 和剪切 S 下操作,求证膨胀系数 α 的计算公式为

$$\alpha = \frac{1}{2}\frac{\lambda}{S}\frac{n}{D}\frac{f^2}{L_0\Delta T}$$

9.5　假若五棱镜的实测角如下图所示,计算光束与90°角的偏移。

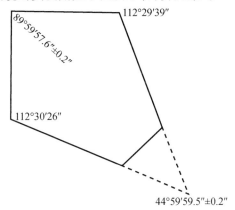

9.6　两个45°角实测为45°8″和44°59′52″的直角棱镜可以满足2″的偏移公差吗? 为什么?

9.7　在泰曼－格林干涉仪中使用氦氖激光器(632.8nm)测试折射率为1.515、直径为100 mm 的玻璃窗。得到下图所示的干涉图。在将玻璃窗放入干涉仪之前,调整干涉仪,以便得到单一的干涉条纹(均匀场)。(a)玻璃窗的楔角是多少? (b)如果在将玻璃窗放入干涉仪之前,干涉仪在视场中有11 条垂直

条纹（仅视场边缘处有极亮条纹），那么干涉图现在看起来怎么样？

9.8 在泰曼－格林干涉仪中使用氦氖激光器（632.8 nm）作为光源测试折射率为 1.515 的玻璃制成的直角棱镜的逆反射性能。棱镜与干涉图之间的放大倍数为 1 时，干涉图中直线平行条纹的间距为 1 mm 和 3 mm。（a）90°角的误差是多少？说明你做出的假设。（b）如何确定 90°角是否太大或太小？

9.9 如何使用海丁格尔干涉条纹测试直角棱镜以便得到与 90°角的偏移？

第 10 章　厚度测量

在许多应用中,都需要对沉积薄膜的厚度和表面波动进行测量。目前,在三角测量原理、干涉、偏振基础上,已发展出覆盖较大厚度范围的多种技术,本章介绍其中的若干技术。

10.1　基于三角测量的探头

该装置运用激光辐射,可聚焦于漫射物体表面上的一个密实光点上。利用一个经良好校正的透镜,使该光点在一个垂直于成像透镜光轴的线阵探测器上成像。图 10 – 1 给出了该仪器的原理图。

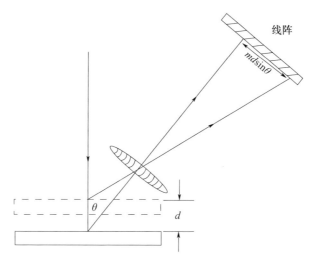

图 10 – 1　测量位移 d 或台阶高度 d 的实验装置原理图

如果物体的轴向位移为 d,则光点的图像在探测器上的位移为 $md\sin\theta$,式中:m 是放大倍数;θ 是表面法线与成像系统光轴之间的夹角。使用该探头测量厚度或台阶高度前,应先进行校准。此外,成像系统存在散焦误差:θ 越小(不能任意小),散焦误差便越小。因此,探测器阵列与光轴之间呈一定夹角 φ(φ 不等于 $90°$)布置,如图 10 – 2 所示。在这种情况下,光点的图像在探测器上的位移 s 与物体表面的轴向位移 d 之间存在关联。

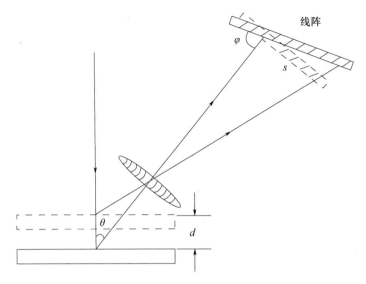

图 10 - 2　测量台阶高度 d 或位移 d 的另一种实验装置原理图

$$s = md \frac{\sin\theta}{\sin\varphi} \qquad (10-1)$$

由于该公式存在一定误差,在使用前还需校准探头。但是,我们可使用沙姆定律得到准确的焦点平面。

10.2　光谱反射法

沉积薄膜的折射率和厚度均可通过测量反射率确定。此外,薄膜的生长也可通过测量单波长的反射率确定。图 10 - 3 给出了沉积薄膜的原理图。假设该薄膜是透明薄膜,反射率 R 的计算公式为

$$R = \left| \frac{r_{12} + r_{23} e^{-i\delta}}{1 + r_{12} r_{23} e^{-i\delta}} \right|^2 = \frac{r_{12}^2 + r_{23}^2 + 2r_{12}r_{23}\cos\delta}{1 + r_{12}^2 r_{23}^2 + 2r_{12}r_{23}\cos\delta} \qquad (10-2)$$

$$\delta = \frac{2\pi}{\lambda} 2\mu_2 t \cos\theta_r \qquad (10-3)$$

式中:r_{12} 和 r_{23} 分别为边界 1 ~ 2 和边界 2 ~ 3 处的菲涅耳反射系数;δ 为反射光束中两条连续射线之间的相位差;μ_2 和 t 分别为薄膜的折射率和厚度;θ_r 为薄膜中的折射角。

为了测量薄膜厚度,通常会照射薄膜—基底结构并测量反射率,此时有 $\delta = (4\pi/\lambda)\mu_2 t$。采用波长为 λ 的单色光束进行照射,如果薄膜正在生长,反射率便会发生波动。反之,便可得到一个固定的反射率值。假设 $\mu_3 > \mu_2 > \mu_1$,当 $\mu_2 t = m(\lambda/2)$ 时,反射率将达到最大值。如果已知折射率,便可计算出厚度值。

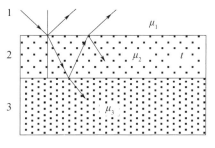

图 10 – 3　薄膜结构原理图

对于厚度未知的薄膜,反射率是一个波长的函数,可通过确定波长来确定。当 $2\mu_2 t = m\lambda$ 时(式中,m 是整数),反射率将达到最大值。

假设在一个较小的波长间隔内折射率恒定不变,并且在波长 λ_1 和 λ_2 处观察到两个连续的最大值,则可得

$$2\mu_2 t = m\lambda_1 = (m+1)\lambda_2 \tag{10-4}$$

进而可得

$$2\mu_2 t = \frac{\lambda_1 \lambda_2}{\lambda_1 - \lambda_2} \tag{10-5}$$

因此,通过这种方法仅可得到薄膜厚度。如果已知折射率,便可计算出实际/几何厚度。但是,如果测量反射率时的斜入射角为 θ_i,则可得

$$2\mu_2 t \cos\theta_r = m\lambda_1 = (m+1)\lambda_2 \tag{10-6}$$

式中:λ_1 和 λ_2 为光谱反射率曲线中相邻峰的波长。根据式(10-6),可得到厚度 t 的计算公式为

$$t = \frac{1}{2\sqrt{\mu_2^2 - \sin^2\theta_i}} \frac{\lambda_1 \lambda_2}{\lambda_1 - \lambda_2} \tag{10-7}$$

也可得到反射率 R 的计算公式为

$$R = A + B\cos\left(\frac{4\pi}{\lambda}\mu_2 t\right) \tag{10-8}$$

并且可使用塞耳迈耶尔公式对折射率建模,即

$$\mu_2^2(\lambda) - A = \sum_k \frac{G_k \lambda^2}{\lambda^2 - \lambda_k^2} \tag{10-9}$$

所有高水平的光学著作中均有涉及塞耳迈耶尔系数 A、G_k 及 λ_k。通过改变 μ_2 和 t,可计算出反射率并使之与实验数据相匹配。若匹配正确,即可计算出 μ_2 和 t 的值。

10.3　椭圆偏振法

椭圆偏振法用于测定基底上的薄膜的光学常数和厚度。该方法首先测量

裸基底的光学常数,然后得到基底上有薄膜的情况下的椭圆偏振参数。若为透明薄膜,可通过第 6 章所述的椭圆偏振测量得到折射率和厚度。若为吸收薄膜,可通过改变 μ_2、k 及 d 得到的实验数据与理论值进行比较,这些值在匹配正确后会视为该薄膜的相应数值。

10.4　干涉测量法

10.4.1　等色干涉条纹

图 10 – 4(a)展示了等色干涉条纹(FECO)干涉测量法的实验装置原理图。使用准直白光束照射样本,使样本在光谱仪的入口狭缝上成像,这样便可在无穷远处观察到 FECO。FECO 干涉仪是一种多光束干涉仪,因此便要求待测薄膜(样本)沉积在玻璃板上,并涂覆有一层高反射材料。

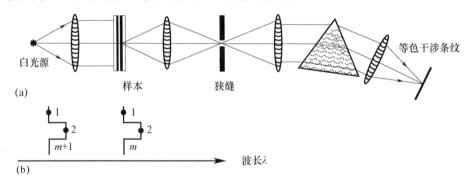

图 10 – 4　FECO 干涉测量法

(a)实验装置原理图;(b)厚度计算方法。

透射光的光强分布计算公式为

$$I(\delta) = \frac{I_0}{1 + F \sin^2(\delta/2)} \tag{10-10}$$

$$\delta = (2\pi/\lambda)2t + 2\varphi$$

$$F = 4R/(1-R)^2$$

式中:φ 为正常照射情况下每个表面的反射相变;R 为表面的反射率。

假设相变 φ 在一个短波长范围内与波长无关。当 $\delta = 2m\pi$ 时,会形成一条级次为 m 的明亮干涉条纹,由此可得

$$2\frac{t}{\lambda} + \frac{\phi}{\pi} = m \tag{10-11}$$

因此,对于给定的干涉条纹,(t/λ) 是恒定的。干涉条纹级次随着波长的增加而减小。

本章利用图 10 - 4(b)介绍了 FECO 厚度的计算方法。根据式(10 - 11)和图 10 - 4(b),可得

$$t_1 = \left(m - \frac{\phi}{\pi} \right) \frac{\lambda_{1.m}}{2} \tag{10-12}$$

$$t_2 = \left(m - \frac{\phi}{\pi} \right) \frac{\lambda_{2.m}}{2} \tag{10-13}$$

根据式(10 - 12)和式(10 - 13),可得

$$t_2 - t_1 = \left(m - \frac{\phi}{\pi} \right) \frac{\lambda_{2.m} - \lambda_{1.m}}{2} \tag{10-14}$$

对于级次为 m 和 $m+1$ 的干涉条纹上的点 1,可得

$$t_1 = \left(m - \frac{\phi}{\pi} \right) \frac{\lambda_{1.m}}{2} = \left(m + 1 - \frac{\phi}{\pi} \right) \frac{\lambda_{1.m+1}}{2} \tag{10-15}$$

由此可得

$$\left(m - \frac{\phi}{\pi} \right) = \frac{\lambda_{1.m+1}}{\lambda_{1.m} - \lambda_{1.m+1}} \tag{10-16}$$

将式(10 - 16)代入式(10 - 14),薄膜厚度 t 的计算公式可整理为

$$t = t_2 - t_1 = \left(\frac{\lambda_{1.m+1}}{\lambda_{1.m} - \lambda_{1.m+1}} \right) \frac{\lambda_{2.m} - \lambda_{1.m}}{2} \tag{10-17}$$

由于厚度是根据波长计算得出,因此波长数据必须测量准确。

由于$(t_2 - t_1)$与$(\lambda_{2.m} - \lambda_{1.m})$成比例,可使用某个波长比例尺绘制一条单一条纹,进而得到某个未知表面的横截面剖面图。若剖面图为波峰或波谷区域,则不存在含混不清之处。此外,如果薄膜厚度为若干个波长,也不存在含混不清之处。只有在使用单色光的情况下,确定干涉条纹级次时才会存在含混不清之处。但是,这项技术受制于沿一条线获取数据的影响,也受制于获得多光束干涉条纹时的高反射率表面需求的影响。

10.4.2 斐索干涉条纹

斐索干涉条纹用于测量透明/介质薄膜和吸收薄膜的厚度。使用多光束干涉测量法,可以获取更清晰的干涉条纹,提高厚度测量的准确性。图 10 - 5(a)为实验装置示意图。由图可见,利用单色光源的准直光束照射实验装置,便会形成若干条平行于光劈边缘的直线干涉条纹。由于薄膜有一定的厚度,干涉图样会发生偏移,如图 10 - 5(b)所示。设偏移量为 x,干涉条纹宽度为 X,可得出薄膜厚度 t 的计算公式为

$$t = \frac{x}{X} \frac{\lambda}{2} \tag{10-18}$$

如果薄膜厚度不足 $\lambda/2$,则不存在含混不清之处。如果薄膜较厚,确定干涉条纹

级次则可能不太容易,但可以使用白光干涉测量法根据消色差条纹的偏移估算干涉条纹级次,然后使用单色光根据式(10-18)测量薄膜厚度。

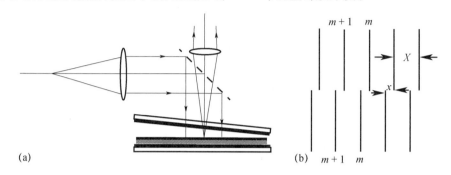

图 10-5 斐索干涉条纹法

(a)实验装置原理图;(b)厚度的计算。

也可使用含移相操作的双光束干涉测量法来确定薄膜厚度,此时便无需涂覆薄膜和参考面。在测量金属薄膜厚度时,建议使用反射率高的参考面。

10.4.3 迈克尔逊干涉仪

在已知薄片折射率的情况下,可使用迈克尔逊干涉仪或其他双光束干涉仪来测定薄膜的厚度。反之,在已知薄膜厚度的情况下,也可测定薄膜的折射率。首先,设置迈克尔逊干涉仪,以便得到白光直线干涉条纹。然后,在两条光程中的一条光程中引入一张折射率为 μ、厚度为 t 的薄膜后会形成 $2(\mu-1)t$ 的光程差,从而使白光条纹图样产生位移。此时,平移干涉仪镜子,将条纹图样拉回视野范围内。如果镜子的平移距离为 L,则有 $L=(\mu-1)t$。距离 L 可以用已知波长的单色光源借助一个校准。

10.4.4 海丁格条纹

使用扩展光源照射厚度恒定的厚透明板时,在无穷远处形成的条纹称为海丁格条纹,这种条纹是定倾条纹。此外,也可使用激光源获得这种条纹。图 10-6 给出了使用海丁格条纹测定板厚度的实验装置原理图。首先,使用显微镜物镜(MO)将激光束聚焦于位于焦平面上的一块屏幕上的一个微孔上。然后,利用发散光束照射被测板。此时,光从被测板的正面和背面反射回来,反射光发生干涉,产生环状干涉条纹。也可认为由于被测板前面和背面的反射,从两个虚拟光源中产生了光波。这些光源被 $2t/\mu$ 分隔开,其中,t 和 μ 分别是被测板的厚度和折射率。

屏幕上干涉条纹的形成符合以下要求,即

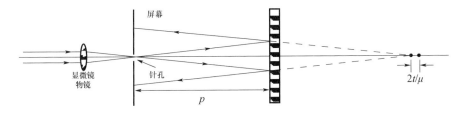

图 10-6 观察海丁格条纹的实验装置原理图

$$\frac{2t}{\mu} - \frac{t}{\mu}\frac{D_m^2}{4p^2} = m\lambda \Rightarrow \frac{t}{\mu}\frac{D_m^2}{4p^2} = (m_0 - m)\lambda = m'\lambda \qquad (10-19)$$

式中:p 为屏幕与被测板正面之间的距离;D_m 为第 m' 道干涉条纹的直径;m_0 为条纹图样中心的级次。

可以注意到这样一个规律:距离条纹图样中心越远,干涉条纹的级次越低。如果用一条直线表达 D_m 和 m' 之间的关系,则该直线的斜率为 $4p^2\lambda(\mu t)$。由于 p、λ 及 μ 均已知,可根据测得的斜率算出厚度 t。利用这种方法,可快速确定厚度是否恒定,如果是恒定的,干涉条纹便会以针孔为中心。如果被测板上有角度为 α 的光劈,条纹图样便会朝光劈厚度逐渐增加的方向偏移。由此可见,被测板正面和背面的光束反射产生了虚拟光源,这些光源发生了轴向和横向偏移,如图 10-7 所示。

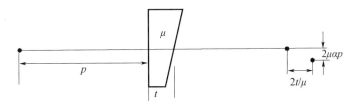

图 10-7 用楔形板生成虚拟光源来解释海丁格条纹的偏移

如果针孔与环形条纹图样的中心之间的距离为 d,光劈的角度则可近似为

$$\alpha = \frac{td}{2\mu^2 p^2} \qquad (10-20)$$

条纹图样的中心朝被测板边缘较厚的一侧偏移。这种方法非常灵敏,但需要对被测板的表面进行抛光处理。

此外,还可使用 1550nm 的波长和红外敏感探测器检查硅晶片厚度的恒定性。

10.5 弱相干干涉测量法

弱相干干涉测量法是测量薄膜厚度的另一种方法。在借助弱相干光源的情况下,当双光束干涉仪双臂之间的光程差为零或接近零时,可观察到一个干涉图样。因此,可利用此项技术来定位薄膜的界面。图10-8(a)给出了适用于厚度测量的迈克尔逊干涉仪,其中,光源 S 是白光源或是发光二极管,镜子 M 设在精密工作台上,用于测量位移。

当光束聚焦于薄膜下表面上或基底上且双臂之间的光程差为零时,可观察到一个干涉图样。图10-8(b)给出了干涉图样的迹线。在这种情况下,确定干涉图样的中心会更容易。首先,将光束聚焦于薄膜顶面上,然后将镜子 M 平移 L,使干涉图样进入视野范围内。根据被测薄膜是透明薄膜或是金属薄膜,可确定薄膜厚度为 μL 或 L。

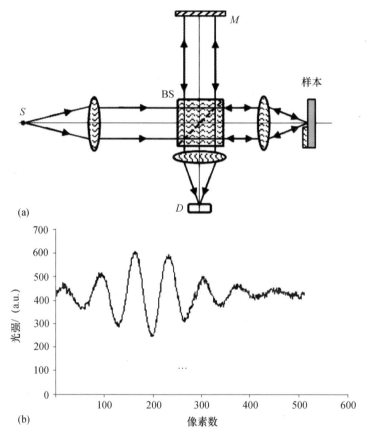

(a)

(b)

图10-8　弱相干干涉测量法

(a)迈克尔逊干涉仪;(b)干涉图样迹线。

针对有高斯光谱分布的一个光源的弱相干干涉仪,其轴向分辨度 $R_{轴向}$ 的计算公式为

$$R_{axial} = \frac{l_c}{2} = \frac{2\ln(2)}{\pi}\frac{c}{\Delta v} = \frac{2\ln(2)}{\pi}\frac{\bar{\lambda}^2}{\Delta\lambda} \approx 0.44\frac{\bar{\lambda}^2}{\Delta\lambda} \qquad (10-21)$$

式中:l_c 为相干长度;$R_{轴向}$ 为自相关函数半高度处的全宽;$\Delta\lambda$ 为光源光谱分布半高度处的全宽;$\bar{\lambda}$ 为中心波长。

　　除迈克尔逊干涉仪之外,还有几种干涉仪可用于弱相干干涉测量法。例如,林尼克干涉仪采用两个相匹配的显微镜物镜,当一个物镜将激光束聚焦于样本上时,另一个物镜将激光束聚焦于参考镜上。一种简便的测量方法便是使用米劳镜,因为米劳物镜本身就是一个等光程干涉仪,很容易得到白光干涉条纹。测量时,可将物镜聚焦于上下界面,然后将物镜的位移乘以薄膜的折射率便可计算出薄膜的光学厚度。

10.6　共焦显微术

　　在半导体和聚合物产业中,由于需要对厚度为几微米至几十微米不等的薄膜进行厚度测量,而共焦显微术因为其突出的深度辨别特性,在这些产业中有多种应用,也非常适合于这些应用。图 10-9(a) 给出了共聚焦显微镜的原理图。

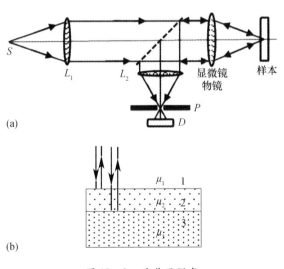

图 10-9　共焦显微术

(a)共焦显微镜原理图;(b)反射率的计算。

　　首先,使光源 S 发出的激光准直,然后利用显微镜物镜(MO)将光线聚焦于样本上的一点上,使焦点在针孔 P 上成像,而后利用探测器 D 探测穿过针孔的光线。这样便可分别根据($0.61\lambda/\sqrt{2}\,NA$)和($1.4\lambda \cdot NA^2$)算得共焦显微术中的横向和轴向分辨度。

在测量薄膜厚度时,使显微镜聚焦于薄膜顶面上,然后降低显微镜,使其聚焦于薄膜下表面上。将利用共焦显微镜测得的距离乘以薄膜的折射率,可得出薄膜厚度。很明显,被测薄膜必须是透明薄膜。如果被测薄膜是金属薄膜或吸收薄膜,则可将共焦显微镜物镜聚焦于薄膜表面上,然后移至基底表面上,再根据测得的距离得到薄膜厚度。

假设被测薄膜是透明薄膜,如图 10-9(b)所示,上表面反射光的光强计算公式为

$$I_{\text{upper}} = I_0 \left(\frac{\mu_2 - \mu_1}{\mu_2 + \mu_1} \right)^2 \tag{10-22}$$

式中:I_0 为入射光的光强。多次反射的光由于其深度辨别特性,不会对信号产生影响。

在寻找从薄膜下表面反射出的光线时应该注意到,光线穿过第 1 个界面和第 2 个界面发生了两次透射。因此,薄膜下表面反射光线的光强计算公式为

$$I_{\text{lower}} = I_0 \left[\left(\frac{2\mu_1}{\mu_2 + \mu_1} \right) \left(\frac{2\mu_2}{\mu_2 + \mu_1} \right) \left(\frac{\mu_3 - \mu_2}{\mu_3 + \mu_2} \right) \right]^2 \tag{10-23}$$

如果已知第一和第三介质的折射率,则可根据上下界面的反射光强比计算出薄膜的折射率。

10.7　光断层显微术

光断层显微术可用于检查表面形貌,也可用于测量透明薄膜和金属薄膜的厚度。在这项技术中,一条可调狭缝通过一个与表面法线成 45°角的显微镜物镜在样本上成像,并由薄膜顶面和底面断成若干层,如图 10-10(a)所示。借助另一个与表面法线成 45°角的显微镜可看到狭缝的投影图像,如图 10-10(b)所示。

由于薄膜是透明的,薄膜顶面和底面的反射导致狭缝成像,薄膜底面因为折射现象显著升高。此时,通过在十字丝上测量 $A_g B_g{}'$ 来利用显微镜测量距离 AB'。假设入射角为 θ_i,距离 AB' 的计算公式为

$$AB' = \frac{t}{\sqrt{\mu^2 - \sin^2 \theta_i}} \tag{10-24}$$

薄膜厚度的计算公式为

$$t = AB' \sqrt{\mu^2 - \sin^2 \theta_i} \tag{10-25}$$

当 $\theta_i = 45°$ 时,$t = AB' \sqrt{\mu^2 - 0.5}$。若为金属薄膜,狭缝图像由薄膜上表面和基底表面断成若干层,薄膜厚度的计算公式为 $t = AB' \cos\theta_i$。式中,AB' 是利用显微镜测得的距离。

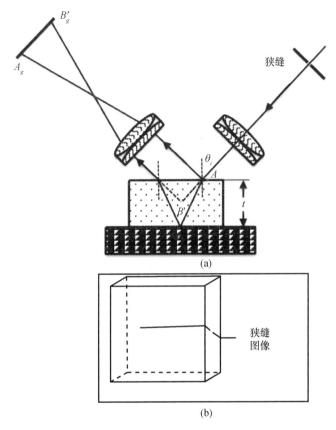

图 10 – 10 光断层显微术

(a)光断层显微术原理图;(b)狭缝的投影图像。

思考题

10.1 在折射率为 1.33 的水面上有一层折射率为 1.47 的油膜,一束光线以 60°的入射度照射在薄膜上。已知波长为 570nm 的光线被薄膜反射回来,求薄膜的厚度是多少?

10.2 已知弱相干干涉测量法中使用了一个宽带光源,该光源可以发射频率范围为 640~690nm 的高斯光谱分布光束,求干涉仪的轴向分辨度是多少?使用这种干涉仪测量薄膜光学厚度的准确度有多高?

10.3 使用海丁格条纹检查一块折射率为 1.515、标称厚度为 5 mm 的玻璃楔形板时,可观察到环形干涉条纹的中心相对于照亮的针孔垂直向上偏移了 15.0 mm。已知楔形板与屏幕之间的距离为 80.0 cm,求光劈的角度是多少度?哪一侧是光劈较厚的一侧?

10.4   使用多光束干涉测量法测量厚度不足 546.1 nm 的一半的薄膜厚度时,已知测得的干涉条纹宽度为 12.34 mm,由于薄膜厚度的缘故导致条纹图样偏移了 10.46 mm,求薄膜厚度是多少? 如果薄膜和基底之间填充有折射率为 1.47 的液体,求条纹图样的新干涉条纹宽度和偏移是多少?

10.5   求折射率为 μ、光劈角度为 α 及标称厚度为 t 的光劈中的多次反射而形成的透射中的条纹图样中的光强分布,并假设入射角为 θ_i。

10.6   已知利用厚度为 t、折射率为 μ 的被测板和屏幕可以观察到海丁格条纹图样,其中,屏幕与板前面的距离为 p,照射光束从屏幕中心的一个针孔处发散开。求证双干涉光束之间的光程差公式为

$$\frac{2t}{\mu} - \frac{t}{\mu}\frac{(x^2 + y^2)}{4p^2}$$

式中:x 和 y 为屏幕上一个点的笛卡儿坐标,坐标原点在针孔处。

第 11 章 速度测量

11.1 概述

速度定义为位置矢量的变化率。因此,需要测量两个时间点的位置,从而得出平均速度。在时间区间极小时,我们就可得到瞬时速度。有多个领域应用速度测量,其中值得注意的是流体力学和空气动力学领域。另外,生物医学领域也应用到了血流量测量。

众所周知,从运动目标反射的光的频率发生过多普勒频移,且多普勒频移与速度成正比。直到激光出现后,人们才得以应用这一发现来测量速度,之后还研发出了其他速度测量技术。几乎所有用于速度测量的光学技术都要求使用透明或接近透明且散布有粒子的流体。这些技术的运作有赖于检测这些散布粒子的散射光,均属于激光风速测量领域。这些技术实际上并不测量流体的速度,而是测量粒子(散射体)的速度。因此,假定散射体完全跟随流体流动,散射体的粒子密度不得小于10^{10}个粒子/m³,用于测量气体流量的粒子尺寸范围为$1 \sim 5 \ \mu m$,用于测量液体流量(就水来说)的粒子尺寸范围为$2 \sim 10 \ \mu m$。

与热线风速测量相比,激光风速测量具有多重优势。以非接触法为例,它不会对流速产生任何干扰,具有卓越的空间分辨率、快速响应时间,由于输出电压与速度成线性关系,因此用测量波动速度时无需传递函数。此外,非接触测量法测量范围宽,既可用于测量液体流量,又可用于测量气体流量。在前向和后向散射方向上使用时该测量法也颇具优势,尽管在后向方向上散射的光的强度比前向方向上散射的光的强度小数个数量级,但是在无法实现通孔的情况下,还是会使用后向散射几何图形来进行测量。

11.2 源于运动粒子多普勒频移的散射

设想一个粒子以速度 E 运动,并经以传播矢量 k_i 给定的方向传播且角频率为 ω_i 的光波照射,如图 11-1 所示。

观察传播方向 k_s 的散射波。散射波的角频率 ω_s 为

$$\omega_s = \omega_i + \mu V \cdot (k_s - k_i) \qquad (11-1)$$

式中:μ 为含有运动散射体的介质的折射率。可以看出,散射波的频率不同于入

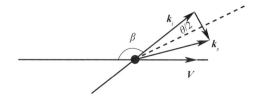

图 11 - 1 用于计算多普勒频移的几何图形

射波的频率,也就是说,散射波发生了多普勒频移。多普勒频移 Δv_D 可表示为

$$\Delta v_D = \frac{\omega_s - \omega_1}{2\pi} = \frac{2}{\lambda}\mu V \sin\frac{\theta}{2}\sin\beta \quad (11-2)$$

式中:θ 为入射波和散射波传播矢量之间的夹角;β 为散射体运动方向与传播矢量二等分线之间的夹角,如图 11 - 1 所示。

当 $\beta = \pi/2$ 时,多普勒频移/频率 Δv_D 表示为

$$\Delta v_D = \frac{2}{\lambda}\mu V \sin\frac{\theta}{2} \quad (11-3)$$

我们可以由以下关系得到散射体的速度大小 V,从而得到流速,即

$$V = \frac{\lambda}{2\mu\sin(\theta/2)}\Delta v_D \quad (11-4)$$

流体流动的速度与多普勒频率 Δv_D 成正比。在实践中,可观察到的多普勒频移介于 $10^6 \sim 10^8$ Hz,而激光频率范围在 10^{14} Hz 量级以内。因此,多普勒频移只是入射波频率的很小一部分,直接测量多普勒频移会导致较大的测量不确定性,从而导致确定速度时很大的不确定性。因此,通过外差法来测量散射光与直射光相混合的多普勒频率。有许多基于外差法的方法,下面将解释这些方法。

11.2.1 参考光束模式

运动散射体散射的光与光电探测器上未散射的光相混合。探测器输出的是多普勒信号。图 11 - 2 为实验装置原理图。将激光器发出的光束分为两支:照射光束和参考光束。照射光束比参考光束光线更强,聚焦在流场中的目标点处。

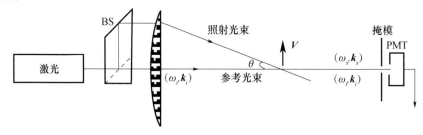

图 11 - 2 测量流速的参考光束模式原理图

参考光束无需通过流场,但必须与散射光束共线。掩模可选择方向。然后,这两个光束在光电探测器(例如一个光电倍增管(PMT))处混合,来自 PMT 的信号经过处理后就可获得速度。

参考光束表示为

$$E_r(r,t) = E_{r0} e^{i(\omega_i t - k_i \cdot r)} \tag{11-5}$$

同理,散射场表示为

$$E_s(r,t) = E_{s0} e^{i(\omega_s t - k_s \cdot r)} \tag{11-6}$$

式中:$\omega_s = \omega_i + \mu E \cdot (k_s - k_i) = \omega_i + \mu V(2\pi/\lambda)\sin\theta$,几何图形见图 $11-2$。假设激光束的相干长度足够长,可以忽略两个光束之间任何光程差的影响,则来自 PMT 的光电流可表示为

$$i(t) \propto |E_r(r,t) + E_s(r,t)|^2 \tag{11-7}$$

计算该表达式时,可以看到散射光束和参考光束的传播矢量相同。取比例常数为 $\mathcal{B}$,我们可得

$$i(t) = \mathcal{B}[E_{r0}^2 + E_{s0}^2 + 2E_{r0}E_{s0}\cos(2\pi\Delta v_D t)] \tag{11-8}$$

前面已经提到,由于散射光非常弱,所以照射光束比参考光束强。参考光束仍然比散射光束强,即 $E_{r0}^2 \gg E_{s0}^2$,因此光电流的表达式可写为

$$i(t) = \mathcal{B}[E_{r0}^2 + 2E_{r0}E_{s0}\cos(2\pi\Delta v_D t)] \tag{11-9}$$

由式($11-9$)可得到单个运动散射体通过无限大照射光束而产生的光电流。实践中,照射光束在流场中聚焦成小光束,例如 0.1mm 的小光束,因此散射体可在光束中保持有限时间。此外,光束中的强度分布呈高斯分布。为了解释这种现象的原因,我们引入阻塞函数 $P(t)$,使得散射体在照射光束中时 $P(t) \neq 0$。实践中,样本量中分布有 N 个散射体,然后光电流将取决于所有散射波的相对相位。第 11.5 节将探讨要获得速度信息需对光电流进行的处理方法。

11.2.2 条纹模式

顾名思义,条纹模式指在样本量中创建条纹图样。要创建对比度最大的条纹,两个干涉光束的强度需相同。因此,入射光束被分成两个强度相等的光束,这两个光束在目标区域中重合。由于激光束呈高斯分布,因此两个光束的束腰应在目标区域中重合。图 $11-3$ 为实验装置原理图。

目标区域中光波的振幅公式为

$$E_{r1}(r,t) = E_{r01} e^{i(\omega_i t - k_{i1} \cdot r)} = E_{r01} e^{i\{\omega_i t - (2\pi/\lambda_m)[z\cos(\theta/2) - x\sin(\theta/2)]\}} \tag{11-10}$$

$$E_{r2}(r,t) = E_{r01} e^{i(\omega_i t - k_{i2} \cdot r)} = E_{r01} e^{i\{\omega_i t - (2\pi/\lambda_m)[z\cos(\theta/2) + x\sin(\theta/2)]\}} \tag{11-11}$$

式中:λ_m 为其中有运动散射体的介质的波长;θ 为两个光束之间的角度。此外,两个光束的振幅相等。这些光束会干涉并产生静止的干涉图样。干涉图样中的光强分布情况为

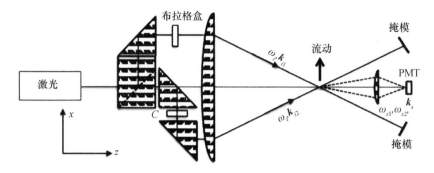

图 11 - 3　使用条纹模式测量速度的实验装置原理图

$$I = \left| E_{r1}(r,t) + E_{r2}(r,t) \right|^2 = 2E_{r01}^2 \left\{ 1 + \cos \frac{2\pi}{\lambda_m} \left[2x\sin \frac{\theta}{2} \right] \right\} \quad (11-12)$$

满足以下条件时达到强度最大值,即

$$\frac{2\pi}{\lambda_m} \left[2x\sin \frac{\theta}{2} \right] = 2m\pi \quad (11-13)$$

条纹垂直于 x 轴,条纹间距为

$$\bar{x} = \frac{\lambda_m}{2\sin(\theta/2)} = \frac{\lambda}{2\mu\sin(\theta/2)} \quad (11-14)$$

基本上,样本量会形成干涉平面。以速度 V 运动的散射体在明亮的干涉平面时散射的光线最多,而在深色平面处散射的光线很少或不散射光线。因此,散射光将随着散射体穿过干涉平面这一过程而波动。PMT 将收集并接收散射光。因此,电流将随频率 Δv_D 变化,Δv_D 可表示为

$$\Delta v_D = \frac{V_x}{\bar{x}} = \frac{2\mu V_x \sin(\theta/2)}{\lambda} \quad (11-15)$$

式中:V_x 为速度 V 的 x 分量。

从这个几何图形我们可以看出这是多普勒频移。考虑到通过运动散射体形成的散射光经过多普勒频移,我们可以得到式(11-15)。由于收集了传播矢量 k_s 的散射光,因此其频率可表示为

$$\omega_{s1} = \omega_i + \mu V \cdot (k_s - k_{i1}) \quad (11-16)$$

$$\omega_{s2} = \omega_i + \mu V \cdot (k_s - k_{i2}) \quad (11-17)$$

式中:ω_{s1} 和 ω_{s2} 分别为散射体被传播矢量 k_{i1} 和 k_{i2} 的波照射时散射光的角频率。多普勒频率公式为

$$\Delta v_D = \frac{\omega_{s1} - \omega_{s2}}{2\pi} = \frac{1}{2\pi} \mu V \cdot (k_{i2} - k_{i1}) = \frac{2\mu V_x \sin(\theta/2)}{\lambda} \quad (11-18)$$

若考虑从条纹平面散射的情况,我们可以得到相同的公式。

激光多普勒风速仪的缺点在于它不区分速度 V_x 和 $-V_x$,速度方向定义模

糊。使用布拉格盒可规避方向模糊这一缺陷,该布拉格盒在其中一个激光束中引入固定频率 v_B,因此观察到的多普勒频率公式为

$$\Delta v_D = v_B + \frac{2\mu V_x \sin(\theta/2)}{\lambda} \qquad (11-19)$$

因此,负速度最小下降到

$$V_x > -\frac{v_B \lambda}{2\mu \sin(\theta/2)} \qquad (11-20)$$

且此值可以测量。为了补偿由布拉格盒引入的外加路径,在第二个光束中引入了补偿板 C 或另一个布拉格盒。

图 11-4 显示的是重合区域中的干涉条纹。由于布拉格盒在光束之间引入了额外的 v_B 频率,因此条纹平面不再是静止的,而是以速度 V_B 移动,其中 $V_B = v_B \lambda / 2\mu \sin(\theta/2)$。布拉格频率的引入可规避流速方向检测模糊这一缺陷。

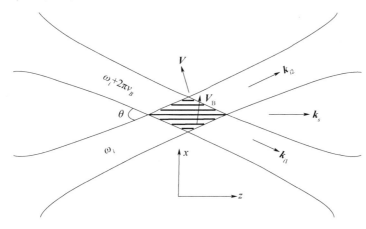

图 11-4 两个光束重合区域中的条纹平面

这两个光束在流场中的焦点处重合,重合区域称为样本量,其中速度为测量值。假设重合区域中光束腰的直径为 d,则可以沿 x、y- 及 z- 方向来大致确定样本量的 d_x、d_y 及 d_z,其中 $d_z = d/\sin(\theta/2)$、$d_x = d/\cos(\theta/2)$,$d_y = d$。将 d_x 除以条纹宽度即可得到条纹平面的数量 N,即

$$N = \frac{d_x}{\bar{x}} = \frac{d}{\cos(\theta/2)} \frac{2\mu \sin(\theta/2)}{\lambda} = \frac{2\mu d}{\lambda} \tan\left(\frac{\theta}{2}\right) = \frac{8\mu f}{\pi D} \tan\left(\frac{\theta}{2}\right) \quad (11-21)$$

式中:D 为激光束直径;f 为使两个光束在焦点处重合的透镜的焦距。

11.3 散射光束风速测量法

可以使用聚焦在目标区域中的单个激光束,而非使用两个在流场中目标区域相交的光束,并在两个不同方向上拾取散射光,这两个方向最好以

入射光束为对称轴。然后引导这些散射光束以图 11 – 5 所示的相同方向继续行进。

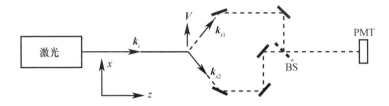

图 11 – 5　使用散射光束的激光风速测量法

方向 k_{s1} 和 k_{s2} 上散射光的角频率 ω_{s1} 和 ω_{s2} 可分别表示为

$$\omega_{s1} = \omega_i + \mu V \cdot (k_{s1} - k_i) \qquad (11-22)$$

$$\omega_{s2} = \omega_i + \mu V \cdot (k_{s2} - k_i) \qquad (11-23)$$

因此,两个散射光束重合的探测器观察到的多普勒频率 Δv_D 为

$$\Delta v_D = \frac{\omega_{s1} - \omega_{s2}}{2\pi} = \frac{1}{2\pi} \mu V \cdot (k_{s1} - k_{s2}) = \frac{2\mu V_x \sin(\theta/2)}{\lambda} \qquad (11-24)$$

式中:θ 为假定以入射光束为对称轴的散射光束之间的角度。我们可以发现,式(11 – 18)和式(11 – 24)中的两个表达式相同。但是,这种几何图形允许自由选择任意 θ 值,尽管在前一种情况下透镜的焦距会限制角度而导致散射光强度较弱。布拉格盒也可应用于散射光束,但使用时应小心谨慎。

11.4　多通道 LDA 系统

要测量速度的分量,同一样本量应能够分别感测各个分量。这可以使用不同波长的激光或采用不同的偏振态来实现。我们描述了一种激光多普勒风速仪(LDA)系统,该系统可以测量速度的两个分量。可以回想一下,当激光束位于 y – z 平面时,它们的重合产生了垂直于 y 轴的条纹平面。同样,激光束位于 x – z 平面时,条纹平面将垂直于 x 轴。使用不同波长的激光可以隔离来自这组平面的散射信号。因此,双速度分量 LDA 由两个激光源组成,一个是用于从各个激光器产生两个彼此正交的光束的光学器件,另一个是将这些光束引到共焦点的消色差透镜,样品量中在此共焦点产生了两个正交的条纹平面。带适宜滤波器的两个光电探测器接收来自各个激光器的信号,然后处理光信号以获得速度分量。

要获得速度矢量的所有三个分量,需同时使用适当取向的双组分 LDA 和单组分 LDA。

11.5 信号处理

如果散射体的直径远小于样本量中条纹平面之间的间距,则完全可以假设光束的振幅和相位是恒定值,包括越过散射体直径时。而且,散射体可清楚地识别样本量中的亮区和暗区。单个散射体在流场中运动时,会收到如图 11-6 中所示的典型信号。这种情况称为多普勒脉冲串,见图 11-6(a)。由于光束中的强度分布不均匀而产生 DC 分量,称为多普勒基座。产生多普勒脉冲的高通滤波可将其消除,见图 11-6(b)。多普勒信号由一系列随机发生的随机振幅的非重叠脉冲组成。只要散射体穿过样本量,就会出现这些脉冲,然后将序列脉冲或多普勒信号呈现给处理器。

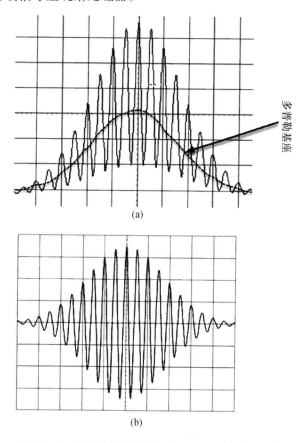

图 11-6　单个散射体在流场中运动时的多普勒现象
(a)多普勒脉冲串;(b)多普勒脉冲。

样本量中存在不止一个散射体时,多普勒信号是来自每个散射体的多普勒脉冲串的总和。由于散射体在样本量中随机分布,因此多普勒脉冲串添加了随机相位。所以,多普勒信号的包络和相位将随机变化,此时信号质量变差。然后,LDA 将给出一个速度估计值,作为样本量中散射体所经历的速度的加权平均值。

但是,散射体的尺寸大于条纹间距时,散射体会将条纹图样融合在一起,导致几乎不形成调制。此外,光波越过粒子时的强度和相位并非恒定值。

激光多普勒风速仪采用了许多信号处理方法,其中包括光谱分析仪、跟踪器及计数器。选择哪种特定方法,取决于输入信号的信噪比、所需信息的类型、测量准确度等。通常很难明确地建议使用某种特定的处理方法。但对于噪声很大的多普勒信号,建议使用频域处理技术。目前,数字化多普勒信号的快速傅里叶变换(FFT)可以以 100kHz 及更高的频率进行。根据傅里叶频谱的峰值可得出多普勒频率。

11.6 粒子图像测速

粒子图像测速(PIV)是一种通过在两个瞬时时刻对示踪粒子(散射体)进行成像来确定流体速度的技术。平均速度计算公式为

$$V_{av} = \frac{x_2 - x_1}{t_2 - t_1} = \frac{\Delta X}{\Delta t} \qquad (11-25)$$

PIV 是一种简单的非侵入式全场光学技术,但出于几个因素考虑,这还涉及它的实验实现。示踪粒子应完全跟随流体流动,并应散射足量的光用于成像。因此,应慎重选择示踪粒子。用一小片非常明亮的光线照亮流体,拍下这一图像。短时间内,用同一片光线再次照射流体并再拍一张图像。显影之后,可以用一片窄光束对该双重曝光照片进行傅里叶滤波,得到粒子的位移,从而可计算出每个询问点的速度,但方向模糊问题仍然存在。20 世纪 90 年代,PIV 引入了数码相机以及后来的行间转移数码相机,数字粒子图像测速由此诞生。尽管它与胶片的分辨率并不相同,但是,它使得实时执行 PIV 成为可能。此外,它可规避基于胶片的 PIV 所固有的方向模糊这一缺陷。

图 11-7 为 PIV 装置原理图。使用一个焦距非常短的柱面透镜,将双脉冲激光器发出的激光束扩展到一薄板中,然后使用一个大透镜将这些光线准直。脉冲持续时间通常为 10ns,且脉冲间隔的变化范围较大,这样有助于调整流量测量的灵敏度。测量精度和动态范围随着两个脉冲之间的时间差增加而增大。由于脉冲持续时间短,示踪粒子的运动被冻结在测量瞬间。行间 CCD 相机捕获的图像很快(约 1μs)传送到行寄存器,然后捕获第二个脉冲产生的第二个图像。

计算散射体在两个脉冲之间的位移时,最好使两个图像产生互相关。互相关用一个峰值来表明速度量级和方向。为此,每个图像被分成多个小区域。第

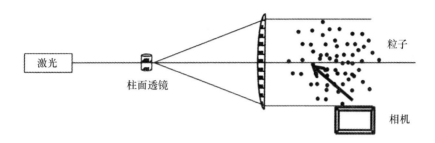

图 11-7　PIV 装置原理图

一个图像中的小目标区域称为测试图样,以同一位置为中心的稍大区域称为参考图样。目标图样逐像素地移位到参考图样上的每个位置,两个图样的值逐像素相乘产生归一化的互相关系数 $c_{m,n}$,即

$$c_{m,n}(x,y) = \frac{\sum_m \sum_n g_{m,n} f_{m+x,n+y}}{\sqrt{\sum_m \sum_n g_{m,n}^2 \sum_m \sum_n f_{m,n}^2}} \qquad (11-26)$$

式中:$g_{m,n}$、$f_{m,n}$ 及 $c_{m,n}$ 分别为像素 m,n 处测试图样、参考图样和相关系数中的值;x 和 y 为像素偏移。

执行互相关后可找到峰值位置:根据其相对于参考图样中心的位置可确定位移的大小。这是直接数值相关方法,要求进行 N^4 运算来计算测试图样 $N \times N$ 像素处的互相关。FFT 方法通常用于计算互相关。该方法要求进行 N^2 运算,但是限于 $N \times N$ 的测试图样,其中 $N = 2^n$,n 为整数。计算互相关时,测试图样通常取 32×32 像素。PIV 法接受使用 FFT 算法来计算互相关。

11.7　甚高速测量

要测量抛射体的速度并记录其时间历程,以及研究冲击现象,需将经多普勒频移的光馈送到不等臂长的迈克耳孙干涉仪,该干涉仪的灵敏度与两臂之间的光程差成比例。通过略微改进,该干涉仪可用于记录漫射体的时间历程,这种干涉仪称为任意反射面速度干涉仪系统。干涉仪原理图如图 11-8 所示。

空气中以速度 V 运动的目标反向反射的光的频率公式为

$$v_D(t) = v_i + \frac{2V(t)v_i}{c} \qquad (11-27)$$

由于频率为 $v_D(t)$ 的光被馈送到光程差为 Δ 的迈克耳孙干涉仪,因此相长干涉的条件公式为

$$\Delta = m\lambda \qquad (11-28)$$

式中:λ 为进入干涉仪的光的波长。由于 Δ 值恒定而频率变化,造成入射光的

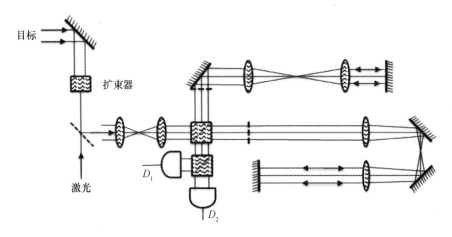

图 11 - 8 多普勒风速仪原理图

波长不断变化,因此条纹顺序应变化,有

$$dm\lambda + md\lambda = 0 \Rightarrow |dm| = \frac{\Delta}{\lambda^2}|d\lambda| = \frac{\Delta}{c}|dv_D| = \frac{\Delta}{c}\frac{2v_i}{c}|dV| = \frac{2\Delta}{\lambda c}|dV|$$

$$(11-29)$$

也就是说,速度变化导致条纹顺序变化,即

$$\left|\frac{dV}{dm}\right| = \frac{\lambda c}{2\Delta} \qquad (11-30)$$

由于条纹顺序变化,干涉图样的强度将变化为

$$I(t) = 2I_0\{1 + \cos[2\pi m(t)]\} \qquad (11-31)$$

干涉条纹图样发生一阶变化时,速度 $V(t)$ 将变化 $\lambda c/2\Delta$。因此,强度随时间变化的记录也是抛射体速度历程记录或冲击波的传播记录。

由于干涉仪与任意目标(漫射体或镜面反射体)一起使用,因此采用 $4f$ 布置,使干涉仪两个臂中的光瞳重合,从而产生高对比度条纹。干涉仪中没有活动部件。人们将干涉仪的灵敏度定义为使条纹计数以 1 逐次变化的速度变化。因此,该值公式为 $\lambda c/2\Delta$。灵敏度越高,要求光程差越大,因此,需要使用相干长度很长的激光源。

还可以通过光纤来将激光束传递到目标并收集反射光束。干涉仪仅感测速度的纵向(轴向)分量,但是在影响研究中需要获得速度的横向分量的相关信息。通过在样本(目标)上压印光栅可以获得该信息,收集对称衍射的光束后将其馈送到干涉仪。获得的关于影响的信号将携带关于位于衍射光束平面内的平面内分量的速度变化的信息。

思考题

11.1 激光多普勒系统应用到两个来自工作波长为514nm的氩离子激光器的光束。光束以与观察方向成±5°的角度照射测试段。散射体运动穿过光束平面中的测试段,其速度分量为1.0m/s,与观察方向成直角。差拍信号的频率是多少? 如果光束形成一个15°角,那么差拍信号的频率将是多少?

11.2 将抛射体反射的沿其运动方向的532nm激光馈送入迈克耳孙干涉仪,光程差为1m。1ms后,抛射体的速度从其初始值1000m/s直线下降为零。干涉仪中观察到多少个条纹? 说明输出强度随时间的变化。干涉仪的灵敏度是多少?

11.3 使用双色激光多普勒系统来测量粒子速度,该系统采用的是氩离子激光器发出的488nm和514nm光辐射。此系统使用焦距为800mm、光圈为120mm的消色差透镜。透镜处的光束间距为100mm。如果散射体以1.2m/s的速度与观察方向成直角运动,但与水平面(488nm光束的平面)成30°角,那么从每种颜色获得的差拍信号的频率是多少?

11.4 波长为λ的一对平行笔形光束入射到运动目标上,如下图所示。使用相对于入射光束对称放置的光电探测器拾取散射光。目标的速度对光电探测器信号的频率有何影响? 如何在系统中构建方向辨别能力?

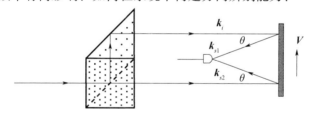

11.5 设计一种测量体内血流速度的传感器,下图为实验装置草图。激光器发出的光束通过自聚焦透镜耦合到多模光纤。光纤照射着流场中的一个小区域,流速与照射方向成θ角。光纤拾取散射光束,光纤端面反射的光束在PMT处与散射光束混合。求证多普勒频率公式为

$$V = \frac{V_D \lambda}{2\mu \cos\theta}$$

式中:V为折射率为μ的流体流速;λ为激光的波长。

第 12 章　压力测量

压强是指单位面积上所受的压力,其国际单位是牛顿每平方米(也称为帕斯卡,简称帕)。因此,压力测量和压强测量的意义相同。测量压力的光学方法包括隔板和悬臂等弹性构件的变形测量、光弹性法、声光效应、压敏漆以及与压力有关的厚度变化等。

12.1　压敏漆

典型的压敏涂料(PSP)是由一种可渗透氧的粘合剂中的发光分子(发光体)组成的,它可以物理地将发光团附着在测试样品的表面。用 PSP 测压力取决于特定发光体对氧分子的存在的敏感度或氧分压。图 12 – 1 所示的雅布隆斯基图有助于理解这一点。

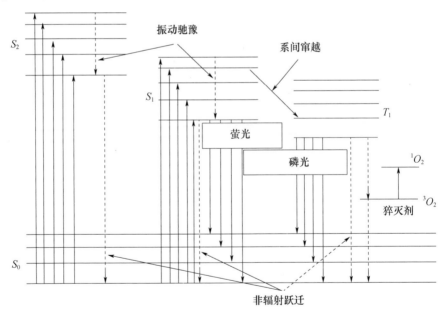

图 12 – 1　雅布隆斯基图

室温下所有发光分子均处于基态 S_0。被光照射时,发光体吸收光子,将其提升到第一单重态 S_1 以上的振动流形。然后从 S_1 弛豫到 S_0 以上的振动能级,发射出更长波长的光子。并非所有吸收光子都能导致光子发射。

在从激发光吸收光子时,发光分子以其振动流形被激发到更高的单重态。由于振动弛豫,这些分子失去部分能量弛豫到激发单重态的最低能量级。从 S_1 到 S_0 状态的弛豫引起了荧光。由于系间窜越,一些分子弛豫到激发三重态 T_1。从 T_1 到 S_0 状态的弛豫引起了磷光。

一些分子通过非辐射跃迁弛豫到基态。氧与分子相互作用引起非辐射跃迁到基态的过程称为氧猝灭。存在热猝灭和氧猝灭的光物理过程可通过采用发光效率 Φ 来表示,即

$$\Phi = \frac{光发射率}{激发率} = \frac{I_L}{I_a} \qquad (12-1)$$

式中:I_L 为发光强度;I_a 为吸收光强。

由于涉及多个过程,式(12-1)也可表示为

$$\frac{I_L}{I_a} = \frac{k_L}{k_L + k_D + k_Q [O_2]} = k_L \tau \qquad (12-2)$$

式中:k_L、k_D、k_Q 分别为光发射、热猝灭造成的失活、氧猝灭造成的非辐射跃迁的速率常数;$[O_2]$ 为局部氧浓度。

受激分子的寿命 τ 的表达式为 $\tau = 1/\{k_L + k_D + k_Q [O_2]\}$。显然,当氧浓度为零 $\{[O_2] = 0\}$ 时发光强度 I_L 最大,相应的分子寿命为 τ_0,由此可得

$$\frac{I_{max}}{I_a} = \frac{k_L}{k_L + k_D} = k_L \tau_0 \qquad (12-3)$$

用式(12-3)除以式(12-2),可得

$$\frac{I_{max}}{I_L} = 1 + \frac{k_Q [O_2]}{k_L + k_D} = 1 + k_Q \tau_0 [O_2] = 1 + K_Q [O_2] \qquad (12-4)$$

由于局部氧浓度 $[O_2]$ 与氧分压 $P_{[O_2]}$ 成比例,因此式(12-4)可改写成

$$\frac{I_{max}}{I_L} = 1 + KP_{[O_2]} \qquad (12-5)$$

式中:K 为与氧分压 $P_{[O_2]}$ 有关的猝灭常数。在实际操作中,无法达到氧浓度为零的条件,而是在氧浓度或氧分压为已知的某个参考值下测量发光强度。按照上述相同的步骤,可得

$$\frac{I_{ref}}{I_{L(p,T)}} = A(T) + B(T)\frac{P}{P_{ref}} \qquad (12-6)$$

$$A(T) = k_L + K_D(T)/[k_L + K_D(T_{ref}) + k_Q(p_{ref}, T_{ref})]$$

$$B(T) = K_Q(p_{ref}, T)/[k_L + K_D(T_{ref}) + k_Q(p_{ref}, T_{ref})]$$

可以看出 $[A(T) + B(T)]_{T=T_{ref}} = 1$。式(12-6)又称作斯特恩-沃尔默公式,经常用于 PSP 测量。I_{ref} 是 $p = p_{ref}$ 且 $T = T_{ref}$ 时测得的发光强度。

金属卟啉、钌配合物和芘衍生物经常被用作 PSP 测量中的发光体。金属卟啉具有非常高的磷光量子产量,因此对氧十分敏感。铂四(五氟苯基)卟啉广泛

用于 PSP 测量,其初始吸收峰为 392nm,弱吸收峰为 506nm 到 538nm,发射峰为 662nm。在钌配合物中,[Ru (dpp)$_3$]$^{2+}$(三(4,7 – 联苯 – 1,10 – 邻菲啰啉)二 氯化钌(Ⅱ))也经常用于 PSP 测量,其吸收谱带很宽,峰值为 500nm,发射峰为 646nm。其中一种用于 PSP 测量的芘衍生物是 1 – 芘丁酸,其吸收光谱有两个 峰值,分别是 328nm 和 344nm。其发射光谱的全局最大值为 464nm。

测量氧分压普遍有两种不同的方案。在其中一种方案中,需测量相对于参 考值的发光强度,而在另一种方案中,需测量衰减时间。实验装置可能包括激 发源、用于扩展光束以照射 PSP 涂覆物体的光学器件、配有合适滤光器的 CCD 相机及处理系统。首先校准 PSP 样品并生成校准曲线,以便根据发光强度值达 到相应压力。在需测量衰减时间的实验方案中,用未扩展的窄光束扫描 PSP 涂 覆物体,并要在所用的光电探测器的前面安装适当的滤光器。测得物体不同位 置上与氧压有关的衰减时间。

12.2 用光弹性材料测量压力

经受应力时,玻璃和塑料等各向同性材料会变为各向异性。但这种情况只 是暂时的,应力消除后就会消失。应力造成了物理变形,使得材料的各向同性 状态完全改变。假设有一块用各向同性材料制成的厚度为 d 的板,向其施加单 轴向应力。应力光学定律采取非常简单的公式,即

$$(\mu_1 - \mu_2) = C\sigma \qquad (12-7)$$

式中:μ_1 和 μ_2 为主折射率;C 为材料的应力光学常数;σ 为外加应力。

板的性质类似于单轴晶体。现在假设有一束波长为 λ 的线偏振光法向入 射到光弹性材料制成的厚度为 d 的板上。板内有两条线偏振光束,其中一光束 在 $x - z$ 平面振动,另一光束在 $y - z$ 平面振动。这两种波穿过板时出现相位差, 在出射面出射时的相位差为 δ,其表达式为

$$\delta = \frac{2\pi}{\lambda}|\mu_1 - \mu_2|d = \frac{2\pi}{\lambda}C\sigma d \qquad (12-8)$$

式中:d 为光弹性材料制成的板的厚度。相位变化 δ 线性地取决于外加应力和 板的厚度,且与所用光的波长成反比。向已知厚度的板施加应力而产生的相位 变化是在特定波长下测得的。因此,可测量应力以及压力。

假设有如图 12 – 2 所示的实验设备。偏振器 P 的传输方向与 x 轴成 45° 角。光弹性材料 PEM 从 y 轴方向载入。四分之一波片的慢轴与 x 轴成 45° 角。 偏振光束分光器 PB 可实现沿着四分之一波片慢轴的电场。探测器 D_1 和 D_2 探 测出的光强与电场的平行分量和垂直分量相对应。

假设偏振器所传播的电场表达式为

$$E(z;t) = E_0\cos(\omega t - kz) \qquad (12-9)$$

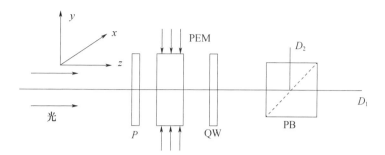

图 12-2 用 PEM 测压力的实验设备原理图

该电场在 x 轴和 y 轴上的分量可表示为

$$E_x(z;t) = \frac{E_0}{\sqrt{2}}\cos(\omega t - kz) \qquad (12-10)$$

$$E_y(z;t) = \frac{E_0}{\sqrt{2}}\cos(\omega t - kz) \qquad (12-11)$$

使这些电场分量入射到厚度为 d 的光弹性板上,厚度为 d 的 PEM 传播的电场分量为

$$E_{xM}(z;t) = \frac{E_0}{\sqrt{2}}\cos(\omega t - kz - \psi_2) \qquad (12-12)$$

$$E_{yM}(z;t) = \frac{E_0}{\sqrt{2}}\cos(\omega t - kz - \psi_2 - \delta) \qquad (12-13)$$

$$\psi_2 = (2\pi/\lambda)(\mu_2 - 1)d$$

$$\delta = (2\pi/\lambda)(\mu_1 - \mu_2)d$$

在四分之一波片的快轴和慢轴上解析这些分量。经过四分之一波片前的电场分量为

$$E_s(z;t) = \frac{E_0}{2}\cos(\omega t - kz - \psi_2) + \frac{E_0}{2}\cos(\omega t - kz - \psi_2 - \delta) \qquad (12-14)$$

$$E_f(z;t) = -\frac{E_0}{2}\cos(\omega t - kz - \psi_2) + \frac{E_0}{2}\cos(\omega t - kz - \psi_2 - \delta) \qquad (12-15)$$

经过四分之一波片后的电场分量为

$$E_{se}(z;t) = \frac{E_0}{2}\cos\left(\omega t - kz - \psi_2 - \psi_1 - \frac{\pi}{2}\right) + \frac{E_0}{2}\cos\left(\omega t - kz - \psi_2 - \psi_1 - \delta - \frac{\pi}{2}\right)$$

$$(12-16)$$

$$E_{fe}(z;t) = -\frac{E_0}{2}\cos(\omega t - kz - \psi_2 - \psi_1) + \frac{E_0}{2}\cos(\omega t - kz - \psi_2 - \psi_1 - \delta)$$

$$(12-17)$$

$$\psi_1 = (2\pi/\lambda)(\mu_e - 1)d'$$

$$(\pi/2) = (2\pi/\lambda)(\mu_0 - \mu_e)d'$$

式中:μ_0 和 μ_e 为慢轴和快轴上的折射率;d' 为四分之一波片的厚度。

代入 $\tau = \omega t - kz - \psi_2 - \psi_1$,从四分之一波片出射的电场分量可改写为

$$E_{se}(z;t) = \frac{E_0}{2}\sin\tau + \frac{E_0}{2}\sin(\tau - \delta) = E_0\sin\left(\tau - \frac{\delta}{2}\right)\cos\frac{\delta}{2} \quad (12-18)$$

$$E_{fe}(z;t) = -\frac{E_0}{2}\cos\tau + \frac{E_0}{2}\cos(\tau - \delta) = E_0\sin\left(\tau - \frac{\delta}{2}\right)\sin\frac{\delta}{2} \quad (12-19)$$

传播方向与偏振器传播方向平行时,分析仪将传输 $E_{se}(z;t)$;轴垂直时,将传输 $E_{fe}(z;t)$。因此,D_1 探测到的光强与 $\cos^2(\delta/2)$ 成正比,而 D_2 探测到的光强与 $\sin^2(\delta/2)$ 成正比,即 $I_1 = I_0\cos^2(\delta/2)$,$I_2 = I_0\sin^2(\delta/2)$。向材料施加压力 p 时,便产生了应力,同时造成了相位差 δ。相位差 δ 与压力 p 的关系式为

$$\delta = \frac{2\pi}{\lambda}CpAd \Rightarrow p = \frac{\lambda}{2\pi CAd}\delta \quad (12-20)$$

式中:A 为 PEM 板的面积。用几何学知识测量 δ 和应力光学系数,可测得压力。要测量 δ,可采用以下任意一种方法。

方法 A:将 D_1 和 D_2 的信号相减,可得

$$\Delta I(\delta) = I_1 - I_2 = I_0\cos\delta \quad (12-21)$$

该值可以被 I_1 和 I_2 的和整除。这将减弱由于环境因素导致的信号的波动影响。

方法 B:用信号 I_1 除以 D_2 的信号 I_2 结果为

$$\frac{I_1}{I_2} = \tan^2\frac{\delta}{2} \quad (12-22)$$

响应呈非线性。

12.3　红宝石压力标准

红宝石 R_1 和 R_2 线的荧光性曾被用来测量高静水压。压力在 10MPa 以内时,压力的测量精度非常高,而在 100GPa 以内时,可达到中等精度。一般使用蓝绿光谱范围内的激光器激发红宝石(掺 Cr^{3+} 的 Al_2O_3),并观察荧光光谱。将红宝石或红宝石颗粒与静水压介质一起放在受压金刚石压腔中。据观察,红宝石 R_1 线的波长随外加静水压 P 偏移的表达式为

$$P = \frac{A}{B}\left[\left(\frac{\lambda}{\lambda_0}\right)^B - 1\right](\text{GPa}) \quad (12-23)$$

式中:λ 为压力为 $P(\text{GPa})$ 时红宝石 R_1 线的波长测量值;$\lambda_0 = 694.24$ nm 是压力为零,温度为 298K 时的波长;A、B 为常数,分别取值为 $A = 1904$,$B = 5$。

此公式与实验获得的压力数据非常相符但过于特殊,因为其并非基于受压

红宝石预期的能级变化。此公式与数据相符,这是因为在较小非线性校正情况下,红宝石 R_1 线的偏移几乎与压力成线性关系。

试验数据也适用于以下二次公式,即

$$P = a \left[\left(\frac{\lambda - \lambda_0}{\lambda} \right) + b \left(\frac{\lambda - \lambda_0}{\lambda} \right)^2 \right] (\text{GPa}) \qquad (12-24)$$

$$a = 1798 \pm 8.4$$
$$b = 8.57 \pm 0.15$$

在某些方面,通过红宝石的荧光测量静水压的上等金刚石压砧装置都来自于巴尼特(Barnett)、布洛克(Block)和皮尔马里尼(Piermarini)。他们都曾介绍过利用红宝石尖锐 R 线的荧光随压力的偏移快速测量常规压力的光学系统。将金属垫片(一个相对较大的因科镍合金方块,厚 0.13mm,上面钻有直径约 0.20mm 的孔)放在金刚石压砧中心,并将以 4:1 比例混合的甲醇和乙醇放入孔中。与任何需要斑点的物体一样,在红宝石上添加斑点,并在垫片上闭合压砧。压砧的进一步推动都使得静水压一直保持在 100000atm,该压力取决于红宝石斑点的荧光性。

12.4 法布里标准压力传感器

法布里(FP)标准器由以固定距离隔开、内表面涂覆有高折射率材料的两块玻璃或石英板组成。一条准直光束来回反弹,导致包括反射和透射的多光束干涉图样。产生亮条纹或者高透射率的条件为

$$2\mu d + \frac{\phi_1}{2\pi} + \frac{\phi_2}{2\pi} = m\lambda \qquad (12-25)$$

式中:μ 为板间介质的折射率;d 为板间距;ϕ_1 和 ϕ_2 为两个高反射表面反射时的相位差;m 为条纹级次;λ 为标准器入射辐射波长。可假设 ϕ_1 和 ϕ_2 相等,也可假设二者在无任何损失的情况下都等于零,使其保持恒定,仅改变最大干涉图样的位置。

透射光强分布的计算公式为

$$I(\delta) = I_0 \frac{1}{1 + F \sin^2 (\delta/2)} \qquad (12-26)$$

$$\delta = (2\pi/\lambda) 2\mu d$$
$$F = 4R (1 - R)^2$$

式中:δ 为相位差;R 为每个表面的反射率。

显然,透射光强随 δ 变化。当 $\delta = 2m\pi$ 时,透射光强最大等于 I_0。当 $\delta = (2m+1)(\pi/2)$ 时,透射光强最小等于 $I_0/(1+F)$。改变 μ 或 d,或者二者同时改变,都可使相位差 δ 改变。因此,可设想有两种类型的压力传感器:一种是距

离 d 随外加压力变化；另一种则是标准介质的折射率变化。

12.4.1　柔性平面镜 FP 标准器

假设标准器中的镜子较薄，因此可施加压力使其发生弯折。进一步假设镜子为圆形，其边缘由夹子刚性固定。对其中一面镜子施加压力 p，使其弯折。镜子中央挠度 z_0 的表达式为

$$z_0 = \frac{3(1-v^2)p}{16Eh^3}a^4 \tag{12-27}$$

式中：a 和 h 为镜子的半径和厚度；E 和 v 为镜子材料的杨氏模量和泊松比；p 为外加压力。

当挠度小于厚度的 30% 时表达式有效，因此可看出中央挠度与外加压力成比例。如果使用的是准直窄激光束，那么当挠度较小时，可认为镜子的中部近乎平整。此时光束间的相位差表达式为

$$\delta = \frac{2\pi}{\lambda}2\mu(d-z_0) \tag{12-28}$$

这将导致透射光强发生变化，这一点也可能与外加压力有关。尽管 z_0 和 δ 之间是线性关系，z_0 和透射光强之间的关系呈高度非线性。因此，应谨慎选择操作点使得二者关系接近线性。

12.4.2　折射率变化

所有固体、液体和气体的折射率均与外加压力有关。让我们简单地以空气为例，假设空气是单组分气体，用其填满镜子和标准器之间的空间。

介质中分子的平均极化率表达式为

$$\alpha = \frac{3}{4\pi N}\frac{\mu^2-1}{\mu^2+2} \tag{12-29}$$

式中：N 为每单位体积内的分子数；μ 为介质的折射率。此关系式也称为洛伦茨 – 洛伦兹公式。我们也可用总极化率 A 代替平均极化率，总极化率为 1mol 物质的极化率，也称作摩尔或原子极化率，其定义为

$$A = \frac{4\pi}{3}N_{AG}\alpha \tag{12-30}$$

式中：N_{AG} 为阿伏伽德罗数，即 1mol 物质的分子数。

因此，此时介质的折射率与摩尔极化率满足以下关系式，即

$$\frac{\mu^2-1}{\mu^2+2} = A\frac{N}{N_{AG}} \tag{12-31}$$

我们运用理想气体定律 $PV = nRT$，式中：P 为气体的绝对压力；V 为气体体积；n 为摩尔数；R 为通用气体常数；T 为绝对温度。因此，式（12-31）可改写为

$$\frac{\mu^2 - 1}{\mu^2 + 2} = A \frac{\rho}{M} = A \frac{P}{RT} \qquad (12-32)$$

式中:ρ 为密度;M 为气体的摩尔质量。气体的折射率接近 1,因此式(12-32)可简化为

$$\mu \approx 1 + \frac{3}{2} A \frac{P}{RT} \qquad (12-33)$$

可注意到:在一定压力范围内,A 保持不变。在这种情形下,气体的折射率与外加压力线性相关。因此,如果 FP 标准器内的气体压力发生变化,透射光强也会改变,由此可以测量压力。同样地,应谨慎选择操作点。

此定律也用于设计光学麦克风。FP 标准器镜子之间的介质是空气,其压力随声波变化。然而,在这种情况下,该过程并非如前述分析中所假设的那样是等温的。如果我们假设该过程绝热,那么 $P^{1-\gamma} T^{\gamma}$ = 常数,式中:γ 为绝热常数。

当考虑绝热过程时,压力变化 dP 与折射率变化 $d\mu$ 的关系式为

$$d\mu = \frac{3}{2} \frac{A}{\gamma RT} dP \qquad (12-34)$$

此折射率变化调整了 FP 标准器的透射光强。同样地,应谨慎选择操作点。

思考题

12.1　据观察,红宝石 R_1 线的波长随外加静水压 P 而偏移的表达式为

$$P = \frac{A}{B} \left[\left(\frac{\lambda}{\lambda_0} \right)^B - 1 \right] (\text{GPa})$$

式中:λ 为压力为 P(GPa)时红宝石 R_1 线的波长测量值;$\lambda_0 = 694.24\text{nm}$ 为压力为零,温度为 298K 时的波长;A、B 为常数,且有 $A = 1904, B = 5$。

压力为 100000 atm 时,荧光线 R_1 的偏移是多少? 如果我们用下列表达式代替该表达式,即

$$P = a \left[\left(\frac{\lambda - \lambda_0}{\lambda} \right) + b \left(\frac{\lambda - \lambda_0}{\lambda} \right)^2 \right] (\text{GPa})$$

$$a = 1798 \pm 8.4, b = 8.57 \pm 0.15$$

则出现先前计算的偏移时的压力是多少?

12.2　一面偏振光镜由以下不同的组件构成

$$P_{\pi/2} Q_{\pi/4} M_{\alpha,\delta} Q_{\pi/2} A_{\pi/4}$$

式中:P、Q、M 和 A 分别代表偏振器、四分之一波片、模型和分析仪;下标代表了各自的方向。求证透射光强的计算公式为

$$I(\delta) = A(1 + \cos\delta)$$

式中:δ 为模型引入的相位差;A 为常数。

12.3　一个 FP 标准器由两面 BK7 玻璃制成的、直径为 25mm 的薄镜组成,其涂覆物反射率为 80%。假设镜子厚 2mm,向其中一面镜子施加多大压力可使其透射光强下降至峰值的 50%? 可将镜面反射造成的相位差视为零,$E = 85 \times 10^3 \text{N/mm}^2$,$\nu = 0.202$,工作波长为 632.8nm。

第 13 章 基于光纤和 MEM 的测量

13.1 概述

近几十年来,已经开发出各种各样的光纤装置,用于传感和测量位移、应变、流量、压力、转速、电场和磁场以及其他变量。这些装置的优点是尺寸小、性价比高,因而已广泛应用于各个领域。虽然许多光纤装置的基本工作原理与传统测量装置十分相似,但在传感方面它们之间的差异非常明显。

光纤装置可分为以下两类:①非本征型或复合型;②本征型或全光纤型。非本征型或复合型装置由于光学特性受到光纤外部被测对象的影响,仅用作信息传输载体;而本征型或全光纤型装置还具有传感功能。光纤装置的许多应用,并不涉及测量,装置仅用作传感器,作为控制系统的组成部分。我们在此讨论的是用于测量的光纤装置。

被测对象可能会影响光波的强度、幅度、相位、频率以及偏振。正是利用这些特性,各种各样的测量装置纷纷面世。首先我们要讨论的是基于亮度调制的测量装置。

13.2 亮度调制

13.2.1 位移测量:纤维间的横向位移

以两根纤芯直径同为 $2a$ 的阶跃折射率光纤为例。两根光纤之间的相对位移会导致耦合损耗,即耦合效率降低,如图 13 −1(a)所示,耦合效率为

$$\eta = \frac{2}{\pi}\left\{\cos^{-1}\left(\frac{d}{2a}\right) - \left(\frac{d}{2a}\right)\left[1 - \left(\frac{d}{2a}\right)^2\right]^{1/2}\right\} \qquad (13-1)$$

式中:d 为横向位移。

由于两根光纤直接接触,不存在轴向偏移,因此耦合功率将取决于两根光纤的重叠面积,如图 13 −1(b)阴影线所示。重叠面积 A 等于扇形面积减去底边为 $d/2$、斜边为 a 的直角三角形面积,然后再乘以 4,即

$$A = 4\left\{\frac{\theta}{2\pi}\pi a^2 - \frac{1}{2}\frac{d}{2}\left[a^2 - \left(\frac{d}{2}\right)^2\right]^{1/2}\right\} \qquad (13-2)$$

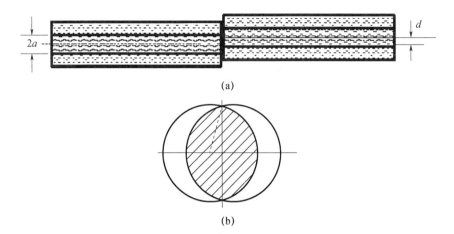

(a)

(b)

图 13 - 1　位移测量

(a)横向位移;(b)重叠面积计算。

$$\cos\theta = d/2a$$

　　耦合效率等于重叠面积与纤芯面积之比,稍作运算之后即得式(13 - 1)。变量 η 和 $d/2a$ 的函数关系如图 13 - 2 所示。由此可以看出,当其中一条光纤偏移 $d/2a = 0.05$,即相当于 $50\mu m$ 的多模光纤偏移 $2.5\mu m$ 时,耦合效率下降至 $0.94(94\%)$,因而测量位移的灵敏度很高。从 η 和 $d/2a$ 的关系图可以看出,灵敏度随着纤芯直径的减小而升高,但是线性范围减小。

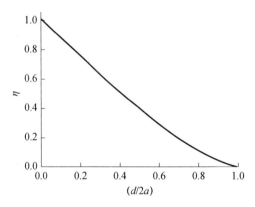

图 13 - 2　效率变量 η 与($d/2a$)的关系

　　而对于折射率分布呈抛物线的渐变折射率光纤,其耦合效率 η 为

$$\eta = \frac{2}{\pi}\left\{\cos^{-1}\left(\frac{d}{2a}\right) - \frac{1}{3}\left(\frac{d}{2a}\right)\left[1 - \left(\frac{d}{2a}\right)^2\right]^{1/2}\left[5 - 2\left(\frac{d}{2a}\right)^2\right]\right\} \quad (13 - 3)$$

当 $d/2a$ 的值很小时,式(13 - 3)的近似公式为

$$\eta \approx 1 - \frac{16}{3\pi} \frac{d}{2a} \quad (13-4)$$

若 $d/2a < 0.1$,则式(13-4)精确到 1%。

符合此种简单结构的光纤装置并不少见,光纤麦克风就是其中一种。该装置使用一根光纤与麦克风振膜耦合。另外一种为高灵敏度压力测量装置。事实上,所有过程变量的测量和控制都能通过各种结构的光纤装置实现。

13.2.2 位移传感器:光束衰减

利用亮度调制可以感测位移,前提是位移可导致亮度衰减。图 13-3 所示的简单装置包含两根带准直透镜的光纤,使截取的光束增大。当用一个不透光的隔板在光束间移动时,通过的光通量将减少,因而可通过移动该隔板调节光输出。

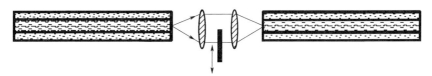

图 13-3 使用隔板遮挡光束的位移传感器

假设光束截面圆的半径为 R,且矩形不透光隔板的宽度大于光束截面圆直径,则当隔板进入光束的长度为 d 时,截取面积为

$$A = R^2 \left\{ \cos^{-1}\left(1 - \frac{d}{R}\right) - 2\left(1 - \frac{d}{R}\right)\left[\frac{d}{2R}\left(1 - \frac{d}{2R}\right)\right]^{1/2} \right\} \quad (13-5)$$

另一根光纤所接收到的光强与光束未截取面积成正比。使用光束面积对其进行归一化处理,则耦合效率为

$$\eta = 1 - \frac{1}{\pi} \left\{ \cos^{-1}\left(1 - \frac{d}{R}\right) - 2\left(1 - \frac{d}{R}\right)\left[\frac{d}{2R}\left(1 - \frac{d}{2R}\right)\right]^{1/2} \right\} \quad (13-6)$$

由此可以得出,当 $d = 0$ 时,$\eta = 1$;当 $d = R$ 时,$\eta = 0.5$;当 $d = 2R$ 时,$\eta = 0$。在此设计中,随着隔板逐步截留光束,光强从最大值开始降低,因而此装置可用于测量位移,其最大可测位移等于光束直径。

如果使用两个朗奇光栅,其中一个固定,另一个平移,如图 13-4 所示,则可大幅度提高装置的灵敏度,尽管测量范围有所减小。

从图 13-4 中可以看出,一半光束被遮挡,光栅移动 1 个周期,光强变化范围为 $0 \sim I_0/2$。当测量较大位移时,还应考虑信号的周期性。该装置可轻易地测量出小于光栅间距的位移。

13.2.3 近贴探头

近贴探头是一种灵敏度极高的位移测量元件,可在各种传感器上使用,例

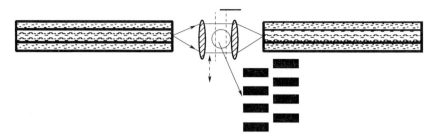

图 13-4　使用朗奇光栅进行位移测量

如压力传感器。近贴探头可使用一根输入光纤和一根输出光纤、一根输入光纤和两根输出光纤或两根输入光纤和一根输出光纤,也可使用多根输入和输出光纤。我们仅在此讨论使用两根光纤的近贴探头的工作原理,即一根输入光纤和一根输出光纤,两根光纤的端部在同一平面内,且横向分开。图 13-5 所示为仅使用两根光纤的近贴探头示意图。

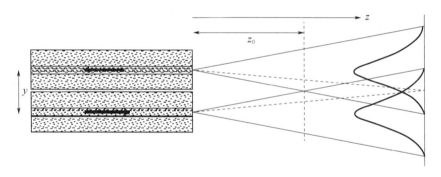

图 13-5　接近传感器示意图

发射(输入)光纤的光能被限制在数值孔径内,其通常呈钟形分布,可称作衰减曲线。因为两根光纤完全相同,所以输出光纤的衰减曲线与输入光纤的衰减曲线也完全相同。图 13-5 所示为两根光纤的衰减曲线。耦合至输出光纤的能量与衰减曲线的平方成正比。从光纤出射端开始,在距离 z_0 内,不存在耦合。随着反射平面前移,输入光纤衰减/响应曲线将光能馈至输出光纤,输出增加(耦合大于平方反比定律所致衰减)。在距离 z,输出达到最大值,之后由于平方反比定律,开始降低。图 13-6 所示为典型的输出特性曲线。该曲线 A 点至 B 点之间的线性部分可用于测量。

13.2.4　微弯位移或压力传感器

光纤弯曲会造成辐射损耗。该损耗通常用吸收效率 α_B 表示,其计算公式为

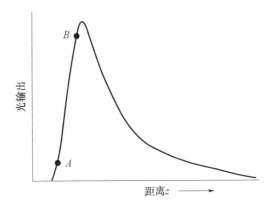

图 13 - 6　接近传感器输出与距离的典型关系图

$$\alpha_B = K e^{-R/R_c} \qquad (13-7)$$

式中:K 为常数;R 为该弯曲的曲率半径;R_c 为另一个常数,取决于光纤半径 a 和数值孔径(NA),它们之间的关系为 $R_c = a/NA^2$。

可以看出,当弯曲的曲率半径等于光纤半径时,将造成明显的损耗,但是如此小的弯曲半径可能会导致光纤折断。另一方面,如果存在连续的微小变形或微弯曲,也可能会造成明显损耗。如 Λ 为变形周期,那么当阶跃折射率光纤中传播常数为 β_1 和 β_2 的模式达到最佳耦合时,有

$$\frac{1}{\Lambda} = \frac{|\beta_1 - \beta_2|}{2\pi} \qquad (13-8)$$

如果周期达到 1～2mm 的量级,则高次模达到最佳耦合,由于辐射损耗,造成光输出下降。但是,当使用折射率二阶变分的渐变折射率光纤时,如果以下公式成立,则所有模式耦合,即

$$\Lambda = \frac{2\pi a}{\sqrt{2\Delta}} \qquad (13-9)$$

$$\Delta = (\mu_{纤芯} - \mu_{包层})/\mu_{包层}$$

图 13 - 7 所示为一个光纤微弯装置,施加压力或其他外力而引起位移时,将导致光纤输出发生变化。此装置可经调节或校准用于测量,也可用于探测是否有外力存在。

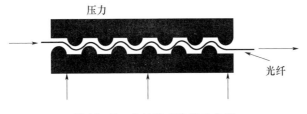

图 13 - 7　光纤微弯装置示意图

13.2.5　液体折射率的测量:光纤折射计

考虑一个纤芯半径为 a_1 的多模光纤,在一小段传感长度上,半径由 a_1 渐缩为 a_2,渐缩尾端与一根纤芯半径为 a_2 的光纤对接。如图 13-8 所示,现在有两根光纤 1 和 2,纤芯半径分别为 a_1 和 a_2,中间是一段长度为 L 的锥体。当使用朗伯光源发射功率至输入光纤 1,通过锥体至光纤 2 的耦合功率,与锥体所浸入介质的介电常数 $\varepsilon(=\mu^2)$ 呈线性关系。至光纤 2 的耦合功率 P 为

$$P = P_0 \frac{\mu_1^2 - \mu^2}{\mu_1^2 - \mu_2^2}\left(\frac{a_2}{a_1}\right)^2 \qquad (13-10)$$

式中:μ_1 和 μ_2 为两根光纤的纤芯和包层的折射率;P_0 为光源至光纤 1 的入射功率。

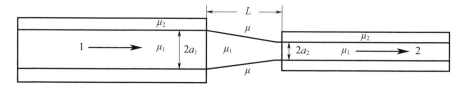

图 13-8　光纤折射计示意图

可以看出,至光纤 2 的耦合功率随 μ^2 增大呈线性下降。当周围介质的折射率与纤芯折射率相等时,耦合功率变为 0,因而该方法所能测量的最大折射率值为纤芯的折射率。另一方面,当下式成立时,光源发射至光纤 1 的功率将全部耦合至光纤 2,即

$$\mu^2 = \mu_1^2 - \left(\frac{a_1}{a_2}\right)^2(\mu_1^2 - \mu_2^2) \qquad (13-11)$$

据此可以算出该方法所能测量的最小折射率值。改变锥体就能改变该方法所能测量的最小值。任何情况下,该方法所能测量的折射率范围都在纤芯和包层折射率之间。尽管如此,此仍不失为一种测量各种液体和生物体液折射率的有效方法。

13.3　相位调制

13.3.1　干涉式传感器

和传统干涉仪一样,用单模光纤设计的光纤干涉仪也可用于测量那些能够改变光波相位的变量。常见的光纤干涉仪有迈克尔孙、马赫-曾德尔(M-Z)和法布里-珀罗干涉仪,已经实现并用于测量。这些干涉仪均使用单模光纤,由一个传感臂和一个参考臂组成。

图 13-9 所示为 M-Z 干涉仪结构。半导体激光器 LD 输出的光耦合至一根单模光纤。光波幅度被 3dB 耦合器分至一根传感光纤和一根参考光纤。经过一段光纤之后,这些光波幅度由另一个 3dB 耦合器重新组合,然后由光电二极管检测光强,分别给出输出 I_1 和 I_2。

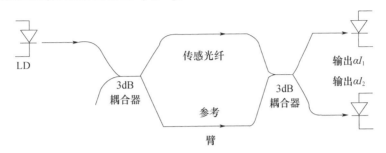

图 13-9　马赫-曾德尔光纤干涉仪示意图

通过参考光纤的光波幅度为

$$E_r = E_{r0} e^{i(\omega t + \phi_r)} \qquad (13-12)$$

相似地,通过传感光纤的光波幅度为

$$E_s = E_{s0} e^{i(\omega t + \phi_s + \Delta\phi)} \qquad (13-13)$$

式中:ϕ_r 和 ϕ_s 分别为参考光纤和传感光纤中光波的相位;$\Delta\phi$ 为受外部影响引入传感光纤光波的相位。

输出与干涉图样光强 I_1 成正比,I_1 为

$$\begin{aligned} I_1 &= |E_r + E_s|^2 = E_{r0}^2 + E_{s0}^2 + 2E_r E_s \cos(\phi_s + \Delta\phi - \phi_r) \\ &= 2E_0^2 [1 + \cos(\phi_s + \Delta\phi - \phi_r)] \end{aligned} \qquad (13-14)$$

式中:已假设两光波幅度相等,即 $E_{s0} = E_{r0} = E_0$。

此干涉仪的响应呈周期性,灵敏度可变,在正交点具有最大灵敏度。可以看出,通过改变参考光波的相位,可将干涉仪的工作点稳定在正交点附近。方法是:将参考光纤缠绕在压电陶瓷管上,施加电压后,参考光纤将被拉伸。光强 I_2 和光强 I_1 互补,即其相移为 π。由于两个光电探测器的输出差异,灵敏度翻倍。

下面考虑外部因素如何影响传感光纤中光波的相位。假设传感光纤使用的是长度为 L、纤芯折射率为 μ_1 的阶跃折射率光纤,则相位 ϕ 为

$$\phi = \frac{2\pi}{\lambda} \mu_1 L \qquad (13-15)$$

式中:λ 为半导体激光输出光源的波长。

纤芯折射率和/或光纤长度的变化都会影响光波的相位。因而,相位变化的表达式为

$$\Delta\phi = \frac{2\pi}{\lambda}\frac{\mathrm{d}\mu_1}{\mathrm{d}X}\Delta XL + \frac{2\pi}{\lambda}\mu_1\frac{\mathrm{d}L}{\mathrm{d}X}\Delta X \qquad (13-16)$$

式中：X 为待测变量。

已知光纤干涉仪可用于测量力、流体静压和温度。事实上，光纤干涉仪可用于测量任何影响光波相位的量。例如，可通过磁致伸缩效应来测量磁场。

干涉仪的工作分辨率可达 $10^{-6}\mathrm{rad}$，然而影响测量的制约因素为探测器散粒噪声以及激光输出强度和频率的波动。

13.3.1.1 温度测量

一小段长度为 L 的光纤就能用于测量温度。温度能改变光纤的尺寸（长度和直径）以及折射率。光波通过一段长度为 L 的光纤后，其相位为

$$\phi = \beta L = \frac{2\pi}{\lambda}\mu_1 L \qquad (13-17)$$

式中：β 为传播常数。

由于温度改变 ΔT 导致的相位变化为

$$\begin{aligned}\Delta\phi &= \frac{2\pi}{\lambda}\frac{\mathrm{d}\mu_1}{\mathrm{d}T}\Delta TL + \frac{\mathrm{d}\beta}{\mathrm{d}a}\alpha a\Delta TL + \frac{2\pi}{\lambda}\mu_1\alpha\Delta TL \\ &= \frac{2\pi}{\lambda}\Delta TL\Big[\Big(\mu_1 + \frac{\lambda}{2\pi}a\frac{\mathrm{d}\beta}{\mathrm{d}a}\Big)\alpha + \frac{\mathrm{d}\mu_1}{\mathrm{d}T}\Big]\end{aligned} \qquad (13-18)$$

式中：$\mathrm{d}\beta/\mathrm{d}a$ 为传播常数变化与纤芯半径 a 的比值；α 为线性膨胀系数。

如果使用石英光纤作为传感元件，在 1300nm 处取 $(1/\mu_e)(\mathrm{d}\mu_e/\mathrm{d}T) = 8.6 \times 10^{-6}/{}^\circ\mathrm{C}$，$\mu_e = 1.491$ 和 $\alpha \approx 0.55 \times 10^{-6}/{}^\circ\mathrm{C}$，可得单位长度和每摄氏度的相位变化。式中 μ_e 是石英的有效折射率，取代 μ_1。忽略传播常数随半径的变化率，则相位变化的近似值为 $66\mathrm{rad/m}{}^\circ\mathrm{C}$。

传感光纤位于 M – Z 干涉仪的一个臂上，条纹采用电子计数。为确定干涉条纹的移动方向，使用两个正交探测器，判断温度是高于设定点还是低于设定点。使用四个探测器，用于补偿光强波动。由于具有极高的灵敏度，光纤干涉仪的温度稳定性令人满意。

13.3.1.2 光纤压力传感器

对光纤施加流体静压时，由于光弹效应，光纤中传输的光波的相位会发生变化。考虑一根传感长度为 L，纤芯直径为 $2a$ 且折射率为 μ_1 的光纤，随压力变化 ΔP，相位变化 $\Delta\phi$ 的表达式为

$$\Delta\phi = \frac{\pi}{\lambda}L\Delta P\Big[\frac{\lambda}{2\pi}a\frac{\mathrm{d}\beta}{\mathrm{d}a} - \mu_1^3(P_{11} + P_{12})\Big]\frac{(1-v-v^2)}{E} \qquad (13-19)$$

式中：P_{11} 和 P_{12} 为光弹性常数；E 为杨氏模量；v 为纤芯材料的泊松比。

涂层石英光纤可用作传感光纤，其涂层材料能将压力场转变为纵向应变。传感光纤位于 M – Z 干涉仪的一个臂上。由于对压力变化具有极高的灵敏度，

M－Z 干涉仪可作为水听器,用于探测极为微弱的声学信号。10m 长的光纤可探测听觉阈限级声场。此外,在 DC 至 20MHz 的频率范围内,光纤具有出色的频率响应特性,但是当频率高于 100kHz 时,压力场转换为纵向应变的效率降低,因而涂层石英光纤用作传感器时,其可探测的频率限值小于 100kHz。频率范围在 100kHz～20MHz 之间时,不带涂层的石英光纤可作为传感器使用。

光纤压力传感器的一个优点是具有极高的灵敏度,另一个优点是几何灵活性,所有的光纤传感器都具备这一优点。将光纤缠绕在直径远小于声波波长的线圈中,就可制成全向声传感器。两个这样的线圈就能用作压力梯度传感器:一个线圈放置于干涉仪参考臂;另一个线圈放置于传感臂。类似地,将光纤缠绕在直径远小于声波波长、长度为声波波长数倍的细长圆柱体上,就可制成高定向声传感器。

13.3.1.3 光纤应变传感器

干涉型光纤应变传感器可测量光纤内纵向应所变导致的相位变化。假设一根长度为 L 的单模光纤,承受的纵向应变为 ε,应变导致光纤内传播的光波的相位变化为 $\Delta\phi$,其计算公式为

$$\Delta\phi = \Delta(\beta L) = \Delta\beta L + \beta\Delta L \tag{13-20}$$

式中第 1 项包含由于传输常数 β 的变化而引起的相应变化,这种变化可以由应变改变光纤折射率的应变光学效应和由纵向应变引起的芯径$(2a)$变化引起的波导模式色散效应引起。从而,有

$$\Delta\beta L = L\frac{\mathrm{d}\beta}{\mathrm{d}\mu_1}\Delta\mu_1 + L\frac{\mathrm{d}\beta}{\mathrm{d}a}\Delta a \tag{13-21}$$

通常情况下,有$(\mathrm{d}\beta/\mathrm{d}\mu_1) = (\beta/\mu_1)$。对于均质各向同性介质,$\Delta\mu_1$ 可表示为

$$\Delta\mu_1 = -\frac{1}{2}\mu_1^3[\varepsilon(1-v)P_{12} - v\varepsilon P_{11}] \tag{13-22}$$

式中:P_{11} 和 P_{12} 为光弹性系数。此外,有 $\Delta a = -v\varepsilon a$。

式$(13-20)$中第 2 项是指,由于长度改变 $\Delta L(=\varepsilon L)$ 而导致的相位变化。首先将式$(13-22)$代入式$(13-21)$,之后将式$(13-21)$代入式$(13-20)$,可得

$$\Delta\phi = -\frac{1}{2}\mu_1^3[\varepsilon(1-v)P_{12} - v\varepsilon P_{12}]L\frac{\beta}{\mu_1} - L\frac{\mathrm{d}\beta}{\mathrm{d}a}v\varepsilon a + \beta\varepsilon L \tag{13-23}$$

进而有

$$\frac{\Delta\phi}{\varepsilon L} = \beta\left\{1 - \frac{1}{2}\mu_1^2[(1-v)P_{12} - vP_{11}] - \frac{v}{\beta}a\frac{\mathrm{d}\beta}{\mathrm{d}a}\right\} \tag{13-24}$$

将传感光纤放置于一个光纤臂,操作 M－Z 干涉仪进行测量,对干涉图样中的条纹计数,即可测得相位变化。如果使传感臂光纤承受拉伸应变,参考臂光纤承受压缩应变,则测量应变的灵敏度翻倍。

13.3.1.4 光纤加速度计

加速度引起的应力将导致光纤内部产生应变,继而造成单模光纤中传播的

光波相位发生变化,光纤加速度计正是利用这一特性进行测量。由两根光纤之间或一根光纤悬挂质量块组成的简谐振子就是一种光纤加速度计。当加速度计沿着光纤长度方向加速时,支撑光纤中产生应变。作用在质量块 m 上的力为 ma_g,式中 a_g 是加速度。根据胡克定律,可计算出光纤中的应变,即

$$\varepsilon = \frac{\Delta L}{L} = \frac{ma_g}{EA} \qquad (13-25)$$

式中:A 为直径为 d 的光纤的横截面积;E 为光纤材料的杨氏模量。

长度改变导致相位变化,其关系为

$$\Delta\phi = \frac{2\pi}{\lambda}\mu_1\Delta L = \frac{2\pi}{\lambda}\mu_1\varepsilon L = \frac{8}{\lambda}\mu_1\frac{ma_g}{Ed^2}L \qquad (13-26)$$

相位变化可使用 M – Z 干涉仪测量。

13.3.1.5　光纤陀螺仪或转速传感器

光纤陀螺仪是一种基于萨格奈克效应的测量装置。萨格奈克效应是指:当光束从 A 点进入一个半径为 R 的理想环形干涉仪时,被分成两束分别沿顺时针和逆时针方向前进的光,如图 13 – 10(a)所示;如果干涉仪不转动,则两束光到达 A 点的时间为 $t(=2\pi R/c)$。

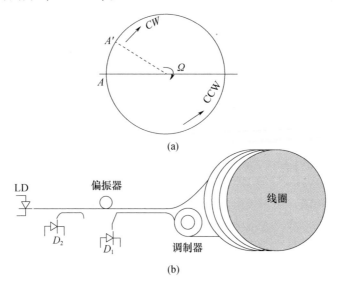

图 13 – 10　光纤陀螺仪
(a)萨格奈克效应;(b)光纤陀螺仪示意图。

但是,当干涉仪绕垂直于所在平面并通过环心的轴以角速度 Ω 顺时针旋转时,相比沿逆时针方向前进的光束,沿顺时针方向前进的光束用时较长。顺时针光束用时(t_+)和逆时针光束用时(t_-)分别为

$$t_+ = \frac{2\pi R + R\Omega t_+}{c} \qquad (13-27)$$

$$t_- = \frac{2\pi R - R\Omega t_-}{c} \qquad (13-28)$$

到分束器处两光束的传输时间差为

$$\Delta t = t_+ - t_- \approx \frac{4\pi R^2\Omega}{c^2} \qquad (13-29)$$

式中:假设 $c^2 \gg R^2\Omega^2$。相对应的,光程差为 $\Delta L = c\Delta t = 4\pi R^2\Omega/c = 4A\Omega/c$,式中:$A$ 是干涉仪环路面积。两束光的相位差为

$$\Delta\phi = \frac{2\pi}{\lambda}L = \frac{8\pi A\Omega}{\lambda c} \qquad (13-30)$$

相位差与环路面积成正比,实际装置的测量灵敏度比较低。为提高灵敏度,光纤陀螺仪中使用了缠绕 N 圈的低损耗长光纤(比如 1km 长),见图 13-10 (b),并采用了各种降噪方案。由于旋转导致的相位差可表示为

$$\Delta\phi = \frac{8\pi A\Omega N}{\lambda c} \qquad (13-31)$$

从式(13-31)可以看出,相位差与光束传播的介质无关。我们在此处的简单分析并没有得出这一结论。用相对论可以证明上述表达式对于任何介质都成立,对于典型的光纤陀螺仪,用 200m 光纤缠绕成直径为 0.1m 的线圈,用于测量地球角速度 $\Omega_e = 15°/\text{hr} = 0.73\mu\text{rad/s}$ 时,要求探测的相位差为 $\Delta\phi = 36\mu\text{rad}$,对应的光程差在 10^{-12}m 这一量级。下面我们将讨论如何测量如此小的相位差。

干涉仪上传播方向相反的两光束将产生一个信号,即

$$I = I_0(1 + \cos\Delta\phi) \qquad (13-32)$$

由于该信号的余弦依赖,在 $\Delta\phi \approx 0$ 附近呈高度非线性且具有符号模糊性,因而干涉仪测量低转速时灵敏度较低。使用相位调制可以解决这一问题。为此,可在压电陶瓷管上缠绕和粘合数圈光纤制成相位调制器。施加调制电压后,由于电光效应,光程长度发生变化。因此,沿逆时针和顺时针方向传播的两光束的相位延迟分别为 $\phi(t)$ 和 $\phi(t+\tau)$,其中 $\tau = L/v$,L 是光纤长度,v 是光在光纤中的传播速度。净相位差为

$$\phi_{\text{ccw}} - \phi_{\text{cw}} = \phi_{\text{sag}} + \phi(t) - \phi(t+\tau) \qquad (13-33)$$

式中:$\phi_{\text{sag}} = |\Delta\phi|$ 为萨格奈克相移。

通过改变参考点,相移表达式可变形为

$$\phi_{\text{ccw}} - \phi_{\text{cw}} = \phi_{\text{sag}} + \phi\left(t - \frac{\tau}{2}\right) - \phi\left(t + \frac{\tau}{2}\right) \qquad (13-34)$$

以角频率 ω_m、幅度 ϕ_m 及 $\phi(t) = \phi_m\cos\omega_m t$ 进行相位调制,式(13-34)的相位差为

$$\phi_{ccw} - \phi_{cw} = \phi_{sag} + 2\phi_m \sin\left(\frac{\omega_m \tau}{2}\right)\sin\omega_m t = \phi_{sag} + \phi_{m0}\sin\omega_m t \qquad (13-35)$$

式中：$\phi_{m0} = 2\phi_m \sin(\omega_m \tau/2)$ 为调制幅度。可选择调制频率 $f_m = \omega_m/2\pi = 1/2\tau$ 使其最大。

经过代入后，输出信号的表达式为

$$\frac{I}{I_0} = [1 + \cos(\phi_{sag} + \phi_{m0}\sin\omega_m t)]$$

$$= 1 + \cos\phi_{sag}\cos(\phi_{m0}\sin\omega_m t) - \sin\phi_{sag}\sin(\phi_{m0}\sin\omega_m t) \qquad (13-36)$$

使用贝塞尔定理后，有

$$\frac{I}{I_0} = 1 + [J_0(\phi_{m0}) + 2\sum_{k=1}^{\infty}J_{2k}(\phi_{m0})\cos 2k\omega_m t]\cos\phi_{sag} -$$

$$[2\sum_{k=1}^{\infty}J_{2k-1}(\phi_{m0})\cos(2k-1)\omega_m t]\sin\phi_{sag} \qquad (13-37)$$

除 DC 项外，输出还包含调制信号的所有谐波。所有偶次谐波的幅度乘以 $\cos\varphi_{sag}$，奇次谐波的幅度乘以 $\sin\varphi_{sag}$。选择 $\varphi_{m0} = 1.8$，J_1 函数取最大值，利用锁定放大器测量调制信号的幅度，恢复去除了符号模糊性的萨格奈克相移。

最后，光纤陀螺仪具有低成本、低维护、预热时间短、宽动态范围，大带宽以及可靠性高等特点。困扰光纤陀螺仪的噪声来源主要有背散射、光学克尔效应、偏振变化、法拉第效应、不均匀热波动等。为降低噪声，已综合采用了多项措施。其中：使用弱相干光源可有效降低背散射和光学克尔效应引起的噪声；使用偏振镜和保偏光纤可控制偏振变化引起的噪声，由于保偏光纤价格非常高，已经出现了一些新型结构，这些结构只需使用几米长的保偏光纤；使用偏振镜和保偏光纤还可降低法拉第效应引起的噪声；采用特殊的缠绕方式可抑制不均匀热波动引起的噪声。

13.3.1.6 光纤法布里–珀罗干涉仪

光纤法布里–珀罗干涉仪尖端传感器可应用多个领域，例如压力和温度测量。此类传感器有多种设计结构，图 13–11 所示为其中的 3 种。

这是一类低精细度干涉仪，其中一个光束由光纤端面反射生成，另一个光束由膜片表面或另一根光纤端面反射生成。设两表面的反射率分别为 R_1 和 R_2。因此，两束光的幅度分别为 $A_1 = A_0\sqrt{R_1}$ 以及 $A_2 = A_0(1 - R_1)\sqrt{\alpha(z)R_2}$ $e^{-4\pi id/\lambda}$，式中：$\alpha(z)$ 是衰减，由于光束膨胀，只有一小部分光被光纤接收；d 是间隔距离。使用射线模型，$\alpha(z)$ 可表示为

$$\alpha(z) = \frac{a^2}{[a + 2d\tan(\sin^{-1}NA)]^2} \qquad (13-38)$$

式中：a 为数值孔径为 NA 的光纤的半径。

两光束叠加生成的干涉图样的光强分布为

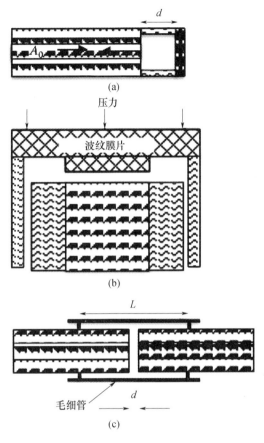

图 13 – 11　光纤法布里 – 珀罗干涉仪
(a)薄膜型;(b)波纹膜片型;(c)毛细管尖端型。

$$I = I'_0 \left[1 + V\cos\left(\frac{4\pi d}{\lambda}\right) \right] \qquad (13 – 39)$$

$$I'_0 = I_0 [R_1 + (1 - R_1)^2 R_2\alpha(z)]$$

$$V = [2\sqrt{R_1 R_2\alpha(z)} (1 - R_1)] / [R_1 + (1 - R_1)^2 R_2\alpha(z)]$$

式中:I_0 为入射光束的光强;V 为可见度。

　　选择合适的 R_2 值,可实现最大可见度。当 $R_2 = R_1 / [(1 - R_1)^2\alpha(z)]$ 时,可见度最好。这表明,第二个表面的反射率应较大,这样才能抵消光纤出射光发散造成的影响。检测信号与光强成正比,且随着间隔距离 d 的变化而改变。

13.4　压力传感器:薄膜型

　　对图 13 – 11(a)所示薄膜施加压力,则间隔距离 d 会发生变化。假设薄膜

为圆形且四周刚性夹紧,则其中心位移为

$$z_0 = \frac{3(1-v^2)p}{16Eh^3}R^4 \qquad (13-40)$$

式中:R 和 h 分别为薄膜的半径和厚度;E 和 v 分别为薄膜材料的杨氏模量和泊松比;p 为外加压力。

当位移小于薄膜厚度的 30% 且薄膜厚度小于薄膜半径的 20% 时,式(13-40)成立。对于一个给定的尖端传感器,其压力测量范围取决于薄膜厚度和半径以及薄膜材料的杨氏模量和泊松比。由于中心位移与压力之间的线性关系范围,压力应小于最大值 p_{max},即

$$p_{max} = \frac{8Eh^4}{5(1-v^2)R^4} \qquad (13-41)$$

可见中心位移与压力成正比。因此,施加压力将改变间隔距离 d。但是,在光入射区域内,间隔 d 的变化并不一致,导致反射光束进一步衰减。使用波纹膜片可以解决这一问题,薄膜膜片整个半径上的位移几乎一样。此外,波纹膜片制作工艺简单,可通过刻蚀硅制备。图 13-11(b)所示为使用波纹膜片的尖端传感器横截面。

13.4.1 压力传感器:毛细管尖端

此类传感器使用两根完全相同的光纤,两光纤放置于毛细管内,光纤与毛细管有效熔接,标距为 L,尽管间隔仅为 d,如图 13-11(c)所示。当施加液体静压,L 的变化为

$$\Delta L = \frac{L}{E}\frac{R_0^2}{R_0^2 - R_i^2}(1-2v)p \qquad (13-42)$$

式中:L 为两光纤与毛细管熔接点之间的距离;R_0 和 R_i 分别为毛细管的外径和内径;E 和 v 分别为毛细管材料的杨氏模量和泊松比;p 为外加压力。当施加于毛细管的压力发生变化时,间隔 d 随之改变。

13.5 布拉格光栅传感器

光纤布拉格光栅包含掺锗石英光纤纤芯内产生的折射率周期性变化。折射率周期性变化是由准分子激光器发射的两束光干涉造成的。光栅可刻写在光纤的一小段上(~1mm),也可以刻写在不同位置用作分布式传感。光栅将反射满足布拉格条件的波长,有

$$\lambda_B = 2\mu_e \Lambda \qquad (13-43)$$

式中:Λ 为光栅周期;μ_e 为纤芯有效折射率。

当宽带光源发射的光束与光纤耦合后,满足布拉格条件式(13-43)的波长

被反射,其余波长继续传输。反射信号的带宽取决于多项参数,例如光栅平面的数量和折射率调制,通常带宽在 0. 05 ~ 0. 3nm 之间。

布拉格光栅传感器通常用于监测应变和温度。应变和温度造成的布拉格波长漂移为

$$\Delta \lambda_B = 2 \left(\Lambda \, \frac{\partial \mu_e}{\partial l} + \mu_e \, \frac{\partial \Lambda}{\partial l} \right) \Delta l + 2 \left(\Lambda \, \frac{\partial \mu_e}{\partial T} + \mu_e \, \frac{\partial \Lambda}{\partial T} \right) \Delta T \qquad (13-44)$$

式中:Δl 和 ΔT 分别为长度变化和温度变化。

应变和温度都会改变布拉格波长,波长漂移与应变和温度变化呈线性关系。用应变 ε、应变光学系数 $P_{i,j}$、泊松比 v 和线性膨胀系数 α,式(13 – 44)可改写为

$$\Delta \lambda_B = 2 \mu_e \Lambda \left(\left\{ 1 - \frac{\mu_e^2}{2} [P_{12} - v(P_{11} + P_{12})] \right\} \varepsilon + \left(\alpha + \frac{1}{\mu_e} \frac{\mathrm{d} \mu_e}{\mathrm{d} T} \right) \Delta T \right)$$

$$(13-45)$$

进而有

$$\frac{\Delta \lambda_B}{\lambda_B} = \left\{ 1 - \frac{\mu_e^2}{2} [P_{12} - v(P_{11} + P_{12})] \right\} \varepsilon + \left(\alpha + \frac{1}{\mu_e} \frac{\mathrm{d} \mu_e}{\mathrm{d} T} \right) \Delta T \qquad (13-46)$$

对于石英光纤,$P_{11} \approx 0. 113, P_{22} \approx 0. 252, v \approx 0. 16, \mu_e = 1. 491 (\lambda = 1300 \mathrm{nm})$,有效应变系数为 $0. 215 (p_e = (\mu_e^2 / 2) [P_{12} - v(P_{11} + P_{12})])$。另外,对于石英光纤,$(1 / \mu_e) (\mathrm{d} \mu_e / \mathrm{d} T)$ 的值为 $8. 6 \times 10^{-6} / {}^{\circ}\mathrm{C}$,且 $\alpha \approx 0. 55 \times 10^{-6} / {}^{\circ}\mathrm{C}$,将这些数值代入式(13 – 46),可得

$$\frac{\Delta \lambda_B}{\lambda_B} = 0. 795 \times \frac{10^{-6}}{\mu \varepsilon} + 9. 15 \times 10^{-6} / {}^{\circ}\mathrm{C}$$

式中:$\mu \varepsilon$ 为微应变。

工作波长为 $1. 3 \mu \mathrm{m}$ 时,$\Delta \lambda_B / \Delta \varepsilon = 1. 03 \ \mathrm{pm} / \mu \varepsilon$ 且 $\Delta \lambda_B / \Delta T = 11. 9 \mathrm{pm} / {}^{\circ}\mathrm{C}$。这些值分别对应布拉格光栅传感器理论上的应变和温度测量灵敏度。两个不同灵敏度的光栅一起使用,则有可能同时测量应变和温度变化。但是,如果需要 $0. 1 {}^{\circ}\mathrm{C}$ 的温度分辨率,则要求测量 $0. 001 \mathrm{nm}$ 的布拉格波长漂移,这无疑很难实现。另外,$1000 \mu \varepsilon$ 产生的布拉格波长漂移为 $1. 03 \mathrm{nm}$,相应的测量比较容易。

13. 6　保偏单模光纤

圆对称光纤可支持两个正交偏振模以相同的速度传播。但是,圆对称只是一种理想状态,实际制造的光纤不可避免地存在一定程度的不对称,导致光纤内存在本征双折射现象。另外,光纤受外力弯折或挤压会导致非本征双折射。这种情况下,两个正交偏振模的折射率略有差异,因而它们的传播常数也稍有不同。由于周期比较长的扰动,两个传播常数相差不大的模式将会发生耦合。

高双折射光纤,称作 HiBi 光纤,可在比较长的光传播距离内保持偏振态不变,比如1km 或更长距离。此类光纤共有两种制备方法:一种是制成具有椭圆形纤芯的光纤;另一种是制成具有椭圆形包层亦或领结形或熊猫形应力区的光纤。

此类光纤中,线性偏振沿两个优先方向传播,正交偏振耦合非常少。它们称为快慢轴,是沿椭圆形纤芯光纤的两个轴的方向。如果沿与快轴或慢轴呈45°角的方向向光纤入射线性偏振光,两个偏振被同等激发。它们的传播速度分别为 c/μ_x 和 c/μ_y,因此随着两个模式沿着光纤传播,它们的相位差逐渐增大。这两个模式的幅度表达式分别为

$$E_x(z;t) = E_0 e^{i(\omega t + \delta_x)} \tag{13-47}$$

$$E_y(z;t) = E_0 e^{i(\omega t + \delta_y)} \tag{13-48}$$

此类光纤用作传感元件时,这两种模式的相位差必定受正在测量的外部扰动的影响。设相位差为 $\Delta\phi_p$。然而,两种正交偏振模式并不干涉。使用偏振镜使偏振与快慢轴呈45°,则可使两模式形成干涉。探测器输出可表示为

$$i \propto (1 + \cos\Delta\phi_p) \tag{13-49}$$

$$\Delta\phi_p = \delta_x - \delta_y = (2\pi/\lambda_0)(\mu_x - \mu_y)L = (2\pi/\lambda_0)B_r L$$

式中:L 为传感长度;B_r 为双折射。

但是这种解决方案容易受光源波动影响,且方向不确定。更佳的解决方案是组合使用1个索累–巴比涅补偿器和1个沃拉斯顿棱镜,如图 13-12(a)所示。使用索累–巴比涅补偿器可在快慢模式间引入1个 $\pi/2$ 的相位差。沃拉斯顿棱镜将两个模式分成两束叠加光,这两光束的幅度分别为 $(E_x + E_y)/\sqrt{2}$ 和 $(E_x - E_y)/\sqrt{2}$,如图 13-12(b)所示。

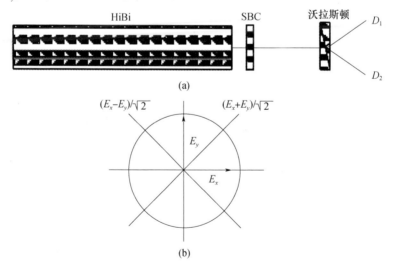

(a)

(b)

图 13-12 保偏单模光纤

(a)用作传感的 HiBi 光纤;(b)经过沃拉斯顿棱镜之后的场分量。

这些光入射至探测器 D_1 和 D_2，两探测器的输出分别为

$$i_1 \propto (1 + \sin\Delta\phi_p) \qquad (13-50)$$

$$i_2 \propto (1 - \sin\Delta\phi_p) \qquad (13-51)$$

探测器的输出可方便地处理为

$$\frac{i_1 - i_2}{i_1 + i_2} = \sin\Delta\phi_p \qquad (13-52)$$

$\Delta\phi_p$ 值较小时，处理过的信号与 $\Delta\phi_p$ 成正比，符号模糊性被消除。由于外部干扰会影响相位差 $\Delta\phi_p$，因此基于相位差，可以将这些干扰测量出来。大量的物理现象能够改变光的偏振状态，并引入双折射。基于这些现象，例如旋光性、法拉第旋转、磁致伸缩、电致旋光效应、电光效应、克尔效应、光弹效应等，可以探测和测量各种物理参数。

假设 X 是待测量的外部干扰，外部干扰对相位的影响为

$$\frac{\mathrm{d}\Delta\phi_p}{\mathrm{d}X} = \frac{2\pi}{\lambda_0}\left(B_r \frac{\mathrm{d}L}{\mathrm{d}X} + L \frac{\mathrm{d}B_r}{\mathrm{d}X}\right) \qquad (13-53)$$

很明显，外部干扰会影响传感元件的长度和双折射，而这两者对相位变化的相对影响可能截然不同。

13.6.1 电流测量：法拉第旋转

当一束线性偏振光通过放置于磁场中的介质时，其偏振面旋转，则旋转角度与平行于传播方向的磁场分量以及处于磁场中的介质长度成正比。另外，旋转方向与传播方向无关。

将入射偏振光束分解为左右两束圆偏振光，因为它们具有不同的折射率，因此传播速度不同，当这两束偏振光合并时，偏振面旋转。因此，施加磁场能够引入双折射 $(\mu_r - \mu_l)$，其中 μ_r 和 μ_l 分别是右侧和左侧圆偏振光的折射率。因此，旋转角 θ 为

$$\theta = \frac{2\pi}{\lambda_0}|\mu_r - \mu_l|L \qquad (13-54)$$

但是，通常旋转角 θ 公式为

$$\theta = VBL \qquad (13-55)$$

式中：V 为维尔德常数；B 为磁场。石英的 V 值是 $4\mathrm{rad/m\ T}$，这也可称为贝克勒尔公式。

带电导体会产生磁场，磁场大小为

$$B(r) = \frac{\mu_0 \mu_{\mathrm{rel}} I}{2\pi r} \qquad (13-56)$$

式中：I 为导体内通过的电流；r 为磁场测量点与导体中心的距离；$\mu_0 = 4\pi \times 10^{-7}$ H/m；μ_{rel} 为介质的相对磁导率。

磁场是半径为 r 的圆的同心圆,其方向取决于电流方向。因此,如果用光纤线圈环绕带电导体,那么磁场方向与光纤内光的传播方向一致。因此,偏振面的旋转为

$$\theta = V \frac{\mu_0 \mu_{\text{rel}} I}{2\pi r} 2\pi r = V \mu_0 \mu_{\text{rel}} I \qquad (13-57)$$

旋转角度与通过导体的电流成正比,而与光纤线圈的半径无关。实际上,旋转角度与光纤线圈的尺寸和形状都无关。此结果非常有用,表明电流测量装置对振动不敏感。容易看出该类装置的灵敏度比较低,因而需使用数圈光纤。如果我们考虑有 n 圈光纤环绕导体,则旋转角度随 n 值的增加而增大。使用光纤电流传感器时,应将其环绕带电导体安装。显然,对于导体,应先将其拆卸,插入光纤线圈,然后重新安装。然而,如果组成线圈的光纤一端有涂层,则反射光束将再次经历法拉第旋转,灵敏度翻倍。另外,也更容易环绕导体安装。

实践中,通常使用偏振镜,使其偏振方向与光纤内的快轴或慢轴成 45° 角,从而提供线性偏振光,以同等激发两模式。由于法拉第效应,两模式的传播速度不同,在磁场内组合成一束线性偏振光,偏振旋转角度为 θ。在光纤端部,分析仪与偏振镜交叉放置。使用马吕斯定律,则分析仪传输光强为

$$I(\theta) = I_0 \cos^2 \left(\frac{3\pi}{4} + \theta \right) = \frac{I_0}{2} (1 + \sin 2\theta) \qquad (13-58)$$

探测器输出与 $I(\theta)$ 成比例。由于磁场导致的偏振面旋转角度很小,因此探测器输出与旋转角 θ 成比例。测量出旋转角 θ,就能得出导体中的电流值。

为使探测器输出不受入射光光强波动影响,可稍稍改动设计方案。在光纤后放置沃拉斯顿棱镜,使其主平面与导体不带电时光纤内线性偏振面成 45°。沃拉斯顿棱镜可提供两束等光强正交偏振光。但是,当偏振面旋转且旋转角度为 θ 时,两个探测器的入射光光强分别为

$$I_1(\theta) = I_0 \cos^2 \left(\frac{\pi}{4} + \theta \right)$$

$$I_2(\theta) = I_0 \sin^2 \left(\frac{\pi}{4} + \theta \right)$$

设探测器的输出分别为 i_1 和 i_2,它们分别与光强 I_1 和 I_2 成正比。探测器的输出被处理成信号 S_I,即

$$S_I = \frac{i_1 - i_2}{i_1 + i_2} = \sin 2\theta \approx 2\theta$$

测量出旋转角 θ,就能得出导体中的电流值。我们在此讨论的情况比较理想,实践中使用的光纤可能同时具有线性双折射和圆双折射。此时,需要引入校正系数。

13.7 光纤生物传感器

光纤生物传感器是基于将光沿石英玻璃纤维或塑料光纤传输到分析点进行测量。光纤生物传感器可与不同类型的光谱技术结合使用,例如吸收光谱、荧光、磷光和表面等离子体共振等。

光纤生物传感器非常有吸引力,即使非专业人员也可轻易操作,而且基本无需对样本进行处理,或只需稍稍处理即可准确测定。因此,在定期检查、患者家庭护理、手术和重症监护以及紧急情况下,光纤生物传感器尤其有用。

光纤传感器可采用单光纤结构,光在一根光纤中从传感尖端处开始传输或最终传输到传感尖端;或采用双光纤结构,两个独立的光纤分别用于照射和检测。显然,单光纤传感器结构更紧凑,成本较低。但是可能需要使用其他仪器将返回信号从照射光中分离出来。

血管内导管的设计需要考虑传感器的无菌性和生物相容性,血管内光纤传感器必须可消毒,不会导致血栓,并且对血小板和蛋白质沉积具有抗性。这些导管由共价结合肝素或抗血小板剂的材料制成。

光纤传感器采用普通光纤作为远程装置用于检测组织和血液的光谱特性变化,也可采用那些可与各种指示剂介导换能器紧密耦合的光纤。只有少数的生化分析物具有吸光特性,可直接使用光谱法进行选择性测量。大多数分析物,尤其是诊断中主要关注的指标,例如氢、氧、二氧化碳和葡萄糖,无法直接采用分光光度法进行测量。因此,目前已经研发出各种指示剂介导传感器,可用适当的方法将特殊试剂固定到光纤传感器上。

此类光纤传感器可分为直接传感器和间接传感器。直接传感器是通过光纤端面直接照射样本进行测量。光纤末端射出的光,经照射物散射或激发的荧光返回光纤;测量光纤尖端返回的光,就能得到样本的吸光度或产生的荧光光强。间接传感器是将一个微型换能器连接到一根或两根光纤的末端。有人建议将此光学换能器称为"光极",类似于电学术语"电极"。光纤传输的光驱动换能器与样本相互作用,光学处理系统对换能器的输出光进行分析。如果光极为物理光极,则测量的参数为物理参数,例如压力或温度。如果光极为化学光极,则测量的参数为化学参数,例如血液中的 pH 值或葡萄糖含量。

13.7.1 直接光纤传感器

主要使用以下两种方法。

(1)分光光度法(比色法):用单色光照射组织或血液,然后测量该波长的吸收或反射。如果用数种不同波长的光照射,则得到组织或样本的发射光谱或吸收光谱。利用这些光谱,就能分析出组织或血液的具体成分。

(2)荧光法:通过测量组织或样本的激发光谱或发射光谱,能够收集到重要信息。

13.7.1.1　直接物理传感器

13.7.1.1.1　反射测量

光垂直入射时,样本界面的反射率为

$$R = \frac{(\mu - 1)^2}{(\mu + 1)^2} \tag{13-59}$$

式中:μ 为组织或样本的相对折射率。如果存在吸收,则为复折射率,虚部代表吸收。

反射率测量使用 700nm 波长的光,因为该波长可深入渗透(毫米)到皮肤中去。经观察,血液微循环对折射率具有巨大影响。而且,当皮肤被拉伸时,其折射率最初呈线性增加。

13.7.1.1.2　吸收测量

吸收的基本定律为比尔定律,即

$$I(z) = I_0 e^{-\mu_a z} \tag{13-60}$$

式中:$I(z)$ 为光穿透样本厚度 z 后的光强;I_0 为光在样本表面时的光强;μ_a 为每厘米吸收系数。

距离 z 的测量单位为厘米。吸光度或光密度 D_0 定义为

$$D_0 = -\lg \frac{I(z)}{I_0} \tag{13-61}$$

因此,吸收系数 μ_a 的表达式为

$$\mu_a = \frac{D_0}{z} \ln 10 \tag{13-62}$$

通常监测的是光密度。

13.7.1.1.3　温度测量

黑体辐照度或发射功率,是指单位时间单位面积测得的焦耳数或单位面积的瓦特数,即

$$I = \varepsilon \sigma T^4 \tag{13-63}$$

式中:ε 为发射率;σ 为斯特藩 - 玻尔兹曼常数($\sigma = 5.67 \times 10^{-8} \text{J/s} \cdot \text{m}^2 \cdot \text{K}^4$)。

生物组织的发射率通常为 1,因而其发射功率仅与温度有关。室温下,发射主要在光谱的远红外区域。随着温度升高,发射向近红外方向移动,最终向可见光方向移动。测量红外发射,则可以确定组织的温度。来自身体较暖部分的红外发射通过红外传输光纤传输到探测器。这种方法称为红外光纤辐射测量法。

光纤技术已经用于测量体温过高和体温过低。使用激光辐射高温治疗癌

症(热疗法)时,需要测量温度,防止热损伤。而红外光纤辐射测量法就是一种十分理想的方法。据有关报道,该方法的测量精度为 0.1℃。

13.7.1.2 直接化学传感器

13.7.1.2.1 血氧测量

血液中的氧气由红细胞中的血红蛋白携带。动脉血氧饱和度应超过95%,静脉血氧饱和度应大约为75%。在心脏病科、麻醉期间患者监测以及重症监护中,血氧饱和度测量十分有用。

对于从心脏右侧采集的血液样本,如果血氧饱和度检测结果异常高,则可能表明心脏先天性异常。如果样本的血氧饱和度检测结果较低,则可能是由于血液携带氧气的能力降低、心排血量过低或心肺系统能力降低造成的。氧合血红蛋白(HbO_2)和还原血红蛋白(Hb)的吸收光谱已有详细记载。

氧传感器由三部分组成:①发射器;②发光二极管,根据所施加电压的极性发射两种不同波长(630nm 和 960nm)的辐射光;③探测器,用于测量入射辐照度(光强)。实践中,将发射器和探测器分别放在肢体两侧,例如手指或耳垂,从而测量该组织对两个发射波长的吸光度。使用以下关系式可计算血氧饱和度,即

$$血氧饱和度 = A - B\left\{\frac{D_0(\lambda_1)}{D_0(\lambda_2)}\right\} \tag{13-64}$$

式中:A 和 B 分别为 Hb 和 HbO_2 吸光度函数的系数;D_0 为血液对波长 λ_1 和 λ_2 的吸光度。

脉搏血氧计使用交替光源,两个波长的光源交替点亮。脉搏血氧计找寻各波长的最大和最小辐照度,以区分稳态流(静脉)和脉动流(动脉)。最大值 I_{max} 和最小值 I_{min} 分别对应动脉舒张压和收缩压,算术过滤掉稳态静脉衰减,因为这将作为舒张和收缩压测量的背景。脉搏血氧计测量的脉搏血氧饱和度为

$$SpO_2 = f\left\{\frac{\ln(I_{min}/I_{max})_{630}}{\ln(I_{min}/I_{max})_{960}}\right\} \tag{13-65}$$

式中:f 为手指脉搏血氧计的校准系数,将骨骼、色素沉着、各组织层厚度以及可能涂抹的指甲油考虑在内。

如果氧合血红蛋白对 960nm 波长的吸收系数和还原血红蛋白对 630nm 的吸收系数分别为 μ_{a,HbO_2_960} 和 μ_{a,Hb_630},则血氧饱和度为

$$SaO_2 = \frac{\mu_{a,HbO_2\_960}SpO_2 - \mu_{a,Hb\_630}}{(\mu_{a,Hb\_960} - \mu_{a,HbO_2\_960})SpO_2 - (\mu_{a,Hb\_630} - \mu_{a,HbO_2\_630})} \times 100\% \tag{13-66}$$

将氧合血红蛋白饱和度与总血红蛋白浓度相乘得到血氧浓度,总血红蛋白浓度可从血细胞比容得出。血细胞比容是指血细胞在全血中所占的容积百分

比,用百分数表示。例如,血细胞比容40%是指在100ml血液中有40ml的红细胞。

血氧浓度可表示为

$$[O_2] = 1.39[Hb]\frac{SaO_2}{100} \tag{13-67}$$

常数1.39称为"霍夫纳常数",代表每克血红蛋白能够携带的氧的体积。

13.7.2 间接光纤传感器

13.7.2.1 间接物理传感器

13.7.2.1.1 压力测量

将机械光极固定到光纤远端,可用于测量压力。机械光极由放置于中空管上的膜组成。正常压力下,膜表面是水平的,可耦合一定量的输入光到光纤上。在外部压力大于正常压力P_0的情况下($P > P_0$),膜表面凸出,耦合到光纤上的输入光减少。在外部压力低于正常压力的情况下($P < P_0$),膜表面凹陷,耦合到光纤上的输入光增加。光纤输出需进行压力校准。

另一种设计是用分叉光纤束代替单光纤束。对于典型的光纤传感器,在100~300mmHg的压力范围内,信号呈线性变化;在300~3000mmHg的压力范围内,信号呈指数变化。

13.7.2.1.2 温度测量

人们已经证实,将肿瘤组织加热到一定温度(高体温)会导致肿瘤消退。典型治疗方案是将肿瘤组织的温度从42.5℃升高到43.5℃,持续20~60min。为确保手术成功,除了加热源外,精确测温也很重要。有多种局部加热的方法如超声波、射频(RF)和微波场。Nd:YAG激光也已经被用于局部加热。温度测量使用的是基于光极的光纤传感器,测量的某一特性随温度的变化而变化。用于测温的光极可分为两种。

(1)基于液晶的光极:当温度发生变化时,液晶颜色变化显著。此光极是将液晶固定到光纤远端,并监测随温度变化的反射光。在一个光纤传感器中,发光二极管发射的红光(670nm)通过光纤束传输到一层胆固醇液晶上。反射光的光强与温度相关。该传感器的分辨率为0.1℃,响应时间约为4s。

(2)发光探头:在一定的温度范围内,温度会大大影响某些材料的发光。因而,通过测量发光光强,就能测得温度。此探头是在光纤远端固定铕(一种发光材料)活化的硫氧化镧。光强为I的紫外辐射通过光纤传输以激励发光。光强为I_e的激发光通过同一光纤传回,光强I_e与温度有关。此传感器中,输入光强需要持续监测,以确保其保持恒定。为解决这一问题,使用了另一种可被紫外线脉冲激发的发光材料(锰激活的氟锗酸镁)。该材料发出的是可见光,并随特征时间常数衰减,该时间常数与温度呈线性关系。通过测量时间常数,就能测定温度。

13.7.2.1.3 血流量测量

用于测量温度的光纤传感器也可用于测量血流量。此测量是基于热稀释法,将冷流体(冷盐水)注入血液中并监测下游温度。假设在短时间内冷流体与血液几乎没有热交换,随着血液流动,流体与血液的混合物比血液温度低,比流体温度高。可计算出混合物温度 T_m 与冷流体温度 T_i 和血液温度 T_b 的关系。如果所有参数已知,测量出温度 T_m,就足以测定血流量。根据此理论,稳态充血阶段,血流的容积速度 Q_b 可表示为

$$Q_b = (1.08) Q_i \left(\frac{T_b - T_i}{T_b - T_m} \right) \tag{13-68}$$

式中:Q 为盐水的容积输注速度;T_b 为输注盐水前的血液温度;T_i 为输注导管端的输注液(盐水)温度;T_m 为稳态输注期间传感器的温度(血液与输注盐水完全混合后的温度);常数 1.08 是校正因子,用于补偿盐水和血液之间的比热差。

使用装有光纤温度传感器的导管,可轻易地实现基于热稀释法的血流量测量。装有光极的传感器远端,放置在导管尖端。导管插入相关部位,例如冠状窦。通过导管连续输注冷流体(盐水),光纤传感器测量距离输注点几厘米处的血流温度 T_m。热稀释法是一种用于测定心输出量的常规方法。

13.7.2.2 间接化学传感器

此类传感器主要用于测量 pH、血气、葡萄糖含量及其他化学物质的含量。

13.7.2.2.1 pH 测量

用光纤传感器测量 pH 值有以下两种方法:①测量指示剂的吸光度;②测量发光特性的变化。

第一种 pH 值测量方法是基于指示剂置于酸碱溶液中时的颜色变化。通过光纤可以观察到这种颜色变化。这类 pH 传感器主要使用染料酚红作为指示剂,研究发现,该染料在生理范围内(pH 范围在 7.0 ~ 7.4 之间)颜色会发生变化。

pH 传感器使用两根细光纤,它们插在中空导管内,距离导管尖端几厘米处。传感器光极由直径大约 $10\mu m$ 的聚合物凝胶微球组成,染料固定在微球上。这些球体与位于导管末端、光纤尖端附近填充的直径大约为 $1\mu m$ 的更小球体混合,并用薄膜包封。这些微球用于辅助散射。

输入光纤传输的光经微球散射,部分光被染料吸收,其余通过输出光纤传输。返回光的多少取决于染料的吸收。

对于绿光(波长 550nm),该染料表现出强烈的 pH 依赖性吸收。而对于红光(波长 600nm),染料表现出非 pH 依赖性的低吸收。因而,两个发光二极管分

别发射峰值波长为 550nm 和 600nm 的光,交替输出光波至输入光纤。返回的光由光电探测器测量。绿光被染料吸收,而红光的吸收与 pH 不相关,仅作校准之用。$I(550)$ 与 $I(600)$ 的比值是 pH 的直接度量。此光纤传感器结构简单、紧凑,由电池供电。该传感器的 pH 分辨率为 0.01pH 单位,信号与温度有关,变化率为 0.02pH 单位/℃,响应时间大约为 45s。

第二种 pH 测量方法是基于 pH 依赖性发光染料,比如,具有酸碱两种形式的水溶性染料(羟基芘三磺酸)。对于酸性形式染料,激发光谱的峰值为 410nm;对于碱性形式染料,峰值为 460nm。波长为 520nm 的荧光光强,被波长为 410nm 的光激发一次,然后又被波长为 460nm 的光再次激发。光强比值反映出酸性形式和碱性形式染料的相对浓度,而相对浓度又与检测溶液的 pH 相关。此传感器的光极由与染料结合的亲水性聚合物组成,涂覆在光纤远端。通过同一根光纤,410nm 和 460nm 的光交替传输到光极上。波长为 520nm 的荧光也通过同一光纤传输,然后由光电探测器测量,以电子方式计算 pH 值。这种染料的优点是高量子产率,激发和发射都在可见光区且具有大斯托克斯位移。但是,由于高电荷,该染料对离子强度的变化非常敏感。

除有机染料外,很多基于过渡金属络合物的发光染料对于 pH 的测定可能也有效。这类染料具有明显的优点,例如吸收在可见光区域、激发态寿命长、高量子产率以及耐光性等。

13.7.2.2.2 血气测量

(1)CO_2 测量。用于测量 pH 值的染料也可用于测定血液中的 CO_2(PCO_2)分压。碳酸氢盐溶液的 pH 值取决于 PCO_2,其 pH 值与 PCO_2 处于平衡状态。通常,PCO_2 增加,则碳酸氢盐溶液的 pH 值降低。因此,测量 pH 与测量 PCO_2 相关。用于测量 PCO_2 的光极与用于测量 pH 的光极不同,此光极将离子与探针隔离,只允许气体分子进入。其原理是将碳酸氢盐溶液封装在硅基中,通过硅基将溶液与血液中的离子有效分离。光极上有一层不透光的纤维素保护膜,保护光极及其光学系统免受外部光线的影响。通过选择合适浓度的碳酸氢盐溶液和染料,可测定 10~1000mmHg 范围内的 PCO_2,测量精度为 1%。

(2)氧分压测量。PO_2 探针是基于氧发光猝灭的原理,在设计上与 pH 探针类似。当荧光猝灭染料用适当波长的光照射时,它们会在无氧状态下一定时间内发射荧光。但是,当在有氧存在的情况下,荧光猝灭,即染料发射荧光的时间缩短。染料发射荧光的时间与环境中的氧分压成反比,且遵循斯特恩 - 沃尔默关系式,即

$$\frac{I_f^o}{I_f} = 1 + k_q \tau_o(Q) \tag{13-69}$$

式中:I_f^o 为不存在猝灭剂时的荧光发射强度或速率;I_f 为存在猝灭剂时的荧光

发射强度或速率;k_q 为猝灭速率系数;τ_o 为不存在猝灭剂时染料所发射的荧光的寿命;[Q] 为猝灭剂浓度。

光极包含用于固定染料的惰性珠粒,惰性珠粒用透氧性疏水片封装,如多孔聚丙烯。

商用仪器使用两种染料,其中一种染料的发光对氧压力不敏感,用作校准,而另一种染料则用于监测氧压力。

(3)葡萄糖监测。准确测量血糖对于糖尿病的诊断和长期控制至关重要。葡萄糖是主要的循环碳水化合物。对于空腹的正常人,血液中葡萄糖的浓度受到非常严格的调节——饭后 1 h,血糖浓度通常在 80~90mg/ml。而对于糖尿病患者,受胰岛素调节的葡萄糖摄取不足,血糖浓度可达 300~700mg/100ml(高血糖)。

光纤葡萄糖传感器是基于"竞争性结合"的方法。光极由插在光纤束一端的中空管组成,而中空管壁可自由渗透葡萄糖。中空管装填与可溶性葡萄糖聚合物结合的荧光染料、荧光素,可结合葡萄糖,涂有的伴刀豆球蛋白 A。分叉光纤端插在中空管开口端(光极),光纤束先将光传输到光极再传输返回光。

在没有葡萄糖的情况下,结合化合物将荧光聚合物结合到管壁上。当光极插入葡萄糖溶液时,葡萄糖穿透光极并从管壁上移走聚合物。因此,远离管壁的溶液中的染料浓度上升。荧光在几何锥体处产生(光纤束光锥处),此时染料浓度上升,在激励下产生的荧光增多,光纤束将荧光传输至探测器。因此,溶液中的葡萄糖越多,从管壁上移走的聚合物就越多,探测器接收到的光强也就越大。

使用光纤可以灵活地设计非常紧凑的传感器,用于测量、测试和控制。大多数光纤传感器与传统传感器的工作原理相同。使用光纤可以制成各类成本低廉、结构紧凑的传感器。

思考题

13.1 证明两根完全相同的折射率分布呈抛物线的渐变折射率光纤发生横向位移后(位移值为 d)的耦合效率公式为

$$\eta = \frac{2}{\pi}\left\{\cos^{-1}\left(\frac{d}{2a}\right) - \frac{1}{3}\left(\frac{d}{2a}\right)\left[1 - \left(\frac{d}{2a}\right)^2\right]^{1/2}\left[5 - 2\left(\frac{d}{2a}\right)^2\right]\right\}$$

式中:$2a$ 为纤芯直径。

13.2 单模石英光纤可用于测量力、流体静压和温度。如果工作波长为 $1\mu m$,计算此类干涉仪的灵敏度。已知 $E = 2 \times 10^{11}\,Pa,\nu = 0.2,\mu_1 = 1.45,d\mu_1/dT = 7 \times 10^{-6}/K,\alpha = 5 \times 10^{-6}/K$,且光纤外径为 $100\mu m$。

13.3 一个双光纤型光学传感器,两根光纤半径为 a,间隔距离为 s,与反射

平面的距离为 z，计算光从发射光纤传输到接受光纤的百分比{提示：考虑发射光纤和接受光纤的镜像耦合。需考虑以下 3 个区域：①$R < a + s$；②$s + 3a \geqslant R \geqslant s + a$；③$R > s + 3a$。其中，$R = a + z\tan[\sin^{-1}(\text{NA})]$。在第 2 个区域，辐射锥与接收光纤的光锥部分重合，假设该锥体的圆边缘可替代为直边缘}。对 a 和 s 的典型值，将耦合效率绘制成 z 的函数。

13.4　以两根端部发生纵向位移的光纤之间传输光的多少作为光学尺度，计算两根光纤之间传输的光随干涉介质的折射率和吸收率的变化情况。如果将该传感器插入水中，耦合辐射会增加多少？

13.5　在 M – Z 干涉仪两臂中的光束辐照度不相等的情况下，推导出该干涉仪预期的输出形式。使用双输出有什么优势？

13.6　点光源发出的光经 1 倍放大聚焦到光纤端，该光纤纤芯直径为 $2a$，数值孔径为 NA。证明：当在焦点附近前后移动光纤一段距离 $2fa/R$，进入光纤纤芯的光的总量不会发生变化，假设 $\sin^{-1}(\text{NA}) \leqslant \tan(R/2f)$，式中：$2R$ 为焦距为 f 的透镜的直径。

13.7　一根单模光纤的正交偏振模折射率分别为 μ_x 和 μ_y，证明其拍长 L_B 计算公式为

$$L_B = \frac{\lambda_0}{|\mu_x - \mu_y|}$$

13.8　保偏光纤的质量可通过偏振保持参数 h 判断。该参数的定义为单位长度偏振模耦合量。如果 $P_x(z)$ 和 $P_y(z)$ 为光纤中 z 点的模式功率，则有

$$\frac{\mathrm{d}P_x(z)}{\mathrm{d}z} = hP_y(z)$$

假设 h 值较小，例如 $5 \times 10^{-5}/\text{m}$，那么在 1km 的传播距离内 P_y 与 P_x 的耦合百分比是多少？

13.9　假设测量旋转角的分辨率为 $0.05°$，如果需要 10A 的分辨率，电流传感器使用的光纤匝数是多少？该光纤材料的维尔德常数为 4 rad/mT。

13.10　一个加速度计的传感元件为 10cm 长的石英光纤，光纤端部悬挂 10g 的重量块。假设光纤直径为 125μm，计算此干涉仪的灵敏度。取 $\mu_1 = 1.50$，$E = 7.3 \times 10^{10}\text{N/m}^2$，工作波长 $\lambda = 633$ nm。

13.11　一个干涉仪采用 1.0m 长的熔接石英光纤作为温度传感元件。石英的热膨胀系数为 $\alpha = 0.55 \times 10^{-6}/℃$，折射率为 $\mu = 1.46$，折射率随温度变化的变化率为 $\mathrm{d}\mu/\mathrm{d}T = 12.8 \times 10^{-6}/℃$。光纤温度每变化 1℃，导致的光程变化是多少？假设 $\lambda = 633$ nm。

13.12　一个光纤压力干涉仪所能测量的最小相移为 $1.0\mu\text{rad}$。一个典型的尼龙涂层单模熔接石英光纤的标准压力灵敏度为 $\Delta\delta/\delta\Delta P = 3.2 \times 10^{-11}/\text{Pa}$，其中 δ 为总相移，$\Delta\delta$ 为压力变化 ΔP 导致的相移差。一个工作波长为 633nm 的

水听器,要具备足够的灵敏度探测海况,即频率为 1kHz 时测量 100μPa 的压力,需要多长的光纤作为传感元件?

13.13 航空领域使用的光纤转速传感器要求能够探测到地球转速(15°/hr)的 0.1%。如果使用 850nm 的工作波长,而要获得 0.1μrad 的相位测量精度,需要多少匝直径为 200mm 的光纤线圈?

第 14 章　长度测量

14.1　概述

　　长度是基本参量之一,长度测量在科学、工程、贸易等方面发挥着至关重要的作用。显微镜、望远镜和干涉仪等光学系统皆可用于长度测量,具体选用视要求而定。显微镜和望远镜利用机械标度进行测量。有多种光学技术可为设定目的所用,从而提高测量的精确性。干涉仪将光的波长用作量尺。在本章中,我们将讨论几种使用光波长而非校准机械标度作为测量单位的技术和方法。最初,以干涉仪测量长度通常仅限于标准实验室。然而,激光的出现彻底改变了这一领域,并将这项技术推广到工作场所和日常使用中。在激光之前,准单色光源已应用于干涉仪。我们将首先讨论使用这些光源的技术,然后再介绍用作相干源的激光。此外,由于长度测量发生在不同的范围内,因此这些技术将被划分到不同的组别。位移及其衍生物的测量也将被视为长度测量,并在本章中加以讨论。

14.2　量块和卡规的测量

　　量块是长度的二级度量标准,其长度应通过干涉仪来测量。量块的横截面通常呈大小为 35mm×9mm 的矩形。这些量块的长度为 1mm 到 1m 不等,将不同的量块拧到一起即可实现任意长度。因此,可提供一套量块给标准实验室。各种变体的斐索干涉仪以及泰曼－格林(T－G)干涉仪均可用作量块干涉仪,但与斐索干涉仪相比,泰曼－格林干涉仪对时间相干性的要求更低。

14.2.1　精确分数法

　　为了测量量块的长度,我们将量块拧到光学平面底板上,该底板是干涉仪的组成部分之一。如图 14－1(a)所示,在反射自参考表面 R 和量块上表面的光波与反射自参考表面和基板表面的光波之间,产生了干涉条纹。图 14－1(b)中的表面 R′是使用泰曼－格林干涉仪进行测量时参考表面的图像。图 14－1(c)为视野测量量块,由参考表面略微倾斜时产生的两个图样构成。

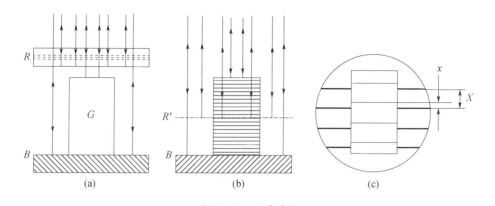

图 14 - 1　测量量块
(a)斐索干涉仪;(b)泰曼 - 格林干涉仪;(c)视野测量量块。

　　由于量块的长度不是 $\lambda/2$ 的整数倍数,因此这两个图案相对于彼此移位。通过浏览条纹图样可以轻松获得的唯一信息是,量块长度不是半波长 $\lambda/2$ 的整数倍数,而是一个略大的分数。如图 14 - 1(c)所示,比率 $x/X = \varepsilon$ 是 $\lambda/2$ 的分数,因此标距长度大于波长的半整数值。精确分数法用于获取半整数值。此方法要求长度必须在几个半波长范围内近似已知,且分数应以一个以上波长进行测量。使用精确比长仪可以知道近似长度。因此,长度表示为 $L \pm \Delta L$,其中 ΔL 是使用比长仪所得测量结果的不确定度。

　　让我们考虑一种使用光源提供多个波长进行测量的量块干涉仪。令波长为 λ_1、λ_2、λ_3 和 λ_4,对应的测量分数为 ε_1、ε_2、ε_3 和 ε_4。量块的长度 L 可表示为

$$L = (N_1 + \varepsilon_1)\frac{\lambda_1}{2} = (N_2 + \varepsilon_2)\frac{\lambda_2}{2} = (N_3 + \varepsilon_3)\frac{\lambda_3}{2} = (N_4 + \varepsilon_4)\frac{\lambda_4}{2} \quad (14-1)$$

式中:N_1、N_2、N_3 和 N_4 分别为对应于波长 λ_1、λ_2、λ_3 和 λ_4 中所包含的整数值。这些整数值都是未知的。我们使用重合法来获得这些整数值,然后通过加上分数并将所得之和与半波长相乘来获得长度 L。

　　用 L 的标称值除以 $\lambda_1/2$ 的已知值,然后取商 N_1' 的整数部分,得到 N_1' 的一阶近似值。此时,将此值乘以 λ_1/λ_2、λ_1/λ_3 和 λ_1/λ_4,由此分别得到波长 λ_2、λ_3 和 λ_4 的整数部分和分数部分 $N_2' + \varepsilon_2'$、$N_3' + \varepsilon_3'$ 和 $N_4' + \varepsilon_4'$。如果 ε_2'、ε_3' 和 ε_4' 这些分数部分在实验误差范围内与通过实验观察到的分数部分并不一致,则尝试使用 N_1' 的另一个与第一个值相差为 1 的值。通过在 $\pm 2\Delta L/\lambda_1$ 的范围内以 1 为增量取 N_1' 的值来继续此过程,直到测量分数与计算分数一致。对于与该值 N_1' 同整数增量相加之和对应的所有 4 个波长而言,测量分数与计算分数之间的一致将给出值 N_1。通常,经过几次尝试之后将会得到正确的结果,随后得到的长度为 $L = (N_1 + \varepsilon_1)(\lambda_1/2)$。量块干涉测量法中常用的波长有 632.991162［氦氖(He - Ne)激光］、644.02480、508.72379、480.12521 和 467.94581nm(全部来

自^{114}Cd 灯）。此外,值得一提的是,也可以使用相移干涉测量法来获得分数部分。

14.3   量块干涉测量:与标准的比较

通过使用配备多波长光源的斐索干涉仪或泰曼－格林干涉仪,我们可以利用精确分数原理找出任何量块的长度,但前提是该长度远远小于相干长度。这两种干涉仪均需要使用基板,而量块将拧到该基板上。在许多情况下,应将未知量块与已知量块进行比较。图 14－2(a)显示了用于比较不一定具有相同长度的量块的干涉测量法布置。该干涉仪使用多光源和精确分数法。

从图 14－2 可见,反射自表面 G_3 和 G_2 以及表面 G_1 和 G_4 的光波发生干涉并产生了干涉图样。图 14－2(b)显示了视野中的干涉图样。两个干涉图样之间的分数部分对应于两个标距长度之间的差值。通过测量至少三个波长的分数部分,可以利用精确分数法获得两个长度之间的差值。

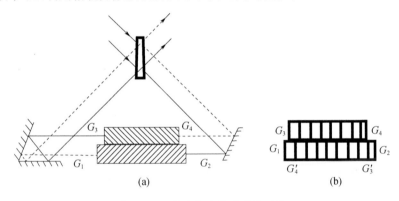

图 14－2   量块单波长的干涉测量
(a)量块对比;(b)视野中的干涉图样。

14.3.1   量块单波长干涉测量

精确分数法仅用于确定整数条纹级次。如果光学比长仪所测长度的不确定度小于光的波长,则可以使用单波长来测量长度。

控制方程为

$$2(L \pm \Delta L) = m\lambda = (m_0 + \varepsilon)\lambda \qquad (14-2)$$

式中:ΔL 为比长仪的不确定度;m 为条纹级次;M_0 为整数条纹级次;ε 为分数级次。

当已知长度处于 $\pm \Delta L$ 范围内时,它使式(14－2)右侧的不确定度最大为 $u = \pm 2\Delta L/\lambda$。如果 $|u| < 1/2$,由于 L 的初始估值中的不确定度 ΔL,整数 m_0 中

将不存在不确定度。我们只需要精确地确定与长度测量中所需精度一致的 ε。因此,很明显,我们应使波长 $\lambda > 4|\Delta L|$ 或 $|\Delta L| < \lambda/4$,才能让此技术成功。如果我们采用发射红外线并以 $3.39\,\mu m$ 波长工作的碘稳定氦氖激光器作为光源,则 $\lambda/4 = 0.85\,\mu m$。当前光学比长仪具有小于 $0.8\,\mu m$ 的测量不确定度。因此,对于量块长度的测量而言,红外干涉仪显然是一种理想的选择,但前提是其配备了以 $3.39\,\mu m$ 波长工作的氦氖激光器,且能通过条纹电子扫描或相移来按照所需精度测量 ε。

如果激光以两种相近的波长振荡,则可以进一步地扩大长度测量的范围,进而可以使用合成波长 λ_s。假设以波长 λ_1 和 λ_2 发生振荡,合成波长可表示为

$$\lambda_s = \frac{\lambda_1 \lambda_2}{|\lambda_1 - \lambda_2|} \qquad (14-3)$$

因此,长度不确定度 ΔL 应满足以下条件,才能使整数 m_0 是唯一已知的,即

$$|\Delta L| < \frac{\lambda_s}{4} \qquad (14-4)$$

氦氖激光器提供两种同时振荡且可以逐步稳定的相隔较近波长,即 $3.37\,\mu m$ 和 $3.51\,\mu m$。这样随后将产生 $84.49\,\mu m$ 的合成波长,因此长度不确定度约为 $21\,\mu m$。在此不确定度的范围内,可以测量几米的长度。所以,如果在所需精度范围内测量分数级次,则可以利用所需精度对长度执行精确测量。

按照其中一种方法,将具有较大长度的量块拧到底板上,并设置一台干涉仪(比如泰曼 – 格林干涉仪)。干涉仪的对准可通过可见激光来完成。在探测器平面处获得的强度被视为属于两个波长的两个干涉图样的强度之和。该强度表示为

$$I_T = 2I_{10}\left(1 + \cos\frac{2\pi L}{\lambda_1}\right) + 2I_{20}\left(1 + \cos\frac{2\pi L}{\lambda_2}\right) \qquad (14-5)$$

式中:I_{10} 和 I_{20} 分别为属于波长 λ_1 和 λ_2 的每一个干涉光束的强度。来自探测器的信号经过高通滤波和修正处理,由此可得

$$i^2 \propto I_{01}^2 \cos^2\frac{2\pi L}{\lambda_1} + I_{02}^2 \cos^2\frac{2\pi L}{\lambda_2} + 2I_{01}I_{02}\cos\frac{2\pi L}{\lambda_1}\cos\frac{2\pi L}{\lambda_2}$$

$$= \frac{I_{01}^2}{2}\cos\frac{4\pi L}{\lambda_1} + \frac{I_{02}^2}{2}\cos\frac{4\pi L}{\lambda_2} + \qquad (14-6)$$

$$I_{01}I_{02}\left[\cos\left(2\pi L\frac{\lambda_1+\lambda_2}{\lambda_1\lambda_2}\right) + \cos\left(2\pi L\frac{|\lambda_1-\lambda_2|}{\lambda_1\lambda_2}\right)\right] + \frac{I_{01}^2+I_{02}^2}{2}$$

将此信号传过低通滤波器之后,可以消除式(14-6)中的前 3 项。因此,所需的信号为

$$i = I_{01}I_{02}\left[\cos\left(2\pi L\frac{|\lambda_1-\lambda_2|}{\lambda_1\lambda_2}\right) + C_0\right] = I_{01}I_{02}\left[\cos\left(\frac{2\pi L}{\lambda_s}\right) + C_0\right] \quad (14-7)$$

$$\lambda_s = |\lambda_1 - \lambda_2|/\lambda_1 \lambda_2$$
$$C_0 = (I_{01}^2 + I_{02}^2)/2I_{01}I_{02}$$

这样就使得在包含不同波长 λ_1 和 λ_2 的光波的同时,干涉等效于使用合成波长 λ_s 所得的干涉。

14.4 梳齿形产生与量块校准梳齿形

在讨论梳齿形产生之前,让我们先简要地谈一谈飞秒级激光器。无源腔室(反光镜在其中以 d 为间距隔开)支持大量满足边界条件(腔室长度为半波长的整数倍)的轴向模。这可以表示为 $2d = m\lambda$。这些模按照 $c/2d$ 的频率隔开,该频率是腔室往返时间的倒数,其中 c 为光速。在腔室中存在有源介质的情况下,落入增益曲线范围内的那些模可获得支持,且激光器的输出为多模或多波长输出。在连续多模型激光器中,这些模独立振荡且具有随机相位。因此,输出含有噪声,且强度随机波动。模的相位可以通过"锁模"技术来操控。对于多模激光器,如果模在其中相互具有固定的关系,则该多模激光器即可被视为已锁模。锁模激光器的输出将是一系列的脉冲。锁模可以通过某种形式的调制来完成,并且可能涉及无源、有源或自相位调制。其中一种简便的方法是,先利用折射率的非线性来进行自相位调制,然后利用克尔透镜效应来进行锁模。宽带有源介质可带来较短的脉冲,而利用克尔透镜效应则可进一步扩展光谱,从而带来更短的脉冲。

光梳的核心部分为钛蓝宝石激光器,其中包含了用作有源介质的掺钛氧化铝($Ti:Al_2O_3$,钛蓝宝石)晶体棒。

虽然钛蓝宝石激光器具有非常广泛的发射带($650 \sim 1100nm$),但该发射带仍不足以实现一个光学倍频程来使光梳得以应用。额外带宽通过使用克尔透镜效应或光子纤维的自相位调制来提供。光梳可以通过两个独立的参数 v_r 和 v_0 来描述,其中 v_r 为模间距,v_0 为光梳作为整体从零点频率发生的频率偏移,该位移由组别与脉冲相位速度之间的差异所引起。上述两个参数均属于低于 $1GHz$ 的微波区。这两个参数已稳步引入到铯(Cs)时钟等成熟的微波标准中。第 n 个模的频率可以表示为 $v_n = nv_r + v_0$,其中 n 是一个非常大的数字。

图 14 - 3 显示了频域中的光梳和时域中的强度脉冲。光梳基本上是由许多在频域中等距的激光器模组成,可以像标尺一样用于确定较大的频率差异,并测量尺度测量中的长度。因此,应提供各激光器模以进行测量。这可通过光学频率发生器来实现,光学频率发生器是一种超级稳定的可调光源,能够从光梳产生或提取所需的光频率。模可通过先粗略滤波再精细滤波来直接提取,精细滤波应具有小于重复率的带宽。提取模的光功率非常弱,无法用于干涉测量法,因此应将其放大。也可以使用工作激光器,即具有约 $20nm$ 宽波长调谐范围

和窄线宽的腔外激光二极管。

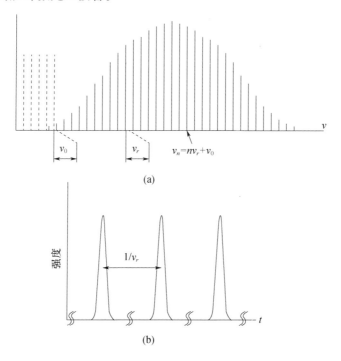

v_0

v_r

$v_n = nv_r + v_0$

(a)

强度

$1/v_r$

t

(b)

图 14-3 梳齿形产生与量块校准梳齿形
(a)频域中的光梳;(b)时域中的激光脉冲。

14.4.1 光学梳齿形量块的测量

光梳提供了大量的波长源(频率源),因此可以使用精确分数法。此方法与之前描述的使用多个独立激光源的方法类似。利用光梳,则不需要多台激光器,只需使用已调谐至光梳频率的工作激光器。

使用下列表达式得到长度,即

$$L = (N_1 + \varepsilon_1)\frac{\lambda_1}{2} = (N_2 + \varepsilon_2)\frac{\lambda_2}{2} = (N_3 + \varepsilon_3)\frac{\lambda_3}{2} = \cdots = (N_n + \varepsilon_n)\frac{\lambda_n}{2}$$

$$(14-8)$$

如第 14.2.1 节所述,长度可通过测量分数和找出整数级次测得。这里介绍通过使用合成波长来获取长度。由于脉冲间频率差异为 $c/2d$,该差异可以根据腔室长度在 100~1000MHz 之间变化,所以假设折射率为 1,则合成波长将为 c/v_r。量块周围环境的群折射率必须是已知的。当使用相邻模进行测量时,此过程将涵盖 30~300cm 之间的长度。

14.4.2　频率梳齿形距离测量

此方法的原理可借助图 14 - 4 来说明。来自频率梳激光器的脉冲序列在干涉仪中发出,这些脉冲具有恒定的相位差,因此可以相互干涉。此外,两个连续脉冲之间的频率间隔为 $c/2d$,其值处于 100 ~ 1000MHz 之间。因此,脉冲间距离 d_p 为 30 ~ 300cm。当干涉仪两臂之间的路径差异为脉冲间距离的整数倍时,两个脉冲将重叠,由此形成可以检测到的干涉图样。两个脉冲的空间重叠通过平移短臂中的反射器来实现,反射器的最大平移幅度限定为 $d_p/2$,以明确地确定长度。

干涉仪可以用于精确地测量较长距离。为了进行这种测量,将长臂反射器移动到非常靠近分束器的初始位置,并观察脉冲的自干扰。

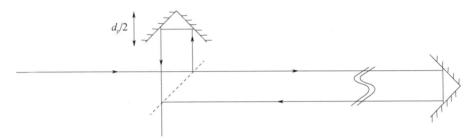

图 14 - 4　使用光梳进行长度测量的干涉仪的示意图

反射器的运动将使后继的脉冲发生干涉。通过移动短臂中的反射器可获得分数部分。如果观察到 N 个这样的干涉最大值,且短臂中的反射器平移 d_s 之后得到干涉最大值,则长度为 $L = (N \cdot d_p/2) + d_s$。

14.5　调频式位移传感器

双异质结构激光二极管是一种方便和紧凑的测距光源,因为其输出功率可以在相对较高和恒定的频率下进行调制。为了测量距离,我们使用频率 f_m 对激光二极管的直流电流进行正弦调制。来自目标的信号由光电二极管搜集和接收。虽然光电二极管的输出电流也会呈正弦式变化,但它会因为光的一定距离的横越而发生相移,该距离是目标与二极管之间距离的两倍。通过下列关系式,调制激光二极管中电流以及光电二极管中电流的振荡器所发出的信号之间相移 $\Delta\delta$ 的测量值与目标的距离 L 相关联,即

$$\Delta\delta = 2\pi f_m \frac{2L}{c} \tag{14 - 9}$$

式中:c 为自由空间中的光速。

实际上,我们需要根据温度和压力的测量值计算空气的折射率,以获得应

该用于代替 c 的空气中的光速。测得的相位差可以达到 $\pm 0.1°$ 或更好的精度。假设激光二极管调制频率为 30MHz，则可以进行最大为 5m 的非模糊距离测量，且精度达到 ± 1.39mm。实际上，我们可以利用较低的调制频率来测定较长的距离，尽管这样做的精度较低。通过用另一个频率不同于 f_m 的信号对其进行外差法处理，在较低频率下测量相移，可以提高此方法的精度。应注意的是，外差法处理技术保持了相移与距离之间的关系。

14.5.1 调频连续波激光雷达

激光二极管还有一个有趣的特性：通过改变电流或温度，就可以在一定范围内调谐它们的波长。这种在限定范围内的波长变化可以用于测量距离。让我们考虑一种如图 14 −5(a) 所示的实验装置。可调谐激光器发出的光由分束器分开：一部分的光传播到参考镜；其余部分的光则传播到距离/范围待测的目标/物体。返回的光束由分束器组合，并入射在光电探测器上。在数学上，从参考镜返回的以及从探测器平面处物体返回的光束的幅度可以表示为

$$E_r = E_{r0} e^{i(2\pi v_r t + \phi_r)} \qquad (14-10)$$

$$E_t = E_{t0} e^{i(2\pi v_t t + \phi_t)} \qquad (14-11)$$

式中：E_r 和 E_t 为来自参考镜的光束的幅度和目标；v_r 和 v_t 为探测器平面处光束的频率。来自光电探测器的输出将与以下项目成比例，即

$$i(t) \propto \{E_{r0}^2 + E_{t0}^2 + 2E_{r0}E_{t0}\cos[2\pi(v_t - v_r)t + \phi_t - \phi_r]\} \qquad (14-12)$$

探测器以拍频 $v_b = (v_r - v_t)$ 输出信号。实际上，光源的频率呈线性变化，如图 14 −5(b) 所示。

来自探测器平面处参考镜的光波的频率可以写为

$$v_r(t) = v_0 + \frac{B}{T}t \qquad (14-13)$$

类似地，来自探测器平面处目标镜的光波的频率则写为

$$v_t(t) = v_0 + \frac{B}{T}\left(t - \frac{2R}{c}\right) = v_0 + \frac{B}{T}t - \frac{B}{T}\frac{2R}{c} \qquad (14-14)$$

因此，拍频 v_b 的计算公式为

$$v_b = \frac{B}{T}\frac{2R}{c} \Rightarrow R = \frac{T}{B}\frac{cv_b}{2} \qquad (14-15)$$

范围 R 通过测量千赫兹级的拍频和 0.1~1ms 级的斜坡时间而测得。由于斜坡周期可以任意选择，因此能够以良好的精度确定范围。值得注意的是，存在一段相当于往返行程时间的死区时间，在这段时间内无法进行任何拍频测量。

在更缜密的调制方案中，光频率呈线性变化，如图 14 −6 所示。调频连续

波雷达可以用于精确地测量范围和轴向速度。

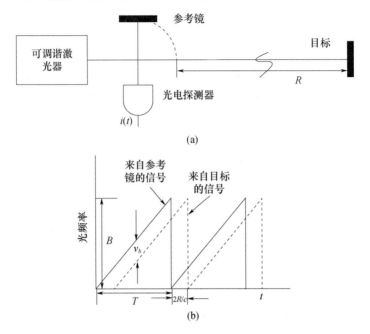

(a)

(b)

图 14-5　调频连续波激光雷达

(a)调频连续波激光雷达示意图;(b)线性光频率斜坡。

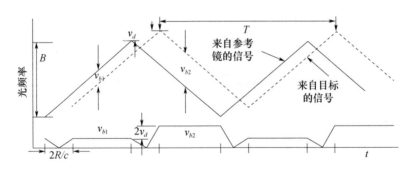

图 14-6　用于获得目标范围和速度的调制方案

来自参考镜和目标的信号在探测器平面处分别显示为三角形实线和虚线。由于目标的移动,返回的信号经过了多普勒频移,多普勒频率以 v_d 表示。在目标发生移动的情况下,上升斜坡的频率与下降斜坡的频率不同。平均拍频定义为 $v_b = (v_{b1} + v_{b2})/2$,而范围可表示为

$$R = \frac{T}{B} \frac{c v_b}{4} \qquad (14-16)$$

获得的多普勒频率表示为 $v_d = (v_{b2} - v_{b1})/2$,而径向速度分量 v_r 则可表

示为

$$v_r = \frac{\lambda v_d}{2\cos\theta} \qquad (14-17)$$

式中:λ 为激光的波长;θ 为目标速度矢量与雷达视线之间的夹角。当 v_d 小于拍频时,此方法有效。

14.6 干涉法测量位移

这是测量长度的直接方法,它以波长作为标尺来测量长度。使用稳频激光器等长相干源可以测量位移。为此,让我们考虑使用一台泰曼 – 格林干涉仪,一面反射镜位于可移动滑块上,而滑块的位移需要测量。取具有合适条纹宽度的条纹图样,并使十字交叉线位于视野中条纹的中心。对参考镜给出的 $\lambda/2$ 的位移一次移动一个条纹,此时下一个条纹将处于十字交叉线上。如果参考镜安装在机器的底座上,则底座的移动可以通过计数穿过十字交叉线的条纹的数量并将该数量乘以 $\lambda/2$ 来确定。底座的移动方向决定了条纹的移动方向。由于需要计数的条纹的数量相当巨大(对于氦氖激光器红外波长,为 31000 个/cm 以上),计数通过电子方式完成并以数字方式显示。

狭缝后面的光电探测器接收穿过狭缝的光通量,并根据参考镜的位移给出正弦信号;一个周期对应于一次半波长位移。无论位移方向如何,光电探测器都将显示正弦变化并计数周期数量,周期数量将始终保持增势。我们采用可逆计数技术来克服这一问题。为了实现可逆计数,干涉仪应提供两种输出,其中一种随位移呈正弦变化,另一种则随位移呈余弦变化。上述两种信号称为"正交信号"。实现此目的的最简单方法就是使用带有独立探测器的两条狭缝,探测器的间距经过调整后用于产生相位差为 90° 的信号,如图 14-7 所示。现在,我们可以研究在这两种情况下,即当条纹向左移动时和向右移动时,两种信号的相位关系。取接收自狭缝 A 后方探测器的信号为参考信号,如图 14-7(b) 所示;来自狭缝 B 的信号根据移动方向超前或滞后 90°,如图 14-7(c) 和(d) 所示。电子处理器可以区分这种差异,并产生命令信号,使双向计数器加上或减去寄存器中的传入脉冲。

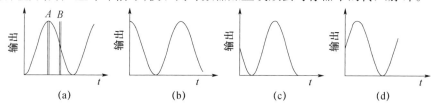

图 14-7 用于双向计数的信号

(a)使用一对狭缝产生正交信号;(b)参考信号;

(c)幅度为 $\pi/2$ 的信号超前;(d)幅度为 $\pi/2$ 的信号滞后。

图 14-8 显示了对正交信号的处理。正弦信号由施密特触发器置于矩形形式。矩形化信号通过两位数字状态 1 和 0 来表示。两种信号的顺序代表了移动的方向。根据最小计数要求,每个周期产生 1、2 或 4 次脉冲。当每个周期产生 4 次脉冲时,最低计数为 $\lambda/8$。总计数通过与最小计数相乘而换算为位移。

配备镜面反射器的泰曼-格林干涉仪要求对机器底座或安装座(反射镜安装在其上)进行极为精确的引导,否则条纹宽度会随位移而变化,或者条纹可能会消失。

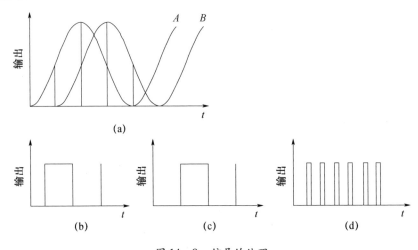

图 14-8 信号的处理

(a)来自狭缝 A 和 B 的信号;(b)和(c)转换为数字信号;(d)每周期 4 次脉冲。

如果以角隅棱镜反射器替换镜面反射器,则可以克服此问题。而角隅棱镜反射器以相同方向返回光束,因此会带来了另一个问题,即角隅棱镜反射器所致逆反射光束之间的干涉会导致无限宽度的条纹,因此先前使用的双缝布置无法在此处应用。我们改为使用基于偏振的方法来获得正交的两种信号。以下是这些干涉仪的几种变体,它们为不同应用而专门设计。

本节所述的条纹计数干涉仪要求,干涉图样的强度变化必须以计数器的触发电平为中心,以生成矩形脉冲。这些强度变化与直流电平相关。如果光束或光源两者之一的强度发生变化,则强度变化可能不会超过触发电平,因此在重新调整触发电平之前,仪器会出现故障。这一问题也可以通过获得近似于零的强度变化来处理。这种强度变化可以通过获得来自干涉仪的四个信号来实现,这些信号随后将在操控之下用于提供具有零均值的正交信号。

14.6.1 用双频激光干涉仪的位移测量

使干涉仪对强度变化不敏感的一种更简洁方法就是使用双频干涉仪。这种干涉仪根据外差原理执行工作。图 14-9 显示了该干涉仪的原理图。激光

器发射频率分别为 v_1 和 v_2 的两种光波,它们在频率上相差几兆赫且正交偏振。偏振分束器 B_2 将 v_2 传输至测量角隅棱镜 C_2,并将 v_1 反射至角隅棱镜 C_1。来自两个角隅棱镜反射器的反射光束由分束器组合并被引导至光电探测器 PD_2。偏振器 P_2 使这两道光束发生干涉。由于两道光束的频率不同,合成强度将以 $(v_1 - v_2)$ 的速率波动。

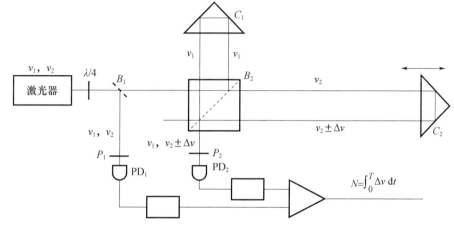

图14-9 双频激光干涉仪原理图

分束器 B_1 将这两种光波发送至另一台探测器 PD_1。线性偏振器位于该探测器前方且经过适当定向,以便产生具有高对比度的拍频信号 $(v_1 - v_2)$。来自探测器 PD_1 和 PD_2 的拍频由两个独立的计数器计数,且它们的计数将被减去以得到净计数。在当前情况下,当两个角隅棱镜反射器都静止不动时,净计数将为零。

当移动角隅棱镜 C_2 来进行测量时,反射光束的频率将根据其速度和移动方向经过多普勒频移而变为 $(v_2 \pm \Delta v)$。如果角隅棱镜 C_2 以恒定速度移离分束器,则反射光束频率 v_2' 的计算公式为

$$v_2' = v_2 \left(1 - \frac{2v}{c} \right) \qquad (14-18)$$

这样将产生拍频 $v_1 - v_2' = v_1 - v_2 + v_2 2v/c$。这些计数在测量周期 T 内累积,因此净计数 N 为 $N = v_2(2v/c)T$。现在不难看出,此值表示的是所测距离的两倍。

多普勒频移为 $\Delta v = v_2' - v_2 = -v_2(2v/c) = -(2v/\lambda)$,其中 λ 为干涉仪中所用光的波长。如果将角隅棱镜移动一个周期 T,则移动的总距离为 $L = vT$。该周期内的净累积计数已显示为 $N = v_2(2v/c)T = 2vT/\lambda = 2L/\lambda$。因此,长度 L 计算公式为

$$L = \frac{N\lambda}{2} \qquad (14-19)$$

因此,通过将累积净计数 N 乘以 $\lambda/2$ 即可得到总位移 L,此过程可通过电子方式执行,且结果将会显示出来。我们以 $\lambda/2$ ($\approx 0.3\mu m$)的最小计数来测量位移。分辨度可以通过电子分解正弦信号来提高。值得注意的是,角隅棱镜 C_2 以恒定速度移动并非必要条件。在这种干涉仪中,即使是在角隅棱镜静止时,探测器也会以拍频连续地生成交流信号。因此,这种干涉仪称为交流干涉仪。由于计数脉冲不是按照触发计数器电平生成的,因此干涉仪中由于任何原因而导致的光损失不会使干涉仪的正常工作停止。干涉仪可以容忍高达额定值 90% 的光损失。使用塞曼分裂氦氖激光器的商用仪器能够以足够的精度测量中长距离。

14.7 角度干涉仪

这种干涉仪用于测量较小角度,因此可轻松地用于测量平直度。角度干涉仪具有多种变体。图 14 - 10 显示了其中一种变体,该变体使用双频激光器。参考光束与测量光束并排传播。

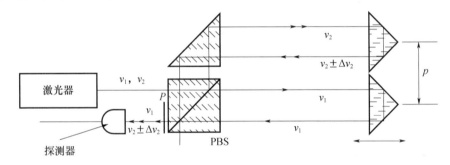

图 14 - 10 角度干涉仪原理图

偏振分束器 PBS 分离频率为 v_1 和 v_2 的两束光波,这两束光波形成了参考光束和测量光束。这种干涉仪的核心部件为安装在一个支架上的一对角隅棱镜反射器。该反射器在表面上滑动。平直度的任何偏差都将导致反射器的角度倾斜,并进而导致两道光束之间的路径长度差异。这种路径长度变化导致探测器进行一部分计数。

路径长度差 Δ 与反射器的角度倾斜 α 相关,即

$$\sin\alpha = \frac{\Delta}{p} \qquad (14-20)$$

式中: p 为两个角隅棱镜反射器之间的间距。

分束器组合这两道频移光束,偏振器 P 调整它们的偏振状态,从而使探测器发出高对比度外差信号。来自探测器的计数 N 可表示为

$$N = \frac{2\Delta}{\lambda} \qquad (14-21)$$

因此,角度 α 可表示为

$$\sin\alpha = \frac{N\lambda}{2p} \qquad (14-22)$$

可以注意到,这里的一个计数对应于一次半波长路径变化。为了提高灵敏度,需要进一步细分。商用角度干涉仪的分辨度通常为 0.1arcsec(弧秒)左右。

14.8　莫尔技术位移测量

事实表明,当具有相同暗度和无阻碍空间(间距 d)的两个相同线性光栅重叠时,如果光栅线以小角度 θ 倾斜,则会形成具有间隔为 $p(=d/\theta)$ 的莫尔条纹。莫尔条纹是笔直的,并且以几乎与光栅线垂直的形式延伸。莫尔条纹的间距可以通过角度 θ 来控制。不难看出,如果其中一个光栅垂直于光栅线发生位移,则莫尔条纹也会垂直于位移方向移动。光栅每移动一个间距,莫尔图样的位移幅度将为一个条纹。如果我们计数穿过参考标记的条纹的数量,就可以确定以光栅间距倍数计的移动光栅位移。因此,如果其中一个光栅连接到移动构件上,则可以像干涉仪一样以数字方式测量其位移。同时,与干涉仪相比,该技术对环境条件的敏感性较低。位移测量的莫尔技术多应用于各种机床、数控机床和三坐标测量机,以及千分尺和比较仪等常规检测仪器。

如图 14-11(a)所示,实际测量系统包括一个连接到移动构件上的长测量光栅和一个具有相同间距的小型固定光栅(称为"指标光栅")。两个光栅按照由几何形状和衍射因素决定的零点几毫米(约0.2 mm)的狭窄间隙进行安装。这两个光栅围成了一个较窄的夹角。准直光束照射重叠区域,光电探测器接收透射光。随着主光栅移动,光电探测器将接收不断变化的光通量,且产生周期信号;每一个完整周期对应于一次单间距移动。计数周期数量并将计数乘以间距将得出位移。可以使用反射性主光栅进行类似布置。

单个探测器无法确定主光栅的移动方向,这种状况与使用干涉仪测量位移时所遇状况类似。正交信号对于双向计数而言至关重要。在当前示例中,通过修改指标光栅获得两个信号,如图 14-11(b)所示。虽然两个部分具有与主光栅相同的光栅间距,但相对于彼此仅位移 1/4 的间距。主光栅和指标光栅的光栅线平行排列,来自指标光栅两个区域的光被收集并传送到两台独立的探测器。这两个探测器的信号具有用于双向计数所需的90°相位差。可以按照与使用条纹计数干涉仪时相同的方式处理这些信号。

此方案遇到了与使用条纹计数干涉仪时相同的难题,即信号的平均交流电平因光强度波动而发生变化。为了克服这一问题,在光栅上的 0°、90°、180° 和

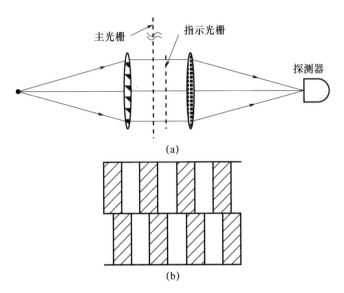

图 14 - 11 莫尔技术位移测量

(a)用于测量位移的莫尔技术;(b)用于双向计数的指标光栅。

270°处派生 4 个信号。此过程通过在指标光栅上放置 4 组而非两组光栅线来实现,每组光栅线位移 1/4 的间距。4 个探测器接收来自 4 个区域的光,并按照要求给出 4 个信号。交替信号对在推挽放大级中组合和放大,从而使调制相加并且直流电平抵消,促成一对正交信号关于平均电平对称。即使是在光强度因光学表面的光透射总体减少而逐渐变化时,该信号方案仍然可以给出令人满意的效果。由于 4 个信号并非来自光栅表面的同一区域,因此表面上的局部不均匀污染仍会影响平均电平。对于中小长度,适当密封光栅可以克服此问题。也可以通过从光栅的共同区域生成 4 个信号来克服此问题。可以通过电子方式处理两个正交信号以获得每周期 4 次计数脉冲,正如在使用条纹计数干涉仪时所做的一样。因此,如果使用密度为 25 线/mm 的光栅,就可以获得 0.01mm 的分辨度。为了提高分辨度,需要进一步细分。

14.9 位移分布测量

事实表明,可以使用干涉仪及其变体来测量大中幅度的位移。这需要将光学元件布置在托架上或者光学表面竖立在干涉仪本体上。从本质上说,这是一种逐点测量,要求使用优质光学元件。真实物体位移的测量要求将光学元件连接到该物体上。从应力分析的角度来看,更令人关注的问题是在应用载荷和/或研究真实物体的振动模式时获得位移分布,无法用传统干涉测量法来解决。全息干涉测量法、散斑干涉测量法和莫尔技术用于研究物体在负载下的变形,同时也用于振动研究。此外,还可以利用它们研究运动冻结状态下的旋转物体。

14.9.1 全息干涉测量

全息干涉测量法(HI)的控制方程为

$$\delta = (k_2 - k_1) \cdot \Delta L \tag{14-23}$$

式中:δ 为干涉波之间的相位差;k_1 和 k_2 为照射波和观察波的传播矢量;ΔL 为物体上某一处的变形矢量。

如果物体被平面波照射(研究小型物体或小型模型时通常如此),则 k_1 为常数。研究较大物体时,则使用球面波来进行照射。假设双重曝光 HI,凡是满足以下条件时,明亮的条纹将会产生,即

$$\delta = 2m\pi; m = 0, \pm 1, \pm 2, \cdots \Rightarrow (k_2 - k_1) \cdot \Delta L = 2m\pi \tag{14-24}$$

我们的目标是获得变形矢量的分量。为了获得变形矢量的分量,我们需要设置至少 3 个方程式。通过改变观察方向,并计数改变观察方向时穿过某一点的条纹的数量,即可设置这些方程式。这些方程式的解给出了某一点处变形矢量的分量。

利用相移,我们可以得到物体上不同点处的相位差。因此,实验装置以如此方式加以布置,从而对变形矢量的一个分量敏感。当观察波和照射波的传播矢量反平行($k_2 = -k_1 = k$),且观察传播矢量处于局部曲面法线的方向上,条纹形成取决于以下表达式,即

$$2k \cdot \Delta L = 2m\pi \Rightarrow w = \frac{m\lambda}{2} \tag{14-25}$$

式中:u、v 和 w 分别为变形矢量($\Delta L = iu + jv + kw$)的分量。实验装置仅对平面外分量敏感。在通常情况下,物体被倾斜的准直光束按入射角 θ 所照射,而观察则沿着局部法线,于是有

$$w = \frac{m\lambda}{(1 + \cos\theta)} \tag{14-26}$$

假设物体仅经历平面外变形,只有通过关于局部法线对称地照射物体并使观察沿着局部法线,才能使布置对变形的平面内分量敏感。在数学上,HI 控制方程可写为

$$\delta = (k_2 - k_1) \cdot \Delta L - (k_2 - k_1') \cdot \Delta L = (k_1' - k_1) \cdot \Delta L \tag{14-27}$$

假设光束位于 $y-z$ 平面,并且照射光束与 z 轴(局部法线)形成夹角 θ,则式(14-27)给出的相位差可以表示为

$$\frac{2\pi}{\lambda} 2v\sin\theta = 2m\pi \Rightarrow v = \frac{m\lambda}{2\sin\theta}; m = 0, \pm 1, \pm 2, \cdots \tag{14-28}$$

条纹代表位移的 y 分量。灵敏度由照射光束所围成的夹角所决定。

14.9.2 振幅测量

假设物体以幅度 $w(x,y)$ 和频率 ω 产生振动。物体被光束按照与局部法线所成的夹角 θ 所照射,时间平均全息图记录在一块垂直于局部法线放置的面板上。在重建全息图时,物体上的强度分布为

$$I_{\text{obj}}(x,y) = I_0(x,y) J_0^2 \left[\frac{2\pi}{\lambda} w(x,y)(1+\cos\theta) \right] \tag{14-29}$$

式中: $I_0(x,y)$ 为物体静止时物体上的强度分布。

因此,物体强度分布通过 J_0^2 函数调制;当振动幅度 $w(x,y)$ 为零时,即 $w(x,y)=0$ 时,强度为最亮。最低强度(暗黑条纹)发生在 J_0^2 函数为零的地方。当满足以下条件时,这种情况就会发生,即

$$\frac{2\pi}{\lambda} w(x,y)(1+\cos\theta) = 2.4048,5.5200,8.6537,11.7915,\cdots \tag{14-30}$$

因此,可以通过定位强度图案的最小值来获得振幅。由于 J_0^2 函数会在其参数值较高时递减,因此强度调制往往会在振幅值较高时变小。例如,如果我们考虑在边界处刚性夹紧并在基本模式下受到振动的圆形膜片的时间平均记录,则重建图像将由圆形条纹组成,最亮的条纹将位于外围,暗黑圆形条纹将对应于式(14-30)所给出的振幅。随着振幅增加,条纹的对比度将持续下降,因此无法测量较大振幅。

另外,如果参考光束的频率移动了 $n\omega$(其中 n 为整数),且时间平均全息图记录了物体以幅度 $w(x,y)$ 和频率 ω 发生振动,则重建对象将由 J_n^2 函数调制。换言之,重建对象的强度分布为

$$I_{\text{obj}}(x,y) = I_0(x,y) J_n^2 \left[\frac{2\pi}{\lambda} w(x,y)(1+\cos\theta) \right] \tag{14-31}$$

条纹对比度不会随着振幅增加而明显下降,所以此时可以测量较大值的振幅。振动的相位是未知的。

现在,让我们考虑另一种可能性,其中参考波的相位也会以幅度 A_R 和物体激发频率 ω 发生振荡。通过将折叠镜安装在 PZT 上的参考臂中,并使用与驱动物体所用电压信号相同的电压信号激发折叠镜,即可实现这种可能性。然而,如果物体的激发与参考臂中折叠镜的激发之间存在相位差 Δ,则来自时间平均全息图的重建物体的强度分布为

$$I_{\text{obj}}(x,y) = I_0(x,y) J_0^2 \left\{ \frac{2\pi}{\lambda}(1+\cos\theta)(w^2+A_R^2-2wA_R\cos\Delta)^{1/2} \right\}$$

$$\tag{14-32}$$

当参考臂中没有折叠镜激发时,则物体会被 J_0^2 条纹覆盖,如本节所述。然而,如果折叠镜与物体被同相激发,则物体上的强度分布将为

$$I_{\text{obj}}(x,y) = I_0(x,y)J_0^2\left[\frac{2\pi}{\lambda}(1+\cos\theta)(w-A_R)\right] \qquad (14-33)$$

物体被 J_0^2 条纹再次覆盖,但参数中的振幅为 $(w-A_R)$,而不是 w。因此,在 $w=A_R$ 的地方,即在参考镜的振幅与物体的振幅相匹配且与物体的振幅同相的地方,将产生最亮的条纹。使用这种方法,可以测量高达 $10\mu m$ 的振幅。由于 Δ 可以变化,因此可以追踪按照与参考镜相同相位振动的物体的区域,从而映射物体振动的相位分布。

14.9.3　电子检测:电子散斑干涉法/数字散斑干涉法和散斑照相法

此处描述的用于测量位移和振动幅度的方法,可以使用电子探测轻松地执行。也就是说,全息面板/膜片由阵列探测器(CCD 阵列)代替,并且成像系统用于将物体在阵列上成像。然而,由于 CCD 的分辨率与全息面板的分辨率相比较差,因此轴向添加参考光束;物体和参考光束均沿着成像系统的轴线移动。与具有全息面板的 HI 不同,电子散斑干涉测量法(ESPI)中的两次曝光是独立处理的,因此可以通过电子消减来消除准恒定的直流项。此外,物体和参考光束具有可产生高对比度散斑的几乎相同的强度。这属于通用术语"电子散斑干涉测量法"的范畴。将 PZT 安装在参考臂中的镜子上,并施加适当的电压来引入所需的相移,从而执行相移。

第 5.2.16 节讨论了电子散斑干涉法/数字散斑干涉法及其应用。第 5.2.4 节也描述了对平面内变形分量敏感的散斑照相(SP)。

14.10　莫尔技术

莫尔现象对平面内位移测量十分敏感,对平面外位移测量则不甚敏感。当莫尔现象用于计量时,其中一个光栅安装在目标上,该目标将会发生变形。因此,可以观察到变形光栅与参考光栅(未变形光栅)之间的莫尔条纹。还可在两个变形光栅间获得莫尔图样(即当比较目标的两个变形状态时)。

14.10.1　平面内位移/变形的测量

将间距为 a 的测量光栅黏合到物体上,并使具有相同间距的参考光栅则与物体平行对齐。光栅矢量方向(垂直于光栅元件)上的平面内位移导致被黏合光栅的周期从 a 转变为 b。产生的莫尔条纹将具有周期 $d=ab/|a-b|$。按照莫尔法所测得的法向应变为 $|a-b|/a$。因此,有 $\varepsilon = a/d \approx b/d$,得到的法向应变 ε 为光栅周期与莫尔图样周期之比。此时,可以注意到,莫尔法测量了拉格朗日(工程)应变。然而,如果变形幅度较小,拉格朗日应变与欧拉应变实际上

是相等的。

同理可得剪切应变。由于切变,测量光栅(连接在物体上的光栅)发生倾斜,与参考光栅构成夹角 θ,从而形成莫尔图样。当满足以下条件时,将形成莫尔图样,即

$$x(1 - \cos\theta) + y\sin\theta = pb \qquad (14-34)$$

对于非常微小的旋转,莫尔条纹的周期 d 为 b/θ。实际上,当旋转幅度较小时以及应变幅度较小时,剪切应变等于 θ。因此,剪切应变 γ 可表示为

$$\gamma = b/d \qquad (14-35)$$

得到的剪切应变同样为光栅间距与莫尔条纹间距之比。此结论对均匀法向应变和简单剪切应变而言有效。

14.10.2　二维平面位移测量

一旦我们意识到莫尔条纹是恒定位移分量的轮廓线(所谓的"等值线"),对莫尔图样的分析就变得十分容易了。零阶莫尔条纹穿过参考光栅和测量光栅具有相等周期(即位移分量为零)的区域。以此类推,N 级莫尔条纹穿过位移分量为光栅周期 N 倍的区域。如果参考光栅沿 x 方向具有其光栅矢量,则莫尔条纹表示恒定 u 位移的轨迹,即 $u = N \cdot a$。如果要测量位移的 v 分量,则将参考光栅与测量光栅对齐即可沿 y 方向获得它们的光栅矢量。莫尔条纹此时是恒定 v 分量的轨迹,因此有 $v = N'a$,其中 N' 为莫尔条纹阶。若要同时获得 u 和 v 分量,可以使用交叉光栅。u 和 v 分量通过光学滤波隔离。为了准确地生成位移曲线,我们需要大量的数据点,而且一些方法已被发现可以在相同的负载条件下增加莫尔条纹的数量,由此带来更多的数据点。这可以通过间距不一、角度不一或此二者的组合来实现。应变也可以通过剪切来获得。剪切表示位移条纹的莫尔图样,即可得到与应变对应的条纹。

14.10.3　高灵敏度平面内位移测量

平面内位移测量的灵敏度取决于光栅的周期。在对莫尔条纹的研究中,通常采用低频光栅,且分析建立在几何光学的基础上。不过,使用精细周期光栅时,尽管灵敏度增高,但衍射效应显著,因此需要使用准单色空间相干光。实际上,凭借激光辐射,我们能够以非常高的精度进行平面内位移测量。将交叉光栅(假定其在任一方向上具有 1200 线/mm 的密度,且经全息记录和覆铝处理以用于反射)黏合到被测表面上。使用高密度光栅对可以检查的物体的尺寸有所限制。如图 14-12 所示,光栅被 4 道准直光束照射,其中两道光束位于 $y-z$ 剖面,其余两道光束则位于 $x-z$ 平面并且产生了夹角,使得一阶衍射光束沿 z 轴传播。这些光束在干涉条件下生成 u 和 v 族位移所特有的条纹图样。

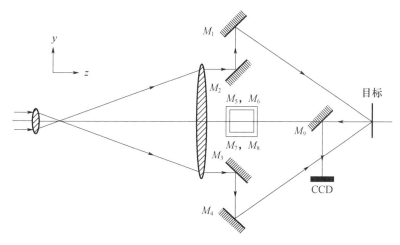

图 14-12　高灵敏度平面内测量设置

（反射镜 M_5、M_6、M_7 和 M_8 在 $x-z$ 平面内产生两道光束）

　　为了理解该技术的工作原理,让我们考虑一维光栅及其沿 x 方向的光栅矢量。该光栅通过两个平面光波之间的干涉以全息方式记录,其中一个光波沿 z 轴传播,另一个光波则与 z 轴构成了夹角 θ 但位于 $x-z$ 平面。光栅的周期 b 通过 $b\sin\theta = \lambda$ 给出。光栅的空间频率 μ 通过 $\mu = \sin\theta/\lambda$ 给出。此光栅黏合到物体表面上。当此光栅被准直光束垂直照射时,一阶衍射光束将与光栅的法线构成夹角 θ 和 $-\theta$。当以角度 θ 照射光栅时,其中一道衍射光束将沿法线传播到光栅。让我们考虑加载物体而导致光栅周期失真。令失真光栅的修改空间频率为 $\mu(x)$,光栅函数可以表示为 $t(x) = (1/2)[1 + \cos2\pi\mu(x)x]$,光栅由两道准直光束按照角度 θ 和 $-\theta$ 对称地照射,则准直光束可以表示为 $R\exp(2\pi i\mu x)$ 和 $R\exp(-2\pi i\mu x)$,其中 R 为光束的幅度。这些准直光束将由光栅衍射,衍射场可以表示为

$$R(\mathrm{e}^{2\pi i\mu x} + \mathrm{e}^{-2\pi i\mu x})\frac{1}{2}[1 + \cos2\pi\mu(x)x] \qquad (14-36)$$

　　通过合并有关项(沿 z 轴传播的光束的项),我们得到光束的合成幅度,其表达式为

$$A = \frac{1}{4}R\{\mathrm{e}^{2\pi i[\mu-\mu(x)]x} + \mathrm{e}^{-2\pi i[\mu-\mu(x)]x}\} \qquad (14-37)$$

由 CCD 相机记录的图像中的强度分布为

$$I(x) = \frac{1}{4}R^2\cos^2 2\pi[\mu-\mu(x)]x \qquad (14-38)$$

这代表了莫尔图样。只要满足以下条件,莫尔条纹即会产生,即

$$2\pi[\mu-\mu(x)]x = N\pi \Rightarrow x = N\frac{1}{2}\frac{bb(x)}{|b-b(x)|} \qquad (14-39)$$

式中:$b(x)$为变形光栅的周期;N为莫尔条纹的级次。

莫尔条纹宽度d可表示为

$$d = \frac{1}{2}\frac{bb(x)}{|b-b(x)|} \tag{14-40}$$

值得注意的是,与在传统方法下使用同一光栅相比,此方法所获得的灵敏度比前者高1倍。这是因为比较的对象是衍射级次为+1和-1的变形光栅。对于灵敏度提高2倍,Post给出的解释为,由于测试表面上的光栅与两道光束之间干涉所形成的具有两倍频率的虚拟光栅之间形成了莫尔条纹,因此提供了乘法因数2。使用更高的衍射级次会引起条纹成倍增加。

同时测量位移的u和v分量的布置使用黏合到物体表面上的高频交叉光栅。黏合在物体上的光栅在$x-z$和$y-z$平面中被同时且对称地照射。以±1级次产生的4道光束沿z方向轴向传播。随后,通过这4道光束的干涉,即可获得表示u和v位移分量的莫尔条纹。

14.10.4 平面外分量测量

莫尔技术非常适合测量平面内位移分量,其中灵敏度由光栅的周期所控制。同时,用于产生莫尔条纹的技术基于间距不一或角度不一。因此,在测量平面外位移时产生莫尔条纹也将取决于这些技术。所以,平面外测量用莫尔法不及平面内测量用莫尔法灵敏。平面外位移和表面形貌可以通过以下方法之一来测量:阴影莫尔法和投影莫尔法。

14.10.4.1 阴影莫尔法

顾名思义,莫尔图样在光栅与物体上的阴影之间形成。物体形貌会使阴影光栅失真,所以可以在失真光栅与参考光栅之间观察到莫尔条纹。

14.10.4.1.1 平行照射和平行观察

图14-13(a)显示了依赖平行照射和无限远距离观察的阴影莫尔法的布置。周期为a参考光栅放置在物体上。在不失一般性的前提下,我们可以假设物体表面上的点A与光栅接触。光栅被与光栅表面法线(z轴)成夹角α入射的准直光束所照射。从无穷远处以角度β进行观察,很明显,距离AB内所包含的光栅元件占据了物体表面上的距离AD。AD中的元件将与距离AC中所包含的光栅元件形成莫尔图样。让我们假设AB和AC具有的光栅元件分别为p和q,所以有$AB=pa$,且$AC=qa=pb$,其中b为由于阴影而形成的光栅的周期。从几何学上看,有

$$BC = AC - AB = (q-p)a \tag{14-41}$$

当p元件上的间距不匹配累积到N倍于参考光栅的间距时,N阶莫尔条纹将会形成,即

$$(b-a)p = (q-p)a = Na ; N=0, \pm1, \pm2, \pm3, \cdots \qquad (14-42)$$

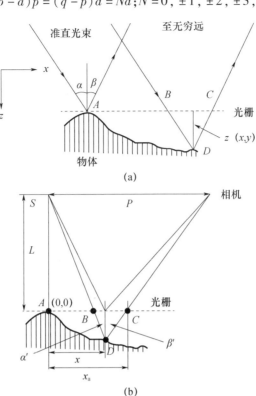

图 14 – 13   阴影莫尔法原理图

(a)平行照射;(b)发散照射。

式(14 – 42)可以按照从光栅平面测得的深度 $z(x,y)$ 改写为

$$z(x,y)(\tan\alpha + \tan\beta) = Na \qquad (14-43)$$

进而可得

$$z(x,y) = \frac{Na}{\tan\alpha + \tan\beta} \qquad (14-44)$$

这就是此方法的控制方程。可以看到,莫尔条纹是具有从光栅所测得的相等深度的等值线。如果沿着光栅的法线进行观察,即 $\beta=0$,则有 $z(x,y) = Na/\tan\alpha$。也可以垂直地照射并倾斜的观察光栅,那么有 $z(x,y) = Na/\tan\beta$。通过准直光束进行观察这一假设并非总是有效。然而,当研究中的物体较小且相机放置在足够远的地方时,则几乎满足这一要求。由于准直光束大小的限制,此方法不适合用于大型物体。

14.10.4.1.2   有限距离的球面波照射和相机

先前所做出的假设是光源和相机都处在无穷远处,使阴影莫尔法的应用范围仅局限于研究小型物体。但是当使用发散照射时,我们就可以研究较大的物体。通常,可以按照与参考光栅不同的相隔距离分别放置光源和相机。然而,光源和相机与光栅相隔距离相等的特殊情况对于实践十分重要,所以我们在此对其加以详细讨论。

令点光源 S 和相机与光栅表面均相隔距离 L,且两者的间距为 P,如图 14 - 13(b)所示。物体被来自点光源的发散波所照射。如前所述,包含在光栅上的 AB 内的多个光栅元件 p 被投射到物体表面上的 AD 内。这些元件与 AC 内的元件 q 相互作用,由此产生莫尔图样。

假设在 D 点观察到 N 阶莫尔条纹,则有

$$BC = AC - AB = (q - p)a = Na \qquad (14 - 45)$$

但是 $BC = z(x,y)(\tan\alpha' + \tan\beta')$,其中 $z(x,y)$ 为 D 点到光栅的深度,因此可得

$$z(x,y) = \frac{Na}{\tan\alpha' + \tan\beta'} \qquad (14 - 46)$$

此时,a' 和 β' 在光栅表面上或物体表面上变化。通过图 14 - 13(b),得到 $\tan\alpha' = x/[L + z(x,y)]$ 以及 $\tan\beta' = (P - x)/[L + z(x,y)]$。将它们代入式(14 - 46)后,可得

$$z(x,y) = \frac{Na}{x/[L + z(x,y)] + (P - x)/[L + z(x,y)]} = Na\frac{L + z(x,y)}{P}$$
$$(14 - 47)$$

重新排列式(14 - 47)后,可得

$$z(x,y) = \frac{NaL}{P - Na} = \frac{Na}{(P/L) - (Na/L)} \qquad (14 - 48)$$

式中:比率 P/L 称为底高比。这是一个极为简单的公式。事实上,正是这种简单性,使得此技术比将光源和相机放置在与光栅相隔不同距离处的技术更具吸引力。相邻莫尔条纹($\Delta N = 1$)之间的距离 $\Delta z(x,y)$ 为

$$\Delta z(x,y) = \frac{aL}{p}\left(1 + \frac{z}{L}\right)^2 \qquad (14 - 49)$$

可以看到,条纹间距并不是恒定的,而是随着深度变大。如果 $zL < < 1$,则条纹间距是恒定的,并通过 $\Delta z(x,y) = aL/P$ 给出。于是,莫尔条纹代表了真实的深度等值线。

虽然此方法适用于研究大型物体,但必须纠正透视误差。当某个点的实际坐标 (x,y) 以 (x_a,y_a) 出现时,这种误差便会发生。从图 14 - 13(b)可以看出,实际坐标 (x,y) 与视坐标 (x_a,y_a) 相关,有

$$\frac{x_a - x}{z(x,y)} = \frac{P - x_a}{L}$$

进而有

$$x = x_a - \frac{z}{L}(P - x_a) = x_a\left(1 + \frac{z}{L}\right) - P\frac{z}{L} \qquad (14-50)$$

类似地有

$$y = y_a\left(1 + \frac{z}{L}\right) - P\frac{z}{L} \qquad (14-51)$$

使用这种布置,阴影莫尔法可以应用于研究十分庞大的结构,但明显受光栅大小的限制。

由于条纹间距在物体深度上并不恒定,所以此方法的灵敏度可能不足以绘制出强烈弯曲或非常陡峭的表面。因此,建议使用复合光栅。复合光栅由两个平行叠加的光栅组成,这两个光栅具有不同的周期。因此,这种设置将提供两种灵敏度。

阴影莫尔法的问题之一在于莫尔条纹并不会局限在物体的表面上。而且,条纹的对比度并非恒定不变。当受试表面几近平坦时,我们可以得到具有最高对比度的条纹。当检查具有陡峭曲率的物体时,莫尔条纹将会变模糊。需要注意的是,应尽可能靠近光栅地放置具有陡峭曲率的物体,且照相物镜的景深应足够大,以便同时聚焦光栅及其阴影。

14.10.4.2 投影莫尔

阴影莫尔技术与投影莫尔技术之间有一些不同之处。在投影莫尔法中,采用较高频率的光栅,该光栅被投影在物体表面上,并且重新成像在与投影光栅完全相同且与其平行对齐的参考光栅上。莫尔条纹在参考光栅的平面上形成。投影莫尔法还具有阴影莫尔法所无法提供的某些灵活性。我们将在下列两种情况下检查投影莫尔法:

(1)投影系统和成像(观察)系统的光轴相互平行。

(2)光轴彼此倾斜。

14.10.4.2.1 光轴平行

从图 14-14(a)可以看出,周期为 b 的光栅 G_1 成像在参考平面 R 上,在该平面中其周期为 Mb,M 为投影系统的放大倍数。如果物体表面平直且位于此参考平面上,则投影光栅将具有恒定的周期。此光栅被重新成像在参考光栅 G_2 上。假设投影和成像系统完全相同,成像光栅的间距将等于 G_2 的间距,且光栅元件将由于初始对齐而彼此平行。因此,莫尔图样将不会形成。但是,如果表面弯曲,则表面上的投影光栅将具有变化的周期,因此会形成莫尔图样。我们可以按照与应用于阴影莫尔法相同的方式精确地检查这一点,即参考平面上周期为 Mb 的光栅被来自投影透镜出射光瞳的球面波所照射。如阴影莫尔法所述,我们可以写为

$$z(x,y) = \frac{NMb}{\tan\alpha' + \tan\beta'} = \frac{NMb}{x/[L + z(x,y)] + (P - x)/[L + z(x,y)]}$$

$$= NMb\frac{L + z(x,y)}{P}$$

$$(14 - 52)$$

重新排列式$(14-52)$后,可得

$$z(x,y) = \frac{NMbL}{P - NMb} \qquad (14 - 53)$$

如果将成像系统的放大率写为$M = (L - f)/f$,其中f为焦距,则式$(14-53)$将改写为

$$z(x,y) = \frac{NbL(L - f)}{fP - Nb(L - f)} \qquad (14 - 54)$$

此时,$z(x,y)$对应于N阶莫尔条纹形成处物体的深度。可以看到,莫尔条纹的间距并不恒定。然而,当$Mb < < P$时,莫尔条纹之间的距离相等。

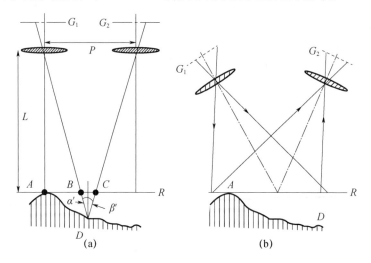

图 $14 - 14$ 投影莫尔法

(a)光轴平行;(b)光轴倾斜。

14.10.4.2.2　光轴倾斜

光轴平行条件下投影莫尔法的缺点在于它只能研究很小的物体。但是,当投影系统和成像系统的光轴如图 $14 - 14$(b)所示彼此倾斜时,则也可以研究大型物体。光栅可以成像在满足沙姆条件的参考平面 R 上。然而,放大倍数并不恒定,因此参考平面上光栅的周期会发生变化。使用其周期在参考平面处投影时保持恒定的特殊光栅,即可解决这一问题。

如果不使用参考光栅,而是首先用一个物体对投影光栅进行照相记录,然后用另一个物体替换该物体,则此技术可以用于比较两个物体。我们可以在同一卷

胶片(加法莫尔条纹法)或两卷单独的胶片(乘法莫尔条纹法)上进行记录。同理,通过记录对应于物体两种状态的光栅,我们可以研究物体的平面外变形。

显而易见的是,光栅发挥着十分重要的作用,其中灵敏度取决于光栅周期。因此,可能需要使用多个光栅才能在陡峭弯曲表面上保持精度。对于相移,光栅需要移位。如果使用编程液晶显示板生成可变周期的光栅、正弦或二进制传输功能以及任意倾斜,则测量和自动形状测定会方便得多。

14.10.5 振幅测量

阴影莫尔法和投影莫尔法都可以用来测量振动的幅度。然而,我们所描述的方法是,通过叠加波长为 λ 的两道平直光束,在物体表面产生光栅。这些平直光束位于 $x-z$ 平面且围成了一个较小的夹角 $\Delta\theta$,其中一道光束与参考平面的法线形成了夹角 θ。物体表面上的强度分布可表示为

$$I(x,y) = I_0\left[1 + \cos\frac{2\pi}{a}(x\cos\theta + z\sin\theta)\right] \qquad (14-55)$$

$$a = \lambda/2\sin\Delta\theta$$

现在,让我们假设物体表面以频率 ω 执行幅度为 $w(x,y)$ 的简谐运动。我们可以将此表示为

$$z(x,y) = z_0 + w(x,y)\sin\omega t \qquad (14-56)$$

式中:z_0 为表面的静态位置。

由于表面运动,表面上两道干涉光束的相位将随时间而变化。因此,记录中的瞬时强度分度为

$$I(x,y:t) = I_0\left(1 + \cos\frac{2\pi}{a}\{x\cos\theta + [z_0 + w(x,y)\sin\omega t]\sin\theta\}\right) \quad (14-57)$$

对此强度分布在远大于振动周期 $2\pi\omega$ 的周期 T 内进行积分,有

$$I(x,y) = \frac{1}{T}\int_0^T I(x,y:t)\,\mathrm{d}t$$

$$= I_0\left\{1 + J_0\left[\frac{2\pi}{a}w(x,y)\sin\theta\right]\cos\frac{2\pi}{a}(x\cos\theta + z_0\sin\theta)\right\} \qquad (14-58)$$

式中:$J_0(x)$ 为零阶的贝塞尔函数。

这再次表示了具有通过贝塞尔函数所给出的调制的光栅。振幅 $w(x,y)$ 的相关信息可以通过光学滤波从此记录中提取。我们假设此记录具有与强度分布成正比的幅度透射率。将此记录放置在傅里叶变换(FT)处理器的输出平面处,且允许其中一个第一级次用于图像形成。输出平面处的强度分布与以下项目成正比,即

$$J_0^2\left[\frac{2\pi}{a}w(x,y)\sin\theta\right] \qquad (14-59)$$

强度分布显示了最大值和最小值。如第 5 章中对平均时间 HI 所述,可得到振幅。

14.10.6 反射莫尔法

与阴影莫尔法和投影莫尔法不同,反射莫尔法给出了斜率和曲率的相关信息。在薄板的弯曲问题上,偏转的二阶导数与弯矩和扭曲有关。从阴影莫尔条纹或投影莫尔方法获得的偏转数据需要进行两次微分以获得曲率,因而导致不准确。因此,需要获得斜率或曲率数据,以便执行单次微分或者完全消除单次积分。反射莫尔法即用于此目的,其唯一的缺点在于试样必须像镜面一样。

图 14-15 显示了反射莫尔法实验设置(也称为 Ligtenberg 实验设置)的原理图。物体可视为一块边缘已夹紧的薄板,薄板的表面如同镜面一般,因此形成了参考光栅的虚像。考虑来自光栅上点 D 的光线,在从物体上点 P 反射之后,该光线在图像平面处的点 I 会合,如图 14-15 所示。换言之,点 I 是通过薄板表面上反射所形成的点 D 的图像。当薄板变形时,点 P 移动至点 P'。如果局部斜率为 ϕ,则点 I 此时将接收来自 E 的光线,点 E 的图像同样会形成在点 I。实际上,记录的是反射时从薄板看到的光栅的图像。由于薄板表面不平整,此图像本身可能包含失真。可以证明,由于自我修复,这些失真不会影响莫尔条纹形成。在薄板变形(加载)后,图像会被再次记录在同一照相胶片/底片上。由于加载,光栅图像将进一步失真,从而形成莫尔图样。

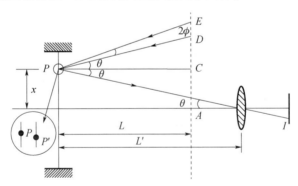

图 14-15 反射莫尔法:Ligtenberg 实验设置

按照先前在第 14.10.4 节中提出的参数,光栅 AE 在加载之后叠加在另一个光栅 AD 上,导致莫尔条纹因间距不匹配而形成。令 AE 中有 p 个光栅元件,AD 中有 q 个元件。如果 N 级莫尔条纹出现在点 I,则有

$$ED = AE - AD = pb - qb = (p - q)b = Nb \qquad (14-60)$$

但距离 ED 可以表示为

$$ED = EC - DC = L\tan(\theta + 2\phi) - L\tan\theta = L\frac{\tan\theta + \tan2\phi}{1 - \tan\theta\tan2\phi} - L\tan\theta$$

假设 φ 非常小,情况通常也正是如此,我们可以写为 $\tan2\phi \approx 2\phi$。因此,有

$$ED = L\frac{2\phi(1+\tan^2\theta)}{1-2\phi\tan\theta} = Nb \tag{14-61}$$

如果 $2\phi\tan\theta \ll 1$，且局部 x 轴斜率写为 $\varphi = \partial w/\partial x$，可得

$$\frac{\partial w}{\partial x} = \frac{Nb}{2L(1+\tan^2\theta)} = \frac{Nb}{2L[1+(x^2/L^2)]} \tag{14-62}$$

斜率取决于 x 的值。为了消除 $\partial w/\partial x$ 对 x 的依赖性，我们使用曲面光栅。然而，利用曲面光栅的 Ligtenberg 实验设置也存在以下一些缺点：曲面光栅尺寸较大，需要使用低空间频率的光栅来获得具有良好对比度的莫尔图样，以及局限于静载荷问题和弯曲部分相对较大的模型。Rieder-Ritter 试验设置很大程度上消除了 Ligtenberg 实验设置的缺点。当使用交叉光栅时，x 轴局部斜率 $\partial w/\partial x$ 和 y 轴局部斜率 $\partial w/\partial x$ 将被同时记录。光学滤波用于分离描绘 x 轴和 y 轴局部斜率的条纹图样。

与使用其他莫尔法一样，此方法的灵敏度也取决于光栅周期。因此，我们希望获得一种可以轻松改变光栅周期的布置。图 14-16 所示为一种实验设置，其中光栅 G_V 由投影透镜 L_P 投影到磨砂玻璃屏 D 上。投影光栅 G_P 通过 Rieder-Ritter 布局成像。通过在投射光栅时更改放大倍数，即可改变光栅的间距。

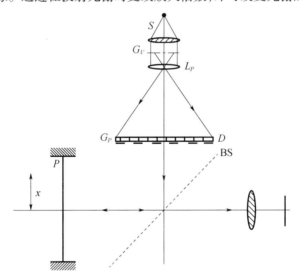

图 14-16　反射莫尔法——具有可变间距的光栅

已有多种其他实验设置被提出用于获得斜率和曲率。衍射光栅放置在成像透镜聚焦平面处或附近。衍射光栅产生剪切场。在加载薄板之前和之后，进行双重曝光。在另一种引人注意的设置中，倾斜平面平行薄板放置在成像透镜的聚焦平面附近。图像以反射方式记录，两道经剪切的反射光束在图像平面中产生光栅。加载薄板将使此光栅变形。因此，双重曝光记录在加载薄板之前和之后都会引起莫尔图样形成，而这是因为斜率变化所致。当两片薄板串联使用并且适当地对准而使得三个剪切梁参与干涉时，即可获得曲率条纹。

上述方法是需要激光辐射的相干方法。物体的允许尺寸取决于准直光学元件,因此上述方法局限于中小尺寸物体。如本节所述,薄板(物体)的表面不必具有光学平坦性。平坦性的偏差会导致光栅出现部分失真。但是,莫尔条纹现象具有自我修复特性,因此这些失真将会抵消,且莫尔条纹将仅由于加载导致的薄板变形而形成。

14.10.7 动态斜率测定

到目前为止,我们已介绍了仅适用于静态问题的几种方法。脉冲照射常常用于检查动态过程。对应于物体连续状态的光栅图像会被加以记录。然而,为了产生莫尔图样,每次都需要记录参考光栅。这使上述方法在应用于研究动态事件时相当麻烦。

目前,研究人员已开发出几种方法,凭借这些方法可同时记录参考光栅 G_R 的图像和来自被研究表面的变形光栅的图像。在其中一种实验设置中,如图 14-17(a)所示,分束器 BS 提供了两条成像路径。光栅 G_P 的一个图像通过

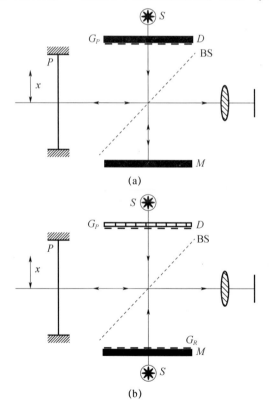

(a)

(b)

图 14-17 测量斜率用实验设置

(a)来自镜面反射的参考光栅;(b)用作参考的分离光栅。

来自物体表面 P 的反射而形成,而另一个图像则通过来自镜像表面 M 的反射而形成(此图像可以视为参考光栅 G_R)。因此,光栅的两个图像都可以记录在单次曝光(脉冲照射)中,从而可以观察到当物体处于各种状态时的附加莫尔条纹图样。但是,这种实验设置并没有利用莫尔条纹现象的修复特性。因为处于其初始状态的物体表面与镜面通常并不完全相同,所以由物体表面反射形成的光栅将带有一些失真,即使物体处于空载状态,这些失真也会显示为莫尔条纹,即无法获得初始无条纹场。这一问题在图 14 – 17(b)所示的布置中得到了解决。光栅 G_R 是由物体表面的反射所形成之图像的副本。因此,光栅 G_P 和 G_R 的图像将完全相同,且可以获得初始无条纹场。然而,对于每一个物体表面,需要在开始实验之前产生并对准新光栅 G_R。

14.11 数字图像相关

随着激光器的问世,HI 和散斑测量这两种全场测量技术几乎同时向前发展,使得人们能够以非常高的精度对真实物体进行变形测量。散斑测量法包括 SP 和 ESPI 两种不同技术。与 HI 一样,ESPI 对变形的平面外分量十分敏感,而 SP 则对平面内分量十分敏感。来自散斑照片的信息通过光学滤波提取。随着 CCD(阵列探测器)技术的进步和台式计算机具备足够的计算能力,研究人员开发出一些技术,使用这些技术可以通过数字方式而非光学方式获得位移分量。这些技术被冠以数字图像相关(DIC)技术、数字图像法、数字散斑相关法、纹理相关技术以及许多其他名称。DIC 可以利用激光散斑来执行,并且称为数字 SP。它也可以利用白光散斑和人工生成散斑来执行。为了生成人工散斑,试样上涂有一层薄薄的黑色涂料,待其干燥后再喷洒白色涂料。二维(2D)DIC 测量平面内分量,主要涉及三个步骤:①样本和实验准备;②在加载之前和之后记录平面物体的图像;③处理图像以获得位移分量。为了测量平面内以及平面外变形分量,将两台相机用于拍摄图像,于是这被称为"3D DIC"或"立体 DIC"。

试样通常是平直的,且平行于 CCD 平面放置。当拍摄图像时,它应在加载期间保持平行。2D DIC 的基本原理是追踪加载之前和之后记录的图像之间的相同点(或像素)。在加载之前拍摄的图像为参考图像,而在加载之后拍摄的图像则为变形图像。让我们考虑需要追踪其在变形图像中的位置的点 $P(x_0, y_0)$,选择以 $P(x_0, y_0)$ 为中心且具有 $(2N + 1) \times (2N + 1)$ 像素的参考子集。在加载时,点 $P(x_0, y_0)$ 移动到其新位置 $P'(x_0', y_0')$,相邻点 $Q(x_i, y_i)$ 则移动至点 $Q'(x_i', y_i')$,如图 14 – 18 所示。

根据位移映射函数,围绕子集中心 $P(x_0, y_0)$ 的点 $Q(x_i, y_i)$ 的坐标可以映射到变形子集中点 $Q'(x_i', y_i')$,即

$$x_i' = x_i + \xi(x_i, y_i) \tag{14 – 63}$$

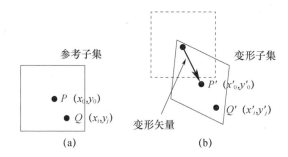

参考子集

变形子集

P (x_0,y_0)

Q (x_i,y_j)

P' (x'_0,y'_0)

Q' (x'_i,y'_j)

变形矢量

(a)   (b)

图 14 - 18   数字图像相关

(a)带有参考子集的参考图像;(b)带有变形子集的变形图像。

$$y'_i = y_i + \eta(x_i,y_i) \tag{14-64}$$

式中:脚标 i 和 j 的取值范围为 $-N \sim N$。映射函数 $\xi(x_i,y_i)$ 和 $\eta(x_i,y_i)$ 表示为

$$\xi(x_i,y_j) = u(x_0,y_0) + \frac{\partial u}{\partial x}\bigg|_{x_0,y_0}(x_i - x_0) + \frac{\partial u}{\partial y}\bigg|_{x_0,y_0}(y_j - y_0) = u + u_x \Delta x + u_y \Delta y \tag{14-65}$$

$$\eta(x_i,y_j) = v(x_0,y_0) + \frac{\partial v}{\partial x}\bigg|_{x_0,y_0}(x_i - x_0) + \frac{\partial v}{\partial y}\bigg|_{x_0,y_0}(y_j - y_0) = v + v_x \Delta x + v_y \Delta y \tag{14-66}$$

式中:u 和 v 为沿着 x 轴和 y 轴的变形的平面内分量。为了评估参考子集与变形子集之间相似性的程度,我们使用了各种相关标准。我们将讨论参考子集 S_1 (i,j) 与变形子集 $S_2(i,j)$ 之间的归一化离散互相关,这可以表示为

$$C_{S_1 S_2}(u,v) = \sum_{i=-M}^{M} \sum_{j=-M}^{M} \frac{S_1(i,j) S_2(i+u,j+v)}{\bar{S}_1 \bar{S}_2} \tag{14-67}$$

$$\bar{S}_1 = \sum_{i=-M}^{M} \sum_{j=-M}^{M} [S_1(i,j)]^2 \tag{14-68}$$

$$\bar{S}_2 = \sum_{i=-M}^{M} \sum_{j=-M}^{M} [S_2(i+u,j+v)]^2 \tag{14-69}$$

式中:$\bar{S}_1$ 和 $\bar{S}_2$ 分别为参考子集和变形子集的平均值。

这种运算意味着参考子集 $S_1(i,j)$ 将在变形图像上被加以扫描,变形图像的区域与参考子集之间的统计一致性将确定是否存在任何移动。由此确定变形子集,从而找到变形子集的中心 $P'(x'_0,y'_0)$ 的位置。点 $P(x_0,y_0)$ 与 $P'(x'_0,y'_0)$ 之间的位移是具有分量 u 和 v 的变形矢量。此过程将以另一个参考子集和找到的对应变形矢量继续进行。

此过程将针对不同参考子集继续下去,直至提取到整个图像上的位移。通常,选择具有 3×3 像素或 5×5 像素的参考子集。

由于 DIC 使用成像功能,因此需要对透镜参数加以评估。这些参数包括焦距、切向、矢状失真和主平面的位置。这种评估通过校准过程完成,其中将对已

知的测试图案进行成像并计算所有内部参数。

思考题

14.1 长度测量公式为

$$L = (m + \varepsilon)\frac{\lambda}{2}$$

求证长度测量不确定度计算公式为

$$s_L = \sqrt{\left(\frac{L}{\lambda}s_\lambda\right)^2 + \left(\frac{\lambda}{2}s_\varepsilon\right)^2}$$

式中:s_L、s_λ 和 s_ε 分别为长度、波长和分数测量集的标准偏差。

14.2 推荐一种实验配置,以利用反射莫尔法来获得表示牢牢夹紧后薄圆板曲率的莫尔条纹。

14.3 在采用配备了 Cd 光谱灯的泰曼 – 格林干涉仪的实验中,以波长 644.02480、508.72379 和 467.94581nm 观察到的分数分别为 0.22、0.73 和 0.19。使用比长仪所测得的量块的标称长度为 5.062 ±0.002 mm。量块的正确长度是多少?

14.4 使用准直氦氖激光束($\lambda = 633\text{nm}$),按照与局部法线构成的 45°夹角照射夹紧在边缘的平坦圆形膜片,并改变曝光之间的压力,以记录该膜片的双重曝光全息图。该全息图通过垂直照射重建,且观察到 10 道圆形条纹。隔膜在中心的最大偏转是多少? 施加压力的值是多少? 获取偏转轮廓,假设该膜片在 $v = 0.3$ 和 $E = 200$ GPa(200×10^9 N/m²)的条件下由钢制成,厚度和直径分别为 1mm 和 20mm。

14.5 下图显示了使用时间平均 HI 和氦氖激光器,以 2983Hz 频率激发的印度乐器的振动模式。沿着图中所示的线获得偏转轮廓,假设上半叶显示了向外偏转。

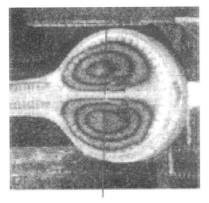

14.6 厚度为 t 且直径为 $2R$ 的膜片加载到中央。偏转轮廓计算公式为

$$w(x,y) = \frac{PR^4}{16\pi D}\left(1 - \frac{r^2}{R^2} + 2\frac{r^2}{R^2}\ln\frac{r}{R}\right)$$

式中：D 为薄板的刚度，定义为 $D = Et^3/12(1-v^2)$；E 和 v 分别为膜片材料的杨氏模数和泊松比；P 为施加到膜片上的集中载荷。

获得此膜片的散斑剪切干涉图，如下图所示。中心偏转为 $10.5\,\mu m$，剪切力为膜片半径的 10%。取 $633\,nm$ 作为波长，沿着图中所示的线获取坡度剖面，并将其与理论计算的坡度剖面进行比较。

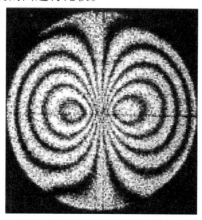

14.7 通过施加压力 $P(760\,mmHg)$ 加载直径为 $2R$ 且厚度为 t 的圆形膜片，并以 $633\,nm$ 的波长使用散斑干涉测量法测量偏转轮廓。下图显示了通过利用 $4.5\,\mu m$ 中心偏转的散斑干涉测量法所获得的干涉图样。通过图片，绘制 $30\,mm$ 直径膜片的偏转轮廓。假设膜片厚度为 $1\,mm$，且材料的泊松比为 0.35，计算膜片材料的杨氏模数。

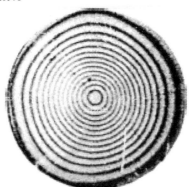

14.8 将角隅棱镜反射器在其内部按 $15.0\,mm$ 间距隔开的角度干涉仪与氦氖激光器（$\lambda = 632.8\,nm$）一起使用。假设可以测量 $\lambda/10$ 的路径差，那么干涉仪可以测量的最小角度是多少？

参考文献

BOOKS

H. Aben, *Integrated Photoelasticity*, McGraw – Hill, New York (1979).

N. Abramson, *The Making and Evaluation of Holograms*, Academic Press, London (1981).

N. H. Abramson, *Light in Flight or the Holodiagram: The Columbi Egg of Optics*, Vol. PM 27, SPIE Press, Bell-ingham, WA (1997).

H. I. Bjelkhagen, *Silver – Halide Recording Materials: For Holography and Their Processing*, Springer – Verlag, Berlin, Germany (1993).

H. I. Bjelkhagen (Ed.), *Holographic Recording Materials*, SPIE Milestone MS 130, SPIE Optical Engineering Press, Bellingham, WA (1996).

M. Born and E. Wolf, *Principles of Optics*, Cambridge University Press, Cambridge (1999).

C. Candler, *Modern Interferometers*, Hilger and Watts, London (1951).

D. Casasent (Ed.), *Optical Data Processing*, Springer – Verlag, Berlin, Germany (1978).

W. T. Cathey, *Optical Information Processing and Holography*, John Wiley & Sons, New York (1974).

G. L. Cloud, *Optical Methods of Engineering Analysis*, Cambridge University Press, Cambridge (1995).

E. G. Coker and L. N. G. Filon, *A Treatise on Photoelasticity*, Cambridge University Press, New York (1957).

B. Culshaw, *Optical Fibre Sensing and Signal Processing*, Peregrinus, London (1984).

J. C. Dainty (Ed.), *Laser Speckle and Related Phenomena*, Springer – Verlag, Berlin, Germany (1975).

J. W. Dally and W. F. Riley, *Experimental Stress Analysis*, McGraw – Hill, New York (1978).

P. Das, *Lasers and Optical Engineering*, Narosa Publishing House, New Delhi, India (1992).

E. L. Dereniak and D. G. Crowe, *Optical Radiation Detectors*, John Wiley & Sons, New York (1984).

J. F. Doyle and J. W. Phillips (Eds.), *Manual of Experimental Stress Analysis*, Society for Experimental Stress A-nalysis, Westport, CT (1989).

A. J. Durelli and W. F. Riley, *Introduction to Photomechanics*, Prentice Hall, Englewood Cliffs, NJ (1965).

R. K. Erf (Ed.), *Holographic Non – Destructive Testing*, Academic Press, New York (1974).

R. K. Erf (Ed.), *Speckle Metrology*, Academic Press, New York (1978).

O. Feldmann and F. Mayinger (Eds.), *Optical Measurements: Techniques and Applications*, Springer – Verlag, New York (2001).

M. Françn (Ed.), *Laser Speckle and Applications in Optics*, Academic Press, New York (1979).

M. Françn and S. Mallick, *Polarization Interferometers: Applications in Microscopy and Macroscopy*, Wiley – Inter-science, London (1971).

M. Frocht, *Photoelasticity*, John Wiley & Sons, New York (1941).

J. D. Gaskill, *Linear Systems, Fourier Transforms and Optics*, John Wiley & Sons, New York (1978).

K. J. Gasvik, *Optical Metrology*, John Wiley & Sons, Chichester, West Sussex (1987).

A. Ghatak, *Optics*, McGraw – Hill, New York (2010)

C. Ghiglia and M. D. Pritt, *Two Dimensional Phase Unwrapping: Theory, Algorithms and Software*, John Wiley &

Sons, New York (1998).

J. W. Goodman, *Introduction to Fourier Optics*, McGraw – Hill, New York (1968, 1996).

P. Hariharan, *Optical Holography*, Cambridge University Press, Cambridge (1996).

P. Hariharan, *Optical Interferometry*, Elsevier Science, San Diego, CA (2003).

E. Hecht and A. R. Ganesan, *Optics* (4th Edition), Dorling Kindersley (India), Delhi, India (2008).

A. S. Holister, *Experimental Stress Analysis*, Cambridge University Press, New York (1967).

G. C. Holst, *CCD Arrays, Cameras, and Displays*, JCD and SPIE Optical Engineering Press, Bellingham, WA (1996).

G. C. Holst and T. S. Lomheim, *CMOS/CCD Sensors and Camera Systems*, JCD and SPIE Optical Engineering Press, Bellingham, WA (2007).

G. Indebetouw and R. Czarnek (Eds.), Selected Papers on *Optical Moiré and Applications*, MS64, SPIE Press, Bellingham, WA (1992).

F. A. Jenkins and H. E. White, *Fundamentals of Optics*, McGraw – Hill, New York (1976).

H. T. Jessop and F. C. Harris, *Photoelasticity: Principles and Methods*, Dover, New York (1949).

S. S. Jha (Ed.), *Perspectives in Optoelectronics*, World Scientific, Singapore (1995).

R. J. Jones and C. Wykes, *Holographic and Speckle Interferometry*, Cambridge University Press, Cambridge (1983, 1989).

O. Kafri and I. Glatt, *The Physics of Moiré Metrology*, John Wiley & Sons, New York (1990).

A. S. Kobayashi (Ed.), *Handbook on Experimental Mechanics*, Society for Experimental Mechanics, Bethel, CT (1993).

T. Kreis, *Holographic Interferometry: Principles and Methods*, Akademie Verlag Series in Optical Metrology Vol. 1, Akademie Verlag, Berlin, Germany (1996).

T. Kreis, *Handbook of Holographic Interferometry: Optical and Digital Methods*, Wiley – VCH, Weinheim, Germany (2005).

A. Kuske and G. Robertson, *Photoelastic Stress Analysis*, John Wiley & Sons, New York (1974).

A. Lagarde (Ed.), *Optical Methods in Mechanics of Solids*, Society for Experimental Mechanics, Bethel, CT (1989).

S. H. Lee (Ed.), *Optical Data Processing—Fundamentals*, Springer – Verlag, Berlin, Germany (1981).

K. Leonhardt, *Optische Interferenzen*, Wissenschaftliche Vergesellschaft, Stuttgart, Germany (1981).

R. S. Longhurst, *Geometrical and Physical Optics*, Longmans, London (1967).

J. T. Luxon and D. E. Parker, *Industrial Lasers and Their Applications*, Prentice Hall, Englewood Cliffs, NJ (1992).

D. Malacara, M. Servin, and Z. Malacara, *Optical Testing: Analysis of Interferograms*, Marcel Dekker, New York (1998).

D. Malacara, M. Servín, and Z. Malacara, *Interferogram Analysis for Optical Testing* (2nd Edition), CRC Press, Boca Raton, FL (2005).

P. Meinlschmidt, K. D. Hinsch, and R. S. Sirohi (Eds.), Selected Papers on *Electronic Speckle Pattern Interferometry*, Milestone Series MS 132, SPIE, Bellingham, WA (1996).

D. F. Melling and J. H. Whitelaw, *Principles and Practice of Laser – Doppler Anemometry*, Academic Press, London (1976).

J. R. Meyer – Arendt, *Introduction to Classical and Modern Optics* (2nd Edition), Prentice Hall, Englewood Cliffs, NJ (1984).

W. Osten, *Digital Processing and Evaluation of Interference Images*, Akademie Verlag, Berlin, Germany (1991).

W. Osten (Ed.), *Optical Inspection of Microsystems*, Taylor & Francis, New York (2006).

J. I. Ostrovskij, M. M. Butusov, and G. V. Ostrovskaja, *Golograficeskaja Interferometrija* (*Holographic Interferometry*), Nauka, Moscow, Russia (1977).

Y. I. Ostrovsky, M. M. Butusov, and G. V. Ostrovskaya, *Interferometry by Holography*, Springer Series in Optical Sciences Vol. 20, Springer – Verlag, Berlin, Germany (1980).

Y. I. Ostrovsky, V. P. Schepinov, and V. V. Yakovlev, *Holographic Interferometry in Experimental Mechanics*, Springer Series in Optical Sciences Vol. 60, Springer – Verlag, Berlin, Germany (1991).

K. Patorski and M. Kujawińska, *Handbook of the Moiré Fringe Technique*, Elsevier, Amsterdam, the Netherlands (1993).

M. P. Petrov, S. I. Stepanov, and A. V. Khomenko, *Photorefractive Crystals in Coherent Optical Systems*, Springer – Verlag, Berlin, Germany (1991).

P. L. Polavarapu (Ed.), *Principles and Applications of Polarization – Division Interferometry*, John Wiley & Sons, New York (1998).

D. Post, B. Han, and P. Ifju, *High Sensitivity Moiré*, Springer – Verlag, New York (1994).

K. Ramesh, *Digital Photoelasticity*, Springer – Verlag, Berlin, Germany (2000).

P. K. Rastogi (Ed.), *Holographic Interferometry: Principles and Methods*, Springer Series in Optical Sciences Vol. 68, Springer – Verlag, Berlin, Germany (1994).

P. K. Rastogi (Ed.), *Optical Measurement Techniques and Applications*, Artech House, Boston, MA (1997).

P. K. Rastogi (Ed.), *Digital Speckle Pattern Interferometry and Related Techniques*, Wiley – VCH, Weinheim, Germany (2000).

D. W. Robinson and G. T. Reid (Eds.), *Interferogram Analysis: Digital Fringe Measurement Techniques*, Institute of Physics, Bristol (1993).

W. Schumann and M. Dubas, *Holographic Interferometry*, Springer Series in Optical Sciences Vol. 16, Springer – Verlag, Berlin, Germany (1979).

W. Schumann, J. P. Zürcher, and D. Cuche, *Holography and Deformation Analysis*, Springer Series in Optical Sciences Vol. 46, Springer – Verlag, Berlin, Germany (1985).

V. P. Shchepinova and V. S. Pisarev, *Strain and Stress Analysis by Holographic and Speckle Interferometry*, John Wiley & Sons, England (1996).

R. S. Sirohi, *A Course of Experiments with He – Ne Laser*, Wiley Eastern Publishers, New York (1985).

R. S. Sirohi (Ed.), Selected Papers on *Speckle Metrology*, Milestone Series MS 35, SPIE, Bellingham, WA (1991).

R. S. Sirohi (Ed.), *Speckle Metrology*, Marcel Dekker, New York (1993).

R. S. Sirohi, *Wave Optics and Applications*, Orient Longmans, Hyderabad, India (1993).

R. S. Sirohi, *Optical Methods of Measurement: Wholefield Techniques* (2nd Edition), CRC Press, Boca Raton, FL (2009).

R. S. Sirohi and K. D. Hinsch, Selected Papers on *Holographic Interferometry*, SPIE Milestone Series MS144, SPIE (1998).

R. S. Sirohi and M. P. Kothiyal, *Optical Components, Systems, and Measurement Techniques*, Marcel Dekker, New York (1991).

H. M. Smith, *Holographic Recording Materials*, Springer – Verlag, Berlin, Germany (1977).

W. J. Smith, *Modern Optical Engineering*, McGraw – Hill, New York (1966).

O. D. D. Soares (Ed.), *Optical Metrology*, Martinus Nijhoff, Dordrecht, the Netherlands (1987).

A. Sommerfeld, *Optics*, Academic Press, New York (1964).

L. S. Srinath, *Scattered Light Photo – Elasticity*, Tata McGraw – Hill, New Delhi, India (1983).

W. H. Steel, *Interferometry*, Cambridge University Press, Cambridge (1983).

W. Steinchen and L. Yang, *Shearography: Theory and Application of Digital Speckle Pattern Shearing Interferometry*, PM 100m Optical Engineering Press, SPIE, Washington, DC (2003).

J. E. Stewart, *Optical Principles and Technology for Engineers*, Marcel Dekker, New York (1996).

O. Svelto, *Principles of Lasers*, Plenum Press, New York (1989).

S. Timoshenko, *Theory of Plates and Shells*, McGraw – Hill, New York (1959).

S. Tolansky, *An Introduction to Interferometry*, Longmans, London (1955).

S. Tolansky, *Multiple – Beam Interferometry of Surfaces and Films*, Dover, New York (1970).

E. Uiga, *Optoelectronics*, Prentice Hall, Englewood Cliffs, NJ (1995).

J. M. Vaughan, *The Fabry – Perot Interferometer*, Adam Hilger, Bristol (1989).

C. M. Vest, *Holographic Interferometry*, Interscience, New York (1979).

C. A. Walker (Ed.), *Handbook of Moiré Measurement*, Taylor & Francis, New York (2003).

W. T. Welford, *Geometrical Optics*, North – Holland, Amsterdam, the Netherlands (1962).

G. Wernicke and W. Osten, *Holografische Interferometrie*, Physik – Verlag, Weinheim, Germany (1982).

J. Wilson and J. F. B. Hawkes, *Optoelectronics: An Introduction* (2nd Edition), Prentice Hall, New York (1989).

T. Yoshizawa (Ed.), *Handbook of Optical Metrology: Principles and Applications*, CRC Press, Boca Raton, FL (2009).

F. T. S. Yu and X. Yang, *Introduction to Optical Engineering*, Cambridge University Press, Cambridge (1997).

JOURNAL PAPERS

N. Abramson, Sandwich hologram interferometry: A new dimension in holographic comparison, *Appl. Opt.*, 13 (9), 2019 – 2025 (1974).

N. Abramson, Sandwich hologram interferometry. 2: Some practical calculations, *Appl. Opt.*, 14 (4), 981 – 984 (1975).

E. Archbold, J. M. Burch, A. E. Ennos, and P. A. Taylor, Visual observations of surface vibration nodal patterns, *Nature*, 222, 263 – 265 (1969).

J. D. Barnett, S. Block, and G. J. Piermarini, Optical fluorescence system for quantitative pressure measurement in the diamond – anvil cell, *Rev. Sci. Instrum.*, 44(1), 1 – 9 (1973).

J. M. Burch, Scatter fringes of equal thickness, *Nature*, 4359, 889 – 890 (1953).

B. S. Fritz, Absolute calibration of an optical flat, *Opt. Eng.*, 23(4), 379 – 383 (1984).

M. C. Gerchman and G. C. Hunter, Differential technique for accurately measuring the radius of curvature of long radius concave optical surfaces, *Proc. SPIE*, 192, 75 – 84 (1979).

C. Joenathan and R. S. Sirohi, Elimination of errors in speckle photography, *Appl. Opt.*, 25, 1791 – 1794 (1986).

J. A. Leendertz, Interferometric displacement measurement on scattering surface utilizing speckle effect, *J. Phys. E: Sci. Instrum.* 3, 214 – 218 (1970).

L. – Y. Liao, F. C. Bráulio de Albuquerque, R. E. Parks, and J. M. Sasian, Precision focal – length measurement using imaging conjugates, *Opt. Eng.*, 51(11), 113604 (2012).

E. Moreels, C. de Greef, and R. Finsy, Laser light refractometer, *Appl. Opt.*, 23, 3010 – 3013 (1984).

Y. Nakano and K. Murata, Talbot interferometry for measuring the focal length of a lens, *Appl. Opt.*, 24 (19), 3162 – 3166 (1985).

I. Powell and E. Goulet, Absolute figure measurements with a liquid – flat reference, *Appl. Opt.*, 37(13), 2579 – 2588 (1998).

J. A. Quiroga and A. González – Cona, Phase measuring algorithms for extraction of isochromatics of photoelastic fringe patterns, *Appl. Opt.*, 36, 8397 – 8402 (1997).

E. Reissner, On bending of elastic plates, *Q. Appl. Math.*, 5, 55 – 68 (1947).

L. A. Selke, Theoretical elastic deflections of a thick horizontal circular mirror on a ring support, *Appl. Opt.* , 9 , 149 – 153 (1970).

K. A. Stetson, The use of an image derotator in hologram interferometry and speckle photography of rotating objects, *Exp. Mech.* , 18 , 67 – 73 (1978).

R. Swanepoel, Determination of the thickness and optical constants of amorphous silicon, *J. Phys. E* : *Sci. Instrum.* , 16 , 1214 – 1222 (1983).

I. T. Young, R. Zagers, L. J. van Vliet, J. Mullikin, F. Boddeke, and H. Netten, Depth – of – focus in microscopy, in : *Proceedings of the 8th Scandinavian Conference on Image Analysis*, Tromso, Norway, pp. 493 – 498 (1993).